U0448731

字
文 烛 照 未
未
TopBook

中华美学精神

SPIRIT OF CHINESE AESTHETICS

王柯平 著

陕西新华出版
陕西人民出版社

图书在版编目（CIP）数据

中华美学精神 / 王柯平著. --西安：陕西人民出版社，2025.2
ISBN 978-7-224-15202-9

Ⅰ．①中… Ⅱ．①王… Ⅲ．①美学-研究-中国 Ⅳ．①B83-092

中国国家版本馆 CIP 数据核字（2023）第 235444 号

出 品 人：赵小峰
总 策 划：关　宁
出版统筹：韩　琳
策划编辑：王　倩　武晓雨
责任编辑：晏　藜　张可盈
整体设计：哲　峰

中华美学精神
ZHONGHUA MEIXUE JINGSHEN

著　　者	王柯平
出版发行	陕西人民出版社 （西安市北大街 147 号　邮编：710003）
印　　刷	中煤地西安地图制印有限公司
开　　本	720 毫米×1020 毫米　1/16
印　　张	27.25
字　　数	400 千字
版　　次	2025 年 2 月第 1 版
印　　次	2025 年 2 月第 1 次印刷
书　　号	ISBN 978-7-224-15202-9
定　　价	99.80 元

如有印装质量问题，请与本社联系调换。电话：029—87205094

自　序

2008年，在北京奥运会举办之前，外文出版社将拙作 *Spirit of Chinese Poetics*（《中国诗学精神》）付梓发行，意在满足国外读者的需要。此书出版至今已逾13载，时有一些国外学者提及此书，其中包括 Stephen Halliwell、Karl-Heinz Pohl 与 Rick Benitez 等诸位教授。另外，北京大学出版社张文礼编审曾告知说，他在网上逐一查询，发现笔者出版的几部英文著作均有出色的销售纪录，其中自然也包括《中国诗学精神》。

与英文原版相比，本书内容扩增近两倍，主要涉及中华诗学与美学特质。为了在扩容意义上"名副其实"，笔者借用其中一篇论文的题目，将本书易名为《中华美学精神》。诗学与美学，虽在历史谱系与学科分类意义上有先后之别，但就各自的实质内容而言，可谓一枚硬币的两面，彼此在研究对象及其范畴方面相互重叠。这在西方如此，在中国更是如此。因为，若据"人文化成"的理路来看，中华诗学与美学几乎一脉相承。

在西方，从学科发展史上讲，先有探讨文艺理论与批评鉴赏的诗学（poetics），后有研究感性知识与审美规律的美学（aesthetics）。前者以亚里士多德的《诗学》为代表，以朗吉努斯的《论崇高》与贺拉斯的《诗艺》为支柱，后者以鲍姆嘉通的《美学》为标志，随之以康德的《判断力批判》、黑格尔的《美学讲演录》和谢林的《艺术哲学》为津梁。由此发展至今，高头讲章的论作不少，称得上立一家之言的经典不多，能入其列者兴许包括尼采的《悲剧的诞生》、丹纳的《艺术哲学》、杜威的《艺术即经验》、克罗齐的《美学纲要》、科林伍德的《艺术原理》、苏珊·朗格的《情感与形式》、阿恩海姆的《艺术与视知觉》、卢卡奇的《审美特性》、阿多诺的《美学理论》等。

在中华传统中，诗、乐、舞三位一体，琴棋书画无诗不通。所谓"诗话""乐论""文赋""书道"与"画品"之类文艺学说，就其名称和内容而言，大抵与西洋科目"诗学"名殊而意近，这方面的代表作有儒典《乐记》、荀子的《乐论》、嵇康的《声无哀乐论》、陆机的《文赋》、刘勰的《文心雕龙》、严羽的《沧浪诗话》、刘熙载的《艺概》等。"美学"这一舶来品，在20世纪初传入华土，因其早期引介缺乏西方哲学根基和理论系统，虽国内涉猎"美学"者众，但著书立说者寡，就连王国维这位积极钻研西学、引领一代风气者，其为作跨越中西，削繁化简，但却为自己的书取名为《人间词话》，行文风格依然流于传统。这一遗风流韵绵延不断，甚至影响到朱光潜对其代表作《诗论》的冠名。国内的美学研究者众，出版物多，影响较大的有朱光潜的《文艺心理学》与《西方美学史》、宗白华的《美学散步》、邓以蛰的《画理探微》、李泽厚的"美学三书"等。

我们知道，传统儒学对待治学，总是将其与尊圣、宗经、弘道联系在一起，故有影响弥久的"述而不作"之说。但从儒家思想的传承与流变来看，所谓"述"，也是"作"，即在阐述经典过程中，述者经常会审时度势地增补新的看法，添入新的思想，以此将"阐旧邦以辅新命"的任务落在实处。相比之下，现代学者没有旧式传统的约束，也没有清规戒律的羁绊，他们对于经典的态度是自由而独立的，甚至为了达到推翻旧说以立新论的目的而孜孜以求，尝试引领风气之先，成就一家之言。有鉴于此，为学而习经典，"述"固然必要，但不是"述而不作"，而是"述而有作"，即在"述"与"作"的交叉过程中，将原本模糊的东西昭示为澄明的东西，将容易忽略的东西凸显为应受重视的东西，将论证不足的东西补充为论证完满的东西……总之，这些方面的需要与可能，构成了"述而有作"的书写空间。如今，大多数的论作，也都是在此书写空间中展开的。

自不待言，这种书写空间，也是笔者为学的流连之处。在诗学与美学领域，如同在文化哲学或古代哲学领域，笔者的学术兴趣，主要是从"轴心时期"的"人文化成"之说发散而来。在此历史时期，中华文明与希腊文明相映生辉，各自的思想天才继往开来，奠定了人类精神追求与文化艺术的根基理路。总体而论,在先秦时期,"人文化成"的目的在于凭借"六艺""经学"来成就理想的人格修养;在希腊古典时期,"人文化成"(*paideia*)的目的在于通过"七科教育"来塑建完善的公民素质。[1] 若从溯本探源或返本开新的角度出发,这方面的研究显然需要"阐旧邦以辅新命"的学术意识。对此,必须联系问题,重读重思经典。关于运作方法,此处可备一说:现代学者之于古今经典,须入乎其内,故能解之;须出乎其外,故能论之。凡循序渐进、涵泳其间者,方得妙悟真识,终能钩深致远,有所成就。

顺便提及,中华传统礼乐中的"乐",是诗、乐、舞三位一体的综合艺术。古希腊的 *mousike*(乐),也是诗、乐、舞三位一体,实则是文学艺术的总称。此两者在寓教于乐的目的论追求上,具有异质同构或异曲同工的特点。仅就中华传统礼乐美学而言,其主要目的就是在外作与中出、别异与致和的二元互动互补坐标中,成全人格,谐和人伦,维护社会秩序。现如今,随着现代社会的不断富裕与民生水平的持续提高,大众的审美需求日趋多样,审美期待也明显推升,这势必促使新型礼乐美学的目的论追求得到多重性的扩展与深化。一般说来,它既要培养良好的趣味、社会责任感与健全的人格,也要改善生活环境、民生品质与国家形象。这一切似乎印证了墨子所倡的审美逻辑,即:"食必常饱,然后求美;衣必常暖,然后求丽;居必常安,然后求乐"。

不难看到,这些与社会民生密切相关的审美需求与审美期待所引致的多样化审美创构(各类艺术创作与鉴赏活动),使人们更为关注其中所表现或蕴含的审美附加值(aesthetic plus)。通常,审美附加值至少惠及两种审美福利(aesthetic welfare):一是直观性的物态化审美福利。这涉及审美文化中的城乡规划、建筑形式、园林设计、服饰风格、生活环境,譬如城市地标建筑、节日街头花坛与名胜景观造型,等等。其外在形式或形态,就

---

[1] "轴心时期"(the Axial Period)是指公元前 800 年到公元前 200 年这一人类文明发展时期。"六艺"代表先秦的传统教育门类,包括"礼、乐、射、御、书、数"。"经学"在这里既包括"六经"(《诗》《书》《礼》《乐》《易》《春秋》)之学,也包括先秦诸子之学。"七科教育"是指古希腊的七种教育科目,包括诗乐、体操、数学、几何、天文、和声学与哲学(论辩术)。

如此这般地堆积或呈现在人们眼前，因而具有视觉审美与批评判断的强迫性。这在日常生活中，人们既然绕不过去，就不得不评价，不得不判断，甚至不得不调侃，由此必然形成大众化的审美批评模式与流行话语特点。二是艺术性的情理化审美福利。这涉及艺术创作、艺术批评、审美鉴赏与审美理论等，其寓教于乐的表现形式，有助于怡情悦性，有助于促进人的情理中和，有助于缓解各种文化心理问题，譬如人际关系的稀薄化，心理压力的增大，压抑、烦恼、焦虑情绪的滋长，抑郁症的增多与自杀率的攀升，等等。这一切无疑是现代艺术哲学与心理学美学所要研究的重要对象。至于情理中和，实属机枢内核，可谓中华诗学与美学孜孜以求的终极效果。因为，情理中和则使人心得安，人心得安则可静观万物，静观万物则能欣然而乐，欣然而乐则会燕处超然。这便是古今贤哲念兹在兹的艺术化人生或自由审美境界。

数十年来，笔者虽在研习古希腊诗学与西方美学方面用时较多，但总感到先秦原典诗学与中华现代美学如影随形，总认为自己在同西方学者的学术交流中，有必要提供一种中华式的美学话语和替代性的理论范式。因为，西方众多美学家自以为是，认定西方美学所提供的是普遍性范式，但将其置入世界各种不同文化语境中时，实际情况并非如此。那些所谓的普遍性范式，大多没有超出特殊性范式的界域。为此，笔者尽力平衡自己的研究兴趣与写作安排，充分利用出国参会演讲的机会，根据相关会议主题的具体要求，特意撰写一些探讨中华诗学与美学的英语论文，大多涉及孔、孟、老、庄、墨、荀、释（禅宗）、刘（勰）、朱（熹）、王（国维）、鲁（迅）、李（泽厚）等人的相关学说。

值得注意的是，过去常论"西学东渐"，如今兴谈"东学西渐"。实际上，对于中西之间的创造性转化或转化性创构而言，这两者并行不悖，如同车之两轮、鸟之双翼。中华审美影响力（influential power of Chinese aesthetics）在世界范围内的塑建与传布，在学术研究与文本建设中离不开必要和有效的转向机制，根据个人有限的英文写作与学术交流体验，笔者初步以为这方面的转向机制，至少涉及彼此关联的四个向度：一是运思范围,二是论证方式,三是话语策略,四是中国贡献。相关刍议见于《中华文化特质》自序,这里不再赘述。

总之,从学术上讲,美学隶属于哲学,离不开概念构造(fabrication of ideas)。如何借用西方语言来建构和阐释中华美学理论中的概念,仅靠自我封闭的学术态度与立场远远不够,还必须具有足够的中西学养和跨文化研究的实际功力。譬如,如何借鉴西方分析美学、语义学与语用学等方法,将诸多重体验感悟而非重逻辑演绎的中华美学理论阐述清楚,使其具有可读性和传播性,这应当是提升中华审美影响力的必要与有效途径之一。具体说来,在中华美学的外语文本著述或汉语文本外译方面,需要立足于中外兼修的学术能力,需要把相关的主旨与议题尽力阐释清楚,表述明白,确保文意通达,阅读顺畅。在这方面,急于求成可能会适得其反,仓促印刷可能会造成浪费,因此需要慎思老子的建言:"天下难事,必作于易;天下大事,必作于细。"

本书所集,实属尝试;选题释论,择要而为。本次依照陕西人民出版社编审韩琳女士的建议,笔者将这些论文结集成书,在英译汉过程中,仍然保留原文的基本架构与形貌,仅就些许论说稍加整理和补充。在其付梓发行之际,谨向陕西人民出版社辛勤劳作的编辑们诚表谢忱!

自记妄议,忝列为序。所呈撰述,贻误难免。实意虚衷通嘉,诚望诸君雅正!

王柯平
二〇二一年于澜沧江畔

目　录

提　要 / 1

第一部分　诗学与传统

一　传统审美意识四原理
   1. 儒家路径与中和为美　/ 003
   2. 道家方略与自然为美　/ 009
   3. 墨荀乐辩与功用为美　/ 015
   4. 禅宗意趣与空灵为美　/ 021

二　孔子诗教思想发微
   1. 独特的社交话语　/ 029
   2. 多重性的审美话语　/ 034
   3. 双向式的伦理话语　/ 051

三　孔子与柏拉图论乐
   1. 心理效应　/ 058
   2. 审美价值　/ 061
   3. 道德功能　/ 064
   4. 政治期待　/ 069
   5. 教育作用　/ 073
   6. 同异比较　/ 078

四　墨子与荀子辩乐
　　1. 墨子的消极功利主义　/ 084
　　2. 荀子的积极功利主义　/ 089
　　3. 反思两种对立观点　/ 094

五　刘勰《明诗》篇三议题
　　1. 文体流变：体式与风格　/ 100
　　2. 艺术创生："折衷"与"求通"　/ 104
　　3. 风格范式：自然、雅润与清丽　/ 108

六　艺术观念与魏晋风度
　　1. 魏晋起点论之争　/ 113
　　2. 魏晋艺术、风度与名士　/ 116
　　3. 魏晋风度之蜕变　/ 118

七　朱熹的道德化诗学观
　　1. 先验道德原则的确立　/ 123
　　2. 对"思无邪"的二次反思　/ 128

八　禅悟中的诗性智慧
　　1. 自然景象的启示　/ 134
　　2. 自然而然的心法　/ 137
　　3. 诗化的禅修之道　/ 142
　　4. 空灵为美的境界　/ 148

第二部分　转换与创新

九　审美批评哲学与境界诗学
　　1. 超越东西的跨文化转换　/ 156
　　2. 美育乃当务之急　/ 160
　　3. 艺术旨在解脱苦难　/ 165
　　4. 追求自由的审美游戏　/ 169

5. 艺术家是创造性天才 / 171

　　6. 古雅作为第二形式 / 174

　　7. 诗性境界说 / 177

十　境界"为探其本"的深层意味

　　1. 何谓"为探其本" / 188

　　2. "能观"之"观"的特征 / 192

　　3. 直观观念论的启示 / 196

　　4. 审美观念论的影响 / 202

　　5. "为探其本"的深层意味 / 208

十一　鲁迅的摩罗式崇高诗学

　　1.《摩罗诗力说》的历史地位 / 214

　　2. 摩罗诗派与摩罗的寓意 / 217

　　3. 破旧立新与摩罗式崇高 / 223

第三部分　美学与人生

十二　中西美学的会通要略

　　1. 片断性的因借发挥 / 241

　　2. 系统化的学科架构 / 243

　　3. 中西会通式的理论整合 / 245

　　4. 跨学科综合型的美育实践 / 247

　　5. 溯本探源式的跨文化思索 / 249

十三　中华美学精神与活力因相说

　　1. 中华美学精神要旨 / 256

　　2. 活力因的三相组合 / 259

　　3. 师天地的画境文心 / 262

　　4. 绵延中的因革创化 / 268

十四　模仿论与摹写说辨析
　　1. 模仿与真实性层级结构　／274
　　2. 摹写与渐进式修为过程　／281
　　3. 同异有别的比较分析　／289

十五　水景审美的哲理与诗境
　　1. "隐秘溪流"与"井喻"　／295
　　2. 尚水意识与乐水情怀　／298
　　3. 秀美型水景的内涵　／305
　　4. 壮美型水景的张力　／310
　　5. 乐感型水景的韵味　／315

十六　观赏风景的审美体验
　　1. 审美体验的三层次　／324
　　2. 天人合一的审美效应　／328

十七　艺术即积淀说的要义与反思
　　1. 艺术即积淀　／333
　　2. 批评性探讨　／338
　　3. 方法论反思　／344

十八　"如何活？"难题的审美纾解
　　1. "如何活？"难题　／351
　　2. 人性能力结构　／355
　　3. 超越审美参融　／361
　　4. 以美启真　／367
　　5. 以美储善　／368
　　6. 以美立命　／371
　　7. 以度创美　／373

主要参考文献　／379
主题词索引　／396

提　要

第一部分　诗学与传统

一　传统审美意识四原理

儒、道、墨、释(禅宗)诸家的传统审美意识，因循各自的理路，形成不同的特征。不过，它们的目的论关切，均不约而同地指向理想人格修养与审美敏悟能力相融合的艺术化人生。值得注意的是，儒家基于礼乐文化的传统，从内外兼修、情理平衡的角度，强调协和人伦的意义，持守中和为美的原理。道家基于道法自然的理念，从与天为徒、逍遥自在的角度，凸显法天贵真的精神，推崇自然为美的原理。墨家基于崇俭尚用的立场，从非儒非乐、保障民生的角度，抬高物质需求的地位，力倡功用为美的原理。禅宗基于大乘空观的思想，从妙觉禅意、顿悟佛性的角度，注重梵我合一的境界，标举空灵为美的原理。这四项原理作为主导性审美理据绵延至今，一直影响着中国人的鉴赏品味、审美体验、创作实践与艺术化人生。

按照儒家中和为美的理据进行艺术创作时，重点强调的是内外之间和美善之间的互动互补关系。在多数情况下，关于人类情感的表现方式，儒家倡导"乐而不淫，哀而不伤"的尺度。这一尺度实则源自"中和"说，旨在用以衡量或评估艺术的社会功能与道德功能。不可否认的是，儒家对"中和"的强调,构成与艺术品相应和的情理结构。辩证地看,此结构虽会维系情理平衡,但也会引发不利因素,譬如为了追求情理平衡结构而限制情感表现性的深度,为了道德教化妨碍艺术创造性的自由,为了迎合公众心理和趣味而囿于制作大团圆的结局,到头来将会同化艺术感觉,强化趣味单一性,损害审美多样性,等等。

在道家那里,"自然为美"的原理,主要源自"道法自然"的核心理念。这一原理既代表艺术创制的关键法则,也蕴含艺术评价的标准要求。唯有据此,方可引致人类情感表现的真诚性或自然流露。庄子"法天贵真",就是重"自然"尚"真诚"。在庄子眼里,最真诚的表现才是最动人的,最伪装的表现则是最糟糕的。这种自自然然的特性,发展成为艺术创制的重要法则、艺术评价的至高标准,乃至"自然为美"的艺术风格和审美理想。

墨家崇尚经世济民的物质文明,偏好功用为美的价值判断,宣称音乐无用无益、虚耗靡费、贻误农时、腐化人心。这一方面源自墨子抵制作乐赏乐的消极态度,另一方面源自他崇俭尚用的功利主义立场。荀子论乐,上承儒家的礼乐传统,反驳墨子的非乐偏见。虽然关注音乐的功用性,宣扬功用为美的理据,但是,荀子的着眼点不在于满足人类的物质需求,而在于满足人类的审美、情理、人伦与精神等高级需求,因此可归于积极功利主义的范畴,被纳入情理教育与协和人伦的领域。

在艺术实践活动中,禅宗所倡的空灵之境,转化为空灵为美的原理,继而成为艺术创构的关键法则和艺术评价的衡量尺度。空灵之境一方面有利于人们以洞透方式凝照显现为空、静、奥、秘的表象,另一方面侧重于顿悟有限中的无限、简朴中的深刻、瞬刻中的永恒。如此一来,就会凭借表现宇宙精神的象征性方式,凭借诗画、书法、音乐与山水园林的无限交流意志,提升或升华诸类艺术中超凡脱俗的向度与意味。

二 孔子诗教思想发微

西方的通识教育或博雅教育(general education or liberal arts education)发端于柏拉图所倡的"七科",成形于中世纪所设的"七艺"。其发端时间,与中国古代的"六艺"之学相若,在人类文明发展的"轴心时期"。所谓"六艺"之学,一方面涉及礼、乐、射、御、书、数等六种技艺,另一方面包括《诗》《书》《礼》《乐》《易》《春秋》等六部经典。本章将从人文素质和人格培养的角度,侧重论述孔子诗教思想中的相关要素。

一般说来,孔子诗教要旨,主要体现在社交、审美和伦理三种话语形式之中。其一,诗歌作为社交话语形式,强调学以致用,涉及政治外交、社会交往与思想交流等活动,在待客出使与言语表述上具有极高的艺术性和隐喻性,在素质教育上可使人提高文化修养,善于表情达意与人际交往。其二,诗歌作为审美话语形式,具有多重功能,通常以兴、观、群、怨为导向,关乎创诗、解诗或赏诗的基本方法,故在审美修养上可使人情理和谐、悦志悦神,净化心灵。其三,诗歌作为伦理话语形式,注重"君子"人格的培养,助推"文""质"的平衡发展,践行"乐而不淫,哀而不伤"的中和原理,借此把强制性的"礼法"内化为自觉自愿的要求,故在实际生活中可使人去尽杂念邪想,醇和道德本性。

总体而论,孔子所倡导的诗教思想,在很大程度上是基于"温柔敦厚"的原则,对上述三种话语形式的探讨和应用,其实际目的虽涉及诗歌解读与鉴赏之道,但主要强调社交活动中的"致用"与道德意义上的"修身"。

三 孔子与柏拉图论乐

在孔子与柏拉图看来,音乐具有多重功效,不仅体现在心理、审美与道德方面,还见诸政治和教育领域。在相关阐释与分析过程中,我们会看出这两位代表中西传统的思想家在运思评判中的异同。第一,音乐的心理功能主要体现在音乐如何产生与如何感动听众等方面。虽说音乐发自人心对外物的感应或人情的自然流露,但音乐演奏也会反过来以其特殊方式影响人心或陶冶人情。不过,孔子假定音乐源自人心、感于人情、形于音声。柏拉图则断言音乐源自模仿,形于调式、文辞与旋律等。

第二,在孔子那里,音乐的审美价值主要基于"中庸"思想,强调"中和"之美,追求"乐而不淫,哀而不伤"的效果与"尽善尽美"的境界。柏拉图认为，音乐作为一种模仿艺术，以优美的和声、节奏、旋律与其他精巧特质协同作用，能够直抒胸臆，深入内心，引起快感，调动情绪。为了防止音乐落入俗流，柏拉图特意提出适宜原则，由此构成节制情绪和范导乐教的合理手段。

第三，在孔子及其追随者看来，音乐的道德价值表现为善民心、感人深与移风易俗等特殊功效，有助于培养"易直子谅之心"；另外，乐教若同礼教配合，会产生互补作用，能使人们在快乐平和的同时，促进社会的长治久安。柏拉图将音乐道德功用的认识，与城邦卫士的成长和城邦政治的安危联系在一起，要求音乐务必引导青年爱其所应爱、恶其所应恶，同时要与体育有机结合，使受教育者达到灵肉双修、美善兼备的程度。

第四，就音乐的政治意义而言，以孔子为代表的儒家传统向来持守"乐与政通"的思想观点。究其本质，音乐的政治作用主要表现在协和人伦方面，也就是所谓君臣"和敬"、邻里"和顺"与家人"和亲"三大方面。在柏拉图的眼中，音乐的政治与道德功能，是合二而一的关系。因此，音乐的创作与演奏，在本质意义上是为了培养城邦卫士和哲王的最佳品格，努力为社会造福，建成"各尽所能，公正幸福"的理想城邦。

第五，谈及音乐的教育价值，孔子认为这至少可分为高低两个层次：高者主要在于修身养性，成就"文质彬彬"的君子人格，培养推行"仁政"或"礼乐治国"的政治家；低者主要在于教化民众，使得普通民众经过乐教养成较好的行为举止与一定的鉴赏能力，借此使他们的喜怒哀乐等七情六欲得到疏导，以达中正。柏拉图为音乐教育设定了"高尚目的"，指望音乐与体操（包括军训）两种教育形式有机结合，以更加均衡地陶冶与培养受教育者的品性与人格。通常，武（军训或体育）胜文（乐教）会使人变得粗野而肤浅，文（乐教）胜武（军训或体育）会使人变得柔顺而软弱，因此需要依据节制和勇武的德性予以适度调和。

四 墨子与荀子辩乐

古时先哲审乐论礼，沿着修身淑世这一主旨，相关乐论逐渐深入，不同意见应运而生。在此问题上，墨子和荀子代表两种尖锐对立的立场，各自的观点集中表现在《非乐》和《乐论》两文之中。

墨子崇俭尚用，反对礼乐铺张，持消极功利主义立场。在他看来，音乐创作、表演和欣赏，皆属无用之举，于饥寒冻馁等实际民生问题一无所益，徒添劳民伤财之恶果，因此非乐不遗余力，力主苦行节欲禁乐。

荀子贵乐重礼，力主人文教化，持积极功利主义立场。在他眼里，音乐具有广泛的社会功效，不仅有助于陶冶人心、协和人伦，而且有助于移风易俗、治国安邦，因此积极倡导乐教的体用，认为乐舞表演过程不仅展现出强大的教育功能和感染力量，而且体现出人们的思想品质与时代的精神风貌。

墨荀二人在音乐问题上的分歧，一方面源自两人迥异的社会背景，另一方面取决于各自不同的认识。在他们的论辩中，二人不约而同地夸大了音乐的功用和效果，只不过墨子专注其负面作用，而荀子则侧重其正面作用。如此一来，二人持论愈坚，夸饰愈甚，反倒南辕北辙，终成水火之论。

五　刘勰《明诗》篇三议题

刘勰所著《文心雕龙》，内有 20 篇专论文体，《明诗》位列其首。在此篇中，文体论虽为主调，但诗学史味道甚浓，主要是在溯本探源的过程中追述诗歌的历史沿革与体式演化。另外，基于刘勰"折衷"与"求通"的思想，其中隐含一些深刻的理论，关涉艺术创生、审美理想与风格特征等诸多方面。这里仅谈三点：文体流变，艺术创生，风格范式。

文体流变，关乎诗歌体式与风格。体式即形式因素，如"四言诗"或"五言诗"在字数、句式和音韵等方面的规格要求。风格是作品的内容与形式在有机统一或相互交融的基础上体现出来的某种独具一格的艺术特色。其中不仅融含着艺术家的思想感情、审美趣味、理想追求和个性特点，而且表露出艺术家在驾驭体裁、处理题材、运用语言、塑造形象等方面所特有的艺术创作个性。总体而论，诗歌的体式变化，从四言到五言，是一个历时性过程，是逐步进化而成。这似乎表明每一个时代，都会创设各自所需的体式，用于艺术的创作和发展。这通常涉及制度、时尚、政治与艺术个性等因素。

艺术创生论,见于《明诗》篇中的一些微言大义,其中"感物吟志"堪称核心范畴,"折衷""求通"乃是重要辅助。在刘勰那里,"折衷"属于方法,"求通"才是目的。《文心雕龙》中论"通"之处颇多,主要意思就是"贯通"(或融会贯通,或全面贯通)。刘勰根据《易传》中"易穷则变,变则通,通则久"的思想,特意强调"变则可久,通则不乏"的道理,积极倡导"参伍因革,通变之数"。质而论之,刘勰的"折衷"思想与"求通"方法,的确类似于"因革"之道。原则上,"因"重因袭传统或循规蹈矩,"革"重革新变化或补偏救弊。两者时有矛盾,但却是传承与发展过程中的重要环节。

《明诗》篇涉及风格范式数种,其中"自然""雅润"与"清丽"比较突出。"自然"统贯诗史,"雅润"针对正体,"清丽"关涉流调,各有侧重,特征不一。刘勰声称"感物吟志,莫非自然"。前者意在抒情叙怀,是诗歌创作过程中的客观规律;后者关乎自然为美,是对诗歌艺术处理设置的方法标准。所谓"雅润",通常表示典雅与修润,一方面要求诗思应符合"温柔敦厚"与"雅正之声"的儒家传统要求,另一方面要求修润诗句使之有文采,取得"篇体光华"的艺术效果。所谓"清丽",一般释为清新华丽,要求诗思清新,文采绮丽,声调优美。

六 艺术观念与魏晋风度

魏晋艺术的自觉与华彩,得益于人性的真正觉醒、哲学的重新解放和思想的自由活跃。在艺术表现形式方面,魏晋艺术独领风骚,自成一格。无论是从魏晋时期遗存的诗文书法与雕刻作品来看,还是从魏晋时期著名的文论、诗论、乐论、画论与书论来看,魏晋艺术都具有独特价值。因此,在中国学界,以"魏晋起点论"来看待中国艺术观念、发展与辉煌成果的学者大有人在。然而,艺术终究是人类文明的产物。艺术观念的起源与沿革,必然同人类文明的诞生过程与发展历史密切相关。从华夏上下五千年的漫长历史来看,将艺术观念囿于魏晋时期,在微观历史上或许显得尽善尽美,但在宏观历史上则难免"削足适履"之嫌。因此,对于事关艺术观念史的"魏晋起点论",学界确然不乏反对与批评之声。

魏晋风度的慷慨与深沉,得益于人生的感悟与内在的矛盾。处在当时充满动荡、混乱、灾难、血污的社会和时代,大多数艺术家表面看来活得潇洒风流,实际内心充满苦恼、恐惧和烦忧,在战战兢兢中承受着无形的困顿和压力。张扬魏晋风度的魏晋名士,大多尚奇任侠,得益于狂者的精神和狷傲的偏好,他们一边对酒当歌,纵情享乐,放浪形骸,一边满怀诗意,崇尚玄理,超然自得,借用文艺作品和生活方式来展示自己的才情、精神的放达、独立的人格和崇高的品藻。据此,他们的共同特点一般可归纳为深情、尚玄与忧思。

魏晋名士追求自我无拘无束的放任,其中一些人物甚至陷入种种奇诞怪异的嗜好,结果助推魏晋风度的蜕变,衍生出狂放之风、狂诞之风与狂荡之风三种基本形态与代表人物。首先,狂放之风的典型代表当为"竹林七贤"。他们好酒、好诗、好乐,抵制虚伪名教与极权政治,近乎狂狷者流。其次,狂诞之风的代表人物,主要是一些官场名士。这类人自命清高,崇尚玄虚,虽身居庙堂,但心系江湖;虽享有官位名利,但有意玩忽职守。再者,狂荡之风的代表人物,大多是一些贵族子弟。他们仗着优越的社会地位与经济条件,无视传统名教礼法的约束,追求自我无限度的放任自流,在标新立异方面走得更远。他们以放浪形骸为名,行放荡不羁之实,饮酒寻欢,对弄婢妾,抛弃规仪,散发裸戏,几乎到了司空见惯、习焉不察的地步,确如孔子所批评的那种"狂而荡"的极端现象。

七 朱熹的道德化诗学观

朱熹先后倾注40年研究《诗经》,仔细查阅了《诗经》的所有诗篇,并通过反复阅读和体味来加深对文本的理解,继而做出自己独到的疏解与阐释。最终,他把诗的功用界定为"感物道情",而不是历史记录或政治工具。

朱熹在疏解《诗经》时,始终坚持先验性道德原则。该原则源自孔子的"诗教"观。朱熹赞同孔子的观点,进一步声称诗是人类情感的表达方式,也就是他所谓的"感物道情"之说。据此,情感可以分为正邪两类,与诗的内容暗含一种对应关系。诗的书面含义容易理解。通过诵诗，可以使人受到旋律节奏方面的陶冶，继而重塑人格品质与内在精神。

特别值得注意的是，朱熹揭示了"思无邪"一说内含的道德劝诫意图，凸显了诗人自己与读者个人的可能感受，进而把孔子的诗论上升到更高的道德层面。随着对经典的重新解读以及阅读态度的改变，"思有邪"或"思无邪"显得不再那么重要了，关键在于读者需要确立健康的审美眼光、自然的心态以及道德的良知。熊十力重新肯定了朱熹等人反复申说的"思无邪"的道德追求，也鼓励人们注视自己的内心世界、文化修养和精神层次，而不是拘泥于外在的形式和表面的文饰。不同的是，熊十力更加猛烈地抨击了解读诗歌主题的简单化做法与笼统的道德化倾向。

总之，朱熹的诗学观点是以其先验的道德化原则为基础，从属于建立道德规范和封建秩序的终极目标。朱熹对"思无邪"的解读，尽管跳不出传统意义上某些迂腐的道德局限，但还是开辟了诗学批评的新境界。在他那里，"思无邪"可作为文学批评的道德标准，可视为文学创作的真实原则，可引致鉴赏主体的"审美超越感"。后者涉及一种"静观"态度，需要从实用功利中解脱出来的自由平和心态。

八　禅悟中的诗性智慧

无论从世尊"拈花示众"的缘起看，还是从六代祖师传世的诗偈看，我们总觉得禅如诗，参禅如读诗。在空明中参透禅机，犹如在灵思中体悟诗境。所以，禅宗的智慧可谓诗性的智慧。这种智慧，有时眼见而不得，像水中月、镜中花；有时缥缈而朦胧，似天外云舒、雨后岚烟；有时悠然而玄远，如林间松韵、暮鼓晨钟。这种智慧，对于追求功利的人生来讲，通常显得空洞而无用；但对于燕处淡泊的人生而言，似乎又是"无用之用，方为大用"的真如或"般若波罗蜜"了。这涉及一种自然而然的静观态度，一种清心放心的自由境界，由此方可体味到人生与宇宙的本然，从而不假外求，灵性开悟，步入真正的禅修妙悟之途。

禅宗是富有诗性智慧的人生哲学。我们在凝照自然景象时得到的启示，可铺就学禅的机缘或门径；以自然而然的心法来感知和审视内外的世界，可当作禅悟的范导性原理之一。诗化与顿悟之道，通常是禅修过程中彼此互证的两种方式。在渐悟的具体实践中，务必借助人的毅力，遵从禅宗"戒定慧"三法，来逐步提高自己的修为，最终达到彻悟的觉解。顿悟则抛开了"戒"的禁制阶段，同时悬置了"定"的修行阶段，直指"慧"的彻悟结果。于是，外在的一切辅助手段都化于无形，现在唯一要做的就是直指本心，因为本心即佛，佛即本心。

空灵为美的境界，本质上以精神自由为旨归，可以说是禅宗的终极追求或最高智慧。我们若想感知或体认这种智慧，既需要敏悟虚静的画境文心，也需要妙悟空灵的诗境禅心。如果说前者是学禅的资质，那么后者可谓入禅的法门。基于前者，我们能从宇宙大化中见出如画的美景；基于后者，我们能从风花雪月中见出空灵的境界。比较而言，如画的美景给人更多的是审美的愉悦，而空灵的境界给人更多的是精神的自由。

第二部分　转换与创新

九　审美批评哲学与境界诗学

在其早年的美学或文学批评研究中，王国维一半受德国观念论的影响，一半受中国艺术传统的启发。他对中国文学的重估，则以诗学词学为标志。王氏的审美批评哲学，则以探讨艺术价值为核心议题。在他看来，即便纯艺术在工具意义上是无用的，但从启蒙角度看，其意义非同寻常，十分重要。这主要是因为艺术作品表达了哲学的、美学的、精神的和伦理的价值。通过意象和艺术形式，艺术的哲学维度揭示了人类存在的普遍的和特殊的真理性。

王国维主要承接道家思想传统，参照康德与叔本华的美学理念，认定艺术的美学维度在于一种无利害性，由此催生一种审美境界或静观状态，从而超越生命意志和世俗欲望。从这种静观状态中，人们获得自由自在的快乐和愉悦。艺术作为游戏的精神性相，旨在表达和释放那些引发痛苦与沮丧的压抑感受与情感。通过抚慰与解脱，艺术有助于减少人生中大量的痛苦和无意义感。艺术的伦理向度像是在人生苦海中提供庇护的渡船，能使人脱离世俗的焦虑。艺术的目标不仅在于描述人类世界的不幸与苦难，而且在于设法表明某些可望可即的选择，帮助受难者通过自我启蒙使自己从人生困境中解脱出来。艺术价值的上列四种性相作为基本成分，或隐或显地贯穿在王国维的美学思考中，并与其设定的六个核心学说（即审美教育说、精神解脱说、艺术即游戏说、艺术家即天才说、古雅形式说、诗性境界说）相向而行。

相比之下，王国维的突出贡献，主要是诗性境界说，此乃其诗学思想的内核或精髓，据此可将其称为境界诗学。境界说可被视为跨文化探索之树结出的硕果，如今这棵大树成为人们关注和育养的对象。此说作为王国维境界诗学的重要基石，其代表性特征是以"真景物"与"真情感"为追求目标，主要体现在"造境"与"写境"、"有我之境"与"无我之境"、"隔"与"不隔"等表现方式和意象形态之中。

总体而论，在王国维的理论思考中，持守"学无中西"的跨文化视野，借助取自西方的思想羽翼，翱翔于中华文化的广域之上。王国维的诗学与美学思想，可谓兼容并蓄，各擅其长，虽基于中国本土传统，但在很大程度上受益于学兼中西的创构能力。王国维的境界诗学，可以说是现代中华美学开端的真正奠基之论。

十 境界"为探其本"的深层意味

王国维为何认为自己提出的境界说就是"为探其本"呢？国内学界的看法颇多，大体上可归为三点：（1）一般认为"兴趣"与"神韵"两说各有偏重，不如"境界"一说具体而清楚。（2）"境界"之所以为"本"，主要是因为其作为新的审美标准，要求"诗人在审美观照中客观重于主观，在艺术创作中再现重于表现，两者密不可分"。（3）"兴趣说"与"神韵说"不像"境界说"那样深刻而准确,因为后者抓住了文学中"情"与"景"这两个"最具普遍性"的"原质",把"真情感"的审美表现与"真景物"的艺术形象视为"境界"的构成要素,并且进而将此两者"对立统一的关系"推演到"和谐化一、彼此不分"的程度。上述解释,有助于回答境界说"高出一筹"与"破旧立新"的问题,尚不能回答此说"为探其本"的问题。

按照笔者目前的理解,王氏所谓"境界",应当是本于直观宇宙人生之真谛。此乃境界说"为探其本"的深层意味,也是其目的性追求。需要说明的是,这"直观",是指内蕴直觉与诗性灵思的融会贯通能力,是由感性、知性、想象或迁想妙得的灵思等素质综合而成的一种洞察敏悟能力;这"宇宙",是指一定历史时空背景下的大千世界;这"人生",是指蕴含七情六欲的人类生存状况;这"真谛",是指真正的意义、真实的情景或内在的本质。当然,通过艺术境界来直观宇宙人生之真谛,不只是为了满足人们的好奇心与审美愉悦感,更是让人们在获得思想启迪的同时探求自己的安身立命之道。

那么,境界本于直观宇宙人生之真谛的说法,到底有何根据呢?我们不妨从以下四个方面予以佐证。其一,从王国维的天性与兴趣来看,他生来体弱且性情忧郁,对宇宙人生问题甚为关注且极其敏感。其二,从王国维对哲学与诗歌的态度来看,宇宙人生问题是其深感彷徨和忧心的主因。其三,从王国维将诗歌与哲学等同的立场来看,宇宙人生问题在本质意义上是这两者的共性所在。其四,从王国维对"诗人之境界"的相关论述来看,宇宙人生问题及其真谛似乎只有诗人才能洞透、表达和传布。

总之,"为探其本"的境界说,其深层意味并非囿于其作为"根本性的诗词艺术法则"或"衡量诗文作品与评论诗人作家的基本美学标准",而是在于直观宇宙人生之真谛。至于境界说的目的性追求,一方面是指诗人基于真景物、真情感的诗性直观和灵思,能洞察宇宙人生之真谛,能以真切生动的方式将其表现在形象化的艺术境界之中;另一方面是指这种艺术境界能以"不隔能观"的方式,引发鉴赏者的共鸣、反思与觉解,进而使其养成一种良好的审美趣味,找到一条应对人生哀乐的可能途径。据此,我们也可以将王国维的境界诗学视为宇宙人生论诗学。因为，从王国维所思所感所写的内容来看，"宇宙人生"的落脚点主要是在"人生"之上，也就是把"人生"放在"宇宙"的多维时空背景下及其历史文化意识中予以凝照追思罢了。

十一　鲁迅的摩罗式崇高诗学

鲁迅笔下的"摩罗诗派"，是以拜伦为代表的一群富有反叛精神或爱国热情的诗人。从思想根源上讲，英国浪漫主义与英国激进主义密切相关。鲁迅所推崇的"摩罗诗派"，既是理想的人格，也是艺术的天才。他们的艺术成就，可以概括为力、语、声三维。他们的品格情操，可以说是"精神界之战士"的表率。他们多为慷慨悲歌之士，都具有刚强不屈的精神，怀抱着真诚的愿望，不向世俗献媚，不与旧习惯同流合污；他们都发出"雄桀伟美"的声音，促进祖国人民的觉醒，渴望自己的国家在世界上强盛起来，并且不惜为此舍生忘死，奔赴疆场。他们用诗颂扬的人物，多为狂野侠义之客，都感染上诗人的色彩，折映出诗人的性格，投射出诗人的影子。此两者浑然一体，充分展现出血与火映照中的摩罗式崇高之美。这种美是摩罗诗力之美的综合体现，其中既包括刚健雄强的人格美和勇猛反抗的精神美，也蕴含抱诚守真的艺术美和震撼人心的悲剧美。

事实上，鲁迅的诗学思想是以《摩罗诗力说》为出发点的。他深受摩罗式崇高美学形态的影响，认为悲剧就是"将人生的有价值的东西毁灭给人看"。在艺术创作实践中，鲁迅正视中国现实及其悲剧产生的社会根源，不仅对自己的悲剧观做了最有说服力的证明，同时还把悲剧作为一种意在启蒙新民、反帝反封建的艺术武器，作为对凌辱中国的帝国主义和祸国殃民的封建主义的一种血泪控诉。

质而言之，《摩罗诗力说》的基本主题是"立意在反抗，旨归在动作"。所"反抗"的主要对象，是帝国主义列强的侵略，封建腐朽的政治文化，抱残守缺的传统陋习；所采取的主要"动作"，是反帝反封建的革命民主主义行动，提倡个性解放的思想革命行动，以及旨在改造国民性的文艺启蒙行动。这些是就其合目的性而言。若从学理的角度和文化建构的意义上讲，《摩罗诗力说》也意在破旧立新，即在打破以瞒与骗为特征的旧的文艺传统、内容形式、方法结构与审美观念的同时，树立新的文化观、新的文艺观、新的美学风格和新的文论范式，开辟新的文艺启蒙领域或新的思想解放路径。这些都属于合规律性的范畴。因此可以说，鲁迅早期的这篇诗论，在其历史语境中取得了合规律性与合目的性的相对统一。于是，在20世纪中国新旧文论诗学的转折点上，《摩罗诗力说》连同鲁迅的艺术创作实践，一起有效地推动了古典虚幻式和谐向现代摩罗式崇高的转型。

第三部分　美学与人生

十二　中西美学的会通要略

中国现代美学是在中西文化的交流与碰撞中应运而生的，是在中西美学的互动与会通中逐步发展的，而且在移花接木的文化变异中构成了自身的独特风范。从方法与内容上看，其显著的特征主要表现为融贯古今、会通中外。

历史地看，中国百年美学从勃兴到成熟，孕育出五种主要发展模式。这些模式各有侧重，互为前提，彼此影响，逐步深化，以类似线性的轮廓勾画出中国现代美学发展的阶段性历史轨迹和学术思想历程。概括起来，就是以译介为主的片断性因借发挥模式，以移植为主的系统化学科架构模式，注重创设的中西会通式理论整合模式，讲求应用效度的跨学科综合型美育实践模式和进行溯本探源的跨文化思索模式。

上述五种模式，宏观上体现了中国现代美学纵向发展和学科研究深化的历史逻辑过程。值得强调的是，中国现代美学虽以译介和移植西方美学为发端，但并不完全是简单模仿或机械复制，而是有选择地借题发挥，尽可能地局部改造，最终为中西美学的会通与理论整合创造了有利条件。另外，中西美学的会通式理论整合，代表中西美学的创造性转换和中国化美学理论创设时期；跨学科综合型美育实践或生态式美育构想，代表科学化和有效性的大美育实践模式的成形；而溯本探源式的跨文化思索，则代表一种基于文化精神分析的新方法，这种方法把美学研究放在古今中外的历史文化背景中，追求的是返本开新、融贯中外的理论超越，不仅具有前瞻性，而且是指向美学的未来的。

十三 中华美学精神与活力因相说

中华美学精神属于"人文化成"理想追求的重要组成部分。在古代中国，这种理想主要是通过两大路径得以体认与趋近。一是"观乎天文，以察时变"，二是"观乎人文，以化成天下"。二者交相辉映，均注重"文明以止"的启示和教化作用。在中国人文历史进程中，重视人文化成或人文教化的先秦诸子，均从不同角度标举和谐、自由和仁爱的人文价值，从而为中华审美意识或美学精神奠定了坚实的根基。

从主流传统上看，这一根基在儒家那里主要表现为重德行致中和的尽善尽美意识，在道家那里主要表现为贵真性崇自然的逍遥至乐意识，在释家那里主要表现为尚空性倡般若的超越时空意识。从古代艺术与生活智慧上看，这一根基主要表现为感性活动中的理性精神，美感形式中的生命精神，自然山水中的乐天精神，现实环境中的自由精神。从构成要素上看，这一根基主要隐含在情理并举，形神兼备，虚实相生，刚柔互济，言意、体性、气韵与意境之辩等基本审美范畴之中，既关乎艺术的创作法则与价值取向，也涉及艺术的风格神韵与鉴赏标准。

中华美学精神作为一种具有典型特质的理论有机体，较为集中地表现在"天人合一"或"天人相合"这一观念之中，其自身活力在根本上决定着自身可否绵延的生命力或持久力。在具体实践与内在逻辑中，中华美学精神涉及一种由体、用、果组成的活力因相说。这里所言的"活力"，亦指"生命力"，内含"生机勃勃"之势；这里所言的"因"，是指"原因"或"因果"，内含"引发"与"产生"之能；这里所言的"相"，是指"性相"或"相态"，内含"特性"与"方面"之意。至于体、用、果三相，分别代表本体相、应用相、成果相。所谓"本体相"，主要是指中华美学精神的根本理据及其典型特质；所谓"应用相"，主要是指中华美学精神的本体相在艺术实践过程中的应用与运作性能；所谓"成果相"，主要是指中华美学精神的本体相与应用相在艺术创构过程中所成就的最终结果或杰出作品。本章试从实用活力论视域出发，借助本体相、应用相与成果相三者，来探讨中华美学精神何以绵延创化的活力因。

比较而言，在活力因的三相组合中，本体相实属根基或理据。这里所言的"本体"，主要是指具有化育或生发能量的起始之根，而非西方哲学中永恒不变、唯一自在与不可知的"本体"（noumenon）。在审美经验中，其本体意义实为具有生发能量的根本性创始意义，主要是通过"天地有大美而不言"中的"大美"引发出来。这"大美"或表示自然规律性的大道之美，或表示万物化育创生的大德之美，或表示宇宙生命精神或太虚之气的流动之美，或表示天地神工鬼斧所造化的景观之美，等等。这"大美"，不仅是人类认识、欣赏和利用的对象，而且是艺术模仿、灵思和创构的源头。

从古代到现代，从董其昌到黄宾虹，我们不仅可以窥知活力因相说的理论衍生与因革之道，也可以看到显现画境文心的历代杰作，这皆表明蕴含在中华美学精神中的持久活力或机能，既具历史意义，也有现实意义，其对艺术实践的指导作用，在历史中绵延，在绵延中创化，在创化中发展。相比于那种思想固化的死东西，这种流变因革的活东西更值得我们重思、传承与弘扬。

十四 模仿论与摹写说辨析

20世纪初，柏拉图的"模仿"论被引入中国后，其中文译名"模仿"亦如西文译名"imitation"，引发一些误导和误解，主要有两个原因：一是该译名仅涉及mimesis的表层含义，而未考虑柏拉图对真实性的哲学思索；二是该理论与中国"摹写"说碰巧在用意上似有重叠之处，因此将其奉为艺术制作的普遍原则。如今，通过对"模仿"和"摹写"在各自语境中加以探讨，可以大体看出两者之间的本质差别。

柏拉图在"床喻"中所用"模仿"一词，主要表示模仿艺术的再现本性。柏拉图认为，绘画与诗歌均属于模仿艺术，可归于三等真实，与一等真实相隔两层。其中隐含一种"真实性层级结构"，不仅反映出柏拉图理智主义的思维模式，而且鼓励人们深入探究理式本身。柏拉图此为的真正目的在于贬低诗歌在雅典公民教育中的传统主导作用。

从柏拉图的"理念"论角度来看，"模仿"式的制作，在本质上是接近与认识"理念"或"理式"的途径与过程，这是由"理式"的"原创性"或"原型特性"所决定的。再者，柏拉图对模仿艺术的形而上学评估，似乎隐含着他对艺术象征关系的心理学评估。通常，这种象征关系凭借感性形象，引发心理暗示或联想作用，由此体现或表露出不可见的真实或内在的理式。另外，把 mimesis 译为"模仿"或"再现"，似乎都会引致某种误解。因为，这个古希腊词本身包含模仿、再现、复制、虚构、制造形象或艺术创作等多种含义。在将不可见之物转化为感性形象时，mimesis 的作用是指一种"象征性想象"或"再现加表现"，即借助想象的神奇力量和模仿型技艺，制作出感性直观的形式，表达出精神性的抽象事物。

至于中国画论中的"摹写"说，原意为"临摹"，重在习仿和复制古代大师的作品，借此提高自身的绘画技艺。其后随着范围与内容的扩充，从中引申出"写生"，重在直接描绘自然景物，以便提高画家的创造能力。若从复制或制作外物形象的角度看，"临摹"与"写生"似乎与柏拉图所言的"模仿"有些许近似之处，但从价值判断的方式看，柏拉图因循的是形而上学的立场，重理式而轻外形，自然会贬低"模仿"的认识价值和真实性，而中国画家依据的是实用主义的立场，在很大程度上是以提高绘画技能和艺术修养为导向，虽然在价值判断上分出两个等级，但始终对其持有积极态度，认为两者不可或缺，需要逐步推进。后来，"临摹"演变为"师古人"，"写生"演变为"师山川"，虽有轻前者重后者的倾向，但依然对两者抱着积极的肯定态度，期待画家能够走出古人的制约，直面山川的灵动，提升创造的能力。

相对而言,"临摹"或"师古人",重在复制"移画";"写生"或"师山川",重在制作"目画"。对于画家来讲,这两个阶段毕竟不是追求的最终目标,而是迈向第三阶段的跳板或必由之路。"传神"或"师天地"作为第三阶段,是以天人谐和主义为旨归,重在创构"心画",于表现个人的情思意趣和审美理想的同时,也表现宇宙万物的生命节律与创化精神。这里面虽然隐含着超然物表与天人合一的神秘体验,追求的是道家推崇的自由精神和独立人格,但却丝毫没有柏拉图式的造物主神性维度或宗教情结。

但要看到,从"临摹"经"写生"到"传神",或从"师古人"经"师山川"到"师天地",由此构成的三个绘画实践阶段,无论是从技艺训练与感知方式上讲,还是从精神境界与创作能力上讲,实则喻指一个渐进式艺术修为过程。值得注意的是,在"传神"或"师天地"阶段,画家所作"心画",是对天地宇宙生命和创化精神的妙悟,是个人自由想象和心领神会的创造,是将内在的灵思、情志与理想转化为"转化成为的"艺术化的感性形象。这种形象是以形写神的产物,虽与外在的自然景物相似,但却似而不是,独一无二,而且不失可游、可居、可观、可赏的空间魅力。

质而言之,柏拉图的"模仿"论与中国的"摹写"说,在文化意义上具有各自的特定性,而不具有普遍性;在仿效和复制的基本意义上,虽然两者有某些近似之处,但却形同质异,表面上看似相同,原则上却迥然相异。因此,唯有将两者置于各自的文化语境中,才能得到合乎情理的知解与辨别。否则,就有可能牵强附会,误入张冠李戴之途。

十五 水景审美的哲理与诗境

海德格尔对待山水景观的态度,关乎"无家园感"与"忘却存在"的本体论哲学思考。与此相关的"隐秘溪流"和"井喻",在内在逻辑关系上暗含老子的尚水意识。不同的是,从老子标举的"上善若水"说中,可以引申出朴素的能量或行动辩证法。由此联想到孔子的乐水情怀,则可从中归结出人格化的美德象征论。

在中国传统中,传统水景审美在人类精神生活中具有重要作用,在山水诗词和游记的诗化哲理与哲理化诗境中表现突出。根据水景诗境的各自特征或审美属性，至少可以划分出秀美型、壮美型和乐感型三种风格。大体说来，秀美型水景见诸宁静的泉溪、明澈的池塘、荡漾的湖泊、潺湲的河流，其中以平和宁静和悦耳悦目为主调的相关属性，与西方美学里的优美范畴有些近似之处，有助于促成主客体之间的和谐互动与快乐融合的审美关系。壮美型水景的诗境类型具有令人望而生畏、惊心动魄、为之振奋的审美属性，譬如气势磅礴、力量宏巨、汹涌澎湃、广袤无垠、浩渺壮阔等等，其与西方美学中的崇高范畴具有某些类似特征。乐感型水景，源于自然而然的水声泉鸣，其形式与量度多种多样，譬如潺潺的溪流、汩汩的清泉，其中似乎蕴含着某种难以言表的天籁之音。

　　从目的论角度审视哲学与诗的相似性，我们在中国传统水景审美的哲理与诗境中不难找到诸多明证与典型范例。在这里，抽象而玄远的哲理被诗化了，形象而直观的诗境被哲理化了。看似二分的诗化哲理与哲理化诗境，实则近乎一枚硬币的两面，以其互动应和的方式，深刻而精妙地表达了"我们称之为文明的终极良知"。比较而言，老子的哲理化尚水意识，更多强调的是流水育养万物的利他主义美德和谦下宽容的守柔不争哲学。在关注水的启示意义和标举水的至善德性时，推崇以水喻世与以水喻政的能量或行动辩证法。孔子的道德化乐水情怀，突出的是人文教化与君子修为的理想范型，其中蕴含着人格化的美德象征论。孔子本人据说"见大水必观"，惯于借助川流不息的大江，喻指不屈不挠、勇往直前、高风亮节的君子人格。道儒两家各自践行的尚水理念或乐水传统，均展现出诗化的类比或喻说性相，不仅为中国传统的水景审美奠定了重要的哲学基础，而且也为古今中国文人雅士的水景审美意识塑建了独特的心理结构。

　　十六　观赏风景的审美体验

　　现如今，越来越多的人外出旅行观光。对于旅游者的主要吸引力，大多集中在点缀有文化景观的自然风景之中。大自然的确充满魅力，尤其对于那些热爱大自然、回归大自然并将游览观光当作综合性审美活动的旅游者而言，其所提供的多样性风景风物，如同一种社会疗法，能够有效缓解和抵制过度文明与都市化所导致的各种文化心理疾病。

就自然风景的观赏或凝照而言，至少会引发三个层次的审美体验，即：悦耳悦目，悦心悦意，悦志悦神。旅游者作为游览自然景观的审美主体，莅临或面对高山流水、瀑布飞泻、湖光月色、绿树鲜花、鸟飞蝶舞等自然景象，往往会心旌摇曳、欣然而乐。乍一看来，他们沉浸在由自然景物的色、形、声所组成的空间形象及其愉悦耳目的审美氛围之中。耳是听觉器官，眼是视觉器官。这两者作为首要的审美感官，对于美的表象具有突出的敏感或敏悟能力。这便是说，视听觉能使旅游者从眼前景物的外在性相中，直接获得某种感性愉悦或审美快感。通常，这种感受被视作以"悦耳悦目"为特征的初级审美体验。

在其后"悦心悦意"的审美阶段，理解和想象的心理机能开始发挥作用，让凝照者超越对象的外在性相，入乎其内而体味真意，出乎其外而静观真境。这样一来，他们会从外在风景的物理表象或外在形态中，抽象出某种与审美价值判断相联系的内涵与意味。他们会通过心灵之眼凝视外物，孕育或创生一种惬意的心境与诗意的冲动。他们寄情或移情于入美的事物，或将其转化为一幅画，或将其谱写成一首诗，借此来表达自己的情思意趣。

在某些时候，当你在凝神观照自然风景时，你会充分调动和运用自己的知觉、想象、理解和情感等审美心理功能。假如你恰好在特殊启示下心胸豁然开朗，妙悟人生真谛，俯察天地奥秘，你将会上达审美体验的第三阶段，即"悦志悦神"的阶段。你会借此进入一种超然的心境、自由的精神与崇高的憧憬之中。在此阶段，你会在刹那间顿悟本体论意义上的本真存在，在物我两忘中进入审美超越的境界。此时，你个人的时空知觉会奇迹般得以扩展或外延，其结果足以容纳天地万物，甚至由此上达"天人合一"的审美境界。

十七　艺术即积淀说的要义与反思

依据李泽厚的《美学四讲》所述，艺术是各种艺术作品的总和，与人类审美心理相关。艺术作品呈现在各种媒介之中，并作为审美对象而存在。就其本质而言，艺术是建立在人类实践和符号创构基础上的历史产物。它涉及形式、形象和意味诸层的积淀过程。有鉴于此，艺术作品至少存在于三种相互关联的层次与积淀之中，即：形式层与原始积淀，形象层与艺术积淀，意味层与生活积淀。

形式层与原始积淀经过物质生产和社会劳动的漫长过程，其早期阶段发端于原始人在生活实践中对物态形式和自然秩序的某些性相的模仿或运用。随后，客观合规律性和主观合目的性逐渐演化成新的统一体。这种统一体又形成美和审美经验的雏形。换言之，通过劳动，人类赋予物质世界某种形式。这形式最初发现于自然本身，但却通过运用人类的抽象官能而得以独立。最后，正是通过社会劳动和物质生产，人类创造了美的形式。在原始积淀的基础上，艺术作品的形式层至少向两个方向延展：一是"人自然化"，二是涉及时代精神和社会性。

形象层和艺术积淀均与个体心理和情欲人化相联系，并通过符号表达出来。这些符号，诸如道教的太极图、基督教的十字架与佛教的曼陀罗，相继成为艺术的题材、主题或内容。李泽厚假定，无论在中国还是西方，艺术起源于古代仪式组成的巫术活动，美感起源于人类的劳动实践。这些古代仪式后来发展并分化为三：其一是在认识和反映客观事物方面诞生了科学；其二是在强制、动员、组织群体活动方面发展为宗教、政治体制和伦常规范；其三是在模仿现实生活中的生产与现象方面形成活生生的形象，由此呈现出巫术的形式特征。

艺术作品的意味层涉及"有意味的形式"，其与艺术作品的感知形式和形象密不可分，但又超越这两者。其超越之处，就在于它既不只是官能感知的人化，也不只是自然情欲的人化，更不只是自然情欲在艺术幻象中的实现和满足。艺术作品中的意味层与人类生活不可分离。虽然其表现方式有时是神秘的或宗教性的，但它终究与现实生活或人生相关联。在许多情况下，艺术以自身特有的方式来表现和保存人生的意味，经常将自身呈现为个人精神生活不断扩展的物态化确证。有时候，艺术甚至可以激发人类的整个心理，将人们从麻木状态中唤醒，甚至引导人们反思人生的命运。在艺术作品中，人们直观自己的生存、状态和成长，进而借此理解人生的真谛和陶冶自己的性灵。

需要强调的是，李泽厚对于艺术即积淀以及审美心理学的哲学思考，从不囿于单一的思维胡同；相反，他对各种理论的本质要素和含义进行自觉的反思与重思，并在不同文化背景与语境中解读出新意，继而对其进行转化性创造，以便适应和充实自己的思想体系。他将艺术或隐或显的结构与功能视作历史产物，采用跨文化方法重新予以审视和论证。如此一来，他以更为精要化和体系化的方式，更为清晰地阐述了他所创立的艺术积淀说。

十八　"如何活？"难题的审美纾解

依据人类主体性实践哲学的设定，人性能力的充分发展是纾解"如何活？"难题的重要选择。人性能力一般由认知、道德与审美三个维度构成。按照内在逻辑关系，人性能力的充分发展，自会成就人类主体性和人性完满实现。在人性能力的提升方面，审美维度的助推力至为突出，因其在人类学本体论意义上被形而上学化了，在实践意义上与四重性审美参与过程产生关联。审美参与既代表一种积极参与的审美态度，也代表一种积极参与的审美实践，所涉领域主要包括求真明理、储善修德与赏美创艺等。这一切均以联动的方式，具体落实在以美启真、以美储善、以美立命与以度创美等四种代表性行为之中。

"以美启真"的行为，需要充分发挥审美情感和自由想象的作用，以便激发求真明理的思想灵感与科学悟性。之所以如此强调审美情感和自由想象，是因为它们的功能不仅涉及审美经验和艺术创构，而且关乎科学发现和技术发明。宇宙万物或宇宙整体确实是按照自身的自然合规律性存在的。对于人类来说，这基本上还是未知领域。这种合规律性是用"度"所"创"，不仅涉及逻辑推理和辩证思辨，而且涉及人类情感和想象。因此，它既是"超越想象"的关键，也是"以美启真"的核心。

"以美储善"行为，就是要从情本体的隐含信念中汲取审美感受，借此为人类与宇宙的良性互动寻找灵感。这样的信念和灵感，有助于人类树立起"有情宇宙观"。反过来，"有情宇宙观"有助于培养人类对宇宙的准宗教情感，有助于促进人类与宇宙之间和谐共在的审美意识，有助于建立人类生活有望上达的天地境界。原则上，天地境界既是道德的，也是审美的。天地境界作为一种生活方式，一般被推崇为中国人诗意地栖居在人间的方式。从准宗教或宗教角度看，或许有人会认为这种生活境界是一种先验性幻想。然而，它是务实的和积极的。尽管面临各种困难艰辛，它依然鼓励人们要活在这个世上，并且结合一种有情宇宙观，实施一种自觉的亲和力，助推人类与宇宙的和谐共在关系。

"以美立命"的行为，旨在将人类个体从生死忧烦中解脱出来，使他们在生死无所住、内心无烦畏中得以"立命"。众所周知，人是凡人，生老病死，必不可免。面对各自的自然寿限，他们无视有限的生命时间而毅然而然地活着。在理智上，他们从过去的经验中吸取教训以便寻找出路，努力在不同的环境中更好地理解人生，并尝试欣赏无限而神秘的宇宙。在情感上，他们即使无悲无哀，也会眷恋和珍惜生命。虽然他们深刻意识到人生必死的宿命，明知自己终究会消失在时间之流中，但他们持守生存意志，随时准备面对死亡的降临，面对其他任何不测的遭遇。其理由是：珍惜生命，不畏死亡；为生死焦虑所困，实属愚蠢至极。达到这种自我意识层级，他们就更加接近人生的天地境界，就更会拥有融合赞赏与崇敬的审美情感。

从人类主体性角度看，"以度创美"行为有助于丰富人性能力的审美维度。"度"关乎技术—社会基质，具有本根特性。因此，"度"被视为"历史本体论的第一范畴"。"度"活跃在人类生产的实践中，是人类(主观)发明和自然(客观)发现的根本依据。在实际操作中，"度"是对适当技艺的熟练掌握，能够恰到好处地造物处事。"度"被外化为古代中国人所设想的"中庸"或"中和"之道，并在实践中应用于音乐艺术、战争艺术与政治艺术等诸多领域。因此，在不断变化的形势背景下，无论是出于质性还是量性的考虑，"度"均可等同于终极适度与最佳比例这一原则。于是，将"度"运用于物质生产、人类生活和艺术创作，便可由此创制美的事物或产品，提供艺术鉴赏或审美对象，给人以精神自由与愉悦感受。这说明美既代表合乎"度"的自由运作，亦代表人性能力的充分展现。由此假定，对"度"的真正掌握，将会让美的创构者获得自由想象、自由创造、自由精神与自由享受。在这方面，庄子笔下的"庖丁解牛"堪称范例。

第一部分
诗学与传统

一 传统审美意识四原理[①]

中华古代美学的根基部分,主要源自儒、道、墨、释(禅宗)诸家的传统审美意识。虽然这些意识各自理路与特征有别,但其目的论关切,均不约而同地指向理想人格修养与审美敏悟能力相融合的艺术化人生。本文所谈的中和为美、自然为美、功用为美与空灵为美等四项原理,作为中华传统审美意识的主导性理据,因革绵延至今,一直影响着中国人的鉴赏品味、审美体验、创作实践与艺术化人生。

1. 儒家路径与中和为美

人们通常将儒家思想称之为儒家人道主义。这主要是因为在中国思想史上,孔子本人及其后继者,向来专注于仁德与人道等理念。仁德通常意指互惠性仁爱仁慈与社会性仁慈。人道一般代表人文化育而成的人性能力与道德情感。事实上,这两者的目的,均在于提高内在修养,促使人类个体成就理想人格。

(1)理想人格的生成

在儒家那里,理想人格被尊为"圣贤"。在世俗意义上,这种人格与常

[①] 本章原用英文写讫,题为"A Sketch of Chinese Aesthetics",见《布鲁姆斯伯里中华美学导读》(*Bloomsbury Companion to Chinese Aesthetics*,伦敦:布鲁姆斯伯里出版公司,2021年)一书开篇。在汉译过程中,作者对原文进行了较大压缩,并对个别论述做了调整和补充。

人并无二致，享有类似的情感、欲望与需求。不过，使其成"贤"的关键，在于其自身的道德与智慧力量；使其成"圣"的关键，在于其超越此界的价值观而与宇宙精神合二为一。就其范型而论，他能够"教化民众"；就其修为而言，他能够"从心所欲不逾矩"。实际上，他是"游于艺"而"成于乐"的结果。① 这一切会让人得出如下结论：儒家的理想人格生成于艺术与音乐。

如何实现这一目的论追求呢？按照《论语》所述，仁、孝、悌、爱、义诸德，均源自人类情感。这些情感既是仁之为仁的根基，也是儒家人道主义与性本善观的发端。② 要知道，儒家的主要关切与中国的传统意识，均注重疏通人类情感，注重如何将人类情感付诸现实人伦与艺术创构。很显然，中国文艺最为热衷的题材，便是处理各种不同生活情境中的人类情感与人际关系。

如此一来，为了育养这些情感，以便造就理想人格，就需要推崇两种教育方法，其中艺术的作用非同寻常。这两种方法分别是"游于艺"和"成于乐"，均源自孔子《论语》的两种说法：一是"志于道，据于德，依于仁，游于艺"③；二是"兴于诗，立于礼，成于乐"④。第一种说法表示：道是规律，德是基础，仁是支柱，艺是涉及礼、乐、射、御、书、数六艺的自由游戏。艺与道、德、仁并列，说明其意义重大。"游于艺"意味着对实用技艺的熟练掌握，不仅涉及良好的理解力，而且涉及利用自然规律的能力。基于这种掌握，自由的体验便是"游于艺"的结果。"这种自由感与艺术创造性直接相关，也同其他努力活动中的创造性体验直接相关。在本质意义上，这是对既合目的性又合规律性的审美自由的体验。"⑤更重要的是，自由感意味着人格的全面成熟，因为人在这里完全掌握并能恰当运用实际技

---

① Li Zehou, *The Chinese Aesthetic Tradition* (trans. Maija Bell Samei, Honolulu: University of Hawaii Press, 2010), p. 51.
② Li Zehou, *The Chinese Aesthetic Tradition*, p. 40.
③ 《论语·述而》，7.6，见《四书》，长沙：湖南出版社，1995 年。
④ 《论语·泰伯》，8.8，见《四书》。
⑤ Li Zehou, *The Chinese Aesthetic Tradition*, p. 47.

能和客观规律。再者，自由感还展示出人格的实用智慧，表现为一种自由意志力，能够助人自觉自愿和坚定不移地"志于道，据于德，依于仁"。

就理想人格的生成而论，"成于乐"与"游于艺"并行不悖，各擅其长。在孔子思想中，乐近于仁，乐直接塑建情感性灵。诚如上述第二种说法所示，诗激发人心，使其得以善化；礼是行为规范，确立君子风尚；乐是至高艺术，助推人格完善。比较而言，诗给人以启示和灵感，主要是凭借诗性形象与诗性情感，其中所采用的明喻、隐喻与比喻等修辞手法，会唤起人的情感反应，唤起人对诗里所述事件情景的关切。礼由外而作，别异群分，强制人类个体在日常生活中遵循相关的典章制度与行为规范。乐直抒胸臆，滋养情怀，感化和升华人的志意与精神。有鉴于此，"成于乐"的功能，之所以高于诗，胜于礼，就是因为乐本身能够从内滋养和修炼人的内在情智与精神。换言之，乐教的目的性是微妙而自觉的，能够直入人心，有助于塑建完善的人格。

值得注意的是，"游于艺"和"成于乐"的共同之处，在于两者均有助于促成自由游戏的快感，但各自所引致的结果却有所不同，即："游于艺"所体验到的快感，一般是通过对客观规律的娴熟把握而获得；"成于乐"所体验到的快感，直接与人类个体的内在精神相关联。故此，这种自由的快感，自身具有多面性。它既是自然而生的心理情感，也是一种精神境界，更是一种生活自由。人的智慧与道德行为在其中得以积淀，转化为心理本体，超越智慧与道德。获得这种自由游戏的快感之后，人就有可能实现独立人格，使自己安贫乐道，笑看荣华富贵，蔑视强权势力，处世自由自在。这关乎人生，也关乎美学，这也恰恰构成仁（人）的最高境界。①

（2）理想人格的提升

沿着上述路径，孟子继承和发展了孔子的思想，进而提出一系列更高标准，推升了儒家所倡的理想人格。在对其进行描述时，孟子明确指出：

---

① Li Zehou, *The Chinese Aesthetic Tradition*, p. 52.

> 可欲之谓善，有诸己之谓信，充实之谓美，充实而有光辉之谓大，大而化之之谓圣，圣而不可知之之谓神。①

上述描述构成一座理想人格发展之阶梯，内含善、信、美、大、圣、神六大层级。显然，"美"的层级不仅与"善""信"两个层级有别，而且高于这两个层级。"善"的层级与"可欲"相伴，在此意指人们所作所为所欲所求，均符合仁义原则。"信"的层级与"有诸己"相若，在此意指人所采取的任何行动，在任何情况下都遵从仁义原则。因为，这两项原则是人性的组成部分。"美"的层级与"充实"等同，在此意指人的行为自然而持久地遵循仁义原则，人在这里已将这仁义原则纳入自己的人格和自我意识之中。"大"的层级与"充实而有光辉"相当，在此意指存在某种光明、恢宏与优美的东西，彰显出仁义原则的伟大力量。"圣"的层级以"大而化之"为特征，在此意指成圣者为后世树立行为典范，其强大的影响力和感召力，不仅能够引导人们崇仁尚义，而且能够将其转化为道德良善之人。"神"的层级以"圣而不可知之"为特征，在此意指不假借外显的努力就已成圣，就已实现人性的完满，这是因为"神者"具有神秘而不可测知的伟大潜能。有趣的是，在孟子心目中，"美"所意指的东西，建基于其所涵盖和超越的"善""信"这两个性相。与此同时，"美"的层级在理想人格阶梯中起着承上启下的中介作用，由此可以下接"善""信"，上达"大""圣""神"。因为，在"自下而上"的序列中，"美"与"大"直接相关，随之指向"圣"与"神"。所有这些层级不仅是道德性或伦理性的，而且是审美性和目的性的。它们彼此联动起来，表现出理想人格的阶梯性发展阶段与完善过程。

依我所见，理想人格在儒学思想家心目中，因其目的论追求，担负多重性使命。譬如，在道德意义上，他们设立这一理想人格，用其模范行为来影响和轨导他人。在社会意义上，他们倡导这一理想人格，旨在改善人

---

① 《孟子·尽心下》，14.25，见《四书》。

际关系与和谐社会群体。在政治意义上，他们需要这一理想人格，以便"齐家治国平天下"。在审美意义上，他们推崇这一理想人格，一方面为了培养良好的鉴赏兴味，另一方面为了实现艺术化的人生境界。如上所述，理想人格的生成，与人类情感的本根密切相关。这一情感本根或情本体，有可能成长为某种积极或消极的东西。通常，情发而中节，则能致和，由此产生合情合理的积极效应；情发而放纵，则会失和，由此导致情胜理亏的消极效应，这会殃及塑建理想人格的可能性。于是，这便引出如何修养适度的人类情感问题。在儒家心目中，该问题既涉及审美，也关乎道德，这便使艺术的作用至为重要。恰如孔子所述，像君子这样的理想人格，其所应践行的路径，就是"游于艺"与"成于乐"。

（3）中和为美的理据

那么，什么是修养适度的人类情感的有效方式呢？在我看来，此方式非"中和"莫属。"中和"作为一种正确性原则，来源于儒家的"中庸"学说。据程子所释，"不偏之谓中，不易之谓庸。中者，天下之正道。庸者，天下之定理。"[①]这当何为呢？见原典所述：

> 喜怒哀乐之未发，谓之中；发而皆中节，谓之和。中也者，天下之大本也；和也者，天下之达道也。致中和，天地位焉，万物育焉。[②]

由此看来，人类情感的调谐过程，就是凭借作为正确性原则的"中和"观，来调谐情感以使其达到适度平衡的状态。这种调谐过程，呈现出恰当性或适度性的美，此乃审美与道德两个向度的会通结果。因为，这不仅创构出合情合理的适度平衡状态，而且将人类个体的生存维系在人性与社会性的适度平衡状态。这一切关乎儒家从古至今所倡理想人格生成的可能

---

① 《中庸》序，见《四书》。
② 《中庸》第一章，见《四书》。

性。有鉴于此，在儒家审美意识里，中和为美的原理或理据，可应用于人格发展、艺术创作、艺术评价等诸多领域。就人格美的生成而言，这一理据所应确立和塑建的两维，首先是个体人格的良善性，其次是整全人格的社会性。从儒学观点看，举凡具有审美和道德意味的存在，就在于良善性与社会性的融合统一。

按照中和为美的理据进行艺术创作时，重点强调的是内外之间和美善之间的互动互补关系。在多数情况下，对于人类情感的表现方式，儒家倡导"乐而不淫，哀而不伤"的尺度。这一尺度实则源自"中和"说，旨在用以衡量或评估艺术的社会功能与道德功能。不可否认的是，儒家对"中和"的强调，构成与艺术品相应和的情理结构。辩证地看，此结构虽会维系情理平衡，但也会引发不利因素，譬如掩盖消极机制。通常，这种消极机制至少会表现在三个方面：其一，它会为了追求情理平衡结构而限制艺术品的具体创作，这主要是因为主导这一结构的因素是道德说教或道德教化。这自然会干扰创作，会妨碍艺术创造性的自由，会限定情感表现性的深度。这就如同让艺术家戴着手铐脚镣进行舞蹈一样。其二，恪守"中和"原则的艺术表现或再现活动，会有意迎合公众的心理和趣味，会囿于制作大团圆的结局。这虽能取悦一般观众于一时，但终究会将自由的艺术创作与审美鉴赏活动，转变成隐形的道德训诫或意识把控。到头来，这将会同化艺术感觉，强化趣味的单一性，损害审美的多样性。其三，为艺术风格或艺术特质正名的趋向，也发端于"中和"原则。在道德化理念的引导下，这种倾向时常会阻滞深入探索和透视人性人情的不同向度与特性。因此，在许多情境中，这会减少张力的魅惑，模糊哲理的价值，悬置艺术的悲剧力量。正因为如此，中国艺术在其整个历史中，很少出现与希腊阿提卡悲剧相似或相近的特征。

2. 道家方略与自然为美

相比于儒家路径,道家采用的是一种逆向思维。尽管存在儒道互补现象,但道家一直因循一种与儒家相悖的思维方略。道家对儒家与其他诸家的价值观念持怀疑态度,故此经常被贴上怀疑主义标签。与此同时,道家关注自然,尤其关注自然而然的重要性和必要性,因此也被视为一种自然主义。在我看来,道家作为一种思维和生活方式,因其独特的世界观和价值系统,横跨怀疑主义与自然主义两个领域。

就道家审美意识而言,相关思考颇为独特且发人深省,见于道家开创者老庄早期的著述之中。这些思考所涵盖的范畴,包括审美对象、审美态度、审美体验、天乐至乐与艺术创作等等。在目的论意义上,它们旨在通过"逍遥游"来育养绝对精神自由,通过习仿"圣人"或"真人"来成就独立人格。

(1) 美与丑

就审美对象而言,美与丑是从相对性与互生论角度予以审视和判别。据老子所言,"天下皆知美之为美,斯恶已;皆知善之为善,斯不善已"[1]。由此涌现出一系列相互对立的二元概念,譬如美与丑、善与恶、长与短、高与下、前与后等等。它们之间的互动关系,在很大程度上可归纳为现象界二元对立与相生的特征。尤其就美与丑两个美学范畴或两种审美对象来看,都是在相互比照和对立中生成。也就是说,举凡人们视为美的东西,是因为其与人们视为丑的东西形成鲜明对照而得以生成和存在,反之亦然。至于善与恶、长与短、高与下、前与后,也是以同样方式得以生成和

---

[1] 老子:《道德经》第二章。Cf. Wang Keping, *The Classic of the Dao: A New Investigation* (Beijing: Foreign Language Press, 1998), pp. 104-108.

存在。从辩证视野看，美与丑通过比照性和相对性，呈现在不同但又相关的价值判断过程中。换言之，美与丑虽然有别，但并非决然对立或互不兼容。此两者之间看似分隔间离，但实际上彼此相关，相互依存。这一论点可借助老子的另一设问予以旁证："美之与恶，相去若何？"①

像孔子那样的儒学思想家，趋向于厘清美丑之间的差异。与此相反的是，老子对于美与丑两个范畴的相对性与互生性，提出自己独有的见解。老子无意将二元对立概念之间外显的对立关系绝对化。在这方面，可从下述见解中进一步找到证据，即："正复为奇，善复为妖。人之迷也，其日固久矣。"②看来，美与丑，亦如正与奇或善与妖（恶），两者之间变化不已，在相关条件下，都会出现戏剧性的"角色互换"，如同相倚相伏的福与祸一样。因此，作为观者，不可为现象所惑，应透过现象看本质。

此外，对老子而言，真正美的东西，归于素、朴、虚、静与无（无目的性）。总之，真正的美，与道同一。在老子那里，人若想要体验到真正的美，就得不为外物（功名利禄）所役，就得享有精神自由。反过来说，人只有在洞识道的本质意义时，才会完全摆脱外物奴役，完全获得精神解放。再者，针对世俗的美丑之别，老子采取了怀疑论态度。譬如，老子在批评富贵与权势阶层时指出：这类人贪图"五色""五音""五味""畋猎"与"难得之货"，自以为那些都是优美或珍贵的东西，殊不知"五色令人目盲；五音令人耳聋；五味令人口爽；驰骋畋猎，令人心狂；难得之货，令人行妨"③。所有这些令其着迷的东西，由于贪多无厌，最终会损害身心。

按此思路，庄子进而拓展了审美对象的范围，除了美与丑之外，还将"怪诞"包括其中。在其诸多逸闻趣事和夸张性叙事中，被纳入审美对象范围之内的人物与物象，千奇百怪，其中有病后变得腰背弯曲、面颊缩在肚

---

① 老子：《道德经》第二十章。Cf. Wang Keping, *The Classic of the Dao: A New Investigation*, pp. 194-196.
② 老子：《道德经》第五十八章。Cf. Wang Keping, *The Classic of the Dao: A New Investigation*, pp. 129-132.
③ 老子：《道德经》第十二章。Cf. Wang Keping, *The Classic of the Dao: A New Investigation*, pp. 92-94.

脐里、肩膀高过头顶的子舆，遭受刖刑之后居于鲁国的残兀之人叔山无趾，患有佝偻残疾而且没有嘴唇的闉跂支离无脤，患有瘤瘿疾病且瘿大如盆的瓮㼜大瘿，弯曲扭曲、不着绳墨的无用大树，等等。在庄子笔下，这些人物形体极度残缺，然德性极其健全。他们神闲气静，忘却形骸，谈玄论道，能使对坐的君王"钦风爱悦，美其盛德，不觉病丑"①。至于那种奇形怪状的大树，看似不成材料，毫无实际用途，但在闻道有德者看来，真可谓"无用之用，方为大用"的范型。就像上述那些"穷天地之陋"的丑者一样，"其德长于顺物，则物忘其丑；长于逆物，则物忘其好"。② 所有这些对象，之所以化丑为美，成为审美对象，主要是因为忘形存德。

在庄子看来，美存在于人格、精神、真诚与明慧之中，而非存在于外在形体或肤色相貌之上。在《庄子》"外篇"的《山木》里，就有这样一段描写："阳子之宋，宿于逆旅。逆旅人有妾二人，其一人美，其一人恶。恶者贵而美者贱。阳子问其故，逆旅小子对曰：'其美者自美，吾不知其美也；其恶者自恶，吾不知其恶也。'"③美者自以为美，丑者自以为丑，但在他人眼里，若爱其内质而忽视其外形，相貌的美丑就不具绝对性，而内在的德性则为根本性。宋国旅店主人贵丑妾而轻美妾，一方面表示美丑形象的相对性，另一方面说明德性实质的重要性。

在庄子那里，任何人物或事物，只要抛开外形，透视内涵，均可成为审美鉴赏的对象。于是，在中国诗歌与散文里，经常会描绘反常的形态；在中国绘画与书法里，经常会展示拙奇的笔触，譬如山水画里的怪石形象，书法里的残陋体态，戏剧里的突兀情节，等等。的确，这些非同寻常的、诡谲奇幻的、朴拙怪异的或朦胧模糊的形态或形象，经常会打破和谐关系的甜美性，打破情理中和的静态性。庄子的文风，自称是"以谬悠之说，荒唐之言，无端崖之辞，时恣纵而不傥，不以觭见之也"④。这对中国

---

① 郭象注，成玄英疏：《庄子注疏》，北京：中华书局，2011年，页119。
② 郭象注，成玄英疏：《庄子注疏》，页120。
③ 郭象注，成玄英疏：《庄子注疏》，页373。
④ 郭象注，成玄英疏：《庄子注疏》，页569。

艺术的解放，自当构成一种巨大的促进力量。

（2）澄怀与玄览

对待人生物象的审美态度，源自老子所倡的修道建言。这种建言通过扩展，可应用于审美介入与审美探索。恰如这一设问所示，"涤除玄览，能无疵乎？"①这里推举的是一种特殊态度，旨在净化自我，凝神观照，洞透道谛。这具有双重性，一方面有助于人们摆脱自私自利的欲望与算计，另一方面有助于人们深刻洞察所有事物的本质。对个人修养而言，这种态度有望体道修德。在道家传统中，道与德象征着终极真理与伟大智慧。为此需要践行的相关方法，包括"少私寡欲"②与"致虚守静"③。在这里，应用于审美鉴赏活动的澄怀与玄览方法，近乎康德提出的"无利害凝照或凝神观照"（disinterested contemplation）的审美判断方式。

循此思路，庄子进而开启了一种具有审美意味的悟道态度，就此先后提出两个理念：一是"心斋"，二是"与物为春"。对于何谓"心斋"的追问，庄子巧借孔子之口代言，做出如下阐释：

> 若一志，无听之以耳而听之以心，无听之以心而听之以气。听止于耳，心止于符。气也者，虚而待物者也。唯道集虚。虚者，心斋也……瞻彼阕者，虚室生白，吉祥止止。④

专心致志的求道之径，不在于"耳"闻或"心"思。因为，人之听觉（耳）受限于所闻与音响，人之思索（心）受限于缘虑与境合。相比之下，人

---

① 老子：《道德经》第十章。Cf. Wang Keping, *The Classic of the Dao: A New Investigation*, pp. 203-204.
② 老子：《道德经》第十九章。Cf. Wang Keping, *The Classic of the Dao: A New Investigation*, pp. 178-179.
③ 老子：《道德经》第十六章。Cf. Wang Keping, *The Classic of the Dao: A New Investigation*, pp. 207-210.
④ 郭象注，成玄英疏：《庄子注疏》，页80—82。

之气则无情虑，遗耳目，去心意，虚柔任物，放达自得，渐阶玄妙。换言之，气运如神，自由自在，往来于宇宙之间，不囿于外境外物，故通过集虚与全在（omnipresence），形成离形去知的"心斋"。至此，人虚其心，道集于怀，隳体忘身，可达心齐妙道之境。这样，"心斋"超越人的各种欲望，应和世间万事万物，确保人与宇宙合二为一。在此阶段，人得"天乐"。也就是说，人会发现天地之间无言的大美（"天地有大美而不言"），由此体悟到至高的精神自由与审美快乐。

论及"与物为春"，庄子建议人与外物交接，就如同生活在和煦美丽的春天一样，能够欣然而乐而不纠结，自由自在而得"天乐"。倘若达此心境，人不仅能够摆脱世俗羁绊，进而"与天为徒"，而且能够"物物而不物于物"，由此特立独行，不为物役。所有这一切都意味着超越有限而进入无限，同时也意味着获得绝对的精神自由。

（3）虚实相生与自然为美

在探索艺术创制的核心法则时，早期道家在此领域奠定了坚实基础。在这些法则之中，最根本和最盛行的两个法则，影响古今，持续不断。其一是老子的"有无相生"理念，相关的比喻表述如下：

> 三十辐共一毂，当其无，有车之用。
> 埏埴以为器，当其无，有器之用。
> 凿户牖以为室，当其无，有室之用。
> 故有之以为利，无之以为用。①

这里所说的车轮、器皿与居室，其构成特点乃是呈现有与无辩证关系的典范。作为两个二元对立概念，有与无折映出老子所倡"有无相生"的辩

---

① 老子：《道德经》第一章。Cf. Wang Keping, *The Classic of the Dao: A New Investigation*, pp. 84-86.

证思想。相比之下，老子赋予"无"以更多要义，因为他认为"无"在功用或功能方面更具决定性。有与无这两个范畴，虽然彼此对立，但却相互依存，互为因果，各自成就对方，具有衍生特质。这里所言的"无"，是指车轮、器皿与居室中的"空间"，其实际功用终究来自"有"的具体物性所生的结果。由此，有与无两者对中国艺术的影响绵延不绝。譬如在中国山水画中，有与无本是两个可分的范畴，但却经由画面上的"实"（着墨部分）与"虚"（留白部分）两个性相，紧密地联系在一起，从而构成"虚实相生"的效应。作为一种艺术创制法则，"虚实相生"不仅应用于绘画与书法，而且应用于戏剧、建筑、园林以及诗歌。①

另一艺术创制法则，源自"道法自然"的理念。② 此乃道家美学与艺术理论中最为重要的根基，涉及道所拥有的固有属性或潜在秘密，当然也是"自然为美"的理据出处。所谓"自然"，就是性本自然、自自然然或自然而然。而"自然为美"，既是艺术创制的关键法则，也是艺术评价的标准要求。唯有据此，方可引致人类情感表现的真诚性，即人类情感的自然流露。庄子"法天贵真"，就是重"自然"尚"真诚"。在庄子眼里，最真诚的表现才是最动人的，最伪装的表现则是最糟糕的。如其所述：

> 真者，精诚之至也。不精不诚，不能动人。故强哭者，虽悲不哀；强怒者，虽严不威；强亲者，虽笑不和。真悲无声而哀，真怒未发而威，真亲未笑而和。真在内者，神动于外，是所以贵真也。③

这种自自然然的特性，发展成为艺术创制的重要法则、艺术评价的至高标准，乃至"自然为美"的艺术风格和审美理想。在中国历史发展长河中，自自然然的"自然"，演化为自然的趣味，自然的真诚，自然的质朴，自然的单纯，自然的技艺，自然的优雅，自然的秀美，等等。其对艺术的

---

① Wang Keping, *Reading the Dao: A Thematic Inquiry* (London: Continuum, 2011), pp. 42-43.
② 老子：《道德经》第二十五章。Cf. *Wang Keping, Reading the Dao: A Thematic Inquiry*, pp. 9-11.
③ 郭象注，成玄英疏：《庄子注疏》，页538。

影响，绵延古今。譬如，诗歌所追求的自然诗境，犹如"清水出芙蓉，天然去雕饰"；园林所追求的自然画境，在于"虽由人作，宛自天开"。

需要指出的是，儒道两家在中华审美意识中占据主流，其互动互补关系，贯穿后来的中华艺术史。这方面的深刻见解如下所述：

> 表面上，儒道两家看似截然对立。一入世，一弃世；一乐观进取，一消极退隐。但事实上，儒道两家彼此形成互补谐和的整体……在实践中，应当如何看待儒道之间的"对立互补"呢？我的建议是：假定道家与庄子倡导"人的自然化"，礼乐传统与儒家强调"自然的人化"，这两者是既对立又互补的关系。①

3. 墨荀乐辩与功用为美

在中国思想家中间，墨子（约前468—前376）被认为是墨家创始人，曾率先反驳孔子的相关思想。墨子认为，孔门的有些原则，至少以四种方式危害社会：其一，儒家否定鬼神的存在，这令鬼神不悦，会迁怒于社会。其二，儒家持守烦琐的葬礼，要求为已故父母守丧三载，这是浪费人力财力。其三，儒家强调作乐演乐，这会耗费人力财力。其四，儒家相信命定之说，这会使人心性懒惰，不思进取。② 为了矫正自认的儒家过失，墨子提出五种国策，包括尚贤、节俭节丧、非乐非命、敬鬼敬神、兼爱反战等内容。③ 所有这些国策，构成墨子非儒论说及其功利主义思想的主要

---

① Li Zehou, *The Chinese Aesthetic Tradition*, p. 77.
② 《墨子·公孟》，见王焕镳注：《墨子集诂》，上海：上海古籍出版社，2005年，页1101—1102；另见孙诒让注：《墨子间诂》，北京：中华书局，2001年，页459。Also see Fung Yu-lan, *A Short History of Chinese Philosophy in his Selected Philosophical Writings* (Beijing: Foreign Languages Press, 1991), pp. 248-249.
③ 《墨子·鲁问》，见王焕镳注：《墨子集诂》，页1125—1176；另见孙诒让注：《墨子间诂》卷二，页475—476。

部分。

(1) 墨子非儒与非乐

墨子对儒家学说与社会问题的看法，见于《墨子》一书。此书集文 53 篇，其中有些部分为墨子弟子及其后继者所撰。在《非儒》篇中，墨子代表贫穷阶层发声，指陈儒家推行礼乐文化的弊端，修正儒家所倡的仁义价值观念，推行自己信奉的"兼爱"核心理想。随之，墨子专门写了《兼爱》一篇，借此来为自己标举的"仁者"正名。①

笔者以为，墨子可被视为一位尚节俭重实用的功利主义者，而且偏于滑向消极功利主义一端，其对音乐的批判和否定就是明证。在其《非乐》篇里，墨子断言音乐的有害性源自作乐的负面功能。② 在他眼里，作乐不仅滋生弊端，而且没有用处，至少反映在三个方面：其一，音乐无法为民众提供福利，更不能为社会增添物质财富，对于舟车提供息足休肩以解负荷之劳等功能，音乐一无所与。对于解决同衣、食、住相关的"民之三患"，音乐更是无能为力。故此，墨子讥讽道：让我们一起撞钟击鼓，弹奏琴瑟，吹奏竽笙，舞动干戚。可这能为民众提供衣食吗？我认为不能！③

其二，音乐无法解决社会混乱问题，更无法恢复社会秩序。墨子之时，恰逢乱世，不是大国攻打小国，就是大族征伐小族，致使恃强凌弱，聚众欺少，以诈骗愚，居贵蔑贱，土匪横行，盗贼四起，民不聊生。④ 若想用音乐来禁止这些乱象，无异于痴人说梦。

其三，最为糟糕的是，音乐"亏夺民衣食之财"。当统治阶层酒足饭饱、作乐娱乐时，就需要制作钟鼓琴瑟竽笙等乐器来为歌舞伴奏。其资金

---

① 《墨子·兼爱》。Cf. Mo Tzu, *Universal Love*, in Mo Tzu, *Basic Writings* (trans. Burton Watson, New York: Columbia University Press, 1966), pp. 39–41.
② 《墨子·非乐》，见王焕镳注：《墨子集诂》。《非乐》篇据说原有三章，现仅存两章，佚失一章。尽管如此，篇中所述的核心论点，几乎涵盖墨子在此领域的整个思想系统。另参阅孙诒让注：《墨子间诂》卷一，页 251—263。
③ 《墨子·非乐》。Cf. Mo Tzu, *Against Music*, in Mo Tzu, *Basic Writings*, p. 111.
④ 《墨子·非乐》。Cf. Mo Tzu, *Against Music*, in Mo Tzu, *Basic Writings*, pp. 111–112.

来源于税收，虚耗民财。统治阶层借此来娱乐自己，而被统治阶层却因此陷入困顿。①

此外，墨子认为音乐演奏与赏乐活动也导致人力物力的浪费。这主要表现在两个方面：一是音乐表演需要大量年富力盛者参与训练，这批人本应男耕女织，从事社会生产，但却因此贻误农时，耗费自己的时间和精力。二是乐舞表演讲究美貌美观，需要吃好穿好，这必然用资靡费，消耗社会物质财富。对此，墨子以具体事例为证，抨击好乐求美、好逸恶劳的靡奢之风。②

有鉴于此，墨子抨击赏乐行为，认为这将败坏世道人心。③ 按照墨子的结论，赏乐亦如作乐，也要浪费时间与精力，也会干扰国家政务，影响社会生产。举凡喜欢赏乐之人，大多会耽误自己的工作，疏忽自己的职责。一旦他们沉迷于音乐娱乐活动，就必然荒于嬉戏而误正业，忘乎所以而失正途。更为严重的是，这将会损害公益，影响民生，危及社稷，甚至导致国家衰亡。

（2）荀子倡乐与非墨

墨子思想中的消极功利主义，使其更加关注事物的实际功用性。如此一来，他就无法洞察人性的全面特征。颇具悖论意义的是，墨子虽然十分关切普通民众的福利，但却聚焦于人类的基本需求，忽视了人类其他高级需求，诸如审美需求或爱美需求等等。墨子由于一直关切衣食住匮乏所构成的"民之三患"，因此假定普通民众仅仅在乎衣食住而不在乎其他。结果，他自己为人类设定的规划，仅仅局限于追求这些物质需求的满足。这实则有悖于人的整体属性，有悖于人的不同层次需求。正因为如此，荀子在其《乐论》中，对墨子的"非乐"思想展开尖锐批评和有力反驳。

在荀子看来，"乐者乐也，人情之所必不免也，故人不能无乐……不

---

① 《墨子·非乐》。Cf. Mo Tzu, *Against Music*, in Mo Tzu, *Basic Writings*, p. 112.
② 《墨子·非乐》。Cf. Mo Tzu, *Against Music*, in Mo Tzu, *Basic Writings*, pp. 112-113.
③ 《墨子·非乐》。Cf. Mo Tzu, *Against Music*, in Mo Tzu, *Basic Writings*, pp. 114-115.

能不乐"①。情动于中而形于乐,其表现具有审美意味,其必要性超越人类生理存在的基本需求。举凡快乐之情,以艺术方式表现于音乐,不仅可与他人分享,还可进而激发听乐赏乐之人的快乐之情。因为,音乐富有魅力,令人欣然而乐,既诉诸感官,也感动于心灵。音乐作为引导和传导快乐体验的手段,有助于不同的人满足各自的不同追求。按荀子所言,观赏乐舞表演,君子乐得其道,小人乐得其欲;以道制欲,则乐而不乱;以欲忘道,则惑而不乐。然墨子却执意反对音乐,委实让人不得其解!②

有趣的是,墨子与荀子在如何富国与消除民困方面提出不同建议,并将各自的音乐观置于不同的语境之中。按照墨子所见,国贫与乱象是偏好制礼作乐的结果,因为制礼作乐定会耽误治国理政,干扰社会生产。故此,他十分关切如何满足民众的基本生活需求,执意要求节俭尚用,反对铺张浪费,并借此证明非乐的正当性和必要性。

荀子也赞同节俭的理念,认为这对国家富足是必要之举,同时还力荐"节用裕民,而善臧其余"③。他据此争论说,要实现这一目标,就需要恰当地循礼治国。在他看来,人类形成的社会,需要"群而有分",而非"群而无分"。为了确保民生,人类不可能不组成社会。如果组成的社会"群而无分",争端必然四起。如果争端四起,社会乱象必生。若果发生社会乱象,贫困必不可免。④

如何才能确保"群而有分"的社会呢?荀子认为,要以互补方式推行有效的礼乐实践,要以恰当的方式借用礼乐的功用。因为,社会的和谐,取决于人际关系的和谐。"群而有分",需要依照既定礼数进行社会分层。鉴于礼(礼节)主别异,乐(音乐)主致和,发挥礼乐互补性功用,将有助于建构"群而有分"的和谐社会。荀子继而宣称,针对社会物资匮乏所造成的民

---

① 《荀子·乐论》,安小兰译注,北京:中华书局,2019年,页207。
② 《荀子·乐论》。
③ 《荀子·富国》。Cf. Xunzi, *On Enriching the State*, in the *Xunzi*, trans. John Knoblock (Beijing: Foreign Languages Press, 2003), pp. 266-267.
④ 《荀子·富国》。Cf. Xunzi, *On Enriching the State*, in the *Xunzi*, trans. John Knoblock, pp. 272-273.

生困顿问题，墨子的相关教诲太过狭隘。这种"匮乏"现象并非天下不幸的共相，而只是墨子片面推论而生的特殊困境。因此，荀子断言，正是毅然决然"非乐"的墨子，才酿成天下社会混乱无序；正是推崇"节俭"的墨子，才导致天下民众贫穷困顿。荀子在此自称，他本人并非有意抨击墨子，而是墨子教诲的负面效果使他不得已而为之。①

（3）功用为美的分叉

在词源学上，汉语中的"美"字，被释为"从羊从大"②，由此衍生出关乎美膳与美味的"羊大为美"之说。这种物性的"美"，实指食用意义上的美好、惬意、愉悦或快感。在这里，将"美"字拆为"羊大"，用"羊大"来象征"美"，不仅表现出古代先民的初始性感官审美体验特征，反映出古代食物短缺生活中羊肉美味给人的特殊感受及其重要价值，而且也说明了"美"在中国古代文化与生存意识中的食用属性。这或许是食用为美的原初思想萌芽。但到了墨子以及荀子的时代，随着物质文明的发展，尽管保留了食用为美的流风遗韵（如美食、美酒、美器），但人们更多关注的是广泛意义上的功用为美及其产生的社会功能和情理效用。

在我看来，墨子崇尚经世济民的物质文明，偏好功用为美的价值判断，认定音乐无用无益、虚耗靡费、贻误农时、腐化人心。这一方面源自他抵制作乐赏乐的消极态度，另一方面源自他崇俭尚用的功利主义立场。《非乐》开篇伊始，墨子就阐明自己的观点，认为仁者的要务，在于追求振兴天下之公益，消除天下之公害，也就是应做有利于民众的事，不做无利于民众的事。举凡仁者，要以天下为己任，不应为了悦目之美、悦耳之乐、爽口之味、安身之逸而损害或剥削民众的衣食财产。③ 因此，墨子将功用性看作检验国策的唯一尺度，用来衡量包括作乐赏乐在内的所有活

---

① 《荀子·富国》。Cf. Xunzi, *On Enriching the State*, in the Xunzi, trans. John Knoblock, pp. 282-285.
② 许慎：《说文解字》，北京：中华书局，1963年。
③ 《墨子·非乐》。Cf. Mo Tzu, *Against Music*, in Mo Tzu, *Basic Writings*, p. 110.

动。其中的潜在缘由，在我看来就在于一种激进而消极的功利主义立场。墨子以此为基点，支撑其对普通民众衣食住行的深度关切。这一关切促使墨子将绝对优先性赋予满足民众的实际需求。为此，他坚信作乐赏乐有害于社会福利民生，有害于发展社会生产，有害于治理国家事务。

值得注意的是，尽管墨子对音乐持论严苛，但这并不是说他对音乐与其他优美事物的审美效应全无所知。实际上，对于佳乐、华服、美食与豪宅给人带来的审美愉悦与喜爱之情，墨子心知肚明。但是，他基于功用为美的主导原理，有意将人对优美、快乐与舒适事物的审美追求悬置起来，为的是实现他所热衷的高贵目的。该目的就是上法"圣王之事"，下中"万民之利"。据此，墨子总是优先考虑如何满足民众的基本物质需要，并将其奉为评判艺术和生活之审美享受的先决条件。他的这一论点，在《佚文》中再次得到证实。① 如其所言："食必常饱，然后求美；衣必常暖，然后求丽；居必常安，然后求乐。"②

荀子论乐，上承儒家的礼乐传统，反驳墨子的非乐偏见。但在音乐何为的问题上，荀子也像墨子一样，关注音乐的功用性，宣扬功用为美的理据，只是荀子的着眼点不在于满足人类的物质需求，而在于满足人类的审美、情理、人伦与精神等高级需求，这显然有别于墨子的狭隘立场。因此，可将荀子的功用为美音乐观，归于积极功利主义的范畴，纳入情理教育与协和人伦的领域。

需要指出的是，荀墨彼此对立的观点，实则与各自对音乐功用的认知密不可分。在他们的论辩中，两人都不约而同地夸大了音乐的功用和效果，看似都在倡导功用为美的基本理据，只不过墨子从物质公益出发，专注其负面功用，而荀子则从情理人伦出发，侧重其正面功用，这便导致功用为美的评判意识分为两途。如此一来，两人持论愈坚，夸饰愈甚，终将

---

① 《墨子·佚文》，见孙诒让注：《墨子间诂》，页653—659。
② 《墨子·佚文》，见孙诒让注：《墨子间诂》，页656。

各持一端，形如水火。①

值得注意的是，荀子的音乐观，显然基于古代礼乐传统的历史绵延，但他加以发展，将音乐与快乐等同视之。这种做法不仅体现出音乐的特定属性，而且影响了中国文化传统与民族心理。也就是说，这在审美意义上有助于推升音乐敏感性，在人类学意义上有助于重塑乐感文化，在本体论意义上有助于强化乐观主义精神。这三种性相，以相互交融的方式，汇入中国人的文化心理与人生哲学的深层结构之中。在实践中，音乐敏感性涉及音乐审美意识，也就是关乎音乐艺术功能、道德功能与社会功能的审美意识；乐感文化则使民族心态习惯于苦中作乐，在逆境中生存与奋进；乐观主义精神能使中国人成其所是，每次遇到重大危机与艰难困苦时，都永不畏惧，永不失望，永不言弃。如此一来，他们都会随时感知到任何难题的正反两面，都会随时准备应对不同情境中祸福相依的现实变量。因此，他们惯于居安思危，保持警惕。他们由此获得的实用智慧、忧患意识与替代方略，有助于应对所遇到的各种挑战或灾难。他们谙悉人生不易，深知人生就像三明治一样，人被塞夹在天地之间，因此在任何条件下或情境中，只能依靠自己，只能自力更生，只能效仿天地精神，或"自强不息"，或"厚德载物"。在这方面，中国人显然有别于基督徒，因为后者可依赖或求助于神的惠助与救赎。

4. 禅宗意趣与空灵为美

佛入华土，逐渐兴盛，后来流派滋生，禅宗属其一支。禅宗崇尚大乘空观（sunyate），力倡见性成佛，宣扬禅理感悟。禅宗的审美意识，与其宗教精神密切关联，可谓互为表里。就其审美意识而论，至少具有四大特

---

① Wang Keping, *Chinese Culture of Intelligence*（Singapore：Palgrave Macmillan & Foreign Language Teaching and Research Press, 2019）, p. 351.

质，即：诗性智慧，顿悟妙觉，禅意理趣，空灵为美。

（1）禅宗与禅理

有趣的是，佛教中的禅定（dhyana）观，在中国通过"禅"念，得到进一步阐释与传布。在"禅"传入日本后，其汉语发音"chan"就变为日语发音"zen"，继而流入英语词汇。后来衍生的禅宗，与其他流派相比，有助于大幅提升中国文化的玄学或形上维度。实际上，禅宗的出现，不仅涉及现存的儒家世界观，而且涉及现存的道家世界观。儒家世界观的典型表述是"天行健"与"生生之谓易"，道家世界观的独特表述是"逍遥游"与"乘云气，骑日月"。对禅宗而言，儒道世界观对于探求真正的般若本体，均留下诸多蛛丝马迹。① 譬如，禅并不否定中国传统思想流派所持守的感觉世界或感性人生，也不否定儒家所确认的现实世界或日常生活。儒家认为，道就在日常人伦之中。禅宗宣称，挑水砍柴，无非妙道。虽然各家论道自有所持观念，但儒家、道家与释家相对统一的看法是：道在日常生活过程中可循、可传、可识。因此，禅宗虽将儒道两家的超越性提升到新的关联性层次，但一触及内在的实践性时，就仍然会运作于中国的传统之内。所以说，禅宗在人类生存状况这一基本领域，继承和更新了中国传统思想。

禅宗作为大众教派，其重点谈论的禅，既不诉诸理性思维或盲目信仰，也不纠缠于有关物质或感性是否存在的争论；既不认真力求分析性的知识，也不着意强调打坐、冥想或苦行。相反，禅倡导无所不包的瞬间感悟。这种感悟就发生在日常领域的感性存在之中，而且与日常生活保持着直接的联系。正是在日常生活的普通感知里，人可超越现实，获得涅槃佛性。这里最有意义的一点，就是禅宗大师所追求的超越性，此乃从理论、哲学与情感角度所追求的形而上学的超越性。这一点对于世俗知识分子的心理结构产生了深刻影响，同时也对他们的艺术创作、审美趣味和人生态

---

① Li Zehou, *The Chinese Aesthetic Tradition*, p. 161.

度产生了深刻影响。①

（2）诗性智慧、顿悟与禅意

诗性智慧涉及禅偈的诗化表述。禅偈是一种和尚吟诵的诗歌，用来指涉个人体禅悟禅的结果。为了举例说明，这里且看六祖惠能大师的著名禅偈——

> 菩提本无树，明镜亦非台。
> 本来无一物，何处惹尘埃？②

此偈宣称，用来悟禅的菩提树与明镜台并不存在，身与心之间的分别也不存在。根据大乘空观，空即是色，色即是空。换言之，所有现象皆为虚幻而无实在。这就等于截断了渐悟可能性的逻辑，认定逐步修禅悟禅过程实属多余。在六祖惠能心目中，人人皆有佛性，需要各自彻悟，便可立地成佛。因为，一切皆空无，佛性乃一切。这意味着不要依赖外在之物去悟禅，否则就是自设坎陷，妨碍觉解。另外，也没有积落在明镜上的尘埃需要打扫。人只要直面自己的佛性，便可成佛，故在佛与我之间，无须去分别，应知佛即我，我即佛。惠能曾经得意地转告弟子：五祖教我，闻其言之后，我立刻彻悟，即见如来真性。因此，我的特殊任务，就是传布顿悟之教，以便让习禅者通过自省识得本性，立地成佛。③ 这一说辞，实则是"见性成佛"的理路。

与禅密切相关的理念，就是顿悟，亦称妙悟。这构成禅宗自身的一项指导原则。顿悟意指某种神秘的、难于言表的和非同寻常的东西，因此与个人的敏感能力与直觉力量密不可分。因此，顿悟的奥秘在于一念之间，

---

① Li Zehou, *The Chinese Aesthetic Tradition*, pp. 161-162.
② Huang Maolin (ed.), *The Sutra of Hui Neng* (Changsha: Hunan Press, 1996), p. 19.
③ Huang Maolin (ed.), *The Sutra of Hui Neng*, pp. 51-53.

在于某种无意识的、突发奇想的、释然纯净的感悟。在进入艺术创作时,这一原则类似于道家传统所倡的法则,那就是"无法之法,乃为至法"。艺术创作不同于逻辑思维或理性知识,并没有固定不变的推演法则或逻辑程序。顿悟的观念,丰富了中国人的文化心理或心理结构,促进了人们内在理性结构的新一轮变化与进步,其中涉及的非概念理解力与直觉智慧的要素,超出想象与感觉,且以某种方式同情感和意象融为一体,引导和塑造人类心理结构的发展。①

禅意的理趣尤为特别。禅宗强调"刹那间见永恒",强调通过感觉透悟精神超越,这便鼓励在流动不居的寻常现象中,见出永恒不变和原本宁静的般若本体。如此一来,便可进入一种精神境界,一种神秘的梵我合一的精神境界。在此境界里,人忘却自我,忘却外物,将自己的精神贯注于无限的宇宙之中。由此引致的禅意,隐含在诗境里。譬如:

> 空山不见人,但闻人语响。
> 返景入深林,复照青苔上。

这几行诗出自王维的《鹿柴》。其中所描述的每一景致,都是人所熟悉的物象,都处在寂静状态之中。诗里所述,静中有动,无中生意,空中蕴美,瞬间超越外相,彼此融为一体。正因为如此,人们便可在纷扰的现象界里看到本体,在瞬间的直观觉解中见出永恒。再者,诗中有画,画中有诗,既有助于人的心灵进入此情此景,也有助于人的精神与自然融合为一。借此,心灵放空,移情于自然之美。就诗境而言,这里呈现出"象外之象";就画境而论,这里展示出"诗里有画";就心理来看,这里看似充满情感但又似乎没有情感,实属悖论之境。实际上,这里所渗透的是禅意,是人与自然的融合,是以"无心""无思""无念"为特征。这意味着人在凝神观照中,进入天性放达与精神超越的境界。因此,尽管禅意内含宗教因素,但

---

① Huang Maolin (ed.), *The Sutra of Hui Neng*, p. 166.

在这里则可视为一种"非理性的审美观"。

按照李泽厚的观点,禅意可以说是一种发生在精神快乐层次上的审美愉悦。另外,禅意还是一种感性愉悦,在不离感性知觉的同时,又超越感性知觉。其对人生的直接性哲学领悟,来自这些感觉的升华与理性在其中的深度积淀。因此,禅意是本体性的。在我看来,对禅意的觉解,终究诉诸审美体验,诉诸在相关条件下的自我放达和凝神观照。另外,禅意也会滋生一种高标准,用来衡量诗歌创作的审美价值。这也正是王维的山水诗为何长期得到众人鉴赏和推介的原因。

(3)空灵为美的效应

源自大乘空观的空灵意象,代表看似空无但却意味隽永的意象,恰如早春返青的草色,远看绿黄近看无。在禅诗艺术中,空灵诗境乃是诗性智慧、顿悟与禅意的潜在融合结果。因此,空灵为美通常被视为禅诗与禅画的最高审美境界。

何以至此呢?在体禅过程中,人在欣然而乐的妙悟之际,会从绝对空无的视野出发,审视一切物象,进入空无之境,认定"空即是色,色即是空",由此把握般若真谛,实现圆融佛性。由此而生的空无即空灵之境,经常用诗化方式予以表达,其典型阶段有三。第一阶段是"落叶满空山,何处寻行迹"。这两行诗以隐喻方式示意在禅定联想中执意寻禅。践行者在此上下求索,试图找到悟禅的捷径,但却在急迫与困惑中四处游走,实际上是因为执意外求,终无所获。所问"何处寻行迹"暗含寻禅之人的内省功夫依然处于初级阶段,在此无法净心悟性。

于是,第二阶段的情境转化如下:"空山无人,水流花开。"这里,山野空寂静谧,但不乏活力魅力,一切都潜隐在流水之声、绽放之花里。此地,一切都自自然然,任物而行,象征承上启下的中间性禅修阶段。此时,涅槃之态尚未得以圆融,空灵之境尚存一定差距,因为寻禅者仍然持守法相,默认外在物象。有些人会因此假定,寻禅者已然进入某种禅定状态,但仅悟得禅意的部分真谛,就像某种"握手已违"的诗化意象。

最终，历经前面两个阶段，进而上达第三阶段："万古长空，一朝风月。"这意味在瞬刻之间，感知到宇宙的永恒存在，感知到人类演进的漫长历史。就时间而言，瞬间与永恒没有差异；就空间而论，合一与万物没有区别。对禅的至高认识，不仅存在于突如其来的启示或妙悟，也存在于直观感知与空灵体验。正是在刹那之间，悟禅者获得真正解放与精神自由。此时此地，他将自己投射到和谐寂静的大自然之中，既不分山水、日月、天地、昼夜，也不分现象与实存、内在与外在。他仿佛感到这一瞬刻似乎已经超越时空与因果，感觉到过去、现在与未来似乎三位一体，认为任何有意识的分别已然变得没有可能。实际上，此情此境，他已然无意进行分别，因为他既不知自己到何处去，也不知自己从何处来。不消说，这一切超过了自己与他者之间的人为界限，使自己与外界融合为一，彼此进入永存的合一之境。①

经由诸如此类的典型性顿悟体验，人就会进入空灵之境，即禅宗至高的审美境界。这一境界本身不仅融含在绝对的空灵之中，而且潜隐在玄妙、灵感与超越性之中。当下，空灵之境将有限的小我转化为无限的大我，将普通日常转化为非同寻常，将压抑转化为快乐，将必然转化为自然，从而上达梵我合一之境。总之，空灵之境最终使人生获得精神上的自由和审美上的艺术化。因此，禅修的过程被视为人生艺术化的过程，禅悟的结果被视为人生艺术化的结果，禅慧的本质被视为人生智慧的本质。这种智慧呼唤本心净化，要求回归自然。在优美而神秘的情境里，人会领悟到玄妙的禅意；在身边熟悉而普通的事物中，人会感知到诗性的魅力。②

在艺术实践活动中，空灵之境转化为空灵为美的原理，继而成为艺术创构的关键法则和艺术评价的衡量尺度。空灵之境一方面有利于人们以洞透方式凝照显现为空、静、奥、秘的表象，另一方面侧重于顿悟有限中的

---

① 李泽厚：《走我自己的路》，北京：三联书店，1986年，页392—393；另参阅李泽厚：《中国古代思想史论》，北京：人民出版社，1985年，页207—210。
② Wang Keping, "Poetic Wisdom in Zen Enlightenment," in Wang Keping, *Chinese Culture of Intelligence*, pp. 135-157.

无限、简朴中的深刻、瞬刻中的永恒。如此一来，人们就会凭借表现宇宙精神的象征性方式，凭借诗画、书法、音乐与山水园林的无限交流意志，提升或升华诸类艺术中超凡脱俗的向度。这不仅会丰富有意味的蕴涵，而且会拓展想象性的空间。因此，中国艺术家倾向于采纳"空故纳万境""有限中见无限""得意而忘言""言有尽而意无穷"与"虚实相生"等思想理念。结果，在艺术表现中，对空灵之境的凝照，是以见性成佛、诗性智慧、涅槃圆融与欣然禅悦等玄妙体验为特征，这会依次将形而上学的旨趣灌注到艺术作品、审美活动与生活体验之中。因此，举凡能够创构或鉴赏富有意蕴的空灵意象之人，就会在一朵花蕾里看出宇宙天地间的万象变化，就会在一片落叶中推知人生的衰变沉浮，就会在月印万川中窥视一与多之间的复杂关联。

综上所述，儒、道、墨、释(禅宗)诸家的传统审美意识，因循各自理路，形成不同特征。不过，它们的目的论关切，均不约而同地指向理想人格修养与审美敏悟能力相融合的艺术化人生。值得注意的是，儒家基于礼乐文化的传统，从内外兼修、情理平衡的角度，强调协和人伦的意义，持守中和为美的原理。道家基于道法自然的理念，从与天为徒、逍遥自在的角度，凸显法天贵真的精神，推崇自然为美的原理。墨家基于崇俭尚用的立场，从非儒非乐、保障民生的角度，抬高物质需求的地位，力倡功用为美的原理。禅宗基于大乘空观的思想，从妙觉禅意、顿悟佛性的角度，注重梵我合一的境界，标举空灵为美的原理。这四项原理作为主导性审美理据绵延至今，一直影响着中国人的鉴赏品味、审美体验、创作实践与艺术化人生。

二　孔子诗教思想发微[①]

当今中国发展现代教育的过程中，其所遇到的最大挑战之一，在于如何提升教育质量和学生整体的文化素质。为了解决这一问题，西方的通识教育或博雅教育(general education or liberal arts education)备受推崇，甚至被视为似乎可以包治百病的灵丹妙方。在中国教育界，为了提高教育质量，无人反对从其他现有资源或经验中借用积极而有效的思想或方法，然而，倘若采取"条条道路通罗马"的实用主义态度，我们可以求远，但无须舍近，置本土教育思想资源于不顾。有鉴于此，我们有必要重新审视儒家的传统教育理念，重新估价蕴含在"六艺"之学中的教育哲学思想。西方的通识教育发端于柏拉图所倡的"七科"（包括诗乐、体操、数学、几何、天文、和声学与哲学），成形于中世纪所设的"七艺"(seven liberal arts)（包括文法、修辞、哲学或辩证法、算术、几何、天文与音乐学）。古希腊"七科"模式的构想时间，与中国古代的"六艺"之学相近，大约在人类文明发展的"轴心时期"。所谓"六艺"之学，一方面涉及礼、乐、射、御、书、数等六种技艺，另一方面包括《诗》《书》《礼》《乐》《易》《春秋》等六部经典。本章将从人文素质和人格培养的角度，侧重论述孔子诗教思想中的相关要素。

在《春秋左传》和《论语》等"四书"中，赋诗、献诗、歌诗与引诗甚为频繁。诸如此类的历史文献表明，诗歌因其民俗、风情、政治、社会、审

[①] 此文译自英文稿"Confucius' Expectations of Poetry"，首次发表于《中国社会科学》（英文版）1996年第4期。后来经过补充，以"Confucius' Philosophy of Education through Poetry"为题，在2008年7月首尔第23届世界哲学大会上宣读于"中日韩哲学论坛"。

美和道德等内涵而盛行于古代中国。诗歌如此盛行的原因，主要在于它一般表现为三种特殊的话语形式，即社交、审美和伦理话语形式，各自均广泛应用于社会和教育等实践活动。故此，孔子所倡导的诗教思想，在很大程度上是基于"温柔敦厚"的原则对上述三种话语形式的探讨，其实际目的虽涉及诗歌解读与鉴赏之道，但主要强调社交活动中的"致用"与道德意义上的"修身"。

1. 独特的社交话语

古时，在饮宴与祭祀等重大社交场合，诗歌作为一种社交话语(social discourse)经常以配乐演唱形式被广泛应用。据《左传》所载，当时的文人士族，在日常会友、文化娱乐、论辩引证，特别是外交往来等礼仪活动中，惯于把诗歌当作彼此交流思想情感与价值观念的表现性媒介。按夏承焘的统计与说法，《左传》引诗，共134处，其中关于卿大夫赋诗的，共31处。他们有的拿诗来作为国与国之间交涉的辞令，有的拿它来作为官僚士大夫之间互相赞美、讽刺或规劝的工具，也有的拿它来作为揭发统治阶层的昏庸丑恶，为人民呼吁、控诉的政器。① 譬如，诗歌的外交用途可以通过《左传》所记叙的"郑六卿饯宣子于郊"等事例得以彰显。此事上溯至春秋时期鲁昭公十六年，即公元前526年，孔子当时约有25岁。席间，来郑国聘问的晋国使臣韩宣子请东道主"皆赋，起亦以知郑志"②。其意是说，特邀在座的郑国大臣吟唱几首诗歌，以便从中窥探对方的思想观念；这些思想观念不仅隐含着他们的生活方式，而且会表露出他们对待邻国的政治态度。对方每唱罢一首《诗经·郑风》中描写爱情的诗歌如《野有蔓草》《羔裘》和《褰裳》之后，韩宣子皆以应对的方式加以评论，以示自己的理解和欣赏。

---

① 参阅夏承焘：《采诗和赋诗》，见林叶连：《中国历代诗经学》，台北：学生书局，1993年，页23。
② 参阅《春秋左传》，见《四书五经》下册，天津：古籍书店，1990年，页451。

宴乐之声，盈盈于耳。郑国子游继而歌赋《风雨》，描写的是一位独守空房的夫人看到外出的丈夫顶风冒雨回家时的喜悦之情：

> 风雨凄凄，（风吹雨打冷清清，）
> 鸡鸣喈喈，（喔喔鸡儿不住声，）
> 既见君子，（盼得亲人来到了，）
> 云胡不夷。（心头潮水立时平。）
> ……

> 风雨如晦，（一天风雨黑阴阴，）
> 鸡鸣不已，（为甚鸡儿叫不停，）
> 既见君子，（盼得亲人来到了，）
> 云胡不喜。（喜在眉头笑在心。）[①]

曲终，另一位郑国大夫子旗紧接着唱起《有女同车》，该诗歌颂了新婚的姜家女子之美：

> 有女同车，（姑娘和我同乘车，）
> 颜如舜华。（脸儿好像木槿花。）
> 将翱将翔，（我们在外同遨游，）
> 佩玉琼琚。（美玉佩环身上挂。）
> 彼美孟姜，（姜家美丽大姑娘，）
> 洵美且都！（确实漂亮又文雅。）
> ……

[①] 本节所有引诗及其译文均引自许渊冲英译《诗经》（汉英对照版，长沙：湖南出版社，1994年）。

其后，另一位在座的郑国上卿子柳接着唱起《萚兮》，描写的是丰收喜庆之时年轻女歌手邀请同伴载歌载舞的动人场面：

  萚兮萚兮，（草皮儿，树叶儿，）
  风其吹女。（好风吹你飘飘起。）
  叔兮伯兮，（好人儿，亲人儿，）
  倡予和女。（领头唱吧我和你。）
  ……

歌赋至此，宴会气氛感人，其乐融融。国宾韩宣子通过聆听东道主唱和的诗歌，领略到了对方友善的意向。作为回应，他对所选唱的那些适宜这一外交场合的诗歌倍加赞赏，借以表达自己的欣快与感激之情，同时向他们赠送作为友谊标志的礼物——马匹，并以共鸣与答谢的方式，向东道主吟唱起颂诗《我将》：

  我将我享，（我奉上祭品于明堂，）
  维羊维牛，（用这肥牛与肥羊，）
  维天其右之。（因为老天保佑它。）
  仪式刑文王之典，（善用文王的典章，）
  日靖四方。（天天谋求安四方。）
  ……

合乎时宜或社交场合的歌赋表演必然会产生这样的结果：和谐的氛围更加浓厚，相互的理解与欣赏更为加深，彼此的友谊得到巩固，维护和平的共同愿望得到加强，等等。《春秋左传》中所记载的类似活动，证实了陈景磐教授的下述见地："吟唱的诗歌务必适合相关的情景，这一点至关重要。这些诗歌应能表达选唱者的意愿，与此同时，还要免伤其他在场人士的情怀。如果选唱的诗歌不当,通常会导致国耻或国难。"①这就是说,在当时的外交场合,双方以歌互答是一种特殊的交际或沟通方式。这不仅要求吟唱者精通诗歌乐律,而且要善于遴选、随机应变。所吟之诗既要表达歌者的意趣,也要免伤听者的情怀,借此取得皆大欢喜的效果。此时此地,吟唱诗歌能否达到应景作和、流畅自如的境界,便具有重大的政治、社交或外交意义。因为,选唱诗歌不当,往往会影响主客情谊或邦交关系,甚至"导致国耻或国难"。如鲁成公二年,晋齐两国在鞍地交兵,晋胜齐败,齐宾媚人作为使节与晋人谈判,其间引诗折服晋人,结果使对方深受感动,化干戈为玉帛,不仅使晋不以齐国母后为人质,同时还使齐国免于其他灾殃。再如鲁僖公二十三年,重耳流亡到秦国,贤臣赵襄助重耳赋诗应对得当,终于获得秦国相助,重返旧土。相反,鲁襄公二十七年和二十八年,齐国庆封出使鲁国,赋诗时因不知相鼠、茅鸱,结果贻笑大方,有伤国格。鲁襄公十六年,齐国高厚出使晋国,因赋诗不伦不类,几乎酿成战祸。上述正反两类例证在《左传》中为数不少。

　　需要指出的是,诗歌作为一种特殊的社交话语形式,具有多种用途,如用于外交或谈论、写作或吟唱、公开或私下、随意或正式等等不同的场合与活动。当然,适用诗歌的最好方法就是从中推绎出一定的思想或原理,随后再用来针对特定的情景。不消说,有些推绎结果多为读者或歌者主观所加,可能远离诗歌作者的原意,但在当时人们并不过于拘泥,而是惯于借用诗歌的含蓄性或隐喻性来满足特定场合中社会话语交往的需要。这恐怕也是中国文人历来追求"言外之意""弦外之音"或"象外之旨"的文化传统使然。其实,在《论语》里,孔子以推导或演绎之法来解释诗歌亦有多处。譬如,子夏引用《硕人》一诗中的几句问孔子:"'巧笑倩兮,美目盼兮,素以为绚兮。'何谓也?"孔子回答:"绘事后素。"子夏继而问道:"礼后乎?"孔子高兴地夸奖道:"起予者商也!始可与言《诗》已矣。"(《八佾》)孔子也曾以类似的方式鼓励过他的学生子贡,因为后者在读诗时善于

---

① Chen Jingpan, *Confucius as a Teacher*(Beijing: Foreign Languages Press, 1990), p.329.

从字里行间体会言外之意，进而能达到"温故而知新"的境界。不可否认，孔门阐释诗歌的方法，乍一看去确有牵强附会之嫌。然而，如果参照儒家将美等同于内在的雅致与朴素性而非人为的修饰性这一观念，那么，从内在的逻辑上讲，上述那种引申式的解释也就不难理解了。确切地说，诗中所言的"素"，象征着那位女士天生的丽质，这对她的外在美具有本质意义。同样，在中国绘画中，"素"的背景对附丽其上的"绘"，具有相映成趣的本质意义和虚实相生的动态美学特征。内修的"仁"对外修的彬彬之"礼"亦然。由此可见，就理想的人格而论，孔子尽管一直强调内外双修或平衡发展，但似乎更注重内修或内在之美。

鉴于诗歌作为一种特殊社交话语形式的实际价值，孔子竭力勉励他的学生研习《诗经》，其主要目的有二：一方面旨在使他们于特定的社交场合恰如其分地用诗来应景作和，另一方面旨在提高他们的鉴赏能力和讲话艺术。这当然涉及另外两个原因：一是就方法言，即从诗歌中推绎出某些隐含的思想观念，然后将其应用于特定的话语交往或外交场合之中；二是就目的论，孔子意在通过教育来培养一批合格胜任的政治家，在当时，有关诗歌的知识与实用技巧则是为政者从事外交等活动的重要条件之一。因此，孔子告诫门徒，学《诗》是必修之课，是做人或修身的必要素材。如《论语》所载：

  子谓伯鱼曰："汝为《周南》、《召南》矣乎？人而不为《周南》、《召南》，其犹正墙面而立也与！"（《阳货》）

  陈亢问于伯鱼曰："子亦有异闻乎？"对曰："未也。"尝独立，鲤趋而过庭。曰："学《诗》乎？"对曰："未也。""不学《诗》，无以言。"鲤退而学《诗》。（《季氏》）

不过，学《诗》或熟读《诗经》，与以各种恰如其分的方式来充分用《诗》相比，也只是诗教的初阶而已。诚如孔子所言：

诵《诗》三百，授之以政，不达；使于四方，不能专对。虽多，亦奚以为。(《子路》)

显然，孔子倡导学《诗》的目的在于"学以致用"，即"用"于促进个人的修养和维护社稷的利益。这与孔子想把大部分弟子培养成合格有用的政治家的教育目的密切相关。

2. 多重性的审美话语

据称，传至今日的《诗经》是在采集大量古代民歌民谣的基础上，由孔子本人选编修订而成。这部诗集按照音乐风格与类型划为四大部分，即"国风""小雅""大雅"和"颂"。"国风"篇主要反映普通大众的劳动生活与思想感情（如喜怒哀乐和男欢女爱等等）；"小雅"篇主要反映贵族阶层的生活方式，同时指陈他们的某些过失；"大雅"篇主要记叙史实，反映古代君王的生活；"颂"篇意在歌颂赞美王室祖先的丰功伟绩，启发后人对祖先的崇拜（也就是在实用意义上把他们的祖先奉为政治的表率）。要知道，在孔子以前，诗歌通常被视为历史、政治或宗教的文献记载，而非纯然的艺术作品。到了孔子那个时代，诗歌才被赋予双重职能：一是当作历史文献，用于陶养理智与学问；二是当作艺术作品，用于审美与道德教育。换言之，由此开始，诗歌不仅被视为与政治、伦理与历史相关的知识源泉，而且被当作有益于修身养性、陶情冶性的艺术作品。

鉴于其审美价值，诗歌在个人修养中发挥着不可或缺的根本作用，而个人修养的目的在于实现个体生活中的最高理想之一，即成为"君子"或培养"君子"型的理想人格。孔子曾强调指出，这种人格修养"兴于诗，立于礼，成于乐"。因为，一般说来，诗歌是凭借描述内在与外在的体验来表达情感的。诗歌可读，可诵，可唱，可供鉴赏，人们可以刨根问底，从中发掘出诗歌作品的寓意，从中得到某种启示，而且还会被其中表现出的人文精神与价值观念（如对善恶的爱憎、对苦难的同情等等）所感染、所陶冶或深深打动。这就是说，诗歌本身作为一种潜在的引导，有助于激发读者的审美体验，并借此增进自己的道德修养，确立自己的志向，坚定自己修身的决心。正是鉴于诗歌的审美功能与艺术功能，孔子教诲他的学生说：

> 小子何莫学夫《诗》？诗，可以兴，可以观，可以群，可以怨。迩之事父，远之事君；多识于鸟兽草木之名。（《阳货》）

儒家的诗学观大多源自孔子的这一论断。显而易见，孔子意在教授他的学生如何研习诗歌这种审美话语形式。但在实践中，这一论断结果成为指导诗歌创作以及文学创作的总体原理。譬如，明朝思想家李贽（1527—1602）就曾断言："孰谓传奇不可以兴，不可以观，不可以群，不可以怨乎？"[①]这就是说，除了诗歌之外，像传奇或小说故事之类的文学形式也可以"兴、观、群、怨"。

若对孔子这段诗论细加分析，就会发现其中至少包含七层意思，均在不同程度上关涉孔门诗教的基本宗旨。第一，诗具有"可以兴"这一特性，不仅能够丰富人的想象力，而且能够通过生动鲜活、富有寓意的联想性意象感发和升华人的情思意趣。第二，诗具有"可以观"这一功能，不仅能够提高人的观察力，而且能够反映或再现人类的生存状况与生活方式，并且使人们通过观照分析而形成良好的判断力与洞察力。第三，诗具有"可以群"这一品质，不仅能够凭借情感价值对人产生一种潜移默化的作用，而且能够使人通过双向交流（即读者与作者以及诗中所刻画的人物之间）的方式达到理解人和协调人际关系的目的。第四，诗负有"可以怨"这一使命，除了有助于人们掌握讽刺艺术来揭示人类面临的问题之外，还能引发人们

[①] 北京大学哲学系美学教研室编：《中国美学史资料选编》下册，北京：中华书局，1981年，页130。

对社会现实问题的反思与批判。第五，诗歌在伦理层面有益于培养人们的孝心，此乃诗歌道德教化的必然结果。第六，《诗经》中展现和融含着久远而深刻的文化传统与历史意义，那么，诗歌在政治层面有助于树立一种建功立业的使命感，练就一套服侍君王的外交技巧，这种技巧主要表现在一种以赋诗为主要形式的应景作和的能力之上。第七，诗歌在认知层面则有助于识别鸟兽草木的名称与种类等等。汉代以来的一些研究《诗经》的学者，如陆玑、毛晋、徐雪樵等，对其中的草木鸟兽虫鱼和动植物做过疏要与图鉴，[1] 认为所涉的种类名目相当繁盛，不亚于一部古代博物志。

行文至此，我们需要对诗歌的基本功能——兴、观、群、怨——做进一步的阐释。事实上，上述四个功能也是构成诗歌这一特殊审美话语形式的基本要素。

（1）诗可以兴

在汉语中，"兴"一词至少有两层含义：一是就诗教的效应论，意在"感发志意"（朱熹语），引人向善；二是就诗歌创作的方法言，表现为一种"托事于物"[2]的修辞技巧，即借助诗歌的联想性从相关的意象或比喻中引申出一种意思。

具体说来，"感发志意"旨在通过审美体验使心灵得到净化、使精神得以升华。这种体验往往以某种情感的宣泄为特征，以高扬实现至高生命形式的志向为结果。在此过程中，诸如审美知解、审美想象和审美观照等心理因素将产生协同作用。《诗经》中的"颂"，是为古代圣王的祖先歌功颂德的，意在启发后人对祖先的崇拜，激励他们以列祖列宗为表率治国安邦、建功立业，因此具有一种"感发志意"或激励后世的效用。譬如，"周颂"中的《烈文》一诗，实为周成王的即位诰书或祷文：

---

[1] 毛晋撰：《毛诗草木鸟兽虫鱼疏广要》，上海：商务印书馆，1936 年；陆玑、徐雪樵：《诗经动植物图鉴丛书》，台北：大化书局，1977 年。
[2] 胡经之主编：《中国古典美学丛编》上册，北京：中华书局，1988 年，页 282。

烈文辟公，（有功有德的诸侯，）

锡兹祉福。（祖宗给我幸福这么大。）

惠我无疆，（对我恩情无穷尽，）

子孙保之。（子子孙孙保有它。）

无封靡于尔邦，（莫贪财，莫奢侈在你的国家，）

维王其崇之。（对天王呀，要尊重他。）

念兹戎功，（想着这些大功劳，）

继序其皇之。（继承的人呀，要光大它。）

无竞维人，（万事莫如得人强，）

四方其训之。（四方的人就学习他。）

不显维德，（道德显明真荣光，）

百辟其刑之。（诸侯们就模仿他。）

於乎，前王不忘。（啊啊！祖宗亦忘不了这些事呀。）

可见，"颂"是可以"兴"的。情感上引起共鸣、志意上得到启迪、精神上产生升华的后世读者或歌者，想必会效法先王，修德养才，倾力为政，建功立业，列于先贤。

另一方面，"兴"作为一种诗歌创作的修辞手段，据孔安国所释，意在"引譬连类"；按朱熹所说，旨在"先言他物以引起所咏之词也"。① 简而言之，"兴"这种手法就是以诗的方式来描写物象、创造意象。随后，在品察观照这种意象时，它能够激发起人们的想象，进而使其感悟到特定语境中的寓意。当然，"兴"的目的最终在于通过陶情冶性来净化人的情感世界，提升人的精神境界。而以"兴"为手法所描写的景物，由于其本身的比喻与象征意义，也确有唤起人的情思意趣的妙用。属于"魏风"的《硕鼠》一诗，就是一个范例：

---

① 胡经之主编：《中国古典美学丛编》上册，页281。

硕鼠硕鼠，（大老鼠呀大老鼠，）
无食我黍！（不要吃我种的黍！）
三岁贯女，（多年辛苦养活你，）
莫我肯顾。（我的生活你不顾。）
逝将去女，（发誓从此离开你，）
适彼乐土。（去那理想新乐土。）
乐土乐土，（新乐土呀新乐土，）
爰得我所！（才是安居好去处。）
……

不难看出，诗中描写的"硕鼠"是具有象征意义的，即象征那些专事剥削普通农夫或劳动人民以养肥自己的地主老财或贪官污吏。而"乐土"则喻示人们想象中的理想国或乌托邦。这种描写在效果上自然会引起读者对剥削者的批判与对被剥削者的同情。可见，此诗包含着一种绝妙的讽喻，其联想作用与政治道德说教融为一体。

另外一个广为人知的例子是选自《周南》的《桃夭》一诗：

桃之夭夭，（茂盛桃树嫩枝丫，）
灼灼其华。（绽开鲜艳粉红花。）
之子于归，（这位姑娘要出嫁，）
宜其室家。（和顺对待您夫家。）
……

在周朝时期，青年男女习惯于在桃花盛开的春天举行婚礼。阅读《桃夭》这首婚嫁之歌，我们发现其中没有对新娘的直接描写。相反，首先映入眼帘的是桃花盛开的生动意象，这不仅喻示着男婚女嫁的黄金时节，而且也喻示美丽的青春年华。实际上，这种貌似桃花的比喻，已经含蓄而生动地将新娘的袅娜妩媚之态表现了出来。日后唐诗中"人面桃花相映红"一句恐怕源于此典。

总之，诗"可以兴"，是诗之本然。诚如宋人葛立方所言，"自古工诗者，未尝无兴也。观物有感焉，则有兴"①。关于"兴之本"，宋人郑樵有言："夫诗之本在声，而声之本在兴，鸟兽草木乃发兴之本。"②正是由于广泛采用这些"引譬连类"的"发兴之本"，诗歌中充满了多义性，或者像意大利美学家德拉-沃尔佩所说的那种"有机的多义语境性"（organic polysemous contextuality）。③另外，清朝黄宗羲还曾补充说："其意句就境中宣出者，可以兴也。"④所有这些论断，显然可从上述几例中得到佐证。

（2）诗可以观

"观"在古汉语中一方面意指看、观察或观赏，另一方面意指显示或反映。从其语境来看，诗"可以观"若按郑玄的解释，主要是指"观风俗之盛衰"，⑤也就是反映或再现不同历史阶段社会习俗惯例的沉浮变化或兴亡交替。如此一来，在诗歌的原创过程中，必然会探讨和审视社会环境与人类生存条件，必然会关切与揭示作为社会存在的人的道德状况与心理状态。概言之，在《诗经》中，《周南》与《召南》侧重于反映古代中国人的家庭生活；《郑风》与《陈风》多为情歌，表现的是人民大众的爱情故事；而《小雅》与《大雅》则侧重描述贵族和君王的生活。

譬如，在《宾之初筵》一诗中，人们会看到这样一种景观：

宾之初筵，（来宾入座开宴席，）
左右秩秩。（宾主谦让守礼节。）
……

---

① 胡经之主编：《中国古典美学丛编》中册，页326。
② 胡经之主编：《中国古典美学丛编》中册，页372。
③ 德拉-沃尔佩：《趣味批判》，王柯平、田时刚译，北京：光明出版社，1990年，页196—224。
④ 北京大学哲学系美学教研室编：《中国美学史资料选编》下册，页214。
⑤ 北京大学哲学系美学教研室编：《中国美学史资料选编》下册，页214。

钟鼓既设,(钟鼓乐器都齐备,)
举酬逸逸。(往来敬酒杯不绝。)
……
龠舞笙鼓,(执龠起舞笙鼓响,)
乐既和奏。(众乐齐奏声铿锵。)
……
宾之初筵,(客人入席叫声请,)
温温其恭。(态度温雅又恭敬。)
……
宾既醉止,(客人已经喝醉了,)
载号载呶。(又是叫来又是闹。)
乱我笾豆,(打翻杯盘和碗盏,)
屡舞僛僛。(跌跌撞撞把舞跳。)
是曰既醉,(还说这是喝醉酒,)
不知其邮。(糊里糊涂不害臊。)
侧弁之俄,(头上歪戴鹿皮帽,)
屡舞傞傞。(疯疯癫癫跳舞蹈。)
既醉而出,(如果喝醉就出门,)
并受其福。(大家托福都叫好。)
醉而不出,(有的醉了不肯走,)
是谓伐德。(那就叫作缺德佬。)
饮酒孔嘉,(宴会喝酒本好事,)
维其令仪。(只是要有好礼貌。)
……

这首诗以嘲讽的笔调,把周幽王时代王公贵族的淫奢生活表露得淋漓尽致。周室衰微,王朝没落,而当权者却整日花天酒地、穷奢极欲。诗中的描写生动翔实、惟妙惟肖、寓意含蓄,表面上是在责陈有伤大雅的醉酒丑态,实质上是在抨击腐败现象。因此，在任何时候读来，都不乏其警世之音。

在《大雅》中，从开篇《文王》到终篇《召旻》，所记载的历史事实和所反映的君王生活，均与周室王朝的兴衰关联在一起。从字里行间可以见出，形若史诗的《文王》《大明》之类，显然是为周室先王歌功颂德的；而《瞻卬》与《召旻》之类，无疑是苛评周幽王的罪责过失的。不难看出，《大雅》的编排次序及其记叙的历史过程，确如一面识别兴衰的镜子，从中可以汲取各种有益的启示与历史的经验教训。这正应了朱熹在解释诗"可以观"时所下的断语："考见得失"。

不过，要对"观"这一概念做出充分的解释，就不能忽视其蕴含的审美层面。诗歌与其他艺术门类一样，都必然涉及审美意义上的鉴赏力或凝神观照。按照中华文化传统，"观"作为一种方法，一般是从审美和伦理的视角出发，应用于评价和鉴赏艺术作品、自然山水与人格品质等等。根据诗"可以观"的界说，诗人本身通常会在诗歌创作的运思过程中，以审美和批评的态度来审视、观照和评判相关的题材。具有审美意识和审美敏感性的读者（或歌者），在经历或体验诗歌中所表述的内容时，也会从事相应的审美观照与评判活动。在此意义上，诗"可以观"亦可理解为诗作为一门艺术，是可供审美观照与欣赏的对象。诗歌的这一职能不仅能满足人的审美需求，而且能提高人的鉴赏力和陶冶人的情操，因此与艺术教育密切相关，历来深受重视。孔子之所以断言君子型的人格修养"兴于诗"而"成于乐"，是有其深远的历史根源的。据《左传》所载，鲁襄公二十九年，吴国公子季札作为外交使节到鲁国进行访问，其间，应鲁国主人之邀"观于周乐"。这里所谓的"乐"，实指为《诗经》中的"风""雅""颂"诸篇特谱的伴奏或伴唱音乐。每当鲁国的乐工演唱完一段歌曲后，季札于聆听之余，心有所动，神有所感，总是情不自禁地感叹称赞一番，借以表明自己的理解力和鉴赏力。譬如：

  使工为之歌《周南》、《召南》。曰："美哉！始基之矣，犹未也。然勤而不怨矣。"……为之歌《齐》。曰："美哉！泱泱乎，大风也哉！

表东海者，其大公乎！国未可量也。"为之歌《豳》。曰："美哉，荡乎！乐而不淫，其周公之东乎！"……为之歌《魏》。曰："美哉，沨沨乎！大而婉，险而易行，以德辅此，则明主也！"……为之歌《小雅》。曰："美哉！思而不贰，怨而不言，其周德之衰乎，犹有先王之遗民焉！"为之歌《大雅》。曰："广哉，熙熙乎！曲而有直体，其文王之德乎！"为之歌《颂》。曰："至矣哉！直而不倨，曲而不屈，迩而不逼，远而不携，迁而不淫，复而不厌，哀而不愁，乐而不荒，用而不匮，广而不宣，施而不费，取而不贪，处而不底，行而不流。五声和，八风平，节有度，守有序，盛德之所同也。"……①

显而易见，季札对诗歌的鉴赏，是有感而发，不仅从审美角度来评价其曲调、旋律、风格与形式，而且从伦理角度来审视其教化功能，从政治角度来判断其社会意义。这在当时的文人士族看来，是习以为常之事。

（3）诗可以群

泛而言之，汉语"群"一词，含"聚集，会合"之意。诗"可以群"，取其广义，亦指孔安国所谓的"群居相切磋"，同时还包括朱熹所言的"和而不流"特质。用时髦的话说，诗"可以群"是指诗歌作为一种特殊的审美话语，能够提供或者创设某种双向交流沟通或对话的契机，即通过其中所描写的人物事件来启动思想情感的交流，以期取得相互间的理解，增进相互间的友善，建立相对和谐的人际关系。古时，在各种社交场合（如祭祀、饮宴、外交等等礼仪性的场合），诗"可以群"的功能，正是凭借吟唱作和、评点应对的方式，在营造友好气氛和协调人际关系方面表现得尤为突出。前文所述的诗歌的外交用途，足以说明这一点。

具体地说，诗"可以群"的功能，还表现在以下两个方面：一是形式意义上的"群"，二是内容意义上的"群"。所谓形式意义上的"群"，也就是

---

① 参阅《春秋左传》，见《四书五经》下册，页400—401。

诗歌音乐形式所表现出的"从和"或"聚合"功能。我们知道,《诗经》在古代是配有音乐、可供演唱的东西。《国风》160 篇多为当时流行的民歌民谣,《小雅》74 篇多为西周贵族专用的宴乐,《大雅》31 篇多为朝廷用于庆典的乐章,而《颂》40 篇则多是用于宗庙祭祀的赞歌。因此,在孔子看来,诗歌在其表现形式意义上与音乐等同,两者皆"从和",以"和为贵",内有平和心神、怡情悦性之效,外有协调家庭关系、社会人伦之用。实际上,孔门所推崇的"雅颂之声",本身就涵盖着音乐与诗歌。

所谓内容意义上的"群",则是指诗中思想内容所倡导的"群"。在《小雅》中,许多诗篇是以期盼国泰民安为主题,标举家庭和睦、手足之情、亲友欢聚等人伦价值观念的。当然,有的是直接称颂"群"的意义的,譬如《常棣》所述:

> 丧乱既平,(乱事平定之后,)
> 既安且宁。(日子过得安宁。)
> 虽有兄弟,(这时虽有兄弟,)
> 不如友生。(又不如朋友相亲。)
> 傧尔笾豆,(陈列竹碗木碗,)
> 饮酒之饫。(饮宴心足意满。)
> 兄弟既具,(兄弟今日团聚,)
> 和乐且孺。(互相亲热温暖。)
> 妻子好合,(夫妻父子相亲,)
> 如鼓瑟琴。(就像琴瑟谐调。)
> 兄弟既翕,(兄弟今日团聚,)
> 和乐且湛。(永远欢乐和好。)
> ……

有的是描写如何率先垂范的,譬如《鹿鸣》所记:

呦呦鹿鸣，（野鹿呼伴呦呦鸣，）
食野之芩。（在那野外吃黄芩。）
我有嘉宾，（我有许多好宾客，）
鼓瑟鼓琴。（招待他们鼓瑟琴。）
鼓瑟鼓琴，（招待他们鼓瑟琴，）
和乐且湛。（大家快乐能尽兴。）
我有旨酒，（我有佳肴和美酒，）
以燕乐嘉宾之心。（使客快活乐在心。）

当然，也有的是侧重婉言规劝的，譬如《伐木》所言：

伐木丁丁，（砍起树木铮铮响，）
鸟鸣嘤嘤。（林中鸟儿嘤嘤唱。）
出自幽谷，（鸟儿本从深谷出，）
迁于乔木。（飞来迁到高树上。）
嘤其鸣矣，（鸟儿嘤嘤啼不住，）
求其友声。（呼朋引伴声欢畅。）
相彼鸟矣，（看那鸟儿是飞禽，）
犹求友声。（尚且求友不断唱。）
矧伊人矣，（何况我们做了人，）
不求友生？（难道朋友不来往？）
神之听之，（天神听说人相交，）
终和且平。（会赐和平降吉祥。）
……

顺便提及，诗歌与音乐作为儒家"礼乐文化"的重要组成部分，在发挥"群"的职能以创造和睦融洽的气氛和交流切磋的契机中，意在唤起人的情感、陶冶人的性情与改善人际关系。这一切均离不开"仁"这个潜在的动因。孔子宣称："仁者，爱人。"此乃"仁"的要义。基于"仁"的原则，应当高扬积极的团体精神和建设和平的社会环境，于是，需要充分利用"寓教于乐"的诗歌，在个体身上激发和培育"仁"的思想意识与自觉。另外，"群"的观念也期望人们确立一种社会责任感、使命感和协作精神。中国人大多喜闻乐见社会意义上的人伦和谐与亲和风尚，这与人们赋予诗歌的历史文化职能以及诗歌本身所追求的终极目的是不无联系的，或者说，是与儒家诗教的潜移默化作用分不开的。

（4）诗可以怨

据孔安国所释，诗"可以怨"意指"刺上政也"。这显然失之偏颇。事实上，诗歌之"怨"可以从广义上划为两类：一是针对社会政治，二是针对心理情感。前者侧重批判社会政治生活中有悖"仁道"的种种弊病，表现人们的怨愤与忧思，目的在于曝光或揭露，在于引起社会的关注和促动相应的矫枉举措。一般说来，社会问题包罗万象，譬如道德败坏、政治丑闻、争权夺利、腐败堕落、昏庸无能、实施暴政、剥削压迫与嫉贤妒能等。所有这些在《大雅》中表露得尤为明显。读《民劳》与《板》等篇，我们看到的是对社稷民生之困境的揭示和抨击：

  民亦劳止，（人民劳累真苦死，）
  汔可小康。（要求稍稍喘口气。）
  惠此中国，（国家搞好京师富，）
  以绥四方。（安抚诸侯不费力。）
  无纵诡随，（别听狡诈欺骗话，）
  以谨无良。（不良之辈要警惕。）
  式遏寇虐，（制止暴虐与劫掠，）
  憯不畏明。（不惧坏人手段强。）
  ……

（《民劳》）

上帝板板，（上帝发疯不正常，）
下民卒瘅！（下界人民要遭殃！）
出话不然，（话儿说得不合理，）
为犹不远。（政策订来没眼光。）
靡圣管管，（不靠圣人太自用，）
不实于亶。（光说不做真荒唐。）
犹之未远，（执政丝毫没远见，）
是用大谏。（所以作诗劝我王。）
……

天之方虐，（老天正在生怒气，）
无为夸毗。（你别这副奴才相。）
威仪卒迷，（君臣礼节都乱套，）
善人载尸。（好人闭口不开腔。）
民之方殿屎，（人民痛苦正呻吟，）
则莫我敢葵。（对我不要妄猜想。）
丧乱蔑资，（社会混乱国库空，）
曾莫惠我师。（抚恤群众谈不上。）
……

（《板》）

在《瞻卬》和《召旻》等篇中，我们看到的是对社会混乱、目无王法、强取豪夺、结党营私、政府昏庸、国家衰亡的控诉和哀怨：

孔填不宁，（天下久久不太平，）
降此大厉。（降下大祸真不轻。）
邦靡有定，（国家无处有安定，）

士民其瘵。（戕害士人与庶民。）
……

罪罟不收，（滥罚酷刑不收敛，）
靡有夷瘳。（生灵涂炭无止境。）

人有土田，（别人如有好田地，）
女反有之。（你却侵占归自己。）
人有民人，（别人田里人民多，）
女覆夺之。（你却夺来做奴隶。）
此宜无罪，（这些本是无辜人，）
女反收之。（你却捕他不讲理。）
彼宜有罪，（那些本是有罪人，）
女覆说之。（你却开脱去包庇。）
……

(《瞻卬》)

旻天疾威，（老天暴虐又疯狂，）
天笃降丧。（把这多灾祸向下降。）
瘨我饥馑，（饥饿叫我们致病伤，）
民卒流亡。（老百姓们尽流亡。）
我居圉卒荒。（灾荒一直蔓延到边疆。）
天降罪罟，（老天降下了法网，）
蟊贼内讧。（坏蛋内部闹嚷嚷。）
昏椓靡共，（七嘴八舌做事不像样，）
溃溃回遹，（乱七八糟的放荡，）
实靖夷我邦。（真想把国家来覆亡。）
……

我相此邦,(我看看这个国家,)
无不溃止。(不会不遭遇危亡啦。)
……
胡不自替?(为啥自己不退让?)
职兄斯引。(一个劲儿营私又结党。)
……

(《召旻》)

心理情感作为诗"怨"的另一范畴,侧重于描绘形形色色的个人生活体验、不同形式的恩爱情恨感受与烦恼压抑的思绪心态等等,主要目的在于表白、传达或宣泄。此类心理情感的范围甚广,如失意、孤独、埋怨、愤懑、遗憾、绝望、焦虑、受挫等均在其中。《国风》中有不少诗歌,就是以"比兴"的手法描写闺怨或离愁别恨的。譬如《雄雉》:

雄雉于飞,(雄雉起飞向远方,)
泄泄其羽。(拍拍翅膀真舒畅。)
我之怀矣,(心中怀念我夫君,)
自诒伊阻。(自找离愁空忧伤!)

雄雉于飞,(雄雉起飞向远方,)
下上其音。(忽高忽低咯咯唱。)
展矣君子,(一心悬念我夫君,)
实劳我心。(苦思苦想心难放。)
……

当然,也有表现忧国忧民的焦虑之感、发出怨天尤人的呐喊的。如《黍离》:

彼黍离离,(看那小米满田畴,)
彼稷之苗。(高粱抽苗绿油油。)
行迈靡靡,(远行在即难迈步,)
中心摇摇。(无限愁思郁心头。)
知我者谓我心忧,(知心人说我心烦忧,)
不知我者谓我何求。(局外人当我有要求。)
悠悠苍天,(遥遥远远的老天啊,)
此何人哉!(是谁害我离家走!)
……

如果说,《国风》中所流露出的诗"怨"还比较间接、比较委婉的话,那么,相形之下,这种诗"怨"在《小雅》中则表现得更加直接、更加强烈,而且更具有广泛的社会意义。如《北山》《蓼莪》与《四月》等篇所述:

溥天之下,(普天之下,)
莫非王土。(哪一处不是王土?)
率土之滨,(四海之内,)
莫非王臣。(谁不是王的臣仆?)
大夫不均,(执政大夫不公不平,)
我从事独贤。(偏教我独个儿劳碌。)
……
　　　　　(《北山》)

南山烈烈,(南山崎岖行路难,)
飘风发发。(狂风呼啸刺骨寒。)
民莫不穀,(人人都能养爹娘,)
我独何害。(独我服役受苦难。)

......

(《蓼莪》)

滔滔江汉,(长江汉水浪滔滔,)
南国之纪。(总揽南方小河道。)
尽瘁以仕,(鞠躬尽瘁为国家,)
宁莫我有。(可是没人说声好。)
......
山有蕨薇,(山上一片蕨薇菜,)
隰有杞桋。(低地杞桋真不少。)
君子作歌,(作首诗歌唱起来,)
维以告哀。(心头哀痛表一表。)

(《四月》)

显然,这种诗"怨"已经到了欲罢不能、非陈不可的地步。我们常说"愤怒出诗人",其实,忧伤也出诗人。此乃"诗言志"与"诗言情"的本体性使然。不过,据孔子之见,诗"怨"应当依照"仁道"而行,应当有益于社稷民生。这样,立辞务必讲究诚信,抒情务必讲究真切,论德务必追求升华。否则,诗歌就有可能沦为单纯的文字游戏,一种无助于提升人的精神境界,并且失去审美教育价值的文字游戏。故此,孔子鄙视花言巧语、矫揉造作之类的东西。据《论语》所载,他本人就曾告诫自己的学生说:"巧言令色,鲜矣仁。"(《学而》)另外,还发出"恶利口之覆邦家者"(《阳货》)这样的警世之叹。

如上所述,诗"可以兴,可以观,可以群,可以怨",构成了诗歌这种审美话语的基本特质。这四种审美功能之间的关系诚如王夫之所言:"于所兴而可观,其兴也深;于所观而可兴,其观也审。以其群者而怨,怨愈不忘;以其怨者而群,群乃益挚。出于四情之外,以生起四情;游于四情之中，情无所窒。作者用一致之思，读者各以其情而自得。"①可见，此"四情"虽有分野，但应视为互动性整体。其中，"兴"为根本，因为涉及诗歌艺术的典型特征及其艺术效果。诗歌如果不能感人动人，不能"兴发志意"，也就不能产生什么共鸣或引起什么审美反应了。舍此，其他功能自然也就无从谈起了。比较而言，"兴"与"怨"更富有感性色彩，重在表现和激发人的情思意趣；"观"与"群"则更具有理智倾向，重在借助审美观照与反思来促成其社会与道德效应。总之，这四者会对人的思想品格产生潜移默化的效用，因此可以用来协助完善人格、发展"迩之事父，远之事君"的能力。在此意义上，孔子诗教的目的也可以说是为了实现"政通人和"的理想。

3. 双向式的伦理话语

孔子历来注重"君子"这一理想人格的培养。这种人格需要在"文"与"质"两大方面得到平衡的发展。也就是他本人所说的："质胜文则野，文胜质则史。文质彬彬，然后君子。"（《雍也》）一般来讲，此处所谓的"文"，象征外在的修养或文饰，以知书达礼与儒雅博学为基本特征。相反，"质"则代表内在的修养或本质，以朴实诚挚等品格德性为基本特征。前者通过"博学于文，约之于礼"而得，后者通过持之以恒的伦理教育和依循仁道而成。在君子人格的生成过程中，作为儒家教育经典之一的《诗经》起着非常重要的作用。这是因为诗歌除了作为特殊的社交与审美话语形式之外，还是一种特殊的伦理话语形式。

如前所述，鉴于诗歌的外交用途及其"兴、观、群、怨"等功能，孔子十分重视诗歌的社会效应和审美效应。但他深知诗歌对人的伦理道德的影响，

---

① 王夫之：《姜斋诗话》，见北京大学哲学系美学教研室编：《中国美学史资料选编》下册，页292—293。

因为具有潜移默化作用的诗歌有助于把强制性的"礼法"内化（internalize）为自觉自愿的要求。这样，最终就有可能实现个人与集体、社会秩序与社会稳定之间的协调关系。要达此目的，孔子认为诗歌有多重作用。具体地说，诗歌中的"雅""颂"部分作为历史文献，可使人了解与周礼相关的祭祀活动及其政教意图，继而致知达礼；作为社交话语，可使人提高文化修养，善于言谈交流，表达情思意趣；作为审美话语，可使人情理和谐、悦志悦神，净化心灵；而作为伦理话语，则可使人尽去杂念邪想，醇和道德本性。因为，"《诗》三百，一言以蔽之，曰：'思无邪。'"（《为政》）

"思无邪"源自《诗经·鲁颂》中的一首名为《駉》的颂诗，主要是用来赞美鲁公的。先是说他"思无疆"（深谋远虑），接着又说他"思无期"（思虑到家），随之又说他"思无斁"（不倦思虑），最后则说他"思无邪"（思虑正道）。孔子以此作为结语来表明《诗经》的主题，可谓"一以贯之"的方法论使然。这条原则随后便成为"儒家衡量文学价值的政治尺度"（冯友兰语）。从文本与语境分析的结果来看，据说是由孔子编选修订的《诗经》，的确贯穿着"思无邪"的道德伦理准则。而且，孔子实际上更倾向于从伦理而非政治角度来衡量诗歌或文学的价值。因此，他习惯于把诗歌与道德问题联系起来，尽管两者最初并无多少瓜葛。这恐怕是诗歌为何在孔子倡导的诗教中占有如此重要地位的基本缘由。另外，《诗经》中描写男欢女爱的情歌不少，若从思想内容上讲什么"思无邪"，难以从逻辑上令人信服。因此，所谓"思无邪"，也可以认为是就《诗经》的欣赏方法而言。或者说，它在更大的程度上是表明一种伦理化的审美态度。后文（《朱熹的道德化诗学观》）将就此进行专门阐述。

值得注意的是，诗歌作为伦理话语，务必符合孔子本人设定的标准，那就是，诗歌必须符合"乐而不淫，哀而不伤"的原则。据此，孔子认为《关雎》堪称诗歌的典范，这当然是从其音乐的旋律和格调上讲的。但从其诗歌意象和含义上看，这首描写爱情的民歌也同样是上述原则的最佳体现。

第一部分　诗学与传统

　　关关雎鸠，（鱼鹰儿关关和唱，）
　　在河之洲。（在河心小小洲上。）
　　窈窕淑女，（好姑娘苗苗条条，）
　　君子好逑。（哥儿想和她成双。）
　　……

　　不难看出，从描写鸟欢过渡到喻示人恋，既活泼自然，又含蓄有致。此歌共分五节。首节如上，写人美人爱；次节写相恋到了荇菜漂浮水面的夏季；第三节写男方思念女友而夜不能寐的恋情；第四节写秋采荇菜、迎娶新娘的安排；末节写佳偶天成、喜结伉俪的婚庆。歌中对青年男女恋情的表现不仅十分巧妙，而且很有分寸，毫无渲染或沉溺于庸俗情欲的痕迹。譬如，对于单相思的描写：

　　求之不得，（追求她成了空想，）
　　寤寐思服。（睁眼想闭眼也想。）
　　悠哉悠哉，（夜长长相思不断，）
　　辗转反侧。（尽翻身直到天光。）

恋爱者的确思念心切，犹如迫不及待的相思病患者。但也只不过是到此程度而已。感情淳朴节制，没有淫僻之嫌。相应地，对喜结良缘的婚礼描写也很适度：

　　参差荇菜，（水荇菜长长短短，）
　　左右芼之。（采荇人左拣右拣。）
　　窈窕淑女，（好姑娘苗苗条条，）
　　钟鼓乐之。（娶她来钟鼓喧喧。）

　　此处的"钟鼓"，是表示婚庆时的礼乐表演的。作为婚礼的组成部分，

"钟鼓"通常用来创造欢快的气氛、恭贺新婚的美满、称颂新娘的美貌。不过，这种欢快的气氛作为"乐"的表现，把握处理得相当适度，毫无过分铺张之弊。顺便提及，《关雎》一诗，不仅是具体表现诗歌这一伦理话语形式之原则的典型，而且也是显示礼乐文化教育之宗旨的范例。至此，我们或许才能明白《关雎》一诗为何列于《诗经》篇首的真正意味。

值得注意的是，孔子是在论及情感表现时提出"乐而不淫，哀而不伤"这一原则的。他显然反对过分的渲染，推崇适度的做法。因为，他深知有必要节制诗歌与音乐中的情感表现。如若放任自流，那必然会走向极端，必然会导致纵欲的负面后果：或是淫奢无度的享乐主义，或是多愁善感的伤感主义。此两者均应得到节制，均应设法避免，否则会危害人生，有损人类的尊严，同时有碍于道德人格的正常而有理性的发展。可见，

> 孔子在"乐而不淫，哀而不伤"的原则里意识到了艺术所表现的情感应该是一种有节制的、社会性的情感，而不应该是无节制的、动物性的情感。这个基本的思想使得中国艺术对情感的表现在绝大多数情况下都保持着一种理性的人道的控制性质，极少堕入卑下粗野的情欲发泄或神秘、狂热的情绪冲动。①

究其本质，我们认为这一特征源自"中庸之道"，或者说，是将"中庸之道"运用于诗歌创作中的情感表现方式的结果。有鉴于此，艺术作品中所表现的因素，如感性愉悦与伦理需要、本能冲动与理性追求、情感宣泄与道德良知等，务必达到对立统一的"中和"境界，务必服务于艺术教育的终极目的，即有益于人格的平衡和谐发展。在这里，孔子倡导的"过犹不及"的思想原则，可以被理解为"中庸之道"的一种外延。同样，朱熹之所以将诗"怨"释为"怨而不怒"，似乎也是从"中庸之道"推演而来，但其比较明显的意向在于为了维系社会秩序与稳定而避免在诗"怨"中使用过激的

---

① 李泽厚、刘纲纪主编：《中国美学史》第一卷，北京：中国社会科学出版社，1984 年，页 150。

批评言辞。

不消说，孔子所本的"中和"原则，对艺术创造来讲可谓一种悖论。也就是说，由于该原则把对乐与哀之类情感的过度表现或表现不足都视为败笔，这便给诗人出了一道难题，束缚了他的艺术表现和创造能力，犹如给舞蹈者戴上脚镣手铐一般。实践证明，要在艺术作品中取得中和或有节制的情感表现效果绝非易事，这种原则常使艺术家处于两难抉择的困境，极大地妨碍了艺术个性的充分发挥及其表现。然而，这一传统而悖谬的艺术原则在今天看来，于一定程度上仍不失其借鉴或参照意义，特别是在当下一些诗歌沦为荒诞的暴力话语形式（譬如"谋杀，是摘一朵荷花。谋杀后，花儿拿在手里，无可替代……"等）或颓废的色情话语形式（譬如"躺下把双腿叉开，好上来表演武术……"等）的语言狂欢时代。这两种话语形式显然沉湎于揭示那种病态的心理与成了问题的现代"文明"，醉心于将异化了的、危机四伏的人类生存状况非人化。于是，在有些诗人的笔下，人纵欲成性，"就像一头洗刷干净的野兽，从背后进行交媾……"（A. D. Hope 语）目前，在物质与文化享乐主义泛滥之处，类似的行为倾向的确在一定范围内和一定程度上腐蚀着社会的道德风气，毒化着人们的灵府良知。充斥在现代某些诗歌中的怪诞、恐怖与色情意象，容易给读者一种压抑和绝望的印象，仿佛这个世界完全覆盖在一张荒芜、淫奢与无望的裹尸布下。故此，我们以为，对孔子诗教或诗学思想的重估，是有一定现实意义的。这样兴许有助于我们理智地认识现存的社会文化心理与问题，有助于缓解或克服片面性，即表现在各种现代艺术和人生领域里的、因所谓的性解放运动所导致的片面性。这种重估，在具体实践中，与孔子"温故而知新"（《为政》）的教诲是一致的。

综上所述，诗教的宗旨在于培养"温柔敦厚"的品质。这实际上是孔子所关注的如何塑造君子这一理想人格的一个重要侧面。因此，孔子赋予诗歌以社交、政治、审美、伦理与致知等一系列职能。按照他本人提出的标准要求，"文质彬彬，然后君子"。这就是说，君子必须外修于文，内修于质，内外平衡发展方能构成完满的人格。在部分程度上，达此目的有赖于诗歌这种特殊的，集历史、政治、社交、审美、伦理与致知等功能于一体的话语形式。但究其本质，君子这种理想人格的深层结构，取决于孔子所倡导的"仁学"基质。

三　孔子与柏拉图论乐①

　　卡尔·雅斯贝斯(Karl Jaspers)断言："从社会学角度看，孔子与柏拉图之间存在相似之处：孔子败走卫国，柏拉图败走舒拉古；孔子开办学校旨在培养未来政治家，柏拉图创立学园也出于同样目的。"②如果我们考察和比较所谓"轴心时期"的历史状况，就会发现雅氏所言不虚。不过，这是一个极其宏大的话题，非区区一文所能论证。这里仅侧重孔子(前551—前479)与柏拉图(前427—前347)的相关论述，探讨两人如何把(音)乐视为艺术教育的首要泉源。③ 这种教育不仅涉及审美意识与敏感力，而且涉及德性修养与公民品格。

　　据相关文献和历史记载，孔子与柏拉图不但喜爱音乐，而且还能演奏乐器。鉴于音乐有多重功效，他们都不约而同地坚信：作为一种融诗、乐、舞为一体的综合性艺术形式，④ 音乐既有助于修身养性，又可满足其

---

① 本文原以英文撰写，收入罗伯特·威尔金森主编的《比较美学新论》一书(参阅 Robert Wilkinson ed., *New Essays in Comparative Aesthetics*, Newcastle: Cambridge Scholars Publishing, 2007, pp. 89-108)。此文由研究生林振华君从英文译为中文。鉴于两种文字在思维与表达上差异甚大，本文作者在译文基础上进行了较大的修改与补充。
② Karl Jaspers, *The Origin and Goal of History* (London: Routledge & Kegan Paul, 1952), p. 5.
③ 在孔子与柏拉图时期，华夏之"乐"与希腊之 *mousike* 有某些共同之处，其与"诗"和"舞"组成三位一体的关系。因此，论"乐"在一定程度上等同于论"诗"论"舞"。有鉴于此，有的西方古典学者将古希腊文中的 *mousike* 一词译为意指"诗乐"或"乐诗"的 music-poetry。另外，在古希腊，*mousike* 一般表示文学艺术的总称。这里为了行文的方便与阅读的习惯，将其译为"乐"或"音乐"。
④ 王柯平：《论古希腊诗与乐的融合——兼论柏拉图的乐教思想》，见《外国文学研究》2003年第5期，页132—139；另参阅《礼乐诗互动关系疏证》，见王柯平：《走向跨文化美学》，北京：中华书局，2002年，页182—194。

他需要,其多重功效不仅体现在心理、审美与道德方面,还见诸教育和政治领域。在相关的阐释与分析过程中,我们会看出这两位代表中西传统的思想家在运思与评判中的异同之处。

1. 心理效应

据《论语》记载,孔子在造访齐国期间,曾欣赏到《韶》乐,该乐之美令其"三月不知肉味",于是发出如此感慨:"不图为乐之至于斯也。"①由此可见,孔子对音乐具有相当高的鉴赏力与感受力,而这一体验本身也彰显出音乐对听众心境的影响力。音乐的这种心理效应,通常细致入微、直入灵府。如儒家经典所言:"夫声乐之入人也深,其化人也速"②,"故乐也者,动于内者也……乐极和"③。因此,当听到自己喜欢的《韶》乐时,孔子陶醉于其中,在平和悠扬的音乐之中感动振奋不已。据孔子回忆,《韶》乐是圣人统治者舜的遗响流韵,具有多种优点,譬如"温润以和,似南风之至。其为音,如寒暑风雨之动物,如物之动人"④。这种感觉,同聆听"《雅》《颂》之声,志意得广"⑤的效果如出一辙。这里,音乐对人的心理影响,实际上是一种移情作用(emphatic effect),即聆听者将自己感入音乐之中,忘却了肉体上的种种欲求,上达一种无关利害或少私寡欲的志得意满之境。

音乐的心理效应至少表现在两个方面:一是感染听众的心灵,相关效应亦如上述。二是反映作曲家和演奏者的心态,这是因为"乐者,音之所由生也,其本在人心之感于物也。是故其哀心感者,其声噍以杀;其乐心

---

① 《论语·述而》。相关史实表明,孔子谈论的是自己听乐时如痴如醉的经历或体验。
② 《荀子·乐论》。
③ 《礼记·乐记》"乐化篇"。
④ 孙星衍编:《孔子集语》卷五《六艺下》,上海:上海古籍出版社,1993年,页37。
⑤ 《礼记·乐记》"乐化篇"。

感者，其声啴以缓；其喜心感者，其声发以散；其怒心感者，其声粗以厉；其敬心感者，其声直以廉；其爱心感者，其声和以柔。六者，非性也，感于物而后动"①。按照这种说法，音乐的起源似乎可以归结为如下方程式：物+心+声＝乐。这表明，音乐表现与内在情感之间关联密切，或者说，人们之所以制作音乐，是因为可用音乐这一艺术媒介来表现和反映自己的感情和思想。实际上，"钟鼓之声，怒而击之则武，忧而击之则悲，喜而击之则乐。其志变，其声亦随之。故志诚感之，通于金石，而况人乎？"②"钟鼓"是中国古代音乐演奏的打击乐器，在此泛指所有乐器。由于"金石"是古代乐器的制作材料，这里也成了音乐本身的象征。在上述引文中，心与乐的交互作用显而易见。另外，这种作用，可用一段孔子的逸闻予以说明。据说一日，孔子鼓瑟，其弟子曾参（约前505—前436）和子贡（约前520—？）侧耳倾听。弹奏完毕，曾参慨叹："夫子瑟声殆有贪狼之心、邪僻之行，何其不仁趋利之甚？"子贡进屋，面见孔子，复述曾参所言。孔子听后，又惊又喜，称赞其为"贤人"和"知音"，并就此解释道："乡者，丘鼓瑟，有鼠出游，狸见于屋，循梁微行，造焉而避，厌目曲脊，求而不得，丘以瑟浮其音。参以丘为贪狼邪僻，不亦宜乎！"③这表明孔子所见与所感，动于心且形于乐，直接影响他演奏的指法、过程乃至艺术效果。同时也表明，曾子听其声而知其音，从孔子的音乐演奏中能够辨识其心境与念想。这一故事，虽为趣谈，但却能说明音乐特有的心理作用，并使中国读者容易联想到俞伯牙与钟子期弹奏和鉴赏《高山流水》一曲的历史传闻。

在柏拉图的对话录中，曾有多处论及音乐的心理作用。譬如，在《理想国》里，柏拉图认为音乐的心理效应与其生成相关。同体操一样，音乐的产生是人根据自己的心理需要释放感情或情绪的表现。柏拉图如此描述音乐的演变过程：起初，当人不如意时，只会无节奏地狂呼乱叫；后来，

---

① 《礼记·乐记》"乐本篇"。
② 《孔子家语·六本》，北京：北京燕山出版社，1995年；另参阅孙星衍编：《孔子集语》卷五《六艺下》，页35。
③ 孙星衍编：《孔子集语》卷五《六艺下》，页35。

他们偶然学会了手舞足蹈，借以表达相关的情绪；最终，他们变得成熟起来，并在司艺神祇(包括阿波罗、缪斯、狄奥尼索斯)帮助下，培养起和谐感与节奏感。结果，经过反复实践，他们能踩着节奏，使用和声，舞动身体。前者成为音乐艺术，后者成为舞蹈艺术。①

音乐形成以后，既可沁入人心，对听者产生心理影响，亦可增进修养，助听者塑造品性人格。作为城邦卫士教育计划中蒙学阶段的必要部分，良好的音乐训练要比其他科目更为有效，因为其节奏与和声，能够浸入年幼的心灵深处，在那里牢牢生根，建构德性的生长基因。如果人在年幼时受到不良音乐的习染，其结果就会适得其反，也就是说难以形成健康的品格。这种情况类似于古训"染于黄则黄，染于苍则苍"所说的。因此，举凡受到良好教育的人，若时时听到合适的音乐，就会潜移默化，培养自己真正的趣味，学会如何区分善恶。如此一来，他们将乐于与善为伍，把善纳入自己的心灵，使自己成为良善而高尚的人。与此同时，他们会公正地谴责恶而弘扬善。相反，举凡受到不良教育的人，若时时沉湎于靡靡之音，那就会败坏自己的品味，腐化自己的德性，沦为纵情声色之徒，最终导致人格的扭曲。② 如果从心理学角度看，音乐的最佳功效至少取决于两个要素：其一是选择适合高尚目的的音乐。若要培养维护群体利益的卫士，所学音乐的内容就必须有利于道德健康，其旋律务必优美和谐。其二是选择接受教育的时间。事实证明，接受教育越早，效果就越好。音乐训练好似饮酒，可以让饮者的心灵如熔融火焰中的锻铁，越来越柔软，越来越年轻。这样，就可以趁热打铁，利用不同类型的音乐铸造不同类型的人格。

---

① Plato, *Laws*, Book II, 653d-e, 672-673, in Plato, *Complete Works*, ed. by John M. Cooper, Indianapolis: Hackett Publishing Company, 1997.
② Plato, *Republic*, 401d f., in Plato, *Complete Works*; *Laws*, 673.

2. 审美价值

谈到音乐的心理效应，我们自然而然地会想到其审美功能。实际上，孔子在齐国聆听《韶》乐时陶醉其中的愉悦经历，还可以被理解为审美移情作用所产生的结果。我们不妨就此推测，正是音乐带来的快乐让孔子"三月不知肉味"。在《论语》中，孔子谈及鲁国乐师挚演奏《关雎》时引人入胜、和谐动听的场面，就此兴致勃勃地称赞道：挚的演奏"洋洋乎，盈耳哉"①。这一反应体现出音乐特有的审美价值，涉及快乐、魅力与和谐等审美特质的综合表现。另外，孔子还比较了《韶》乐和《武》乐，认为《韶》乐"尽美矣，又尽善也"，《武》乐则"尽美矣，未尽善也"。② 这里，我们可以用艺术批评的一般术语来加以说明：所谓"尽美"指的是形式，所谓"尽善"指的是内容。而孔子对《韶》乐与《武》乐的不同评价，也只是相对而言，其本意是希望音乐的形式与内容都能够达到尽善尽美的理想境界。如果研究一下孔子对生活志向的态度，我们会惊喜地发现他对歌唱艺术有着特殊的爱好。据《论语》记载，一日孔子与众弟子座谈个人理想。尽管他肯定那些志在出将入相的学生，但却最欣赏曾点的如下应答："莫春者，春服既成，冠者五六人，童子六七人，浴乎沂，风乎舞雩，咏而归。"对此，孔子慨叹"吾与点也！"③认为曾点的志向与自己不谋而合。这显然超乎俗流，意在追求一种以精神洒脱和自由自在为特征的艺术化生活方式。

这里，首先值得注意的是，音乐如何靠快乐、魅力与和谐等特质打动并影响听众的问题。孔子已然认识到音乐艺术的这些特质，历代儒家思想的继承者也沿袭他的观点。例如，荀子就一再重申："夫乐者，乐也，人情之所必不免也，故人不能无乐。乐，则必发于声音，形于动静，而人之

---

① 《论语·泰伯》。
② 《论语·八佾》。
③ 《论语·先进》。

道，声音、动静、性术之变，尽是矣。故人不能不乐，乐则不能无形，形而不为道，则不能无乱。"①同样，《乐记》也强调指出："欣喜欢爱，乐之官也"，"故曰，乐者乐也"。② 不过，从道德意义上讲，音乐产生的快乐务必符合正道，免于惑乱，契合君子品性，协调善的意志与好的情感。

其次，对音乐形式与内容的区分也至关重要。尽管人们普遍认为，孔子对美的形式与善的内容的关系的看法是一而二，二而一，但我认为孔子式的区分仍有助于肯定形式的必要性和凸显内容的相对独立性。一般说来，孔子的音乐"美学"，很大程度上是以其"仁"学为基础的。所谓美的形式，除了歌者悦耳的嗓音与舞者优雅的舞姿之外，还要求其始终与和谐的韵律密切配合，要求其具备"声之饰"的"文采节奏"。③ 若从审美的角度来看，艺术化的人生境界在很大程度上根植于音乐的欣赏与价值，这样的人生境界，如同政治生活中的最高成就——修身、齐家、治国、平天下——一样，都是孔子所倡导与追求的目标。

同孔子一样，柏拉图也敏锐地意识到音乐的审美价值及其对青年的潜在影响。他确信音乐能带来娱乐，可产生快感。他本人虽是一位不折不扣的道德理想主义者，但并不因此而反对一切快感，尤其是"没有痛苦"或"富有魅力"的快感。④ 不过，在他看来，快感具有多种形式，譬如，味道与希望给人的纯粹快感，某些对人既无益处也无坏处的无害快感，等等。当然，音乐作为一门模仿艺术，在呈现这些快感时势必有所局限，既有所为也有所难为。因此，音乐的优劣与否，不应以其产生快感的多寡作为衡量标准。柏拉图建议说，对待像痛苦与悲伤这样的情感，应当有所控制或适当节制，而不是尽情放纵或不管不顾，否则就会泛滥、失"度"（metresis）而走极端，对人有害而无益。这便是他用于音乐与诗歌的"适

---

① 《荀子·乐论》。
② 《礼记·乐记》"乐论篇"，《礼记·乐记》"乐象篇"。
③ 《礼记·乐记》"乐象篇"。
④ Plato, *Republic*, 584; *Laws*, 667.

宜"(suitability)原则或"中和"(moderation)原则。① 另外，柏拉图还区分了必要与非必要两种快感。② 他认为必要快感是人性所欲求的那种有益的必需品，不应遭到压抑。换言之，这种快感是人性当中不可或缺的部分，有助于培养人的高贵精神。相反，非必要快感是可有可无的东西，如果沉湎于这样的快感，不仅损害身体，而且腐化心灵。

在《理想国》里，柏拉图依据心灵三要素（即理性、欲望与精神）和三种人格类型（即爱智慧者、爱荣誉者和爱利益者），试图将快感分成三类。然而，在具体分析时，他仅区分出感官快感与精神快感两类。前者涉及感觉与情绪，其特点是转瞬即逝，易变粗俗，远离真实，接近心灵的低级部分；后者涉及理性或理智，其特点是不断学习或努力求知，远离名利与粗俗，接近真理与智慧。③

正是基于这一模式，人们可以正确地认识音乐之美。④ 相比其他模仿类艺术，音乐的名气更大，更需要加倍呵护。音乐的结构务必求美，但首先务必求真，因为在任何情况下，音乐之真居先，音乐之美随后。同样，当柏拉图指出"音乐的目的"在于培养"对美的爱"时，他所说的"美"可以自然而然地被感知为真理之美、智慧之美与德性之美。尽管有多种的含义，但音乐之美仍不失其专有的审美特质，如典雅的风格、和谐的曲调、美好的节奏与丰富的表现力等等。这些特质都取决于一种简朴（simplicity）原则。这里所谓"简朴"，主要是指"一种基于头脑缜密和品行高尚的真正意义上的简朴性，而不是指一种用来表示愚蠢行为的委婉用语"。⑤ 在柏拉图看来，音乐中的简朴性可孕育心灵的节制，体操中的简朴性有助于身体的健康。相反，无论音乐中还是体操中的复杂性，都会滋生情感的放纵与身体的疾病。⑥ 有鉴于此，简朴原则也被用于选择乐器和曲式。结果，在

---

① Plato, *Republic*, 402e, 603e-604e; *Laws*, 792-793, 818.
② Plato, *Republic*, 558-559.
③ Plato, *Republic*, 581f.
④ Plato, *Laws*, 668-669; *Republic*, 403c.
⑤ Plato, *Republic*, 400e.
⑥ Plato, *Republic*, 404e.

柏拉图所描述的理想城邦里，音乐的简朴之美被奉为音乐的理想之美。为了确保这种理想之美，他仅允许使用里拉琴和竖琴，仅倡导演奏简朴的乐曲，至于其他像三角多弦琴或风笛一类乐器，则连同复杂的音阶、音步与五花八门的韵脚，一起被打入冷宫，弃之不用。这种偏颇的做法，是千百年来柏拉图音乐美学思想屡遭诟病的因由之一。如今看来，尤其是比照西方音乐艺术与演奏形式的巨大发展成果来看，柏拉图当初提出的那些"清规戒律"，显然是武断强制、幼稚可笑的。

3. 道德功能

从上述可见，音乐的审美价值与道德作用有诸多重叠之处，这在古代尤其如此。一般说来，音乐的审美价值是其艺术价值的一种变种，主要表现在音调、和声、节奏、旋律、风格、舞姿以及文辞等艺术性因素对听众情思意趣的吸引与感动等方面。相比之下，音乐的道德功能更多地表现在音乐的精神所产生的陶情冶性作用，也就是对人的情操、德性、思想与言行所产生的影响、范导或教育作用。

在孔子看来，音乐的目的是帮助人们陶冶情操和教化民众，与礼教形成相辅相成的互补关系，于是断言"移风易俗，莫善于乐。安上治民，莫善于礼。是故圣王修礼文，设庠序，陈钟鼓，天子辟雍，诸侯泮宫，所以行德化"[1]。其实，在强调礼乐教化的儒家思想传统中，对音乐道德功能的重视极具代表性，相关的说法也颇为多见，譬如"礼以修外，乐以修内""乐由中出，礼自外作"等，这一方面表明礼（典章制度）的外在强制作用，另一方面推举乐（音乐歌舞）的内在感化效应。具体到《乐论》和《乐记》等儒家经典文本，音乐与道德的密切关系，更是显而易见。据其所论，音乐入人也深，化人也速，可善化人心，可移风易俗，故此，古代帝王办学设

---

[1] 孙星衍编：《孔子集语》卷五《六艺下》，页35。

乐用以教育青年才俊，期望乐教在范导人心与修身养性方面时时发挥作用。这主要是因为包括舞蹈在内的音乐表演，具有"寓教于乐"的妙用，是"人情之所不能免"的艺术，可使受教育者在志向品味和言行举止方面得到熏染与提高，因为常"听其雅颂之声，而志意得广焉；执其干戚，习其俯仰屈伸，而容貌得庄焉；行其缀兆，要其节奏，而行列得正焉，进退得齐焉"①。

当然，作为"德之华"的"乐"，其要务在于"治心"，在于培养"易直子谅之心"，因为此心"生则乐，乐则安，安则久，久则天，天则神。天则不言而信，神则不怒而威"。② 如此一来，人心欢乐平和，社会长治久安，天地人神各得其位，各司其职，有大美而不言，有大威而不怒，彼此和合与共，其乐融融。如若不然，就会因小失大，由此滋生的不满之情或粗野之行，势必殃及德性修为，导致人心不古。诚如《乐记》所言："心中斯须不和不乐，而鄙诈之心入之矣。外貌斯须不庄不敬，而易慢之心入之矣。"③再者，听众之于乐，各得其所益，"君子以好善，小人以听过。故曰：'生民之道，乐为大焉。'"④这就是说，音乐的群众性甚为广泛，不同阶层与不同爱好的人，通过欣赏音乐，可以自得其乐，自取其需，从而使音乐成为大众审美娱乐与道德修养的重要途径。因此，认识音乐的这种作用颇为重要。另外，既然音乐有助于调节身心和培养操守，那就有必要熟练掌握这门艺术，借助其特有的魔力，实现以美化善的目的，最终使人变得温柔敦厚、怡然自得、文明礼貌。由此可以得出这样的结论：音乐本身功能多样，其中最重要、最微妙、最不可或缺的是潜移默化的伦理教化作用。反过来，这一作用势必为音乐设定道德准则，即要求音乐引人向善，提升道德修为，育养君子人格，而不是追求娱乐，利用声色来迷惑人心、放纵人情，将人引入歧途。

---

① 《礼记·乐记》"乐化篇"。
② 《礼记·乐记》"乐化篇"。
③ 《礼记·乐记》"乐化篇"
④ 《礼记·乐记》"乐象篇"。

正是由于上述道德原因，孔子倡《雅》《颂》之音而废《郑》《卫》之声。在他看来，《雅》《颂》之音可以净化邪念，端正心思，增进德性，而《郑》《卫》之声则会使人耽于享乐，纵情声色，意志消沉。简而言之，音乐好就会使人向善，音乐坏就会使人堕落。所以，在评价和使用音乐时，必须考虑其道德影响。为此，孔子积极主张"乐而不淫，哀而不伤"的艺术原则。这一原则的内涵，与"过犹不及"的"中和"思想相应和，实际上代表了诗歌与音乐所要恪守的"中庸"之道。

　　如前所述，孔子的音乐美学在本质上源于"仁"的理念。"仁"是儒家道德本位思想的重要基石。孔子自称"吾道一以贯之"。这个始终如一的"常道"，也就是"二而一"的"忠恕"之道。① 在汉语里，"忠"的字面意思是指"忠诚"或"忠心"，"恕"的字面意思是指"利人"或"体贴"。理雅各（James Legge）曾将这两个概念英译为"be true to the principles of our nature and the benevolent exercise of them to others"，现直译为中文则是"忠实于符合我们本性的原则，并以有利于他人的方式来践行这些原则"。根据孔子的解释，这两个概念暗含两种息息相关的态度：其一是"己所不欲，勿施于人"②，此乃一种形式上负负得正的自律态度；其二是"己欲立而立人，己欲达而达人"③，此乃一种利己利人的共赢立场。实际上，"忠"与"恕"可视为一枚硬币的两面，即"仁"的两面。孔子对"仁"的界定，因人而异，与境相谐，但其主要含义和目的相去不远，均旨在协和人伦，相互爱护。作为至高美德，"仁"具有根源性，其作用犹如一眼清泉，源源不断地涌流出恭、宽、信、敏、惠、智、忠、恕、孝等其他美德。

　　总之，音乐的道德功能关乎"仁"的思想。孔子也确把"仁"视为衡量乐教的根本尺度。如其所言："人而不仁，如乐何？"④这就是说，如果一个人没有追求仁爱的精神，或者缺乏与仁爱之心相应的美德，那么演奏或欣赏

---

① 《论语·里仁》。
② 《论语·颜渊》，《论语·卫灵公》。
③ 《论语·雍也》。
④ 《论语·八佾》。

音乐的活动，对他又有何用呢？这表明"仁"是目的，乐是手段。如若忽视了与"仁"相应的美德，就算你是技艺超群、才华出众的音乐家，也无法走上修身的正途，步入弘德的历程，你所从事的音乐活动，终将毫无意义或流于矫揉造作。基于此，孔子称赞《雅》《颂》之音对"仁"德修养的积极推动作用，批评《郑》《卫》之声对人的情思意趣所造成的不良影响。与此同时，他率先垂范，践行乐"仁"原则，宣扬"知之者不如好之者，好之者不如乐之者"①的道理。

据载，孔子周游列国之时，曾受困于陈、蔡两国之间，当地官员耳闻楚国将派人来迎接，担心对方起用孔子后，其治国才能会对陈、蔡两国构成威胁，于是派兵将孔子一行包围，使其进退不得，与外隔绝，断粮七日，从者皆病，但孔子不以为然，不改初衷，反倒"慷慨讲诵，弦歌不衰"，最后外援来助，终于化险为夷。②

无独有偶，孔子有一次赴宋国途中，被匡地豪强简子派遣的全副武装的士兵包围，子路怒不可遏，决意奋戟相搏，孔子将其拦住，告知弟子这种兵甲蛮行都是礼乐不修所导致的乱象，于是让"子路弹琴而歌"，自己唱和，"曲三终，匡人解甲而罢"。③ 这种用歌曲解困的方式，委实富有戏剧性，令人不可思议。还有一次，孔子严厉批评子路鼓瑟时发出的"北鄙之声"，因为"北者，杀伐之域"，有别于"南者，生育之乡"。究其根由，孔子以史为鉴，大发议论，外加怒斥，其曰：

> 君子执中以为本，务生以为基。故其音温和而居中，以象生育之气，忧哀悲痛之感，不加乎心，暴厉淫荒之动，不在乎体。夫然者，乃治存之风，安乐之为也。彼小人则不然，执末以论本，务刚以为基。故其音湫厉而微末，以象杀伐之声。和节中正之感不加乎心，温俨恭庄之动不存乎体。夫杀者，乃乱亡之风，奔北之为也。昔舜造南

---

① 《论语·雍也》。
② 《孔子家语·在厄》；另参阅司马迁：《史记·孔子世家》，长沙：岳麓书社，1992 年。
③ 《孔子家语·困誓》。

风之声,其兴也勃焉,至今王公述而不释。纣为北鄙之声,其废也忽焉,至今王公以为笑。彼舜以匹夫,积正合仁,履中行善,而卒以兴。纣以天子,好慢淫荒,刚厉暴贼,而卒以灭。今由(即子路——引者注)也,匹夫之徒,布衣之丑也。既无意乎先王之制,而又有亡国之声,岂能保七尺之身哉!①

这里,孔子以对比的方式,列举君子与小人之异,圣王与纣王之别,治存与乱亡之风,温和中正与杀伐湫厉之声,将人格、政治、世态与音乐风格联系在一起,虽显牵强矫情,但也不无一定道理。

同孔子一样,柏拉图也深知音乐基于"高贵目的"所表现出的道德功能。如前所述,这一目的旨在塑造城邦卫士的性格,使他们既爱护心灵,也爱护身体,最终能够文武兼修,全面发展。为此,音乐理应"在德性方面吸引和美化年轻人的心灵",借此培养出的爱乐者,不仅能够识别出节制、勇敢、自由、宽容等美德,而且能够辨认出与之相对立的种种恶德。在此过程中,善好的心灵会逐步培育起来,继而从内而外发展,也会使身体强健起来。② 鉴于音乐具有直入心灵深处的心理作用,能凭借节奏出色地模仿善行善德,生动地表现勇敢而和谐的生活,这就有助于城邦卫士形成正确的鉴赏力,以此有效地分别善恶,并在法律指导下爱憎分明。

需要指出的是,前面所说的那种符合适宜原则的可能做法,其意是指要创作和演奏那些适合青年人的音乐,其中包括适宜的调式、节奏、旋律与表现内容,用以培养合格的城邦卫士。换言之,在创作歌词歌曲时,要把和谐与美好的东西融入其中,而不是一味追求过度的快感或低级的趣味。③ 这就需要有能力和有经验的评判者至少谙悉三件事,即:音乐模仿了什么?是否真?是否美?④ 此外,音乐,尤其是合唱,务必遵守五项原

---

① 孙星衍编:《孔子集语》卷五《六艺下》,页38。
② Plato, *Laws*, 671; *Republic*, 402c-e, 403d.
③ Plato, *Laws*, 802.
④ Plato, *Laws*, 661, 669-670.

则：第一，为了能使歌曲在城邦里时时处处传唱，其歌词不能描写坏的征兆，只能描写好的征兆；第二，祭祀时要向诸神献上祷告词；第三，祷告词务必避恶扬善，传布城邦所倡导的公正、美、善等思想；第四，谱写分别适合于诸神、半神和英雄的颂歌；第五，赞扬或讴歌杰出的优秀公民，鼓励青年向他们学习。①

为了具体实施适宜原则，柏拉图明确提出了一些约定和告诫。例如，他建议摒除悲伤的歌词，废弃哀婉的曲调，其中首要摒弃的就是爱奥尼亚和吕底亚两种调式，因为这类软绵绵的靡靡之音，总是弥漫着迷醉、柔弱和慵懒的气氛，完全不能铸就城邦卫士果敢勇决的品格。与此同时，柏拉图还极力反对放纵情欲或追求享乐的诗乐歌舞，因为这会腐化人们的心灵，销蚀卫士的斗志，危及城邦的安全。总之，由于上述原因，柏拉图着力倡导简朴雄壮的多利亚调式，推崇平和静穆的佛里吉亚调式，举荐出色的古代音乐作品和舞蹈形式，建议新城邦可根据自身的需要进行选择。当然，这个任务十分重要而艰巨，不能交给一般的民众或爱乐者，而要交给50岁以上经验丰富的资深裁判，责成他们在出类拔萃的诗人与音乐家的协助下做出最为明智的评判和抉择。② 这实际上代表一种古老的文艺审查制度，与现代开放社会为艺术提供的自由度显得格格不入。不过，颇为有趣的是，柏拉图在设定这种制度时，非常关注其职业水准和专家管理方式，迥异于封闭社会中独断专行的简单粗暴做法。这在很大程度上与柏拉图自身的艺术修养和政治理想有关，同时也与古希腊社会的制度传统和宽容精神有关。

4. 政治期待

在考察音乐的政治或社会功能之前，我们不妨先引用孔子及其弟子的

---

① Plato, *Laws*, 801.
② Plato, *Republic*, 398, 399; *Laws*, 800, 802, 815–816.

一段对话。

> 子之武城，闻弦歌之声。夫子莞尔而笑，曰："割鸡焉用牛刀？"子游对曰："昔者偃也闻诸夫子曰：'君子学道则爱人，小人学道则易使也。'"子曰："二三子！偃之言是也。前言戏之耳。"①

在这段引文中，"牛刀"意指音乐的巨大力量，"割鸡"意指统治像武城这样的小城。其中，"弦歌之声"表示礼仪排演，"君子"代表统治阶级，"小人"属于被统治阶级。在儒家看来，以礼乐行"仁"者会推行"仁政"，而甘受礼乐之治者会各司其职，努力维护社会秩序与稳定。孔子开始流露出的不屑态度，在弟子的帮助或提示下，幡然意识到自己言语上的偏颇，即刻以"说笑"或"说着玩"（戏之）为遁词，给自己刚才的失语开脱或解嘲，这也表明他以积极与肯定的态度，去看待音乐在政治或社会领域中的重要作用。其实，孔子对礼乐教育的重视与倡导是始终一贯的。譬如在另一场合，孔子曾把官员分为两类：一类出身卑微，"先进于礼乐"而后为官；一类出身显赫，"后进于礼乐"而先为官。孔子本人声称，如果要在两者之间选聘其一从政，他宁愿选择前者。② 因为，在孔子看来，他们"学而优则仕"，深谙礼乐治国之道，并非文过饰非之徒，值得信赖并能真正派上用场，而不会巧言令色乃至误国误民。

对于音乐与政治的相互关系，我们至少可以从以下三个层面予以考察：其一，音乐能反映出政治环境或世道的好坏，而政治环境反过来也能影响音乐的格调。这是由于音乐乃发自人的心声，是音声之动的产物。身为社会成员或"政治动物"，人必然要对社会环境和政治局势做出反应，由此会产生某些感受与情绪。当这些感受与情绪在人的内心回环激荡之后，就通过声音的长短予以咏唱表达出来。当这些声音相互组合构成乐曲后，

---

① 《论语·阳货》。
② 《论语·先进》。

相应的音调与风格就会应运而生。一般说来,"治世之音安以乐,其政和;乱世之音怨以怒,其政乖;亡国之音哀以思,其民困。声音之道,与政通矣"①。其二,音乐的政治影响是通过听众得以实现的。通常,这种影响主要体现在协和人伦方面。如《乐记》所言,举凡那些能给人以愉悦或快乐感的雅正之音,若在祖庙之中奏响,君臣上下一起聆听,彼此的关系就会变得和谐而恭敬;若在家庭之中奏响,父子兄弟一起聆听,彼此的关系就会变得和谐而亲近;若在乡里亲族之中奏响,男女老少一起聆听,彼此的关系就会变得和谐而温顺。古代先王之所以倡导音乐,其目的就在于此,即通过乐教来实现"合和父子君臣,附亲万民"的最高目的。② 同理,音乐与歌曲的创作,不只是为了愉悦人心,满足人的审美需要,而且是为了经世济民,营造良好的社会秩序与有利的政治氛围,借此修正人的行为,塑造人的品格,培养人的精神。其三,音乐与政治的互动作用取决于音乐的体裁及其对民众的影响。音乐的风格不同,其影响精神生活与情感生活的方式也不同。我们知道,对于具有"音乐耳朵"或懂得欣赏音律的人来说,音乐可以唤起听众对相关社会行为的间接反应。聆听音乐时,听众会在音调的刺激或触动下,自然而然地流露出不同的情感或想法。就像《乐记》所述,如果音调与旋律感人至深、戛然而止,听众就会情动于中,心生伤感;如果音调与旋律多变而典雅,听众就会心满意足,乐在其中;如果音调与旋律热情奔放、慷慨激昂,听众就会意志坚定,刚毅奋勇;如果音调与旋律澄澈庄重、感情真挚,听众就会自我克制,心存敬意;如果音调与旋律宁静安详、和谐自然,听众就会饱含深情,相亲相爱;如果音调与旋律萎靡不振、杂乱无章,听众就会放荡不羁,为非作歹。③ 显而易见,有

---

① 《礼记·乐记》"乐本篇"。
② 《礼记·乐记》"乐化篇"。原文为:"是故,乐在宗庙之中,君臣上下同听之,则莫不和敬;在族长乡里之中,长少同听之,则莫不和顺;在闺门之内,父子兄弟同听之,则莫不和亲。故乐者,审一以定和,比物以饰节,节奏合以成文,所以合和父子君臣,附亲万民也;是先王立乐之方也。"类似说法也见于《荀子·乐论》。
③ 《礼记·乐记》。其原文为:"是故志微噍杀之音作,而民思忧;啴谐慢易繁文简节之音作,而民康乐;粗厉猛起奋末广贲之音作,而民刚毅;廉直劲正庄诚之音作,而民肃静;宽裕肉好顺成和动之音作,而民慈爱;流僻邪散狄成涤滥之音作,而民淫乱。"

什么样的音乐,就有什么样的听众,同时也就有什么样的世态,此三者潜存一种直接或间接的联动关系。相应地,音乐的积极作用自然有助于维护社会秩序,促进人伦和谐,而其消极作用则会破坏社会秩序,扰乱人际关系。

首先,柏拉图假定音乐的道德与政治作用有相通之处,此两者皆服务于一个共同的高尚目的,即培养优秀的城邦卫士和统治理想城邦(kallipolis)的哲王,最终是为了追求共同利益,造福整个城邦,惠及公民群体。①

其次,柏拉图认为音乐与舞蹈同属于模仿艺术,两者相融无间,衍生出两种具有较高实用功能的样式:军乐(martial music)和战舞(warrior dance)。在日常训练或战时,军乐可激发卫士的激情、士气或战斗精神。同样,通过日常排演或操练,战舞可帮助年轻卫士娴熟地掌握必要的搏击或作战技能。例如,出征舞(Pyrrhic dance)模仿的是攻击与防御的身姿,它展现出无所畏惧的精神、干脆利落的风格、孔武有力的动作等等,因此有助于培养刚健雄强的战斗素养与奋勇向前的战斗气概。②

再者,柏拉图尊重音乐的传统风格,提倡简朴明快的节奏,反对任何标新立异的改动或修饰,故此推举埃及艺术的历史传承特点,建议希腊人沿用埃及人的做法,把音乐和舞蹈的形式相对规定起来,以便代代相传,保存遗风,祭祀诸神与英雄。至于其中的颂歌或乐曲,都必须根据"适宜原则"仔细筛选,使得用于祭祀的乐曲虔诚庄重,不疾不徐,符合祭祀活动的神性要求,这样才有可能发挥音乐的积极价值,有益于培养或提升公民的政治与精神素质。另外,通过参与这种音乐祭祀表演,无论是参与者还是观众,都会获得两方面的益处,既可向神祇祈求美好的征兆或机运,又可借助表演来发扬或习仿神明与英雄的精神。相反,任何忧伤柔弱、寻欢作乐、亵渎神灵的节奏和旋律,都因其消极影响而应予以摒弃。③ 据此,适宜的乐曲在宴会、献祭和祭酒等场合分别演奏,就会成为社会神圣仪式

---

① Plato, *The Republic*, 398f, 402, 413-414, 415-417; *Laws*, 790-791.
② Plato, *The Laws*, 804-805, 813-815.
③ Plato, *The Laws*, 799-800.

的组成部分，其作用会在宗教或典礼领域彰显出来，甚至会在流行过程中营造一种遍及城邦、引人入胜的文化精神氛围。一旦身处其中，每个人的个性、气质甚至行为规范等等，都会有意无意地受到不同程度的熏染、引导、强化、造就或重塑。

5. 教育作用

孔子推崇音乐教育，意在帮助人们修养自身、完善品德。他坚信，通过健康的礼乐教育，人有可能形成践履仁道、乐于互助、品行兼优的君子人格，继而会追求完善，不断提升自己的领袖才能，一旦为官执政，大者可以治国安邦、经世济民，小者可以安社保民、造福一方。孔子本人身兼才德，可比君子，但生不逢时，难以施展，但却冒险周游列国，努力寻求机会，践履自己的社会责任。

在历经沧桑，退而办学的过程中，孔子为了培养理想的君子人格，特意提出一种双向性的艺术教育模式。在其横向层面，他告诫人们要"志于道，据于德，依于仁，游于艺"①。据此而为，人就能进入四种相互关联的境界，即本体意义上的"道"，伦理意义上的"德"，心理意义上的"仁"，艺术或审美意义上的"艺"，由此可营造积极向上的道德氛围，滋养健康高尚的精神状态，发扬互助互爱的利他主义，体验自由自在的艺术活动。

在其纵向层面，孔子鼓励人们要"兴于诗，立于礼，成于乐"②。在孔子看来，"诗可以兴，可以观，可以群，可以怨"③，所以说，诗具有社交、审美与伦理这三重互动的话语形式，能帮助人们成就"温柔敦厚"的品格。在诗教的基础上，进而诉诸礼教，会使人在遵守典章制度与社会规范的同时，将其逐步内化为个体的自觉行为与自觉意识，这样就会使人既知书

---

① 《论语·述而》。
② 《论语·泰伯》。
③ 《论语·阳货》。

（诗）又达礼（理），成为"恭俭庄敬"与"彬彬有礼"之人。这种人深谙礼数，举止文雅，擅长协和人伦。在此"礼教"过程中，当然需要接受严格的礼仪训练。此类训练好比暗室里的燃烛或盲人手中的拐杖，既有助于促进个体的社会化进程，又有助于激发个体的道德化性相，还有助于陶冶成熟完善的人格（成人）。当然，孔门向来遵从"礼为政本"的宗旨，其所推行的"礼教"，在政治与社会管理意义上，其最终目的是为了维护等级秩序，确保上下尊卑，统治广大民众。[1]

至于"成于乐"，主要意指借助"广博易良"的"乐教"功能，来完成"文质彬彬"的君子人格的最后阶段。根据儒家传统思想，乐教旨在感化人心，协和人伦。然而，作为修养身心的最佳手段，音乐会产生一种引人入胜的氛围或虚空（virtual space），置身其中，情绪很容易在有意与无意之间受到感染、触动、净化或升华。这种感受自由自在，心向往之，会使情感自我与理性自我和合如一。这时，听众会体验到一种愉悦的美感，一种有益于身心健康的美感。如《乐记》所说："乐者，乐也。君子乐得其道，小人乐得其欲。以道制欲，则乐而不乱；以欲忘道，则惑而不乐。是故君子反情以和其志，广乐以成其教。乐行而民乡方，可以观德矣。"[2]这里，除审美快乐之外，欣赏音乐还会使人节制欲望，净化心理，反情和志。此外，孔子还发现，"君子好乐，为无骄也；小人好乐，为无慑也"[3]。这就是说，通过欣赏相宜的音乐，君子可以培养对善事的热爱，摒除傲慢的态度；小人可以听出自己的错误，减少自卑感。看来，音乐确实能以自身的魔力，帮助"好之者"完善品格，达到"成人"与"德盛"的目的，这不仅有助于洞察人类的"情性之理"，通达自然的"物类之变"，同时有助于弄懂玄妙的"幽明之故"，看清具有规律性的"游气之原"，而且有助于体认功效精微的礼乐之美，践履经世济民的仁义之德。[4] 举凡达此境界者，几近于孔子所

---

[1] 《孔子家语·论礼》，《孔子家语·问玉》。
[2] 《礼记·乐记》"乐象篇"。
[3] 《孔子家语·困誓》。
[4] 《孔子家语·颜回》。

谓的"臧武仲之知，公绰之不欲，卞庄子之勇，冉求之艺"，如若继而"文之以礼乐，亦可以为成人矣"。① 总之，音乐对完善人格具有至关重要的作用。孔子因此把音乐教育视为人格发展过程中不可或缺的一环，尽管其相关言说具有些许浪漫离奇的理想色彩，甚至在某些方面亦有夸大其词之嫌。

在《柏拉图对话录》中，"教育"(paideia)的定义较为宽泛，一般是以德性为旨归，要求从儿童开始，通过城邦法律的规定与年长而有经验的优秀公民的示范，在理性与德性的指引下，使青年成为既知道如何"治人"又知道如何"治于人"的"完美公民"(perfect citizen)。柏拉图所推崇的教育模式，一直强调"正确性"(correctness)与"善好"(goodness)原则，强调其不可估量的重要价值，强调其终身努力提高的必要性。② 总之，这一教育模式自始至终贯穿着培养优秀卫士、英明哲王或杰出护国者这一"高尚目的"。其课程设置包括文学艺术、自然科学、实用技能与哲学辩证法等学科，其中音乐由于具有心理、审美、道德、政治等功能，从蒙学阶段开始就被置于重要地位，发挥着不可替代的启蒙与教化作用。

有趣的是，柏拉图认为"教育"(paideia)与游戏(paidia)密不可分，两者具有相辅相成的互补作用，有助于在"寓教于乐"或游戏式的模仿学习过程中，塑造青少年的性情品格，培养青少年的公民责任感。③ 究其缘由，主要有三：其一，柏拉图所言"游戏"，自身具有"严肃的目的"，所涉及的体操、音乐和歌舞等内容，都务必符合德性教育和公民教育的基本要求。其二，古希腊传统中所讲的"人"，往往与神祇相比而论。通常"人"被视为神的"玩物"(plaything)或"神性木偶"(divine puppet)，这不仅是对人的设定，也是人的最好归宿，同时也是"人之为人在于成神"的动力所在。因此，无论男女，都必将在从事各种优美的游戏活动中度过一生。当然，在这些游戏中，除了艺术性的娱乐、实用性的操练、宗教性的祭祀以及日常

---

① 《论语·宪问》。
② Plato, *Laws*, 644, 659.
③ Plato, *Laws*, 643, 652.

的饮宴节庆之外，也包括对话交流、高谈阔论等高水平的智力活动。故此，在《法律篇》里，雅典访客数次将他们三人有关立法、教育和治国等内容的对话视为"一种自娱自乐的、适合其生活时代的、高尚庄重的游戏"①。相比之下，最美的游戏属于赞扬或祭祀神明的歌舞，其终极效果在于祈求神明的恩典，以期克敌制胜，赢得战争，保家卫国，争取和平。这实际上是最美的游戏所追求的最严肃的目的。其三，在借助"游戏"的"教育"或"寓教于乐"的过程中，那些与阿波罗神和文艺女神相关的乐舞或合唱，其节奏与旋律特别能够激起人的快感或痛感，从而使人陶醉其中。这种"陶醉状态"(enchantment/epode)以其特有的魅力，似乎与巫术发生联系，具有某种超逻辑的魔法特性，会对人的心灵或心理产生奇妙的影响，使人产生和谐的感受，在不知不觉中模仿乐舞所表现或歌颂的神灵与英雄等人物，由此促进人的品格塑造及其性情的善化。②

正因为如此，柏拉图断言：缺少音乐的教育，就不是完整的教育；在合唱队没有训练好的人，也称不上是"受过教育的人"或"具有教养的人"。也正因为如此，柏拉图宣称：唯有"最优秀的受教育者"，才能欣赏和评价"最美妙的音乐"。因此，理想城邦里最优秀的卫士，都应该终身接受音乐训练，应像追寻气味以获取猎物的猎犬一样，不断探求音乐和其他艺术之美。③当然，从柏拉图的教育原则来看，这种矢志探求美的精神，并非是感性体验或享乐主义意义上的为美而美，而是为了美化自己的身心，完善自己的品性，成就自己的人格，以期成为美善兼备、文武双全的城邦卫士。

从柏拉图的有关描述来看，音乐的教育效应至少表现在三个方面：其一为感觉训练。鉴于儿童的感知能力和音乐的功能，全部教育都应从音乐开始。这样一来，就应从儿童时期着手快感与痛感的特殊训练，使其同和声、节奏与相应的感受自然而然地紧密联系起来，借此引导孩童学会爱其

---

① Plato, *Laws*, 685, 769.
② Plato, *Laws*, 659, 665.
③ Plato, *Laws*, 652–665; *Republic*, 403 ff.

所应爱的对象，恨其所应恨的东西，做其所应做的事情。其二为智力升华。在柏拉图所设置的音乐教程中，要求早先经过蒙学阶段的少年，务必从 13 岁开始再花上三年时间专门学习音乐。这种学习不是以增强快乐为要务，而是以提升快感层次为目的；也就是说，要努力从感性快感提升到智性快感，即从一般的快感体验提升到高级的审美判断。其三为美德修养。按照柏拉图的设想，举凡用于音乐教育的作品，务必使人的模仿天性与音乐艺术达到相当契合的程度，务必符合并适宜实现一种基于道德与政治理想的"高尚目的"。要知道，当心潮澎湃的听众在聆听赞美神祇的史诗或描写英雄的颂歌时，其中对杰出智慧、美好心灵或英雄行为的模仿式再现，很可能会在他们身上激发起类似的模仿行为。换言之，这种类型的诗乐作品，特别容易吸引青年人，并能引导他们通过相应的模仿，进而遵循和获得相应的美德。① 有鉴于此，柏拉图建议城邦所有公民，要"不断利用自己的语音语调来吸引自己"②，实际上就是鼓励人们通过学习和演练诗乐或音乐艺术，来陶冶和塑造自己的品性与人格。

另外，柏拉图还一再强调，城邦务必依据音乐与体育相结合的教育模式，使其公民素养或卫士品格得到均衡发展。从本质上讲，音乐与体操这两种艺术，在柏拉图的教育体系里犹如一对孪生兄弟，两者的设置与实践从不相互排斥，即：音乐锻造心灵，体育锤炼身体，两者相得益彰，彼此不容偏废。要知道，只热衷音乐而忽视体育者，会变得柔嫩娇气，体格羸弱；相反，只热衷体育而忽视音乐者，会变得四肢发达，暴躁冷酷。针对前一种情况，如果适当调整教育方式，便会使人变得温文尔雅；但若任其发展，过度沉迷于其中，就会使人变得脆弱不堪。针对后一种情况，如果均衡相关教育内容，便会使人勇敢刚毅；但若放任自流，过分强调片面做法，就会使人变得粗鲁骄横。因此，唯有保持平衡，两者兼修，才会不失古希腊人所尊崇的"中道"或"合度"（mesos）原则，才会成为品性优良的合

---

① Plato, *Laws*, 812.
② Plato, *Laws*, 665.

格卫士。如若让他们掌管国事，不仅文能治国、武能安邦，而且精通教化民众之道。相反，那些顾此失彼者，或品格文弱娇气，或品格野蛮粗俗，难以成为真正的城邦卫士。一旦这样的人掌权，要不就是无能之辈，误国误民；要不就是无情无义，残忍暴虐。这一类人可谓天生的破坏者，而非城邦的护卫者。因此，教育上应始终保持不偏不倚的均衡做法，教师务必以最适宜的比例，将音乐与体育协调起来，致力于完善人的心灵，强健人的体魄，培养身心健全的公民。当然，教师还必须遵从城邦的相关立法，设定合理的标准，挑选健康的音乐，采取与城邦道德与公民道德相适应的教学手段，以期实现最终的教育目标。

6. 同异比较

孔子与柏拉图对音乐价值的论说如上所述。有趣的是，这两位古人虽然身处东西，互无交往，但其关切类同，爱好相近——他们不仅喜欢音乐，而且擅长音乐，甚至不约而同地划分出和平音乐与战争音乐。在孔子那里，和平音乐表现为《韶》乐，战争音乐表现为《武》乐，他本人更偏好标举前者而非后者，认为前者"尽善尽美"，感叹后者"尽美而非尽善"。相比之下，柏拉图似乎更喜欢前者但不忽视后者，认为后者用于战事，有利于鼓舞士气，前者用于祭祀，有助于平和性情。

归其要旨，孔、柏二氏对音乐的思考，主要基于上述五种功能展开。其一是心理功能，该功能主要体现在音乐如何产生及其如何感动听众等方面。虽说音乐发自人心对外物的感应或人情的自然流露，但音乐演奏也反过来以其特殊方式影响人心或陶冶人情。对此作用，孔子与柏拉图均予以认同，只不过孔子假定音乐源自人心、感于人情、形于音声；而柏拉图则断言音乐源自模仿，形于调式、文辞与旋律等因素。这一分别，涉及不同的审乐角度与界说方式，其内涵颇为复杂，需要专文论述，这里暂且悬置。①

　　对于音乐的审美价值，孔子的观点主要基于"中庸"思想，强调"中和"之美，追求"乐而不淫，哀而不伤"的效果。有鉴于此，音乐所描绘的快乐，应该适宜，不可过分，更不能放纵。同样，音乐所表现的悲伤，也应该恰到好处，不能泛滥无度，以免对人造成情感上的伤害。另外，音乐既要有完美的形式，又要有健康的内容，应在这两个方面达于"尽善尽美"之境，这无疑是一种理想的要求，但却是儒家一直恪守的准则。如同孔子一样，柏拉图也深知音乐的审美效应。音乐作为一种模仿艺术，以优美的和声、节奏、旋律与其他精巧特质协同作用，能够直抒胸臆，深入内心，引起快感，调动情绪。然而，音乐也有自身可能的局限，譬如会被错误地用来迎合低俗趣味，诱使未成年人沉溺于过度的快感、痛苦或悲伤之中，从而困扰或危害他们的性情，使其难以养成健康和果敢的人格。故此，柏拉图特意提出适宜原则，借以检查和选择适宜的音乐作品，由此奠定匡正乐教的指导思想，构成节制情绪和范导乐教的合理手段。从某种程度上讲，柏拉图的适宜原则与孔子的中和之道，似有异曲同工之妙。只不过柏拉图更多是从人的模仿习性方面立论，担心人们或明或暗地效仿不宜的行为举止或心理状态，久而久之会因此养成不良的习惯与性格，从而无法成为合格的城邦卫士；而孔子则更多是从人情感应方面考虑，认为人的七情六欲从本性来讲必然要发作，但在发作时务必借助道德涵养予以自觉而适度的调节，这样就会进入和享受一种有益于生命和精神的"中和"之美，实际上是把审美体验与生命体验有机地融合在一起。因此，从人生本体意义上讲，审乐之道亦是修德之道，修德之道亦是养生之道，此三者同质而异名，彼此关联，交互作用。

　　论及音乐的道德价值，孔子及其追随者均认为"乐通伦理"，具有善民心、感人深与移风易俗等特殊功效，有助于培养"易直子谅之心"，因此，

---

① 柏拉图：《理想国》第十卷，郭斌和、张竹明译，北京：商务印书馆，1995 年；另参阅王柯平：《理想国的诗学研究》第六章，北京：北京大学出版社，2005 年。

乐教被视为德育的重要组成部分。另外，乐教若同礼教配合，会产生非同寻常的互补作用，因为"乐由中出，礼自外作。乐由中出故静，礼自外作故文……乐至则无怨，礼至则不争。揖让而治天下者，礼乐之谓也"①。说到底，音乐的道德教化作用，要在能够使人们快乐平和的同时，促进社会的长治久安，这在很大程度上显然与音乐的政治或社会效能相互重叠。不过，音乐类型不同，影响自然有异："正声"作为健康的音乐，会产生积极作用；"邪声"作为不健康的音乐，会产生消极作用。有鉴于此，孔子有意区分了雅、颂之音与郑、卫之声，分别抱持褒贬不一的态度。同样，柏拉图对音乐道德功用的认识，也像孔子一样，将其与城邦卫士的成长和城邦政治的安危联系在一起，要求音乐务必引导青年爱其所应爱、恶其所应恶，同时要与体育有机结合，由此育养出善良的灵魂与刚强的体魄，使受教育者达到灵肉双修、美善兼备的程度。为此，他特意提出了适宜原则，用以筛选健康并合宜的乐曲与乐器，试图"净化"乐教的内容与形式。结果，他有意抬高和倡导多利亚和佛里吉亚两种调式，认为其简朴雄壮，有益于鼓舞士气或平和心绪；同时有意贬斥和废弃爱奥尼亚和吕底亚两种调式，认为其绵软淫靡、令人沉醉，不利于培养果敢刚毅的卫士品格。②

就音乐的政治意义而言，以孔子为代表的儒家传统向来持守"乐与政通"的思想观点。究其本质，音乐的政治作用主要表现在协和人伦方面，也就是上文列举的君臣"和敬"、邻里"和顺"与家人"和亲"等三大方面。这种作用贵在人和，此乃孔门音乐社会学的目的性追求，其中所包含的夸大之词与理想色彩，也同样适用于孔门对礼教作用的政治期待。在柏拉图的眼中，音乐的政治功能与道德功能是合二而一的关系，他专门为此设定了一种基于政德相辅理念的"高尚目的"。这就是说，音乐的创作与演奏，在本质意义上是为了培养城邦卫士和哲王的最佳品格，其目的是为了让他们文武兼修、德馨才高，能够更好地保家卫国，努力为社会造福，建成

---

① 《礼记·乐记》"乐论篇"。
② Plato, *Republic*, Book III, 398-403.

"各尽所能，公正幸福"的理想城邦。

最后，关于音乐的教育价值，孔子认为至少可以分为高低两个层次：其高者主要在于修身养性，成就"文质彬彬"的君子人格，培养推行"仁政"或"礼乐治国"的政治家。这一点自然与音乐的其他功用相关联。在孔子看来，真正能够审乐、知乐与用乐之人，非君子莫属；要真正做到这一点，才算确立了"人之为人"的地位。至于其低者，主要在于教化民众，使得普通民众经过乐教养成较好的行为举止与一定的鉴赏能力，能够借此使自己的喜怒哀乐等七情六欲得到疏导，继而在快乐中得到相应的满足或心理的平和，以免滋生侮慢过激的情绪或粗野不羁的行为，那样就会冲击社会秩序，导致社会乱象。同样，柏拉图也一再强调音乐教育的重要性与必要性。除了追求前文所述的"高尚目的"之外，柏拉图还指望音乐与体育两种教育形式有机结合，以便更加均衡地陶冶与培养受教育者的品性与人格。他以斯巴达所施行的那种失之偏颇的教育方式为例，试图表明武(军训)胜文(乐教)会使人变得粗野而肤浅，容易造成四肢发达、头脑简单的不良后果；反之，文(乐教)胜武(军训或体育)会使人变得柔顺软弱，容易造成感觉敏锐但手无缚鸡之力的畸形人格。相比于孔子的乐教思想，柏拉图的相关论说较为翔致，但在道德化或人文教化的向度上，两者在伯仲之间。不过，在柏拉图的教育体系中，音乐的作用显然位于哲学或辩证法之下，大多属于启蒙性与辅助性功用范畴；但在孔子的教育计划中，音乐的作用则是重中之重，这正是孔子追求"美善合一"的音乐精神之故，同时也是孔门倡导"为人生而艺术"或"融艺术于人生"①的逻辑必然。这样一来，音乐的功用便在儒家那里被赋予了人生本体论的特殊意蕴，凭借黄钟大吕所演奏的雅颂之声，不只是要生根于人性根源之处，而且要合乎人格修养之用，同时还要使人生最终得以艺术化，达到那种"从心所欲，不逾矩"的自由自在境界。这一点虽在现代人看来纯属夸饰妄谈，但在古代中国文人雅士之间则被奉为人生至理。

---

① 徐复观：《中国艺术精神》，沈阳：春风文艺出版社，1987年，页31—35。

如今，在某些偏于纵情声色或刺激爱欲的现代艺术语境中，重温"轴心时期"两位教育家的乐教学说，也许会让我们在历史的记忆或怀古的感兴中，一方面同情地审视先哲们如何思索相关的人生与教育问题，另一方面批判地反思当下艺术实践活动的审美立意与精神追求倾向。笔者感慨如斯，不知读者诸君以为然否？

四　墨子与荀子辩乐[①]

华夏古时，乐和诗、舞，三位一体，彼此紧密联系，相融无间。[②] 无论是祭天拜祖的庙堂礼仪，还是祝颂尊者的宴饮称觞，乐舞均不可缺。其编排与表演，关乎礼制尊卑、等级秩序。天子至尊，为其演乐者共六十四人；诸侯次之，为四十八人；卿大夫居末，为三十二人。这些仪节载于典章，行诸朝堂，天长日久，已成定规。然而，随着周室王朝衰落，礼崩乐坏，名器仪制之滥，为末世一大征兆。此时，大胆逾矩者不在少数，其中不乏地方豪强或位极人臣者，他们借乐舞之名，行犯上之实。此类骄矜之气与不臣之心，引致僭越之风达到"孰不可忍"的程度。[③] 有鉴于此，古时先哲审乐论礼，各抒己见。要其旨归，约分道德与社会两途：前者论其道德功用，旨在感化人心；后者论其社会规范，旨在协和人伦。沿着修身淑世这一主旨，相关乐论逐渐深入，不同意见应运而生。在此问题上，墨子和荀子代表两种尖锐对立的立场，各自观点集中表现在《非乐》和《乐论》两

[①] 此文原用英文撰写，题为"Mozi versus Xunzi on Music"，2006 年提交给牛津大学中国学术研究所举办的"古代哲学：希腊与中国研讨会"，发言并讨论之后，经修改发表于英国《中国哲学杂志》(*Journal of Chinese Philosophy*) 2009 年第 4 期。此文由博士生陈昊译为中文。鉴于汉语行文的需要和英汉语言转换的缺失，作者就此文进行了较大幅度的改写与补充。

[②] 王柯平：《礼乐诗互动关系疏证》，见王柯平：《走向跨文化美学》，北京：中华书局，2002年，页 182—194。

[③] 参阅《论语》：孔子谓季氏，"八佾舞于庭，是可忍，孰不可忍也！"八佾在此意指行列。古时一佾 8 人，八佾计 64 人，据《周礼》规定，只有周天子才可以使用八佾，诸侯为六佾，卿大夫为四佾，士用二佾。季氏是正卿，只能用四佾。春秋末期，礼崩乐坏，违反周礼、犯上作乱的事情不断发生，孔子对季氏表示了极大的愤慨。见杨伯峻译注：《论语译注》，北京：中华书局，1988 年，页 26；另见任继愈：《中国哲学史》第一册，北京：人民出版社，1990 年，页 64—66。

文之中。墨子批儒非乐，企图成一家之言；荀子作为儒家代表，自然因应时势，挺身予以反驳。

墨子崇俭尚用，反对礼乐铺张，持消极功利主义立场(negative utilitarianism)。在他看来，音乐创作、表演和欣赏，皆属无用之举，于饥寒冻馁等实际民生问题，一无所益，徒添劳民伤财之恶果。荀子贵乐重礼，力主人文教化，持积极功利主义立场(positive utilitarianism)。在他眼里，音乐具有广泛的社会功效，不仅有助于陶冶人心、调节人伦，而且有助于移风易俗、治国安邦。墨子之所非，荀子之所是，彼此观点针锋相对，掀起一场跨越历史时空的音乐论辩。[1] 本文将对这两种观点进行剖析，由此探究两位先哲对待音乐问题的观点之深意所在。

1. 墨子的消极功利主义

先秦显学，首推儒墨。当时，墨家的世态人心之论，与儒家的相关思想分庭抗礼，形同水火。墨子对儒家思想的抨击，主要归为下列四点：第一，儒家不信天帝鬼神，导致"天鬼不悦"；第二，儒家坚持厚葬，要求父母去世子女守丧三年，此类礼数浪费民财和精力；第三，儒家"盛为声乐以愚民"，结果少数贵族沉湎声色，大讲排场，奢侈腐化；第四，儒家主

---

[1] 学界对墨子与荀子的生卒年月推测不一。譬如，任继愈认为墨子的生卒年月约为公元前480—前420年，并依清人汪中《荀卿子年表》的说法，将荀子的生卒年月定为约公元前298—前238年。参阅任继愈主编：《中国哲学史》第一册，北京：人民出版社，1990年，页103、218。冯友兰认为墨子的生卒年月约为公元前475—前396年，荀子的生卒年月为公元前298—前238年。参阅冯友兰：《中国哲学史新编》第一册，北京：人民出版社，1982年，页202；第二册，页358。《辞海》则将墨子的生卒年月定为约公元前468—前376年，荀子的生卒年月定为约公元前313—前238年。参阅《辞海》，上海：上海辞书出版社，1980年，页579、2069。比较而言，墨子生活在战国初期，荀子生活在战国末期，两者相隔百余年。因此，两人的论战可以说是一场跨越历史时空的论战，具体说来，是荀子针对墨子《非乐》文中的观点所展开的一场论战。

张宿命论,造成民众怠惰顺命,不思进取。①

为了匡正儒家学说的流弊,墨子教导其弟子魏越五条治国原则,即:国家昏乱,就教其尚贤尚同;国家贫穷,就教其节用节葬;国家好乐贪酒,就教其非乐非命;国家淫僻无礼,就教其尊天事鬼;国家务夺侵凌,就教其兼爱非攻。②

墨子非乐不遗余力,力主苦行节欲禁乐。他曾断言,音乐作用消极,滋生种种弊端。③ 至于乐之无用,主要源于三途:其一,音乐无法为人民提供福利,更无助于增添社会物质财富,如"舟用之水,车用之陆,君子息其足焉,小人休其肩背焉"这类民生养息公益,音乐一无所与;对于解决"饥者不得食,寒者不得衣,劳者不得息"等"民之三患",音乐更是无能为力。于是,墨子声称:"然即当为之撞巨钟,击鸣鼓,弹琴瑟,吹竽笙而扬干戚,民衣食之财,将安可得乎?即我以为未必然也。"④其二,音乐无法解决社会混乱问题。墨子之时,恰逢乱世,"今有大国即攻小国,有大家即伐小家,强劫弱,众暴寡,诈欺愚,贵傲贱,寇乱盗贼并兴,不可禁止也"。如此一来,"天下之乱也,将安可得而治与?"若依靠音乐救民于水火,无异于痴人说梦。⑤其三,音乐虚耗民财,使人希望落空,此乃音乐为害最甚之处。在墨子看来,举凡作乐,必然"厚措敛乎万民,以为大钟鸣鼓、琴瑟竽笙之声,以求兴天下之利,除天下之害而无补也"。⑥

论及音乐演奏及欣赏活动,墨子认为这同样会造成人力物力的浪费。

---

① 《墨子·公孟》,见王焕镳:《墨子集诂》,上海:上海古籍出版社,2005年,页1101—1102;另见孙诒让:《墨子间诂》,北京:中华书局,2001年,页459。原文为"弦歌鼓舞,习为声乐,此足以丧天下"。参阅冯友兰:《中国哲学简史》,北京:外语教学与研究出版社,1991年,页248—249。
② 《墨子·鲁问》,见王焕镳:《墨子集诂》,页1125—1176;孙诒让:《墨子间诂》,页475—476。
③ 《墨子》书中《非乐》一章,据说原有三部分,现仅存两部分残篇,从中仍可发现墨家思想的一些精髓。参阅王焕镳:《墨子集诂》第33—34章;孙诒让:《墨子间诂》,页251—263。
④ 《墨子·非乐》。
⑤ 《墨子·非乐》。
⑥ 《墨子·非乐》。

首先，音乐需要大量年富力盛者去训练演出，这批人本应从事社会生产，现今却为了王公贵族的一时享乐，将自己的时间和精力虚耗一空。诚如墨子所言，"今王公大人，惟毋处高台厚榭之上而视之，钟犹是延鼎也，弗撞击，将何乐得焉哉！其说将必撞击之，惟勿撞击，将必不使老与迟者。老与迟者，耳目不聪明，股肱不毕强，声不和调，明不转朴。将必使当年，因其耳目之聪明，股肱之毕强，声之和调，眉之转朴。使丈夫为之，废丈夫耕稼树艺之时；使妇人为之，废妇人纺绩织纴之事。今王公大人，惟毋为乐，亏夺民衣食之财，以拊乐如此多也"①。王公贵族作乐，殃及普通百姓，致使男不能耕，女不得织，无奈忍受剥夺，虚度年华，最后落得人财两空，一事无成，此乃国家乱、社稷危的前兆。其次，乐舞演出讲究美貌美观，需要吃好穿好，这必然耗资靡费，消耗社会物质财富。对此，墨子以具体事例为证，抨击好乐求美的奢靡之风。如他所言："昔者齐康公，兴乐万，万人不可衣短褐，不可食糠糟，曰：'食饮不美，面目颜色，不足视也；衣服不美，身体从容丑羸，不足观也。'是以食必粱肉，衣必文绣。此常不从事乎衣食之财，而常食乎人者也。"②很显然，由此衍生的恶果，不能说不严重；墨子的这番忧思，不能说无道理。

有鉴于此，墨子进而抨击赏乐的行为，认为这将败坏世道人心，危及治国理政。此中原因有二：其一，"今大钟鸣鼓、琴瑟竽笙之声，既已具矣，大人肃然奏而独听之，将何乐得焉哉？其说将必与贱人，不与君子。与君子听之，废君子听治；与贱人听之，废贱人之从事。"君民如此耽于音乐，荒于嬉戏，忘乎所以，必将损害整个国家的政治和生产。其二，音乐可能导致人心涣散，引起国家混乱，使执政者不能各司其职，令民众无法安守本业，最终产生"君子不强听治，即刑政乱；贱人不强从事，即财用不足"等恶果。对于这个问题，墨子言之甚详：

---

① 《墨子·非乐》。
② 《墨子·非乐》。

> 今惟毋在乎王公大人说乐而听之，即必不能早朝晏退，听狱治政，是故国家乱而社稷危矣。今惟毋在乎士君子说乐而听之，即必不能竭股肱之力，殚其思虑之智，内治官府，外收敛关市、山林、泽梁之利，以实仓廪府库，是故仓廪府库不实。今惟毋在乎农夫说乐而听之，即必不能早出暮入，耕稼树艺，多聚菽粟，是故菽粟不足。今惟毋在乎妇人说乐而听之，即不必能夙兴夜寐，纺绩织纴，多治麻丝葛绪，綑布縿，是故布縿不兴。①

显然，在关注民生的墨子眼里，喜好作乐所引发的连锁性弊端，危害甚巨，不仅浪费时间精力，而且影响整个国家的政治事务和社会生产。那些喜欢音乐的人，大多为了耳目之娱，放弃自己的本分，贻误自己的职责，如果他们一直沉湎于声色之中无法自拔，不但荒废正业，甚至会变得懒散不堪，这一切将会使整个国家逐渐衰落以至崩溃。墨子把这种民将不民、君将不君、臣将不臣、国将不国的潜在危机全然归咎于作乐演乐和赏乐活动，虽然是为其非乐之说提供论证依据，但从另一侧面也反映出墨子对音乐作用的极度夸大。

在我看来，墨子针对音乐无用无益、虚耗靡费、贻误农时、腐化人心的几点抨击，一方面源自他本人对音乐的拒斥态度，另一方面源自他崇俭尚用的功利主义立场。《非乐》篇里，墨子开宗明义："仁者之事，必务求兴天下之利，除天下之害，将以为法乎天下。利人乎即为，不利人乎即止。且夫仁者之为天下度也，非为其目之所美，耳之所乐，口之所甘，身体之所安，以此亏夺民衣食之财，仁者弗为也。"②据此崇俭尚用的尺度，墨子借以衡量世间纷繁各异的实践行为，音乐自然不能例外。但墨子所持的消极功利主义立场，充斥着激进和褊狭的色彩，其根源在于他对民众生计的深切担忧。在他眼里，"民有三患，饥者不得食，寒者不得衣，劳者

---

① 《墨子·非乐》。
② 《墨子·非乐》。

不得息。三者，民之巨患也"。于是，墨子深信，执政的第一要务，就是满足民众的基本物质需求。相形之下，无论是音乐创作、表演还是欣赏，都无异于弃本逐末，浪费国家财富，影响社会生产，干扰治国理政，最终动摇国本。

不过，我们注意到，尽管墨子对音乐持论严苛，但这并不代表他不会欣赏音乐，也不代表他不知声色艺术的价值。实际上，墨子非乐，意在舍末求本，此本存乎于志，其志尚不在小。如他所言：

> 是故子墨子之所以非乐者，非以大钟鸣鼓、琴瑟竽笙之声，以为不乐也；非以刻镂文章之色，以为不美也；非以犓豢煎炙之味，以为不甘也；非以高台厚榭邃野之居，以为不安也。虽身知其安也，口知其甘也，目知其美也，耳知其乐也，然上考之不中圣王之事，下度之不中万民之利。是故子墨子曰：为非乐也。①

显而易见，墨子对佳乐、华服、美食与豪宅给人带来的感官享受心知肚明。他之所以质疑耳目声色等人之所欲，是因为他怀有更加崇高的追求。墨子的理想是上法"圣王之事"，下中"万民之利"，因此总将满足民众的基本物质需要视作执政的圭臬，并将其作为艺术和感官享受的价值的先决条件。在《佚文》中，他再次表明了自己的这一观点，并且坚信和奉行自己设定的下列生活法则："食必常饱，然后求美，衣必常暖，然后求丽，居必常安，然后求乐。"②

然而，这种尚用求实的功利主义态度，却将墨子反对音乐的立场引向极端，使他过于注重物质实用而忽视人生需求的多元特征。墨子论说中所隐含的吊诡之处，在于他念兹在兹的是黎民的幸福生活，但却没有看到这种生活的保障不只系于衣食住行等基本需求的满足，而且涉及情思意趣等

---

① 《墨子·非乐》。
② 《墨子·佚文》。

高级需求的实现，这后一范畴就包括艺术欣赏和审美愉悦之类情感和精神需求。事实上，墨子始终心系"民之三患"，自以为民众除了衣食住之外别无他求，结果画地为牢，囿于一孔之见，将自己的政治志向仅仅局限于满足人的物质需要，这显然拂逆人的天性，尤其是人的爱美天性。因此，墨子所思所言，虽关心民生，但失之褊狭，蔽于物而不知人，由此陷入只重物欲而不知民爱的尴尬，其结果只能是"出力而不讨好"，难以得到广泛认同。

2. 荀子的积极功利主义

荀子作为儒家思想的代表，继承和发展了礼乐文化中的精华。他认为礼乐之于人文教化、移风易俗与社会福利，均须臾不可离。在《乐论》中，他逐一驳斥了墨子非乐的观点，甚至以夸张的笔调，反其道而行之，有意将音乐视为独一无二的艺术形式，认为乐舞表演过程不仅展现出强大的教育功能和感染力量，而且体现出人们的思想品质与时代的精神风貌。荀子论乐，说理圆通，视野开阔，一方面着力揭示音乐的体用，另一方面深入探究人类自我表现和审美享受的高级需要。

在荀子看来，声色之欲，与生俱来，情动于中而形于乐，"人情之所必不免也"。可见，欣赏乐舞的快感，是重要的审美体验，这表明人除了基本的物质欲求之外，尚有更高层次和更为重要的审美需求与精神需求。另外，通过乐舞艺术的表现，欢乐的情绪可以得到有效的传达，并在听众中激发起强烈的情感共鸣，借此可以营造皆大欢喜的社会氛围。之所以如此，主要是因为乐舞的艺术形式，不只提供悦耳悦目的声色之娱，更可借助其曲折平直、繁简变化和刚柔相济的节奏，感动人的善心，陶冶人的性情，满足不同需要，协和人际关系。乐之为乐，就在于兼有审美享受与道德教化等多重功效，其用途大而且广，理应全力倡导。诚如荀子所言，观赏乐舞表演，"君子乐得其道，小人乐得其欲；以道制欲，则乐而不乱；

以欲忘道,则惑而不乐"。然墨子却执意反对音乐,委实让人不得其解!

汉字"乐"有多义,可解为"乐舞"或"音乐"之"乐",亦可解为"喜乐"或"欢乐"之"乐"。"乐"字发音不同,含义随之改变。但就"乐"而言,上列两义合训,基于心物不分,其理彼此相通,可谓"乐"之品性使然。荀子所论之"乐",一语双关,足见汉字之妙,运思之巧,从一字可窥知乐之本质:

> 夫乐者,乐也,人情之所必不免也,故人不能无乐。乐则必发于声音,形于动静;而人之道,声音动静,性术之变,尽是矣。故人不能不乐,乐则不能无形,形而不为道,则不能无乱。①

依荀子所见,人的喜乐之情发自内心,随之流露在声音之中;声音的起伏变化,反映思想情感的起伏变化,都会借助音乐得以表现。这实际上是一个情动于中、形之于乐的艺术表现过程。若从本体论意义上讲,音乐的创构或生成,离不开人的思想情感及其表现需要;另外,人生的乐趣与质量,也离不开音乐歌舞等娱乐艺术形式。这就是说,人要表达自己的喜怒哀乐之情,就不能没有音乐这门艺术,有了这门艺术就不能没有相应的表现形式,有了表现形式而不加以合乎情理的范导,就不能不引发紊乱流荡等现象。那么,何以为之呢?据荀子所言,"先王恶其乱也,故制雅颂之声以道之,使其声足以乐而不流,使其文足以辨而不諰,使其曲直繁省廉肉节奏,足以感动人之善心,使夫邪污之气无由得接焉"②。从中不难见出,先王制乐,是根据上述原则有意为之,其目的性追求不言自明。荀子借此抨击墨子非乐的消极主张,认为强行禁止音乐,无异于剥夺人之所爱,这不仅会让民心不悦,而且会使乱象滋生。

为张扬音乐价值,荀子开宗明义,立场鲜明;为了强化自己的观点,

---

① 《荀子·乐论》。
② 《荀子·乐论》。

继而阐述了音乐对于政治和社会生活的种种功用。如其所言：

> 故乐在宗庙之中，君臣上下同听之，则莫不和敬；闺门之内，父子兄弟同听之，则莫不和亲；乡里族长之中，长少同听之，则莫不和顺。①

荀子深知，治国以敬，齐家以亲，修身以顺。此三者若能落实，自然会政通人和，国泰民安。除此以外，荀子还指出乐舞对强健体魄、训练队列和巩固国防具有重要作用：

> 故听其雅颂之声，而志意得广焉；执其干戚，习其俯仰屈伸，而容貌得庄焉；行其缀兆，要其节奏，行列得正焉，进退得齐焉。②

乐舞何以能够做到这些呢？在荀子心目中，乐舞之杰作，"足以率一道，足以治万变"。不妨以舞为例：

> 曷以知舞之意？曰：目不自见，耳不自闻也，然而治俯仰，诎信，进退，迟速，莫不廉制，尽筋骨之力，以要钟鼓俯会之节，而靡有悖逆者，众积意譁譁乎！③

这等艺术化的效果，需要足够的训练或演练，最终才能熟能生巧，达到"游于艺"的自由境界。可以想象，这种演练在和平时期近似于艺术游戏，而在战争年代则具有实战功能。更为有趣的是，荀子坚信乐之正声，可以感动人情，鼓舞士气，凝聚民心，强国安邦，认为以此教导人们，外可抵御敌寇，内可修养道德，实现国泰民安的至高目的。正是基于这一理

---

① 《荀子·乐论》。
② 《荀子·乐论》。
③ 《荀子·乐论》。

想观念，荀子声称："乐中平则民和而不流，乐肃庄则民齐而不乱。民和齐则兵劲城固，敌国不敢婴也。"应乎于此，荀子进而断言："故乐者，天下之大齐也，中和之纪也，人情之所必不免也。"

那么，什么样的音乐才能发挥上述妙用呢？荀子认为唯有《韶》《武》这等正声雅乐方可。因为，举凡正声雅乐，皆具有中正平和的风格，能够发挥上述社会与政治功用。反之，像奸声邪音之类，亦如姚冶之容或郑卫之声，只能使人神情摇荡，心慌意乱，不知所措。要知道，"乐姚冶以险，则民流僈鄙贱矣；流僈则乱，鄙贱则争；乱争则兵弱城犯，敌国危之如是，则百姓不安其处，不乐其乡，不足其上矣。故礼乐废而邪音起者，危削侮辱之本也"①。这些正是颠覆正声雅乐、偏好奸声邪音所带来的恶果。因此，"贵礼乐而贱邪音"，不仅理所应当，而且势在必行。

自不待言，相对于奸声邪音的正声雅乐，兼有动人心魄的审美效果与教化人心的道德功用。当人们欣赏这些正声雅乐时，自然会唱和有应，产生共鸣，同时也会志意得广，修身养性，使自己的举止合礼，行为有度。对于音乐的这些特殊效应，荀子不惜笔墨，再三申说：

> 夫声乐之入人也深，其化人也速，故先王谨为之文。乐中平则民和而不流，乐肃庄则民齐而不乱……绅、端、章甫，舞韶歌武，使人之心庄。故君子耳不听淫声，目不视邪色，口不出恶言，此三者，君子慎之……君子以钟鼓道志，以琴瑟乐心……故其（音乐）清明象天，其广大象地，其俯仰周旋有似于四时。故乐行而志清，礼修而行成，耳目聪明，血气和平，移风易俗，天下皆宁，美善相乐。②

荀子持论如此，是因为他谙悉音乐的特殊魅力，此魅力不仅可以善养人心，移风易俗，更可以泄导人情，起到净化心理的作用。如果人的喜怒

---

① 《荀子·乐论》。
② 《荀子·乐论》。

哀乐等情绪被压抑太久而无法宣泄，这些情绪就会日积月累，酝酿成具有破坏性的心理冲动，致使理性无法控制，倘若爆发，就会不管不顾，恣意妄为，毁损伦理，造成乱象。因此荀子断言："夫民有好恶之情，而无喜怒之应则乱。"①正是出于这一缘由，荀子认为正声雅乐作为正确的音乐种类至为关键，而且需要大力普及，以期发挥广泛的道德教化作用。在他眼里，舞韶歌武，雅颂之声，同为典范，亟须推广，因为这类音乐作品可使人心向善，远离邪行，成就修身养性之德。至于那些淫邪奸乱的流调，荀子力主禁绝，以免腐化人心。在判别音乐这一点上，荀子显然是上承孔子之旧说，无视孟子之变通，褒雅乐而贬流调，几乎是先验断定，毫无商量的余地。

至于演奏的乐器，荀子认为钟鼓琴瑟应该配合得宜，借此确保中正平和风格的充分展现。这样一来，就会使"其清明象天，其广大象地，其俯仰周旋有似于四时"。在我国古代思想中，"天地"象征整个自然界，"四时"意指逝者如斯的时间之流，代表一年的收获和成果，故有"四时行，百物兴"之说。从这些方面看，音乐上合天地之规律，下启民众之性情，是沟通天人的桥梁。相应地，音乐演奏务必展现这种特质。荀子之所以如此看重音乐，就是因为好的音乐可以导人情，正人心，使天地万物各安其位，和平共处，兴旺发达。这一点明确地反映在荀子对音乐的至高期许里。如他所言："故乐行而志清，礼修而行成，耳目聪明，血气和平，移风易俗，天下皆宁，美善相乐。"②可见，乐感于内，礼作于外，彼此结合，双管齐下，可以从内而外地塑造人的心境、性情、品味以及言行举止，将其导向"文质彬彬"之途，最终实现儒家理想中的君子人格与太平治世。

对于礼乐之间相辅相成的关系，荀子还进一步做了如下阐释："且乐也者，和之不可变者也；礼也者，理之不可易者也。乐合同，礼别异，礼乐之统，管乎人心矣。"③从这段话中可以看出，礼乐相分，功能有别，但

---

① 《荀子·乐论》。
② 《荀子·乐论》。
③ 《荀子·乐论》。

最终殊途同归。按照我的理解，乐是一种伴随审美愉悦的艺术表现，关乎人之感性；礼是社会性的道德与秩序，关乎人之理性。乐之喜好，纯出自发；礼之施行，须恃外力。在人的天性中，感性（情）与理性（理）交错，在相互冲突或分裂之际，难以实现合情合理的目的性追求，故需假设一座桥梁予以沟通或弥合。恰好，音乐作为一种具有特殊功效的艺术形式，正可扮演这一重要角色，使情感与理性谐和相融，两美而不相伤，从而借此建构"和为贵"的社会氛围与人伦关系。历史上，孔门信徒之所以对乐教再三强调或推崇，其意就在于欲借助其力实现上述目标。

总之，荀子认为人性的完善，离不开人文教化，其中音乐作用重大。另外，人的生活需求分不同层次，并不像墨子所说的那样，仅仅局限在衣食住行的物质层面，而是由低而高地发展，在基本需要满足之后，将会滋生更高的追求，譬如愉悦性的审美追求，公正性的道德追求，自由性的精神追求，等等。事实上，人禀七情，需要宣泄与疏导，更需要净化与升华，这就离不开寓教于乐的审美体验之助。对荀子而言，音乐可以集众任于一身，其所引致的审美体验，"入人也深""化人也速"，具有善民心、和君臣、睦邻里、亲家人、安天下乃至移风易俗等多重教化作用。

3. 反思两种对立观点

综上所述，荀子的乐论思想，与墨子的非乐之见截然相反。尽管两人在衡量音乐的功用时，均基于先验性的设定，均从效果论角度出发，但由于荀子贵乐重礼，标举教化，从中看到的多为善好的后果，因此持积极功利主义立场，从正面肯定和倡导音乐；而墨子崇俭尚用，反对礼乐，从中看到的净是不好的后果，因此持消极功利主义立场，于是从反面否定和反对音乐。那么，墨荀何以得出如此不同的结论呢？或者说，导致他们意见分歧的要因何在呢？对于此类问题，需要参照历史语境，进行整体反思，方可窥识些许端倪。

先秦时期，百家争鸣，儒墨劲敌，彼此诘难，互不相让。墨子质疑儒家的所有价值观念，意在推翻整个儒家学说，扭转儒家设定的思维方式与价值体系。他本人率先垂范，不遗余力，猛烈抨击儒家思想，认为其祸国殃民。与此同时，他还竭力推行一套自己的价值体系，借此驳斥儒家思想，其非乐学说就属一例。他从保障民生与生产的观点出发，大力宣扬音乐无用论与靡费论，呼吁君王与民众不要"玩乐"丧志，误入歧途，以免危及社稷民生。荀子作为儒家代表人物，笃信儒家所尊奉的礼乐文化，认为礼作为典章制度用于治国理政，乐作为教育手段用于范导人心，两者相辅相成，有助于实现政通人和的政治目的。故此，针对墨子的非乐学说，荀子从正面予以反驳，肯定礼乐并用的价值，直陈音乐在疏导人情、教化民众、移风易俗、安邦治国等方面的积极功用。

有论者认为，墨荀两人在音乐问题上的分歧，主要源自两人迥异的社会背景。[①] 墨子所言，反映了社会下层民众的利益，这些人贫困潦倒，没有受过教育，社会地位低下，每日为生计四处奔波，无暇顾及音乐或参与其他娱乐活动。墨子了解百姓严酷的生活处境，因此站在下层民众的立场上，批判礼乐文化，批判由此导致的奢侈浪费与繁文缛节。相反，荀子所论，代表受过教育的阶层与经济富裕的贵族。属于这些阶层的人士，理解艺术的价值与功用，深知艺术创作与欣赏活动在人类生活中的重要意义。荀子肯定这些人的高级需求，认为音乐欣赏和音乐教育有助于造福大众，安定社会。

但要看到，墨荀的不同立场，在很大程度上取决于各自不同的认识。如上所述，墨子认定人的首要需求是有饭吃、有衣穿、有房住，至于其他需求，则无关紧要。故此他声称，为了满足这些基本需求，整个社会应全

[①] 冯友兰：《中国哲学简史》，页246—249。另见任继愈主编：《中国哲学史》第一册，北京：人民出版社，1990年，页103—104及页218相关论述；冯契：《中国古代哲学的逻辑发展》第一卷，上海：上海人民出版社，1983年，页96—102；李泽厚、刘纲纪主编：《中国美学史》第一卷，北京：中国社会科学出版社，1984年，页168—170；郑杰文：《中国墨学通史》，北京：人民出版社，2006年，页7—8。

力发展物质生产，禁止所有娱乐活动，首先是禁止作乐、演乐和赏乐活动。墨子认为这些活动只会虚耗时间精力，浪费物质财富，耽误社会生产。他据此提倡一种节欲主义，拒斥所有审美需要。他之所以一意孤行，主要是因为他对民众生计非常担忧。他的理论如此走向极端，难免会妨碍人们追求更加文明而有价值的生活，甚至妨碍人们追求自我发展和实现整全人格。与墨子截然不同的是，荀子完全理解人的多种需求，并且知道"人不能仅靠面包活着"这一基本道理。于是，他在积极肯定和倡导音乐的同时，一再强调社会伦理、人文教化与音乐教育的紧密关系。在荀子眼中，音乐表达快乐，与礼仪联手合作，一方面可泄导人情，满足人的审美和精神需要，另一方面可规范人的道德行为，和谐社会人际关系。荀子坚信，音乐如果选择正确，使用得法，于公于私都有利无害。荀子正是从这个角度出发，驳斥墨子的非乐之说，认为后者囿于己见，失之褊狭，"蔽于用而不知文"。①

  当然，荀墨论乐的出发点，都是为了富民强国。墨子认为，国家积贫积弱，缘自君民上下沉湎声色，损害了正常的社会生产和治国理政。墨子所关切的要点，一直都是百姓的生计问题，因此他崇俭尚用，对奢侈浪费现象深恶痛绝。在他看来，音乐引发的种种弊端，危及社稷民生，近乎国之大敌，必欲除之而后快。荀子也同样重视富国之道与节俭之德，认为"足国之道：节用裕民，而善臧其余"②。但他进而认为，要想实现富民强国的目标，就必须建立合理的礼制和善政。因为，社会需要人们各安其位、尊卑有序，遵循群而有分的原则。要不然，社会就会走向反面，陷入尊卑无序、群而无分的无政府状态。那样的话，人们就会各自为战，相互争夺，造成社会动乱，导致灾难和贫困接踵而至。如他所言："人之生不能无群，群而无分则争，争则乱，乱则穷矣。"③

  那么，如何才能保证一个群而有分的社会长治久安呢？荀子认为礼乐

---

① 《荀子·解蔽》。
② 《荀子·富国》。
③ 《荀子·富国》。

是良策。因为，和谐的社会氛围，有赖于融洽的人际关系；合理的社会阶层划分，有赖于稳定的等级制度。在这方面，音乐可以调和人际，范导人心；礼制则使社会"贵贱有等，长幼有差，贫富轻重皆有称者也"。礼乐行之得宜，则"赏行罚威，则贤者可得而进也，不肖者可得而退也，能不能可得而官也。若是则万物得宜，事变得应。上得天时，下得地利，中得人和，则财货浑浑如泉源，汸汸如河海，暴暴如丘山，不时焚烧，无所臧之。夫天下何患乎不足也"①。在这里，荀子用诗意化的语言，描述了这幅礼乐治世的图景。就在提出这一论点之前，他还念念不忘墨子视野的局限，于是向其甩手一剑，以讥讽的口吻批评道：墨子忧心忡忡，自诩"为天下忧不足"，实际上他所担心的"不足"，并"非天下之公患"，而只是"墨子之私忧过计也"。也就是说墨子囿于自己的一面之词，过分忧虑了，近乎杞人忧天，他不考虑如何扩大生产，如何富国强民，只是一味地设法节流而不开源，从长远的发展角度看，这是难以为继的，甚至是不足取的。至于墨子的非乐尚用之说，荀子更是不以为然，甚至认为

> 墨子之"非乐"也，则使天下乱；墨子之"节用"也，则使天下贫。非将堕之也，说不免焉。……墨子虽为之衣褐带索，啜菽饮水，恶能足之乎！既以伐其本，竭其原，而焦天下矣。②

可见，因贫穷而节俭，是出于无奈。但若想富国富民，仅靠节俭而不思发展，那肯定无法实现愿景，到头来依然走不出贫苦困境。当然，荀子所论的礼乐观，主要从维护儒家传统的立场出发，理想与假设色彩甚浓，而面对礼崩乐坏的严酷现实，并未从社会、政治、文化以及民生等角度展开反思或探寻其深层原因，故此给人留下的印象是：为论而论，为辩而辩，无视现实，一厢情愿。

---

① 《荀子·富国》。
② 《荀子·富国》。

最后需要指出的是，荀墨相对立的观点，还与各自对音乐功用的认知密不可分。在他们的论辩中，两人都不约而同地夸大了音乐的功用和效果，只不过墨子专注其负面作用，而荀子则侧重其正面作用。如此一来，两人持论愈坚，夸饰愈甚，反倒南辕北辙，终成水火之论。

五　刘勰《明诗》篇三议题①

　　刘勰所著《文心雕龙》，内有20篇专论文体，《明诗》位列其首。《序志》言："若乃论文叙笔，则囿别区分，原始以表末，释名以章义，选文以定篇，敷理以举统。"照此逻辑，论诗歌文体，首先要表明其起源，阐述其流变；其次要解释其名称，界定其内涵；随之要选取其代表作品，分别加以评析定位；最后要根据相关作品的评价结果，在理论上予以总结归纳，举其大要，彰显出基本的艺术特征与规格。《明诗》一篇，在行文结构上先是"释名以章义"，开头就用"六经注我"的串讲方法，援引旧说来解释"诗"的含义。然后转入"原始以表末"，论述诗歌的起源与发展。其中罗列了不同时代的代表作家及其作品，点评了各自的特点与得失，也就是所谓的"选文以定篇"。最后，在"铺观列代"和审视"正体""流调"的基础上，就诗歌的创作规律、风格范式及其职能效应，做了理论上的概括，可谓"敷理以举统"。初读本篇，我觉得文体论虽为主调，但诗学史的味道甚浓，主要是在溯本探源的过程中追述诗歌的历史沿革与体式演化。另外，基于刘勰"折衷"与"求通"的思想，《明诗》篇中隐含一些深刻的理论，关涉艺术创生、审美理想与风格特征等诸多方面。本文仅谈三点。

---

① 本文原用中文撰写，刊于《华东师范大学学报》2003年第6期。作者后来应邀将其译成英文，易名为"A Critical Illumination of Poetic Styles"，刊于澳大利亚悉尼美学学会主办的 *Literature and Aesthetics*（《文学与美学年刊》）Vol. 18, No. 2, Dec. 2008.

1. 文体流变：体式与风格

所谓诗歌"文体"，至少包含两层意思：一是体式，即形式因素，如"四言诗"或"五言诗"在字数、句式和音韵等方面的规格要求。二是风格，也就是作品的内容与形式在有机统一或"相互征服"[①]的基础上，体现出来的某种独具一格的艺术特色。其中不仅融含着艺术家的思想感情、审美趣味、理想追求和个性特点，而且表露出艺术家在驾驭体裁、处理题材、运用语言、塑造形象等方面所特有的艺术创作个性。

《明诗》篇中的文体论，大致上是采用了两种方法，即"原始以表末"的历时性方法与"选文以定篇"的共时性方法。尽管两者都关乎文体，但相形之下，前者侧重体式的历史演变，后者侧重风格的多样品性。

概而言之，刘勰论诗歌的体式规格，上溯"葛天乐辞"，下追"宋初文咏"，中述黄帝尧舜、商周春秋、秦皇汉武、三国魏晋，但主要是以《诗经》的"四始""六义"为参照框架，标举出业已成熟的诗歌体式，即"四言"与"五言"两种。历史地看，"四言"与"五言"的雏形，在《诗经》中十分常见。但作为独立的诗歌体式，"四言""五言"则经历了一个相当漫长的历史淘洗过程，到了初汉时期方为"韦孟首唱"，见于其讽刺楚王茂的四言《讽谏诗》。该诗在形式体制上虽有创建，但在内容上却依然因袭旧风，充斥着匡正劝谏之意，继承了周朝的讽喻传统，由此可见由来已久的诗教遗响。关于五言诗，最早的诗作据说是李陵的《与苏武诗》三首和班婕妤的《怨歌行》。但因有人存疑，刘勰未下断语，而是取证于《诗经》中的《行露》、《孟子》中的童谣《沧浪歌》、春秋时优施所唱的《暇豫歌》和汉成帝时期流行的童谣《邪径》等具体文本，借以说明五言诗早已存在的历史事实。随后，又列举了枚乘与傅毅的五言诗作（如《冉冉孤生竹》），得出西汉已有

[①] 童庆炳主编：《现代心理美学》，北京：中国社会科学出版社，1993年，页463—524。

五言佳作的肯定结论。不过,"五言腾踊",是在建安之初,主要是"文帝、陈思,纵辔以骋节;王、徐、应、刘,望路而争驱"的结果。总体而论,诗歌的体式变化,从四言到五言,是一个历时性过程,是逐步进化而成。这似乎表明每一个时代,都会创设各自所需的体式,用于艺术的创作和发展。

据我个人初步推测,四言、五言体式的形成,起码涉及三个因素:制度,时尚,政治。

(1) 制度因素

秦汉时期,官方设立乐府机关,或派专人采集各地歌谣(采风),或令文人作歌配曲,用于礼仪、演唱或娱乐。尽管这个职能部门会导致"韶响难追,郑声易启"的弊病,但对于诗歌音乐的发展无疑起了莫大的促进作用。四言、五言的体式,最突出的特点是大大增强了音乐性和吟诵的艺术性,这显然在很大程度上是适应了诗乐配曲与演唱技巧的社会要求。而这类体式的流行和成熟,与来自官方的提倡和制度化的推广是分不开的。《诗品讲疏》也持类似看法,认为"自建安以来,文人竞作五言,篇章日富,然闾里歌谣,则犹远同汉风,试观所载清商曲辞,五言居其什九,托意造句,皆与汉世乐府共其波澜"。[①]

(2) 时尚因素

与制度因素密切相关的就是时尚因素。在汉代中国这样大一统的极权国家,代表官方与主流诗学意识的乐府机关,一旦倡导什么或推行什么,通常很容易造成上行下效的局面。在艺术或诗歌领域,这样会使四言、五言诗在一定的历史文化语境中,成为某种时代风尚,成为文人雅士争相效仿的对象。由此带来的兴盛与繁荣,堪属逻辑的必然。

(3) 政治因素

在传统的中国社会阶层中,君王位尊,声名显赫。他们在文学艺术上的喜好或偏爱,具有领头雁的作用,会在文人骚客中间形成很大影响,从

---

① 黄侃:《文心雕龙札记》,上海:上海古籍出版社,2000年,页28—29。

而在一定范围内发展某种备受关注的体裁或样式。五言诗之所以活跃于建安，是因为魏文帝曹丕和陈思王曹植的创作起到了推波助澜的作用。他们两人"纵辔以骋节"，王、徐、应、刘"望路而争驱"，也就不奇怪了。当然，这种政治因素的影响力也要因时而论。文帝、陈思应"五言腾踊"之时而为，成就甚巨；而"孝武爱文，柏梁列韵"，所联诗章是句句押韵的七字，因时机与体式尚未成熟，故而成就不大。

至于风格，刘勰以文为据，因人而异，采取了历时性和共时性并用的描述方法。一方面根据历史发展时序予以概括，另一方面根据同一时期不同文士的共性和个性加以比照。在他看来，韦孟首唱的四言诗，"匡谏之义，继轨周人"；张衡的四言《怨诗》，清丽典雅，令人回味；枚叔、傅毅的五言诗作，"直而不野，婉转附物，怊怅切情"；建安风骨，"慷慨以任气，磊落以使才；造怀指事，不求纤密之巧；驱辞逐貌，唯取昭晰之能"；正始诗风，谈玄论道，何晏"肤浅"，"嵇志清峻，阮旨遥深"；"晋世群才，稍入轻绮。……采缛于正始，力柔于建安，或析文以为妙，或流靡以自妍"；时至南北朝宋初，"体有因革，庄老告退，而山水方滋；俪采百字之偶，争价一句之奇，情必极貌以写物，辞必穷力而追新"。

那么，导致风格变化的原因何在呢？从刘勰的有关论述中看，主要原因至少有三：群体动力，历史文化语境，诗人的艺术个性。

（1）群体动力

建安文学以其格调慷慨、情辞刚健的风骨彪炳于世。其特殊的社会原因（战争与和平）与政治原因（三曹与诗文）固然是客观事实，但"建安七子"的志同道合也是不可忽视的重要因素。他们是一个群体，一个流派，他们不仅"并怜风月，狎池苑，述恩荣，叙酣宴"，在生活方式与吟咏的题材上有共同的地方，而且彼此感染、相互促进，在文风上得益于群体的动力和灵感的激发，故此"慷慨以任气，磊落以使才"，抒怀叙事，不求细密之巧，遣词写物，只取清晰之效，大处着眼，辞达而已。古往今来，能垂范后世的流派或风格，总离不开特定的群体动力因素。

(2) 历史文化语境

魏时正始喜好道家，老庄之学流行；西晋"溺乎玄风"，热衷于清谈玄理；宋初"庄老告退，山水方滋"，玄言诗淡出，山水诗崛起……这些不同的历史文化语境，对文风的变化均产生了不同的影响。刘勰对东晋的诗歌创作有贬有褒，整体上评价不高。除了郭璞的《游仙诗》显得卓然挺立、拔出俗流之外，袁宏、孙绰等人的作品，虽然各有雕饰文采，但文辞旨趣趋同玄言一路，似有能言善辩、抽象乏情、千篇一律之弊。究其原因，主要是当时坐以论道之风泛滥，文人雅士趋之若鹜，多以争词锋长短为能事，从而形成不利于"为情而造文"的历史文化语境。用刘勰的话说，这种语境特征主要是"溺乎玄风，嗤笑徇务之志，崇盛忘机之谈"。当然，对文学创作来讲，历史文化语境的具体影响应该是多面的，这里只不过凸显了其负面的作用而已。

(3) 诗人的艺术个性

特定的风格固然可以就某个群体或流派而言，但在很大程度上应当以艺术家的艺术个性为主要标志。西方哲学中的"个体化原则"理念，是很适合于艺术风格学的。张三之为张三，是因为其有别于他者的个体特征（肤色、身高、容貌、名称、为人处世等）。风格之为风格，也是因为其有别于旁人的个性特征（作者个人的情思意趣、审美理想，处理题材和运用语言的特殊方式，自我的艺术个性及其作品的艺术特色等）。譬如，何晏、嵇康与阮籍等人都是生活在正始时期的文士，但由于个人的秉性、才学、追求、阅历、体验与价值观等方面存在差异，因而各自的文风也就不尽相同。据刘勰所说，何晏之流的诗作，大多缺乏深意，失之于肤浅；而嵇康的诗作，志意清远，得之于峻烈；阮籍的诗作，旨趣渊深，成之于幽邃。可见，卓尔不群的艺术个性是构成独特风格的要素之一。

需要指出的是，刘勰所描述的诗歌体式沿革，历史跨度达数千载，但总共仅用了600余字，这不能不说是"简明而扼要"。然而，这就难免有疏漏之嫌，其中的选文，更是挂一漏万。譬如，论四言与建安诗人，未提曹操；论五言与东晋诗人，未提陶潜。为此，黄侃婉言指出："使体众多，源流清浊，诚不可以短言尽。"①另外，刘勰虽然"正统"，推崇"宗经"，但却实事求是，从客观的取证中得出五言体式源于歌谣的正确结论。《诗品讲疏》中对此做了有力的旁证："五言之作，在西汉则歌谣乐府为多，而辞人文士犹未肯相率摹效，李都尉从戎之士，班婕妤宫女之流，当其感物兴歌，初不殊于谣谚，然风人之旨，感慨之言，竟能擅美当时，垂范来世，推其原始，故亦闾里之声也……自建安以来，文人竞作五言，篇章日富，然闾里歌谣，则犹远同汉风，试观所载清商曲辞，五言居其什九，托意造句，皆与汉世乐府共其波澜，以此知五言之体肇于歌谣也。"②

2. 艺术创生："折衷"与"求通"

艺术创生论，见于《明诗》篇中的一些微言大义，其中"感物吟志"堪称范例。童庆炳先生认为，"感物吟志"说属于"中国诗学的核心范畴"。③ 他所撰写的《〈文心雕龙〉感物吟志说》一文，精当而周备，在相关专论中颇为少见。

我们知道，《明诗》开篇，首先表明诗歌的古典要义，如"诗言志"说，"持人情性"说，"义归无邪"说或"持之为训"说，讲的是诗的内容旨趣、基本功能与道德化诗教等儒家传统思想。紧接着，笔锋一转，开始界定诗歌的创作品性，断言"人禀七情，应物斯感，感物吟志，莫非自然"。从艺术的本质看，这一观点合乎情理，令人耳目一新，但与前述在逻辑上略显唐突。传统诗教偏于"持"，意在节制规约；刘勰诗论侧重"情"，标举"自然"表现。这样，道德本位的情感节制（持）与自然而然的情感表现（情），便结为一对彼此相悖的诗学范畴。那么，就刘勰此处所述，到底是要以"温柔敦厚"的诗教原则来"持人情性""持之为训"呢？还是要遵从艺术创

---

① 黄侃：《文心雕龙札记》，页25。
② 黄侃：《文心雕龙札记》，页27—29。
③ 童庆炳：《〈文心雕龙〉感物吟志说》，载《文艺研究》1998年第5期，页19。

作的规律来"感物吟志"、顺其"自然"呢？如果说前述为古典的旧说，后者为时下的新声，那么刘勰又是如何处理两者之间的关系的呢？对此，童先生的结论是："统观《明诗》全篇，刘勰的整个思想始终在继承'古典'与肯定'新声'中摇摆。对于诗的古典意义，他一方面加以肯定甚至赞扬，可另一方面又觉得仅重复古典定义又不能解决诗歌的生成这类问题，所以他又要对诗的古典意义在有所肯定的同时也有所补充和改造，这样他就用他的'感物吟志'的诗歌生成论来补充、修正和改造诗的古典意义，把诗与人的情感以及情感对物的感应相联系，提出了'感物吟志'说，这可以说是诗论中的'新声'，是很值得注意的。"①这一结论是切合刘文本意的，是令人信服的。沿着这一思路，我们可以进而审视贯穿于刘勰诗学中的"折衷"与"求通"理念。

刘勰在《序志》中对自己的"折衷"思想开诚布公。他说：

> 夫铨序一文为易，弥纶群言为难，虽复轻采毛发，深极骨髓，或有曲意密源，似近而远，辞所不载，亦不可胜数矣。及其品列成文，有同乎旧谈者，非雷同也，势自不可异也；有异乎前论者，非苟异也，理自不可同也。同之与异，不屑古今，擘肌分理，唯务折衷。

可见，刘勰虽然数言"征圣""宗经"，但却是一位讲求实际的文论家。对于"自不可异"的旧谈，只要有道理，他就继承；对于"自不可同"的新说，只要行得通，他就提倡。他一不简单地重复雷同，二不随意地标新立异，只是想把古往今来的新旧与异同之说，全都摆放在深入分析的平台上，尽力得出稳妥无偏、恰当合适的结论，这也就是贯穿其整个诗学的"擘肌分理，唯务折衷"之法。"这个方法要求看到事物的不同的、互相对立的方面，并且把这些方面统一起来，而不要只孤立地强调其中的某一方

---

① 童庆炳：《〈文心雕龙〉感物吟志说》，页21。

面"①。据此，刘勰在《知音》篇中，把"多失折衷"的原因归于"各执一隅之解，欲拟万端之变"的偏执做法，并形象地称其为"东向而望，不见西墙"的片面行为。另外，刘勰所谓的"圆该"与"圆照"，可以说是几近"折衷"，等乎同义。

不过，在刘勰那里，"折衷"属于方法，"求通"才是目的。《文心雕龙》中论"通"之处颇多，如"钻坚求通""义贵圆通"（《论说》），"奇正虽反，必兼解以俱通""若爱典而恶华，则兼通之理偏"（《定势》）等等。这里所言的"通"，主要意思就是"贯通"（或融会贯通，或全面贯通）。刘勰还声称，"唯君子能通天下之志，安可以曲论哉"（《论说》）。看来他是负有使命感的，一方面立志要得出稳妥无偏的"折衷"结论，使其通达天下，另一方面要设法避免歪曲的立论，不让其贻误来世。为此，还专门著有《通变》一篇。根据《易传》中"易穷则变，变则通，通则久"的思想，特意强调"变则可久，通则不乏"的道理，积极倡导"参伍因革，通变之数"。

质而论之，刘勰的"折衷"与"求通"理念，的确类似于"因革"之道。原则上，"因"重因袭传统或循规蹈矩，"革"重革新变化或补偏救弊。两者时有矛盾，但却是传承与发展过程中的重要环节。在刘勰的诗学里面，"因革"的互动互补关系体现得相当明显，可以说是一以贯之。基于"征圣""宗经"的思想，《明诗》篇中首先因袭或重申了诗歌的古典意义与传统界说，这可以说是"自不可异"的结果；但随之又觉得旧谈不甚全面，于是从创作的实际出发，加以革新或变通，提出符合艺术创作规律的新论，这可以说是"自不可同"的结果。凭借"因革"式的理论整合，刘勰算是完成了"通天下之志，安可以曲论"的君子使命，并且为后世留下了"感物吟志"说这一诗学遗教。

据童庆炳分析，"感物吟志"是诗歌创作生成过程中的四要素，客观的对象"物"—主体心理活动的"感"—内心形式化的"吟"—作为作品实体的

---

① 李泽厚、刘纲纪主编：《中国美学史》第二卷，北京：中国社会科学出版社，1984年，页609。

"志"，联为一个整体，很有理论价值。① 这"物"，不仅指自然外物，也包括有主体色彩的眼中之物、言中之物和心中之物。这"感"，是"应物斯感"的感兴与想象，是触景生情的感怀与移情，或者是情景交融的心理感应与主客统一，总之是以"情"为前提条件的。这"吟"，既是抑扬顿挫的吟诵，也是通过声音和文字对"志"进行艺术处理的"推敲"或写作过程。这"志"，大致上是指"情志"，即"在心为志，发言为诗"的那种"志"。② 质而论之，"感物吟志"说所内含的艺术创生过程，其要点有四：

> 第一，诗源于诗人的情感与对象物的感触，没有情感就没有诗，没有对象物就没有诗，没有这两者的联系就没有诗。情与物是产生诗的必要条件。第二，诗的情感的产生的关键是"感应"，"感应"作为心理中介，使自然的情感和对象物发生建立起诗意的联系，感应是诗的情感产生的关键环节。第三，诗的情感作为审美情感需要经过艺术处理，"吟"是艺术处理的必经途径，也可以说是诗歌生成的第二中介。第四，诗歌的本体是"志"，一种经过"感"与"吟"两度心理活动后产生的情感。③

需要指出的是，"感物吟志"说并非刘勰的新创，而是因革变通旧谈的结果。国内不少学者一般认为刘勰是受《乐记》或《乐论》的启发，即把"凡音之起，由人心生也。人心之动，物使之然也。感于物而动，故形于声"这一思想概括为"感物吟志"说。换言之，也就是把论音乐本源的说法借机

---

① 童庆炳：《〈文心雕龙〉感物吟志说》，页21。
② 基于"文以气为主"的理念，童庆炳解释"志"时与"气"相连。认为"志"是文学的实体，"气"是生命力的根源。两者关系密切。"志"有待于"气"，而"气"是"志"的基础和前提。另外，他还对"志"的不同形态，如"志气""志足""志深"与"志隐"等，分别做了论述，从而深化了"志"的内涵。（《〈文心雕龙〉感物吟志说》，页25）陈良运则根据中国传统诗学与西方现代心理学的推理方式，将"诗言志"中的"志"明确地界定为两个层次，即"表心达意"的"认识活动"与"心之所之"的"意向活动"。（陈良运：《中国诗学体论》，北京：中国社会科学出版社，1998年，页53—60）
③ 童庆炳：《〈文心雕龙〉感物吟志说》，页26。

变通为讲诗歌生成的观点。我觉得这只是其思想根源的一面。其另一面则是受《文赋》的影响。以往多言"诗言志"，陆机始倡"诗缘情（而绮靡）"。刘勰在因袭旧谈时肯定"言志"，而在革新救弊时推崇"缘情"。所谓"人禀七情，应物斯感"之说，与他始终提倡"为情而造文"、坚决反对"为文而造情"的思想是相互贯通的。限于篇幅，这里不再赘述。

3. 风格范式：自然、雅润与清丽

《明诗》篇中，有三种风格值得关注。一是"自然"，二是"雅润"，三是"清丽"。"自然"统贯诗史，"雅润"针对正体，"清丽"关涉流调，各有侧重，特征不一。

（1）自然为美

一般说来，刘勰所谓"感物吟志，莫非自然"，前者代表诗歌艺术的创生要素，后者喻示诗歌艺术的风格范式。但若仔细品察，就会发现"自然"在此处包含两层意思：首先，它意味着感物吟志、抒情叙怀，是诗歌创作过程中的客观规律，理应遵守而不可违背，否则难以写出好诗。同时，它又对诗歌创作与艺术处理的方法设置标准，认为除了自然而然地抒发怀抱、表情达意之外，不可能有其他的方式营构出合乎情理、感人动人的诗风。前者类似于"合规律性"，后者近乎"合目的性"。合二为一，是谓自然。

自然为美，是贯穿中国诗歌风格史的统摄性理想原则。"自然"的思想，源于道家。老庄笔下的"自然"，并非是现在所谓的"大自然"（老庄称此为"天地"），而是与道同体的自然而然的规律性形态。老子所谓"道法自然"，是道家哲学与美学思想的基石。这里的"道"，也就是"自然"，即自然而然、因任自然。在他看来，天地万物与人类社会只有遵循自然而然或自身本然这一合规律性的普遍法则，一切才能和谐共存，正常秩序才能保证。庄子继承和发展了这一思想，从中引申出一种"自然"之道。据此，庄子论道，讲"自然"（普遍规律）；论美，讲"自然"（审美对象）；论人生，讲"自然"（"与天为徒，因任自然"）；论情性，也讲"自然"（精诚品性）。他认为人的情性表现要"真"或"精诚"，才会动人感人；而"真"是"受于天"的，是"自然不可易"的，这就是说它必须遵循"自然"或自然而然这条法则。如他所言："真者，精诚之至也。不精不诚，不能动人。故强哭者虽悲不哀，强怒者虽严不威，强亲者虽笑不和，真悲无声而哀，真怒未发而威，真亲未笑而和。真在内者，神动于外，是所以贵真也。……真者，所以受于天也，自然不可易也。故圣人法天贵真。"（《渔父》）显然，人在情性表现上是不能弄虚作假的，那样就成了一种讨嫌的矫情或虚情假意的伪饰。相反，应当讲求真诚自然，遵从"自然"之道。因为，只有"诚于中而形于外"的真情实感，才具有感人肺腑、动人心魄的力量，以此表现在艺术中才具有审美价值。这便是自然为美的原因所在。①

自老庄以降，"自然"作为一种理想的风格范式，在中国文学艺术史上是贯穿古今的。魏晋六朝时期，陶潜的诗就是典型的代表。到了唐朝，司空图在《二十四诗品》中专列《自然》一篇，极力推崇"俯拾即是，不取诸邻，俱道适往，着手成春"那种自然而无雕琢、妙成而绝强为的诗风。诗人李白则以"佳句本天成，妙手偶得之""清水出芙蓉，天然去雕饰"等诗句，来描述这种自然而然的诗境文心。宋时苏轼所谓的"行云流水"说，明代李贽提倡的"童心"说，以及造园艺术中所推行的"虽由人作，宛自天开"说，等等，恐怕都与自然说密切相关。

（2）雅润与清丽

"雅润"与"清丽"这两种诗风，是刘勰在论及四言、五言诗的成就时总结出来的。其原话如是说："若夫四言正体，则雅润为本，五言流调，则

---

① 王柯平：《自然为美的道家美学思想》，见《中西审美文化随笔》，北京：旅游教育出版社，2000年，页26—27。

清丽居宗；华实异用，惟才所安。故平子得其雅，叔夜含其润，茂先凝其清，景阳振其丽；兼善则子建仲宣，偏美则太冲公幹。"有的学者把"正体"视为"正规体制"，①把"流调"看成"流俗之调"，前者本于"经"，后者流于"不经"，于是认为刘勰因"宗经"思想作祟，有重四言诗而轻五言诗的嫌疑。②这种批评意见是解释原文时的偏差所致。从行文中看，"四言正体"，是说四言诗是正宗的体制，这是实话实说；四言诗以"雅润为本"，这是风格特征；"五言流调"，是说五言诗是当时流行的格调，这也是实话实说；五言诗以"清丽居宗"，这也是风格特征。它们"华实异用"，各领风骚，没有扬此抑彼的意思。

刘勰自己也许十分明白什么是"雅润"，什么是"清丽"，他为此还列举了一些诗人作为例证。但从行文中看，他的论述相当笼统，所举的例证只有诗人，没有篇名，近乎模糊理论，或者说是一笔糊涂账，使我们如"雾里看花"。那么，从字面上讲，到底何谓"雅润"？何谓"清丽"呢？一般的解释是："雅润"指雅正润泽，"清丽"指清新华丽。也有的学者做了进一步的分析解释，认为"雅，典雅，即诗思应符合温柔敦厚的儒家传统要求；润，修润诗句使之有文采，即诗要写得'篇体光华'（《风骨》）。……清，诗思清新，即后人所谓'诗清立意新'；丽，绮靡，即诗要写得文采绮丽，声调婉转。……雅者，正也，这符合'宗经'思想；润者，修润之使有文采，这符合文学的要求。清者，立意清新，这符合'情变之数'；丽者，绮丽，这符合时代风尚"③。这一解释是大致不错的。但是我们要真正体悟这些论说，还得进一步读些相关的作品。刘勰不是要"选文以定篇"吗？我们也要品文以体理，看我们在多大的程度上能够内化（internalize）这些理论。

按照刘勰的评判，张衡的四言诗表现出雅正的一面，嵇康的四言诗包含着润泽的一面，张华的五言诗呈现出清新的特点，张协的五言诗发挥了华丽的特点。兼备各体长处（擅长四言、五言体）的是曹植和王粲的诗，只

---

① 王运熙、周锋：《文心雕龙译注》，上海：上海古籍出版社，1998年，页48。
② 祖保泉：《文心雕龙选析》，合肥：安徽教育出版社，1985年，页116。
③ 祖保泉：《文心雕龙选析》，页119。

偏长(五言)一体之美的是左思和刘桢的诗。这里提供了一些例证,虽不具体,但我们可以从他们有关的作品入手,看看他们的雅润清丽之处。譬如,读张衡这首为刘勰所称道的四言《怨诗》:"猗猗秋兰,植被中阿。有馥其芳,有黄其葩。虽曰幽深,厥美弥嘉。之子云遥,我劳如何?"我们会觉得这是一首状物述怀之作。前两句写深谷幽兰的生态环境;三、四句写兰花的色泽形状与诱人的芬芳;五、六句赞叹兰花独特而淡远的不争之美;最后两句似乎作者自比兰花,借以表达自己不甚满意的处境或不为人赏识的尴尬,隐含着某种怨尤的语气与自我释怀之意。好在是"怨而不怒",用意含蓄,显出"温柔敦厚"的样子。这大概就是一种雅正之风吧。刘勰也认为该诗"清典可味"(清丽典雅,令人回味),是自有其道理的。

对于四言、五言这两种体制和雅润清丽这两种风格,刘勰认为诗人不可从众而强求,不要看什么流行就作什么,也不要看什么人有成就便跟着学什么,而是要深刻地认识到"华实异用",真正懂得华丽的五言诗与朴实的四言诗,其体用像花和果一样不同,自己要想表现出个人的风格特色,要想擅长于其中一种诗体,就只能"惟才所安",认识自己的长处所在,根据个人的才情来决定。这是一种实事求是的科学态度,对华实的关系也有一种形象而辩证的看法。实际上,"诗有恒裁,思无定位,随性适分,鲜能通圆"一句,的确是经验之谈,是大实话。这一方面进一步旁证了"华实惟才"说的真理性内涵,另一方面也在某种程度上把诗人从诗歌的"恒裁"中解放了出来。人是活的,人的情思意趣是多样的,人的性情是各异的,而诗歌的体制则是相对恒定的或者说是"死"的。活人不能被尿憋死,不能伸着脖子往"死"套子里面钻,那等于"作茧自缚",只能拘泥于规矩,习仿于他人,阻滞了个人的才性,成不了个人的风格,当然也成不了什么气候。另外,刘勰还专门针对诗歌创作的难易问题,提出了比较辩证而合规律性的见解。他认为,"若妙识所难,其易也将至;忽以为易,其难也方来"。这就是在告诫诗人或想作好诗的人,如果能够深切地认识到创作的困难,那么其容易就将到来;如果忽视创作的难度而将其视为容易的事情,那么其困难就将随之而至。可见,在诗歌创作过程中,难与易的关系

111

是十分微妙的。一般说来，"难"是客观存在的，是可以尽力克服的；"易"就是克服"难"以后所产生的结果。"难"转化为"易"，当然需要艰苦的磨炼和锲而不舍的精神，但其关键之一在于"妙识"，在于对事物本身的内在规律具有深刻而正确的认识，这样在具体的磨炼实践中才会采取相应有效的方法。我们不妨把刘勰的这一论述称之为"妙识难易说"。其实，诗歌创作的难易如此，做其他事情的难易也同此理。不过，把"妙识"展开审视，也可以换个角度来看待难易关系。譬如，"天下难事，必作于易；天下大事，必作于细。图难于其易也，为大于其细也"（《道德经》第六十三章）。凡遇难事先从容易处入手，凡为大事先从细部着眼，这样循序渐进、持之以恒，就能转难为易，积小成大。

　　总之，《明诗》篇讲历史，论文体，谈创作，其中诸多微言大义，涉及重要的诗学理论问题，很值得我们关注和研究。"感物吟志"说已为时贤写成大文，"莫非自然""雅润清丽""随性适分"或"华实惟才"诸说，则需深入研究。这里仅提出问题，有待来者"吐纳珠玉之声"。

六　艺术观念与魏晋风度

每谈到中国艺术，必涉及魏晋艺术。魏晋艺术不仅与魏晋时期人的解放主题、文的自觉意识和谈玄论道之风密切相关，而且与魏晋风度、魏晋名士、魏晋狂者精神及其特殊做派密切相关。如果说艺术是本质上自由的艺术，那么魏晋艺术的确具备这种本质特征。此外，在艺术的表现形式方面，魏晋艺术也可以说是独领风骚，自成一格。无论是魏晋时期遗存的诗文书法与雕刻作品，还是魏晋时期著名的文论、诗论、乐论、画论与书论，都足以佐证魏晋艺术的独特价值。因此，不少学者倾向于采用"魏晋起点论"来看待中国艺术观念的历史发端。不过，这是一个开放的话题，一个仁者见仁、智者见智的话题。在中国学界，对此论的质疑之声、反拨之举，时有见闻。笔者在此借题发挥，试以简议方式，给出一种意求扼要的提示。

1. 魏晋起点论之争

应当说，"艺术"是一大议题，撰写一部大书，也难以尽述其精微。中国艺术观念史也是一大议题，撰写一部大作，也恐难确保周备。在学界，以"魏晋起点论"来看待中国艺术发展的学者大有人在。这主要是因为魏晋时期政权更替频仍，时局凶险，社会动荡，世事难料，但人性空前解放，精神自由勃兴，清谈玄理成风，致使文人雅士各逞其才，标新立异，或寄情于诗乐歌舞，或欢聚于饮酒清谈，或浪迹于高山流水，结果使文学艺术之花灿然绽放,为后世留下丰富而卓绝的宝贵遗产,其中的代表人物与代表作品,流传千古,影响百代,至今绵延不绝。如今,只要对中国文学艺术史稍有常识的读者,都多少读诵过、参观过和听闻过一些,譬如"建安七子"、"竹林七贤"、画祖顾恺之、书圣王羲之、诗人陶谢二公与敦煌石窟艺术等人物与作品。这一切自然会让现代人文学者十分看重甚至心悦诚服于魏晋时期的辉煌成就,故此在界定中国的艺术观念时,由于艺术特征显著与实物取证便利等原因,会将更多注意力聚焦于魏晋时期的艺术创构,同时也会把艺术观念的起源与成熟归于这一时期。

然而,艺术终究是人类文明的产物。艺术观念的起源与沿革历史,必然同人类文明的诞生过程与发展历史密切相关。从华夏上下五千年的漫长历史来看,将艺术观念囿于魏晋时期,在微观历史上或许显得美轮美奂,但在宏观历史上则难免"削足适履"之嫌。因此,对于事关艺术观念史的"魏晋起点论",学界确然不乏反对与批评之声。新近的一些研究成果,视域开阔,收获颇丰。譬如,《先秦两汉艺术观念史》一书①,亦属断代之作,但其对"魏晋起点论"的质疑与反拨,值得我们关注和反思。这里仅将其相关要点归纳为三,以便读者进一步细查与考释。

其一,钩深致远的多重历史观。专论中国艺术观念史,必然要从其历史源头着手,由此钩深致远,相继辨析、阐释和总结艺术观念在其特定语境中的生成、流变、创化、应用、发展与会通等性相。通常,对于涉及艺术观念的古典文献与体现艺术观念的古代器物,现代学者在借用王国维所倡"双重证据法"的同时,既进入历史以解其意,也出乎历史以观其效,这样会使历史语境成为更具关联意义的参照坐标,使历史意识成为更为有效的思想行动。事实上,当我们为了勾画艺术观念史图谱而解读或重思相关古典话语的含义(meaning)与意义(significance)时,总会联系特定历史语境中的相关问题及其因果关系展开思索,总会依据过去的目的性追求与当下的阐释学动机进行论证。这样一来,我们的所作所为,就不再是被动的,

---

① 刘成纪:《先秦两汉艺术观念史》,北京:人民出版社,2017年。

而是主动的;不再是过去的,而是当下的。这一做法本身,可以说是一种作为行动的思想或作为思想的行动。值得称道的是,《先秦两汉艺术观念史》一书,基于跨学科视野,采用了多重历史观,一方面用大历史融通小历史,另一方面用小历史实证大历史,由此对艺术观念史进行了颇为翔致的梳理、释论和归结。这里所说的大历史,主要是源于传统礼乐的文化史和注重道德立命的哲学史;这里所说的小历史,主要是表现情思意趣的艺术史(如诗、乐、舞、书、画、赋)和满足仪式日用的工艺史(如玉、石、陶、器具、青铜、建筑、城建)。不难看出,这种方法由于关注艺术理论及其实践经验的交互共生关系,其论证效果自然超越了单维历史观的局限,不仅有助于读者了解艺术观念渊源史的复杂性和把握艺术观念效果史的多面性,而且有助于拓展古代艺术的实存领域、揭示古代艺术的丰富形态和解构艺术与美的单向对接等,最终把重要的内在关联因素聚集于艺术观念史领域,从而避免了有悖于逻辑贯通性的无限泛化之弊。

其二,溯本探源的三位一体说。根据中国艺术观念的历史沿革,《先秦两汉艺术观念史》将先秦两汉分为彼此承接的三个阶段:夏商西周、春秋战国与两汉时期。依此时序,该书先从远古夏商时期甲骨文字、青铜器皿与巫术活动中艺术观念的萌芽切入,继而论说西周时期有关诗、礼、乐与服饰之类艺术观念的成形,阐明春秋时期有关乐舞和建筑中艺术观念的演进,昭示战国时期诸子关于艺术功用的争论,总结先秦百工体系与匠作制度的要旨,阐述秦汉音乐哲学和书道画艺的观念。因循这一发展线索,该书从实用、审美和象征三位一体的角度,在溯本探源的辨析和提炼过程中,以言之有物、论之有据的方式,令人信服地再现了古代中国艺术的实然功能及其艺术观念的呈现样式。如今看来,上述三位一体说,不仅在很大程度上适用于诗、乐、舞等艺术,也同样适用于器具与建筑等工艺。譬如,所谓"实用",通常体现在日常功用与人伦教化的功利性层面;所谓"审美",一般反映在怡情悦性与鉴赏娱乐的精神性层面;所谓"象征",往往凝结在"言志明理""托情于物""藏礼于器"与"蕴意于象"的符号化层面。三者彼此关联又相辅相成,体现了古代艺术(包括后人眼中所认为的艺术)

的本然特质。

其三，对"魏晋起点论"的质疑与反拨。陶渊明在《桃花源记》里讲"不知有汉，无论魏晋"。现在，我们既然从《先秦两汉艺术观念史》中获知先秦两汉的艺术观念史，也就有必要借机谈谈魏晋时期关乎艺术的事宜。实际上，此书采用的多重历史观与三位一体说，其出发点之一是因质疑"魏晋起点论"及其相关问题而展开的。按其所言，"魏晋起点论"是套用西方启蒙运动艺术观念与自由形式原则来评判中国艺术及其观念的结果。碰巧，魏晋时期人性的觉醒与文艺的自觉，使中国艺术及其观念一反常态，呈现出迥然有别于先前传统的崭新样貌，结果与"来自西方的艺术定义更具契合性"。但在《先秦两汉艺术观念史》一书的作者看来，这大抵是以西方现代观念重构本土历史的产物。一些现代学人之所以把魏晋以降看作中国艺术的自觉时期，无疑是因受西学影响，借用西方启蒙时期确立的美和艺术标准，来限定中国文学、艺术和美学的历史进程和研究。也就是说，中国现代学人对魏晋美学和艺术成就的极端肯定，实属移置和借用西方启蒙艺术观的结果。虽然这种肯定反映了中国美学和艺术发展史的实然状况，但却斩断了中国艺术对社会政治生活的广泛参与，导致了价值单一、视野狭隘等偏差。自20世纪60年代始，中国美学与艺术史界就已明确认识到"魏晋起点论"所存在的问题。对此，《先秦两汉艺术观念史》反向上推，溯本探源，将中国艺术观念史上溯到先秦两汉，同时从政治、伦理、宗教、审美和应用等角度，着意敞开了艺术更为多元的价值空间和发展空间。

2. 魏晋艺术、风度与名士

那么，"魏晋起点论"为何流布广泛，得到多人称道呢？这主要与魏晋时期的历史文化语境和思想意识形态的独特性密切相关。在此阶段，人的解放主题与文的自觉意识，总是同谈玄论道、崇尚自由之风交织在一起，这很容易引起诸多人文学者的特殊关注与兴致。实际上，在中国学界，每论及魏晋艺术，就自然连带魏晋风度，而谈论这两者，又都无法避开魏晋名士。而魏晋名士，大多崇尚"诗意栖居"，率性任物，放浪形骸，沉湎于诗酒，徜徉于艺术。

概言之，魏晋艺术的自觉与华彩，得益于人性的觉醒、哲学的重新解放和思想的自由活跃。其所创构的抒情性纯艺术，既注重辞采与韵美（如"俪采百字之偶，争价一句之奇"），又推崇神思或想象（如"精骛八极，心游万仞，……观古今于须臾，抚四海于一瞬……挫万物于笔端"），由此真正开真善美的先河。相对于两汉"成教化，助人伦"的功利艺术，魏晋艺术堪称中国历史上卓异盛开的奇葩。

魏晋风度的慷慨与深沉，得益于魏晋名士对人生的感悟与其内在的矛盾。处在当时充满动荡、混乱、灾难、血污的社会和时代，大多数艺术家表面看来活得潇洒风流，实际内心充满苦恼、恐惧和烦忧，在战战兢兢中承受着无形的困扰和压力。诚如阮籍诗云："但恐须臾间，魂气随风飘。终身履薄冰，谁知我心焦。""孤鸿号外野，翔鸟鸣北林。徘徊将何见，忧思独伤心。"魏晋名士的尚奇与任侠，得益于狂者的精神和狷傲的偏好，他们一边对酒当歌，纵情享乐，放浪形骸，一边满怀诗意，崇尚玄理，超然自得，借用文艺作品和生活方式来展示自己独具的才情、放达的精神、独立的人格和崇尚的品藻。

据此，魏晋名士的共同特点一般可归纳为深情、尚玄与忧思。他们因深情而慷慨咏叹，由此成就了三曹的文，陶、谢的诗，嵇康的乐，向秀、陆机的赋，顾恺之、陆探微的画，王羲之、王献之的书，等等。他们因尚玄而狂傲悖理，藐视伪善的名教，反叛传统的价值，由此产生了以王弼、何晏为代表的玄学，奠定了真正思辨的中国哲学。他们因忧思而佯狂沉醉，借此来抗争无常的命运和无端的迫害，用含着眼泪的笑来应对感伤和沉重的生活。这一切，对思想备受禁锢和精神备受压抑的中国学人而言，无疑会激起他们的通感、遐想与反思，或寄慨苍凉，或追慕仰视，或心理模仿，等等。殊不知，后世对魏晋名士的理解，也存在一定问题，尤其是

"极端肯定"之论,似有以偏概全之弊。

3. 魏晋风度之蜕变

要知道,塑建魏晋风度的魏晋名士,面对政治权变的压迫与杀伐惩戒的威胁,在自由精神与个性张扬方面,因自身的处境和选择,毅然表现出超逸率性的狂放之风、尚奇任侠的狂诞之风、惊世骇俗的狂荡之风。这三种风气或做派,可以说是魏晋风度的蜕变,其极端做法虽有颠覆传统名教之功,但也有冲击社会道德之嫌。实际上,魏晋名士中不乏魏晋狂者,但就其狂者精神的衍变而言,"魏晋时期的个性张扬未免过于失序。狂者已经不愿继续取资于孔子的狂狷思想,佛道两家特别是道家和道教的崇尚自然的观念,给了魏晋士人以个体生命也许可以走向自由的遐想"①。这种遐想等于打开了自己内心的禁锢意识,等于放飞了自己持有的自由意志。结果,他们追求自我的无约束的放任,结果使自己几乎陷入了种种奇诞怪异的嗜好。这里不妨对狂放之风、狂诞之风与狂荡之风的基本形态与代表人物稍加勾勒。

首先,狂放之风的典型代表当数"竹林七贤"。他们好酒、好诗、好乐,抵制虚伪名教与极权政治,近乎狂狷者流。在他们中间,阮籍擅赋玄诗,刘伶迷恋醉酒,嵇康热衷琴音。"目送飞鸿,手挥五弦;俯仰自得,游心太玄。"就是嵇康与同道心向往之的真实写照。嵇康是一位名副其实的乐狂,其卓然警世之举,在于为好友吕安辩护而获罪,被谋权害命的当政者司马氏所杀。临刑之时,他索琴抚奏一曲《广陵散》,曲终感慨道:"《广陵散》于今绝矣。"随之从容就戮。逝后,其七贤旧友向秀作《思旧赋》,"悼嵇生之永辞兮,顾日影而弹琴。……听鸣笛之慷慨兮,妙声绝而复寻"。怀念情深,可见一斑。

---

① 刘梦溪:《中国文化的狂者精神》,北京:三联书店,2012年,页23—24。

第一部分　诗学与传统

其次，狂诞之风的代表人物，主要是一些官场名士。这类人自命清高，崇尚玄虚，虽身居庙堂，但心系江湖；虽享有官位名利，但有意玩忽职守。他们"是以立言藉于虚无，谓之玄妙；处官不亲所司，谓之雅远；奉身散其廉操，谓之旷达。故砥砺之风，弥以陵迟。放者因斯，或悖吉凶之礼，而忽容止之表，渎弃长幼之序，混漫贵贱之级。其甚者，至于裸裎，言笑忘宜，以不惜为弘，士行又亏矣"①。这种风气蔓延的结果，使得"当官者以望空为高，而笑勤恪"②。"居官无官官之事，处事无事事之心"③。显然，上述狂诞之风所助长的是虚妄、邪道、鄙俗之行，但当事者却自以为此乃玄妙、雅远、旷达之举，全然不顾误事、误人、误国乃至亏行、丧德的后果。

再者，狂荡之风的代表人物，大多是一些贵族子弟。他们仗着优越的社会地位与经济条件，无视传统名教礼法的约束，追求自我无限度的放任自流，在标新立异方面走得更远。他们以放浪形骸为名，行放荡不羁之实，饮酒寻欢，对弄婢妾，抛弃规仪，散发裸戏，几乎到了司空见惯、习焉不察的地步，确如孔子所批评的那种"狂而荡"的极端现象。譬如，出身官宦人家的王忱，官至方伯（地方长官），不仅嗜酒如命，而且裸游成习。据《晋书》本传所记，此人"性任达不拘，末年尤嗜酒，一饮连月不醒，或裸体而游，每叹三日不饮，便觉形神不相亲"④。有一次去安慰遇到伤心事的岳父，竟然约同十几位宾客，"披发裸身而入"，绕室三圈后遽然离去。比较而言，狂放之士可赞，才情卓越且有所作为；狂诞之士可叹，渎职懒政却自饰其过；狂荡之士可笑，不顾羞耻而乏善可陈。因此，评价与魏晋风度相关的魏晋名士，有必要区别对待，不应一概而论。

另需指出的是，两汉时期"废黜百家，独尊儒术"的统摄性意识形态，

---

① 裴頠：《崇有论》，《晋书》卷三十五，列传第五，中华书局校点本，第四册，页1045，转引自刘梦溪：《中国文化的狂者精神》，页25。
② 干宝：《晋纪总论》，转引自刘梦溪：《中国文化的狂者精神》，页25。
③ 孙绰：《刘真长诔》，转引自刘梦溪：《中国文化的狂者精神》，页25。
④ 参阅《晋书》卷七十五，列传第四十五，中华书局校点本，第七册，页1973，转引自刘梦溪：《中国文化的狂者精神》，页24。

导致了物极必反的后果，促发了魏晋时期的破旧立新和自由解放。李泽厚等现代学人对魏晋美学与艺术的"极端肯定"，远非纯学术认识问题那么简单。要知道，在20世纪80年代的中国，美学讨论的大背景是解放思想和改革开放，其外显形式是60年代美学讨论的继续，其内在目的则是倡导主体性和自由精神的政治启蒙，其所采用的方式，则是中国历史上常有的以古喻今或以古讽今手法，这在李氏行文中不难看出。

如其所言，与烦琐和迷信的汉儒相比，魏晋时期是一个突破数百年的统治意识，重新寻找和建立理论思维的解放历程。在怀疑旧有传统标准和信仰价值的条件下，魏晋人对自己生命、意义、命运做重新发现、思索、把握和追求，由此发展出一种新的态度和观点。正始名士的不拘礼法，太康、永嘉名士的政治悲愤，都有一定的具体积极内容。正由于有这种内容，所谓人的觉醒才没有流于颓废消沉；正由于有人的觉醒，这种内容才具有美学深度。而这种觉醒，是在对旧传统、旧信仰、旧价值、旧风习的破坏、对抗和怀疑中取得的，其内在追求与外在否定是相互矛盾地联系在一起的。在当时严酷的政治境遇里，何晏、嵇康、二陆、张华、潘岳、郭璞、谢灵运、裴頠等一流哲学家、诗人、作家、艺术家，都被当政者假借法统道统之名所杀害。但是，陈旧的礼法毕竟抵挡不住新颖的思想，政治的迫害也未能阻挡风气的改变。从哲学到文艺，从观念到风习，看来是如此荒诞不经的新东西，毕竟战胜和取代了一本正经而更虚伪的旧事物。[①]在20世纪80年代开放之初，经历过各种残酷斗争与十年动乱的读者，每看到这种残酷的悲剧与激扬的表述，无疑会勾起难以言表的旧忆和不堪回首的往事，当然又会唤起对国泰民安的希冀与壮怀激烈的感想。

魏晋成往事，精神犹可追。现代人在历史的特定时期，一旦现实需要，总会把墓中的古人唤醒，借助他们已往的言说，来思索现存的疑惑与问题。在我们这里，魏晋时期的古人也会受到同等待遇。在与他们的比照中，我们会做何感想、有何感受呢？或因他们的潇洒、放达和玄远而习仿

---

① 李泽厚：《美的历程》，桂林：广西师范大学出版社，2000年，页182—184。

他们，潇洒走一回或过把瘾就死；或因他们的苦恼、恐惧和烦忧而反观自己，看到内心的纠结、猥琐与伪装。可以说，在封闭与压抑的意识形态条件下，我们只要认真思索"活得怎样"之类的问题，有关魏晋的讨论恐怕永远不会终结。

七 朱熹的道德化诗学观[①]

朱熹(1130—1200)是宋代儒家学派的领军人物,其思想核心就是他一贯坚持的"天理"。如他所言:"圣贤千言万语,只是教人明天理,灭人欲,天理明,自不消讲学"[②]。由此可见,认识天理是教育的核心部分和至高目标。"天理"作为终极原则,与"人欲"相对应,两者构成宋代儒学中的一对重要概念。一般说来,"天理"代表永恒的美德,应当发展和珍惜;人欲乃是万恶之源,应当限制和铲除。在朱熹的思想中,"天理"被分为"一"和"多","一"代表宇宙的原则,是抽象和形而上的;"多"指的是所有事物所表现的各种特定原理,是具体和形而下的。"月映万川"这个比喻相当形象地表达了这个思想。因此,"一"是本质的和本原的,而"多"则是扩展和派生的。这一思路不仅在朱熹的哲学思想中占统治地位,在其文学批评中也是如此。

[①] 本文原用英文撰写,题为"Zhuxi's Moralistic View of Poetry",刊载于澳大利亚悉尼大学哲学系本尼特兹(Rick Benitez)主编 *Literature and Aesthetics*(《文学与美学》)杂志。中译文由陈昊与刘洪飞译出初稿,经过作者修订后刊于王柯平主编:《中国现代诗学与美学的开端》,上海:锦绣文章出版社,2010年。

[②] 《朱子语类》卷十二,北京:中华书局,1986年。中华文化中"天理"被视为一个概念的集合体,包括"三纲五常"。"三纲"即"君为臣纲,父为子纲,夫为妻纲";"五常"即"仁、义、礼、智、信"五种主德。它们构成了特定的封建道德体系。朱熹认为,它们是绝对正确的,最终导向最高道德"至善"。"至善"是建立在《孟子》中的"恻隐之心""羞恶之心""辞让之心""是非之心"基础上的。这四种心理模式是发展仁慈、正义、礼仪以及智慧的前提。遵从天理的人们会拥有公正的思想,以及保护其善良天性的能力。相对的"人欲"则是消极的,会使人们误入歧途。"人欲"反映了自私、病态甚至堕落的人性——被"物欲"或"嗜欲"的感情困扰和遮蔽。被此困扰的人们会对以上的"恻隐之心""羞恶之心""辞让之心""是非之心"无动于衷,无视道德和天理。因而朱熹鼓励人们"存天理",以"灭人欲"。

第一部分　诗学与传统

1. 先验道德原则的确立

　　以《诗经》为例，朱熹始终坚持其先验道德原则。这个原则源自孔子的"诗教"观。孔子认为诗教有助于帮助人们修养和成就一种平静和善的人格（"温柔敦厚"）。因此，诗在激发人的良知以及道德感方面有着重要意义（"兴于诗"）。在此情况下，人们通过接受"诗教"，进而去关注和培养自己的德行，以此完善自己的人格。朱熹赞同孔子的观点，并进一步声称诗是人类情感的表达方式，也就是他所谓的"感物道情"之说。情感可以分为正邪两类，与诗的内容暗含一种对应关系。诗的书面含义容易理解。通过诵诗，人可以受到旋律、节奏方面的陶冶，从而重塑人格。如其所言"诗本性情，有正有邪，其为言既易知，而吟咏之间，抑扬反复，其感人又易入。故学者之所初，所以兴起其好善恶恶之心，而不能自已者，必于此而得之"①。另外，朱熹还宣扬"人伦之道，诗无不备"的观点。②

　　在对《诗经》中的抒情歌诗进行具体评论时，朱熹仍然坚持先验道德诗评原则。这一原则源于孔子关于音乐的两条评论，第一条就是孔子否认《郑风》的教育价值，称"郑声淫"，由此"恶郑声之乱雅乐也"③。在这样的语境中，雅乐是一种以风格简练、曲调庄严为特点的古代音乐类型，如代表平和的"韶"、风格雄健的"武"等。"郑声"是一种民间流行的音乐类型，体现出截然不同的市井风情和感官诱惑。面对人们越来越趋向享乐主义的现实，孔子强烈地谴责《郑风》，试图去禁止它们的流行（"放郑声"）④，因为他看到郑声的大受欢迎构成了对雅乐正统地位的威胁。

　　孔子对于诗经的另一条评论是肯定了《周南》《召南》在教育上的作用，

---

① 朱熹：《论语集注》，见《四书章句集注》，北京：中华书局，1983年，页104—105。
② 朱熹：《论语集注》，见《四书章句集注》，页178。
③ 朱熹：《论语集注》，见《四书章句集注》，页164。
④ 朱熹：《论语集注》，见《四书章句集注》，页156。

声称"人而不为《周南》《召南》，其犹正墙面而立也与"①。意味着这样的学习有益于开阔眼界，使人们能够更好地交流。在古代，诗被当作一种特殊的政治话语来使用，以含蓄的方式表示国内国外的政治事件和倾向。学者和官员们必须具备良好的引用和朗诵《诗经》中语句的能力，以应付宴会宾客和出使外国的政治外交需要。这是一种十分微妙和具有挑战性的技艺，不容许应答时出现错误。否则，对方将会感觉受到了冒犯，导致两国发生冲突甚至发动战争。这样运用诗的例子，在《左传》等史书中有着大量细致的记载。②

朱熹对"郑声"持坚定的批判态度，与他对《周南》《召南》的高度颂扬正好形成鲜明的对照。这两者直接影响了朱熹对孔子观点的认同感，从而导致了朱熹建立的道德化诗学的双向性。正因为如此，他对《诗经》中一些文本的评述显得有失公正或不太令人信服。举例来说，朱熹关于《野有死麕》的评注，不仅表露了他先入为主的观念，还暴露了他矛盾而伪善的论点。诗中描述了一个大胆甚至有些神秘和野合因素的爱情故事。

> 野有死麕，
> 白茅包之。
> 有女怀春，
> 吉士诱之。
> 林有朴樕，
> 野有死鹿。
> 白茅纯束，
> 有女如玉。
> 舒而脱脱兮，

---

① 朱熹：《论语集注》，见《四书章句集注》，页178。
② Wang Keping（王柯平），"Confucius' Expectations of Poetry," in the *Journal of The Social Sciences in China* (English), 1996, Vol.4, pp.38-41.

无感我帨兮,
无使尨也吠。

不可否认,这样的描述在当时所有关于隐秘爱情的诗歌中,算是最富有"自然主义"色彩的一段。猎杀了一头鹿的强壮猎户和纯洁的少女联系在一起,构成了一个象征性野合场景。这猎人不仅猎取野味,而且也猎取少女。他猎杀了一头鹿,用白色的茅草将鹿包好,将其作为礼物献给他的心上人。这头鹿很容易提醒读者联想到少女隐藏的命运。"有女如玉"的意象,显示了少女的纯真、美丽以及赤裸的身体。这些因素形成的猎物形象,非常具有诱惑力,可以视为性爱的象征。事实上,这对恋人正在村外的小树林中幽会。其间,猎人采用了各种方法取悦那位少女,试图满足自己的欲望。该诗最后一节描述了少女发出的呢喃声,要求猎人温柔安静,不要太过急促吵闹。这种气氛表现出了男子对性爱的渴求,以及少女顺从而又惴惴不安的情态。整个场景显得极为自然真实,符合男欢女爱的人性本然。

然而,这首诗被收录在《召南》而非《郑风》中。于是,朱熹企图忽视上述真相,在评论中采用强辩的方式,提出了如此荒谬的解释:"南国被文王之化,女子有贞洁,自守不为强暴。"① 可以说,很少有人能接受这种解释,因为它偏离了这首诗讲述隐秘爱情故事的自然逻辑。

与之形成鲜明对比的是朱熹对于《郑风》中《将仲子》一诗的评论。朱熹给它贴上"淫奔之诗"的标签。我们不妨先来读一读这首诗的第一节:

将仲子兮,
无逾我里,
无折我树杞。
岂敢爱之?

---

① 朱熹:《诗经集传》,天津:古籍书店,1990年,页9。

畏我父母。
仲可怀也,
父母之言,
亦可畏也。

  不难看出,这位堕入情网的少女陷入了两难困境。诗中的描写没有涉及任何放荡的迹象或直接触犯道德的问题。但人们从中感到,这是一位胆怯脆弱、自我保护心理甚强的女子,她屈从于父母的教诲以及男权社会的压力。诗中所暗示的女子与其父母之间发生的冲突,揭示了双方对于道德伦理的深切认识以及对于生活习俗的无条件遵从。值得注意的是,当那位男子要求潜入少女的卧室时(两人之前已经通过这种方式幽会),这位女子却告诫他不要再像以前那样胆大妄为了。其中也意味着女主人公在自我意识与道德理性交织下的矛盾心理。

  通过对比朱熹对这两首诗大相径庭的评论,我们发现朱熹局限在道德先验原则统治的狭隘空间里。这个原则包含两个维度——肯定与否定,即"正"与"邪",这两者分别对应两种类型的诗——《郑风》和《周南》《召南》。朱熹的上述所为,犹如画地为牢,这正是其评论牵强、矛盾甚至错误的原因所在。朱熹本人也是一位富有真情实感和有过浪漫经历的诗人,我们很难确定他在评注那些爱情诗时,是否真正说出了自己的心中所想与所感。不过,为了捍卫道学家的地位,他似乎有责任尽其所能为道德教育的基石——天理和礼法——进行辩护。尽管朱熹醉心于先验道德原则,但他对《将仲子》的评论,仍然显现出明确而尖锐的观察力(尤其是与汉代毛亨正统的解释相比较)。譬如,按《毛诗正义》所说,《风》中的诗歌主题隐含着政治教育的寓意,其目的在于"上以风化下"或"下以风刺上",[①] 在于修正人们的道德和行为。在对《将仲子》的评论中,毛亨重复了一个错误的解

[①] 毛亨:《毛诗正义》卷一,北京:北京大学出版社,1999年,页13。原文为:"上以风化下,下以风刺上,主文而谲谏,言之者无罪,闻之者足以戒,故曰风。"

释，他把《左传》中的一个故事与之相联系，声称这首诗象征着一个道德教训和政治教育，是庄公与段叔两兄弟间争夺权力的戏剧性故事①。简而言之，毛亨把这首诗解释成一个关于庄公无法阻拦被母亲宠爱的弟弟"多行不义"的讽刺故事。相当多的中外读者均落入毛亨这种牵强的解释中，执意追随这种说法。② 相反，朱熹首先跳出了这个圈子，展示了他独到的见解。他认为这仅仅是一首大胆表达个人经历的爱情诗。这样的解释我认为从文本和语境上都是说得通的。正如这首诗描述的那样，那位少女告诫她的恋人在翻墙潜入她的闺房时，不要破坏那些树木，这不是因为她在乎那些树木本身，而是因为她畏惧父母、邻居、兄弟们口中的流言蜚语。实际上，即使她表现出高度警惕，但还是陶醉于这样的冒险体验之中。"仲可怀也"这句诗再三出现，清晰表现出了怀春女子的激情和自我陶醉。其内在的感染力，主要来自一种含蓄的忧怨之情。也就是说，由于那位女子迫于社会压力而无法直接表达自己的爱情冲动，于是以含蓄的方式表达了对家庭监视和社会阻力的不满情绪。

朱熹大约花了40年研究《诗经》，他仔细查阅了《诗经》的所有诗篇，并且通过反复阅读和体味来加深对文本的理解，继而做出自己独到的解释。最终，他把诗的功用界定为"感物道情"，而不是历史记录或政治工具。他甚为自信地宣称，他推翻了传统上诸多牵强和拘泥的解释，认为毛亨的"美刺说"在很多方面属于"妄意推想"，"初无其实"。③ 尤其是对《将仲子》一诗的评述，朱熹截然不同于毛亨，认为那只是"男女相与之辞"，却干庄公叔段何事？④

---

① 这个历史故事被记录在《左传》中，被毛亨用来阐释《将仲子》在政治上的讽喻意味。参阅《左传正义》卷一，北京：北京大学出版社，1999年，页50—54。
② 一些西方学者已经注意到这些诗评中关于政治的过度阐释，这很大程度上得归功于《毛诗正义》中的阐释启发了他们，毛亨的原文如下："将仲子，刺庄公也。不省其母，遗害其弟。弟叔失道而公弗止，翟仲谏而公弗听，小不忍而致大乱焉。"《毛诗正义》卷一，页279—278。
③ 朱熹：《朱子语类》卷八，北京：中华书局，1986年，页2077。
④ 朱熹：《朱子语类》卷八，页2108。原文如下："如《将仲子》，只是男女相与之辞，却干祭仲共叔段甚事。"

2. 对"思无邪"的二次反思

朱熹对于经学的发展贡献颇大[1]，他实践并推行的方法具有独特的阐释学色彩。此种方法可以分为两个相关的模式：一个是文本方面的，建立在句型分析的基础上（句法）；另一个是经验方面的，以个人理解为基础（心法）。在西方的概念术语中，"句法"属于客观范畴，而"心法"是主观的。"句法"与"心法"，并非风马牛不相及，而是相互影响甚至互相融合的。这一观点意味着个人理解和经验同样有助于文本的阐释。

朱熹认为进行任何文本阐释的先决条件是理解文本的主题。由主题"一以贯之"，方可洞悉文中词句的意义。如其所言："易有个阴阳，诗有个邪正，书有个治乱。"[2]主题提供了一个正确的方向去理解和阐释文本。如此，运用语文学知识就可以准确理解那些短语和句子的真正意义，进而从整体上弄清文本的含义。当对文本众说纷纭、莫衷一是之时，更加需要对其条分缕析，重新"正名"，以此清除那些模糊和晦涩的阐释。

阐释的目的到底何在？"朱熹认为目的具有三个层次，第一是理解经文的原义，第二是理解圣人即作者的意图，第三是读者所悟之义。"[3]笔者认为，要洞悉文本的本意，必须做到"察其用心""考其辞章"，即从道德意图和文句结构两方面进行考察。理解作者意图并有所发现，需要领悟文本的"言外之意"。文本中丰富的暗示和联想因素，既提供了进行阐释的可能性，也会导致不断滋生的阐释偏离文本本身。只有巧妙地结合"句法"和"心法"，才有可能达到上列三个层次的目标。应当说，"心法"在某种程度

---

[1] 中国教授经学的书院基本上都致力于对中华文化经典的阐释，可以追溯到孔子对经典《诗经》《尚书》《乐记》《礼记》《易经》《春秋》的整理和汇编。到了汉代，书院发展成了维护儒学的正统机构。在宋朝，这一制度发展到了顶峰，朱熹对此做出了重要贡献。
[2] 朱熹：《朱子语类》卷十一。
[3] 潘德荣：《经典与诠释：论朱熹的诠释思想》，《中国社会科学》2002年第一期，页53—54。

上显得更为关键，因为"心法"代表读者阅读前的期待视野，阅读中的批评意见，因人而异的文学修养、道德素质、智力水平以及对经典文本的熟悉程度。而读者对文本的感受，通常会涉及许多因素。因此，朱熹提出的"句法"和"心法"，有助于发掘文本的隐藏意义，并且使经典文本具有更广泛的可读性。

朱熹运用这种方法澄清了《诗经》中很多意义含混不明之处，但是他也用自己的道德化诗学观歪曲了一些诗。其中一个典型的例子就是他对孔子的一句诗评"诗三百，一言以蔽之，曰：'思无邪'"的阐释。孔子的这句评论常常被人误解为《诗经》的道德圭臬，然而人们读到其中的爱情诗篇时发现，很多诗歌表现出的那种发人深思或令人遐想的情感化艺术感染力，与"思无邪"的解释南辕北辙。因此，孔子从《鲁颂》中《駉》引用的"思无邪"的真正意义，虽然众说纷纭，却也一直悬而未决。

朱熹曾经指出："凡诗之言，善者可以感发人之善心，恶者可惩创人之逸志，其用归于使人得其情性之正而已，然其言微婉。"[1]后来，朱熹还反复引用和强调程颐所推崇的"诚"的概念，但这依然无法辨明孔子"思无邪"的空泛之论。不过，通过重读《桑中》一诗，朱熹对于这句暧昧多义的著名评论给出了更加细致和个性化的解读：

> 孔子之称思无邪也，以为诗三百篇劝善惩恶，虽其要归无不出于正，然未有若此言之约而尽者耳，非以作诗之人所思者皆无邪也，今必曰有彼以无邪之思铺陈淫乱之事，而闵惜惩创之意自见于言外，而曷若曰彼虽以有邪之思作之，而我以无邪之思读之，则彼之自状其丑者，乃所以为吾警惧惩创之资耶？而况曲为训说，而求其无邪之彼，不若反而责之于我之切也。[2]

---

[1] 朱熹：《论语集注》，见《四书章句集注》，页53—54。
[2] 康晓城：《先秦儒家诗教思想研究》，台北：文史哲出版社，1988年，页159—160。

朱熹的解读很有启发性，揭示了"思无邪"一说内含的道德劝诫意图，凸显了诗人自己与读者个人的可能感受，进而把孔子的诗论上升到更高的道德层面。随着对经典的重新解读以及阅读态度的改变，"思有邪"或"思无邪"显得不再那么重要了，关键在于读者需要确立健康的审美眼光、自然的心态以及道德的良知。俗话说，"身正不怕影子斜"。只要自己保持正直无欲的态度，诗中的邪思淫念自然消于无形。这样的思想建立在两种关键的特质上：内在的超越力和审美的知解力。然而，所有这些仍然算不上充分的反思。在这方面，中国现代哲学家熊十力在继承朱子之说的基础上，用下述浅显易懂的语言做了更加深入的探讨：

> 三百篇，蔽以思无邪一言，此是何等见地而作是言。若就每首诗看去，焉得曰思无邪耶？后儒以善者足劝，恶者可戒为言，虽于义无失，但圣意或不如斯拘促。须知圣人此语，通论全经，即彻会文学之全面。文学元是表现人生，光明黑暗虽复重重，然通会之，则其启人哀黑暗向光明之幽思，自有不知所以然者，故曰"思无邪"也。关雎古今人谁不读，孰有体会到乐不淫、哀不伤者。情不失其中和。仁体全显也。仁者，万化之本源，人生之真性也。吾人常役于形，染于物欲，则情荡而失其性也。乐至于淫，哀至于伤，皆由锢于小己之私，以至物化，而失其大化周流之真体。此人生悲剧也。[①]

显然，熊十力重新肯定了朱熹等人反复申说的"思无邪"的道德追求。像朱熹一样，他也鼓励人们注视自己的内心世界、文化修养和精神层次，而不是拘泥于外在的形式和表面的文饰。不同的是，熊十力更加猛烈地抨击了解读诗歌主题的简单化做法与笼统的道德化倾向。实际上，他认为文学潜在的功能应该是对人类生存状态的表达，断言自由的价值判断是人类的自然天性。这些观点大大拓展了文学批评的范围和角度。在熊十力看

[①] 熊十力：《读经示要》，见黄克剑等编：《熊十力集》，北京：群言出版社，1993年，页269。

第一部分　诗学与传统

来，人类的生存处境在物欲横流、享乐追求以及利己主义的影响下已经十分恶化，更为严重的是，大部分人自我麻木，囿于陈见，不能用他们的知识和勇气直面生活的困境与悲剧。在这种情况下，熊十力希望文学能够启迪和解放压抑的人们。正如在《诗经》中所看到的那样，文学可以照亮人们的生活，使其积极与消极两面更为鲜活清晰。一旦人们完全透彻地理解了文学，他们就可以冲破黑暗迎向积极的生活。换言之，他们能够重获自由天性，面对严酷的现实，勇于去改变生存现状。要做到这些，就需要清醒的道德意识、个人的使命感、平和的心态、勇气以及对诗歌的敏锐感受力。熊十力十分看重诗歌的感受力，将其视为极其重要的甚至是决定性的因素，因为它可能激发人的渴望并促发上述品格。更何况像《诗经》这样的文学作品，要想真正读懂和解悟极其不易，这需要伟大的智慧，否则，读与不读没有什么两样。① 当然，任何文学阅读都不能确保获得一种清晰和直觉的理解。在为人类境况和危机深深担忧时，熊十力似乎编造出了一个关于文学和《诗经》的深刻寓言，试图劝告人们通过文学的镜像照见自己，把自己从幻觉中唤醒，意识到自己的堕落，进而采取有效的行动来修正自己的道路。

现在让我们再回到"思无邪"的问题之上。可以说，朱熹和熊十力的上述阐释，为我们打开了一扇新的窗口，冲击了传统狭隘的解释方法。更值得注意的是，他们驱除了笼罩在"诗三百"上传统阐释的阴霾，使得那些诗歌焕发出鲜活而生动的生命力。笔者认为，"思无邪"代表一种三重性读解原则。

第一，它常常被用作文学批评的道德指导标准。在这种语境下，道德价值与实际功用常常被过分强调，根据这样的原则做出的评判越来越机械和墨守成规，丝毫不顾及古代人们生活恋爱的具体时代以及特定的历史文化。从新儒学认可的社会标准看来，古代人似乎毫无节制和太过放荡。朱熹的有些评论，"削足适履"式地把当时的道德模式强加于古人身上，完全

---

① 黄克剑等编：《熊十力集》，页268。

131

不顾历史文化的特定语境，试图使他自己的评判符合当代的价值标准。

第二，"思无邪"这个观点可以视作文学创作的真实原则。朱熹的老师程颐曾经把这个观点定义为"诚"。在中华文化的语境中，"诚"代表真诚而不虚伪，真切而不虚假，真实而不虚幻，自然而不作伪，等等。由此可以看出，《诗经》中的诗歌真"思无邪"也，因为它们是人类情感的自然流露和对生活的真实感受。二程都坚信"修辞立其诚"是所有文学的指导原则。当阅读《国风》特别是其中的抒情诗时，我们被深深地打动，并且珍视和欣赏那些隐秘的罗曼史中呈现的真实、真诚和明晰。这并不说明我们不关心道德，而是说我们很难质疑诗中人物的道德，因为古人的爱情是如此自然，以至于我们很难让这些感情屈从于后代的道德律条，尤其是数千年后的宋代。换言之，男女之间的爱情，存在着只可意会的界限和规范，这种界限源于古代人们自由的意愿和较宽松的道德约束。在中国的少数民族部落的民俗传说中，诸如此类的爱情诗仍然很普遍，比如海南的黎族、丽江的纳西族和贵州的彝族。

第三，"思无邪"可以被认为是一种"审美超越感"，这种态度大致如同程子提出的"静观"，即从实用功利中解脱出来的自由平和的心态。这意味着培养一种超越的态度，使人生既道德化又艺术化，既融合理性又融合感性。用康德的话说，这样的审美态度以"无利害性"和"无目的之目的性"为特征。凭借这种态度及其相应的敏悟能力，便可摒弃道德意义上的糟粕，鉴赏描写男欢女爱的精品佳作。从这个方面来说，个人的文化修养和道德意识都很重要，正如朱熹再三申说的那样。

综上所述，朱熹的诗学观点是以他的先验的道德化原则为基础，从属于建立道德规范和封建秩序的终极目标。在某种程度上，他依然从孔子的"思无邪"说出发，对不少诗歌做了新的阐释，其中既有诸多生动深刻之处，也不乏些许牵强附会之言。值得注意的是，朱熹对"思无邪"的解读，尽管跳不出传统意义上某些迂腐的道德局限，但还是开辟了诗学批评的新境界。他的诗学原则虽然注重"一以贯之"的"天理"之道，认为"道者文之根本，文者道之枝叶"，① 但在实际的诗学评论中他更关注具体的文本及其文学艺术价值。另外，值得肯定的是，朱熹认为《国风》描写了男女之间的浪漫爱情，而不是很多评论中显示的政治工具。他对诗歌的这种认识更加贴近诗歌的本质，相应地，他的诗学观打破了汉代传统的文学批评模式。若从一种历史和比较的角度去审视朱熹的道德化诗学观，应当承认这的确代表一种进步的趋向。

---

① 《朱子语类》，北京：中华书局，1986年，页139。

八　禅悟中的诗性智慧[①]

无论从世尊"拈花示众"的缘起看，还是从六代祖师传世的诗偈（gatha）看，我们总觉得禅如诗（dhyāna resembles poem），参禅如读诗。在空明（sūnyatā）中参透禅机，犹如在灵思中体悟诗境。所以，禅宗的智慧可谓诗性的智慧（poetic wisdom）。这种智慧，有时眼见而不得，像水中月、镜中花；有时缥缈而朦胧，似天外云舒、雨后岚烟；有时悠然而玄远，如林间松韵、暮鼓晨钟。这种智慧，对于追求功利的人生来讲，通常显得空洞而无用；但对于燕处淡泊的人生而言，似乎又是"无用之用，方为大用"的真如或"般若波罗蜜"（prajñā pāramitā）了。

修佛讲缘分，修禅也讲缘分。如果我们放下处世的心机，走出浮华的居室与烦扰的街市，来到清净的郊外或乡野，抬头看看天上的流云、地上的花草，我们也许会重新发现自己的本来真知，分享到大自然给予的特殊缘分。为了便于结识这种修禅的缘分，进而从中窥知和体认人生的智慧，这里将从自然景象的启示谈起，随后再论禅悟的心法以及空灵为美的境界，算是我们感悟禅宗智慧的一种可能途径吧。

1. 自然景象的启示

天人之际，古来共谈。人与自然的关系，如同一个说不完道不尽的童

[①] 此文原用中文撰写，刊于《东方丛刊》2008年第2期。作者后来应邀将其译成英文，刊于《国际美学协会美学年刊》（IAA Yearbook of Aesthetics）2007年第11卷。

话故事。东方哲人说，万物静观皆自得，四时佳兴与人同。西方哲人说，自然界用些许风云变幻，会使人顿生超凡入圣之感。就此，我们可以列举诸多先哲箴言，来表明人类会从自然界那里得到什么审美馈赠，受到什么精神启示，获得什么人生智慧。不过，如此广征博引，难免偏出本篇的议题。

但需要指出的是，禅宗对待自然的态度，与道家有些许近似之处。道家要"与天为徒"，倡"顺应自然"，因为天地怀德，有大美而不言。禅宗因袭道家，师法自然，把山水草木与风花雪月等自然景象或视为禅机的象征，或视为参禅的门径。爱默生在《论自然》一文中曾言："引诱和召唤我们的，不是国王，不是宫殿，不是男人，不是女人，而是那些充满诗情画意的日月星辰。"[1]就禅宗来说，启发和昭示我们的，不是佛经，不是教理，不是逻辑，不是仪式，而是那些充满诗性智慧的自然景象。譬如，举凡有心悟道或参禅者，只要处处留意，感通天人，兴许会在"风恬浪静中，见人生之真境；味淡声稀处，识心体之本然。宠辱不惊，闲看庭前花开花落；去留无意，漫随天外云卷云舒。林间松韵，石上泉声，静里听来，识天地自然鸣佩；草际烟光，水心云影，闲中观出，见乾坤最妙文章"[2]。这些由风浪、花草、云流、松韵、泉声、烟光构成的自然美景，如诗如画，如乐如歌，只有养得平和心境的人，方能领略其中虚怀无为或笃志解脱的情思意趣。这一切好像是在描写画境文心的感悟，也好像是在彰显诗境禅心的清闲。简而言之，这里面表达了诗人的灵思，流露出虚静的道心，也体现出玄妙的禅心。但无论怎么说，我们都不否认其中隐含着诗人对于宇宙人生的洞透，充满调和天人、启迪精神的诗性智慧。

这种诗性智慧，以其独特的表述方式，既见于《庄子》《坛经》与《菜根谭》等典籍，也见于《瓦尔登湖散记》(*Walden*) 等美文。譬如，索罗（Henry D. Thoreau）曾以诗人哲学家的情怀，建议人们"早晨出外散步时，要数树

---

[1] 爱默生：《爱默生随笔》，天津：天津教育出版社，2004年，页171。
[2] 洪应明：《菜根谭》，北京：新世界出版社，2001年，页225，295，289。

上的花朵,不要数地上的落叶"。多年前,这句话给读者留下殊深的印象,至今,仍令人记忆犹新。大家知道,花朵象征着美丽、精彩与希望,落叶意味着死亡、凋零或失落。人在数花朵时会欣然而乐,所关注的是事物的积极一面,代表一种乐观的人生态度。相反,人在数落叶时会颇感惆怅,所留意的是事物的消极一面,喻示一种悲观的人生态度。看来,当人处在同一环境中时,周围的景象是一样的,但由于采取了不同的态度,心与物在回环振荡之际会产生截然相异的结果。另外,当人们处于喜忧或成败参半的境地时,到底应当何去何从,怎样才能调整好自己的心态,这在一定程度上也取决于"鲜花"与"落叶"之间的选择。为此,不少中外先贤都曾一再告诫人们要师法自然,要在自然界里培养自己的生活情趣,要从自然界里体悟人生的智慧。天地因人而美,人因天地而灵。举凡能感受到天地之美或大自然魅力的人,必会跃入更高雅、更精妙的人生境界。

　　行文至此,人们也许会问,富有诗性特征的禅宗到底是一种宗教还是一种哲学?可以说,禅宗既是宗教,也是哲学。在中国,"哲学"是外来语,假道邻邦日本传入华土。该词于 1874 年由日本留欧学者西周(Nishi Amane, 1829—1897)首创,实际上是对西文"philosophie"或"philosophy"的一种意译(creative translation)。若溯本探源,philosophie 或 philosophy 均派生于古希腊语"φιλοσοφια"(philosophia),原本是"φιλο"(philo,爱好)与"σοφια"(sophia,智慧)的复合词,表示"爱好智慧"或"爱智"(love of wisdom and knowledge)之学。古希腊人所谓的"智慧",一般重思尚行,可分为两个层面,一是基于理智的凝神反思(θεωρια/theoria),二是运用技艺的身体力行(πραχις/praxis),其根本宗旨在于追求真知真理(αληθεια/aletheia),探索永恒不朽的知识原则,最终使人生之旅有所系,使宇宙万物有所安。尔后所言的理论智慧(theoretical wisdom)与实用智慧(practical wisdom),主要与上述两种区别与追求有关,也就是说,理论智慧侧重运用理智的思想活动,实践智慧侧重运用技艺的实践活动。

　　通常,谈中国哲学,离不开禅宗;谈中国宗教,也离不开禅宗。但就禅宗在华人心目中的地位与作用而言,与其说是一种宗教,毋宁说是一门哲学，即一门人生智慧之学。这种智慧经常蕴含在富有诗意的形象描述或象征符号之中，旨在以解脱主义为导向，通过"戒定慧"等方法，引领人们觉解现实与理想之间永难消除的鸿沟，超然面对因此而生的焦虑与烦恼，设法从无边的苦海中领悟到心理的平和与安生的乐趣，进而达到清心、放心乃至以空灵为特征的开心或禅悦境界。值得指出的是，禅宗作为一种特殊的人生智慧，重悟尚行，不仅注重自觉感悟之悟（觉解），而且强调身体力行之行（实践），因此与古希腊的智慧观有相近之处，但与"好言爱说"（philo-logos as love of word）的其他一些教派相去甚远。也就是说，潜心修禅者，不在于夸夸其谈，引经据典，而在于洞透要义，勤而行之，乐以忘忧，逍遥于精神的自由王国。那么，禅宗到底教人如何"悟"如何"行"呢？这恐怕是一个见仁见智的开放性话题。不过，在纷繁多样的感悟与诠释中，总有些许基本特征可视为切入点，供人潜心思索和自行参悟。

2. 自然而然的心法

平时聊天，每论及禅宗，大家会想到"调息打坐"，以为那是禅定或禅悟的不二法门。其实，调息打坐或坐禅，仅仅是一种形式，是清心觉慧、获得禅悟的一种外在手段。如果说，挑水担柴便可见性成佛的话，那么，禅悟也必在其中了。也就是说，只要个人有修禅的自觉，那么自身所从事的一切日常活动，都会与禅悟联系在一起。如若无虑，行走中仍感心静；如若烦恼，坐禅时依旧心焦。说到底，禅悟不在形式的执着，关键在于觉解的能力。这似乎是一个没有答案的答案。我们不妨从现代艺术入手，举例说明禅悟的妙处。

1917年，法国前卫艺术家杜尚（Michel Duchamp）将一件男用的白瓷小便器命名为《喷泉》（*La fontaine*），送交给纽约举办的阿摩利艺术展（Armoury Show）。这玩意儿本属于工业陶瓷制品，是一家名为姆特（Mutt）的制品厂所产，其用途是西方男性非常熟悉的。现在，它通过杜尚之手与厕所的管道分离了，朝上放置在那儿，像一只一动不动的乌龟。观众只要看到这东西，自然会想起站在前面撒尿的一幕，会感到不快或恶心。杜尚的这件"作品"遭到评委会的拒绝，其"作者"为此还专门提出诉讼，要评委会道明缘由。这一事件在艺术界曾造成不小的轰动，不仅引发了"何为艺术"的争论，而且再次勾连起"艺术终结"的议题。不过，不少人的好奇心使杜尚名声大噪，随后有人以高价订购这件"作品"。据说，在一个时期内，顾客盈门，供不应求，杜尚从姆特厂家购进一批同样形态的小便器，签名后又以高价售出，购买此作的就有纽约悉尼·贾尼斯画廊和米兰施瓦茨画廊。事实上，杜尚"相继推出8个签名并编号的相似作品，就像他发表一套相同的腐蚀版画一样"①。

20世纪60—80年代，美国哲学家丹托借助杜尚的这件《喷泉》以及罗申伯格的《床》与沃罗尔的《布里洛盒子》等现代作品，在追问现成品（ready-mades）何以成为"被偶然发现的艺术"（found art）或"艺术品"（artworks）的同时，提出了"艺术界"（artworld）的概念，对艺术的终结与死亡问题进行了重新思索，与此相关的论点比较集中地见诸《艺术界》《日常用品的变形》《艺术的终结》以及《艺术终结之后》等论著中。其中，他强调指出，这些作品在外形上与男厕所里的小便器、卧室里的睡床和超市里的布里洛肥皂纸盒毫无二致，但为什么有人会把前者视为艺术品，而把后者视为物品呢？其主要原因在于"艺术界"。构成这一"艺术界"的要素是"艺术理论的氛围和艺术史的知识"（an atmosphere of artistic theory, a knowledge of the history of art）。一个人之所以将某物构成或视为艺术品，正是因为他具有自己了解的艺术界所提供的艺术身份（artistic identification）。否则，他永远不会观照艺术品，而只会像儿童一样，看到什么就是什么。由此可见，如果没有艺术界的种种理论与历史，上列现成品也就不会被当作艺术品。

有趣的是，丹托为了进一步强化自己的论点，为了说明现成品为何被视为艺术品，特意引用了禅宗的一则公案。其大意如下："三十年前未参禅，

---

① 丹托：《艺术的终结》，欧阳英译，南京：江苏人民出版社，2001年，页29。

见山是山，见水是水；参禅之后，见山不是山，见水不是水；而今悟得禅，见山仍是山，见水仍是水。"① 按照美国学者汤森德(Dabney Townsend)的注释，这则禅宗公案源自"理禅形式更为极端的《金刚经》"②。实际上，此则公案来自宋代普济所编著的《五灯会元》，所记内容为吉州青原惟信禅师的参禅经验，其原话如是说："老僧三十年前未参禅时，见山是山，见水是水。及至后来，亲见知识，有个入处，见山不是山，见水不是水。而今得个休歇处，依前见山只是山，见水只是水。大众，这三般见解，是同是别？有人缁素得出，许汝亲见老僧。"③

乍一看来，这是一个"是而不是，不是而是"的辨识逻辑过程，貌似是以肯定、否定与再肯定的辩证方式予以完成的。但从参禅修炼的具体过程来看，可将其分为三个不同阶段或层次。起先，"见山是山，见水是水"，代表一种纯朴直观的视界，人们见什么是什么，凭借常识和表象来分门别类。其次，"见山不是山，见水不是水"，喻示一种似觉非觉的状态，主要是从某种自以为是的禅理出发，拘泥于浮泛的解释和感悟，总想从中发掘出某种特殊的意味，以证自己学禅与修为的成果。人的聪明之处，往往在于依据文字所表达的某一道理，来认识和解释自己周围的世界。事实上，这种做法有聪明反被聪明误之嫌，会使自己落入文网语阱之中难以自拔，结果是"话在说我"，而非"我在说话"，自我在作为他者的话语权力支配下，习惯于把简明的东西复杂化，把本然的东西玄秘化，把澄明的东西模糊化。如此一来，见什么不是什么，反倒觉得自己有高明之处或高人一等的智慧，殊不知任何意义都是人给的，山水感觉形象的变异乃是人为的。最后，真正的禅悟所带来的转机是"依前见山只是山，见水只是水"。这表面看来像是一种回归，实际上则代表一种自然而然的境界。这说明观者抛

---

① Arthur Danto, "The Artworld," in Stephen Ross (ed.), *Art and Its Significance* (Albany: State University of New York Press, 1994), p. 477.
② Dabney Townsend (ed.), *Aesthetics: Classical Readings from Western Tradition* (Wadsworth, 2001). p. 332.
③ 普济编：《五灯会元》卷三，北京：中华书局，2002年，页1135。

开了教义，放下了机心，悟得了玄旨，从而以物观物，以自在观自在，以山水观山水，一切都恢复了自己的本来真知，都显得那样自自然然，从从容容，平平淡淡。在这种境界里，人才能清心自得，静观山水，从中体味到人生与宇宙的本然。我们可以称其为"自然而然"的人生境界。不消说，这种自然而然的态度，实为一种清心放心的自由境界。此境界往往不假借外求，而注重内省自觉，灵性开悟，与真正的禅修妙悟之途相若。就像禅诗所描写的那样："众里寻春不见春，芒鞋踏破岭头云；归来笑拈梅花嗅，春在枝头已十分。"想一想，外求的劳顿或许只能显示你的某种执着或诚意，但却无功而返。无意之间手拈家中宅前盛开的梅花，嗅其香气，才豁然开朗，发现浓浓的春意早已挂满枝头，在此久候。春意和梅花如禅，如慧，如般若，如波罗蜜，原本无须外求，就在家中，就在心里，就在个人的本性之中。举凡一味外求者，犹如"骑驴找驴"，此乃禅悟之障碍。

值得指出的是，这三种参禅体验中的见解，虽然有别，但彼此相关或由此及彼，代表不同阶段的不同感悟水平。如果黑白分明，截然断开，那也许难入禅之妙门。另外，上述那种"自然而然"之境，一方面如同"春来草自青"一样，是因循时令、顺其自然、超越人为的本真与自由状态；另一方面也意味着"如来禅"的真谛所在，讲究的是"如实道来"，追求的是"自觉圣智"。我们知道，"如来"是佛的十种法号之一，其本义就是如实道来而成正觉。美国汉学家华生（Burton Watson）将"如来佛"英译为"Thus Come One"，汉语可直译为"如此而来的一"或"照那样子而来的一"，这"一"（One）即佛。[①] 不难想象，若以"如来"的法眼来观山水，势必也把山水视为"如此而来或照那样子而来的山水"，也就是"山如山，水如水"（Thus come mountains as mountains, and waters as waters）的本来面目。

以上所述主要是从一则禅宗公案来分析禅宗式的观物方式以及体认人生本然的过程。那么，就现代艺术而论，丹托借用这则禅宗公案的主要意向何在呢？有资料表明，丹托对中国艺术颇有研究，而且深得三昧，但他

[①] Burton Watson (trans.), *The Lotus Sutra* (New York: Columbia University Press, 1993), p. 14.

对这一禅宗公案的理解是否如上所言，我们尚无法断言。不过，有一点可以肯定：这种似是而非(今是而昨非或昨非而今是)的表述方式，虽然有悖于分析哲学与分析美学的惯常做法，但以此来喻示现代艺术的境遇似乎又在情理之中。在我看来，丹托也许要以这种禅宗式的感悟方式，来凸显其中隐含的那种无言之辩的智慧，继而以禅宗式的观物方式，来比照人们对待现代艺术流变的可能态度。我们知道，悟禅者对山水的观照，是随着态度的变化而变化的，其中包含着一种微妙的隐喻作用。概言之，悟禅者如同观众，山水如同艺术品，承认还是否认，全然系于一念之间，取决于观众对"艺术身份"(artistic identification)所持的态度及其肯定、否定或再肯定的变化过程。丹托借题发挥，认为"人对自己所造之物的不认同，在逻辑上有赖于他所拒绝的种种理论与历史"①。反过来说，人对自己所造之物或所观对象的认同，在逻辑上有赖于他所接受的种种理论与历史。显然，拒绝或接受一种艺术理论与历史，其认知的角度与认同的意识都将随之变化。有鉴于此，原来所见的现成品，会成为艺术品；或者，原以为是艺术品，随后看来又是现成品。譬如杜尚的《喷泉》，原来视其为小便器，后经前卫艺术理论的熏染，会将其视为艺术品；但由于接受别的艺术理论，观众也许会改变看法，回归原判。当然，在这里，丹托充其量只是在一定程度上解决了现成品与艺术品的身份转化问题。仅从分类意义上讲，《喷泉》似乎获得了艺术品的身份；但从价值意义上看，《喷泉》是否是一件好的作品呢，那就另当别论了。

顺便说一句，禅悟的"山水之观"，在回归本然的意义上，与"百尺竿头，更进一步"的禅机有相似之处。所谓"百尺竿头"，已经到了"头"，本来是无法"更进一步"的，但是，彻底的禅悟不能就此打住，而要"更进一步"，"更上一层楼"。其结果，你必然从"竿头"掉下来，回归到大地之上，或者说回归到原来的日常生活与个人境遇之中。尽管回归原来，但却有不同的意义，甚至有天壤之别。因为，回归后的你，意识不同了，人生

---

① Arthur Danto, "The Artworld," in Stephen Ross (ed.), *Art and Its Significance*, p. 477.

观改变了，精神境界提高了，所观之物与所理之事，或许与从前大致一样，但你却以平常心处之，以自然而然的态度处之，于是超然物表，来而不迎，去而不却，洞透人生，乱中取静，享受到陶渊明式的"诗意的栖居"：

> 结庐在人境，而无车马喧。
> 问君何能尔？心远地自偏。
> 采菊东篱下，悠然见南山。
> 山气日夕佳，飞鸟相与还。
> 此中有真意，欲辨已忘言。

这诗化的描述，蕴含着诗化的精神解脱之意。"心远地自偏"，是乱中取静、消解人间嘈杂喧闹的不二法门，与"心静自然凉"一样道理。"悠然见南山"，是恬淡自然、欣赏山川草木之美的关键所在，与"万物静观皆自得"相近。从周围的菊花、山景、云气、夕阳和飞鸟中，你不仅可以感受到自然的灵动、天人的合一，而且可以体验到无言的禅悦、精神的自由。

3. 诗化的禅修之道

中国禅宗的缘起，极具诗化的审美特征。从其虚构的故事中，可以见出端倪。据载：

> 世尊在灵山会上，拈花示众。是时众皆默然，唯迦叶尊者破颜微笑。世尊曰："吾有正法眼藏，涅槃妙心，实相无相，微妙法门，不立文字，教外别传，付嘱摩诃迦叶。"

这里，"正法眼藏"道禅宗之本源，"涅槃妙心"言禅宗之正果，"实相无相"喻禅宗之空境,"微妙法门"称禅宗之奇绝,"不立文字"示禅宗修为之心法,"教外别传"证禅宗发展之途径。总体而言,这实际上是巧借佛祖之口,一方面表明禅宗对佛经典籍的"消解"态度,另一方面将禅宗与"教中"其他诸家区别开来,确立自成一体的"合法性"。尔后,"不立文字,教外别传,直指人心,见性成佛",便成为禅宗的口头禅或至高教义。

相比之下,这个故事中最富有诗意的描述,乃是佛祖"拈花"与迦叶"微笑"。在提倡"心传"与"顿悟"的南禅那里,佛祖与首座弟子迦叶之间,通过"心心相印"的意会妙悟方式,在"拈花—微笑"的一刹那间,把自己的佛性本身连同"涅槃妙心"一起传给了迦叶,两者合二为一,于是佛即迦叶,迦叶即佛。佛法的真传,经迦叶而达禅宗,虽然是"教外别传",但却是弘扬佛法的正宗。结果,不立文字,抛开经典,无视权威,反倒被奉为全面而深刻体悟佛理的正途。这种体悟只能意会,不可言说,也不必言说,因为佛法的玄旨,真如的觉解,涅槃的妙境,顿悟的体验,一切的一切,都在佛祖拈花与迦叶微笑的瞬间,相继得以传递、实现和完成。这花作为一种特殊的中介,象征着无言之美,类似于佛性的本然,在传布与妙悟中,具有"此处无声胜有声"的效应。

另外,从"拈花—微笑"的传奇故事中,我们可以看到禅宗所推崇的修行之道。这种方法是诗化的,富有诗意的,是禅宗特有的诗性智慧。实际上,从始祖达摩到六祖慧能,几乎无一例外地用五言诗或偈语来测试弟子禅悟的水准,继而决定传递衣钵的人选。尤其在五祖弘忍时期,为选择衣钵传人,命其两大弟子神秀(约606—706)与慧能(638—713)各作一偈,表明其禅悟的心法,最终导致南北分宗,形成两种主要的禅修之道:一为北宗的渐悟式,二为南禅的顿悟式。

(1)渐悟之道

神秀为五祖弘忍的大弟子,是北宗渐悟派的创始人。当五祖采用呈偈的方式测试其禅悟心得之时,神秀踌躇满志,写了这首著名的偈语:

身是菩提树,心如明镜台;

时时勤拂拭，勿使惹尘埃。

　　"菩提树"据传是释迦牟尼大彻大悟的成佛之处，具有修成正果的象征意味。神秀把"身"喻为"菩提树"，不仅表示步佛祖后尘可修成正果的确然性，而且强调个人禅修过程中的自觉意识，另外还暗指个人天生的内在佛性。禅宗自称人人皆有佛性，人人皆可成佛，但不少人是身怀仙才自不知，因此需要提醒，需要关注，需要专心致志。"心如明镜台"中的"镜喻"，既表示心灵澄明的境界，同时也表示佛性自在的特征。庄子讲圣人"用心若镜"，因任自然而不假人为，方能澄怀体道，同于大通。孟子讲人心如镜，性本善良且心明眼亮，能辨别是非且趋善避恶；至于人为之恶行，也只是因为镜上蒙尘，导致心性迷失或本我异化的结果。在我看来，神秀的"镜喻"，既言明佛性本然，也暗含儒道之说。表面看来，神秀采用了身心二元论的方法，将"身"比作象征佛祖觉悟的外在条件，将"心"视为修得正果的内在因素，实际上从内外双修的目的论看，身心之间的界限是非常模糊、难以分割的，两者可以说是一种二而一或一而二的亲和关系。

　　如果说此偈前两句是喻说，那么后两句则为实指。"时时勤拂拭，勿使惹尘埃"，作为禅悟的方法论与目的论，可以从正反两方面去理解。首先，从正面来看，"时时勤拂拭"对禅修者而言，具有警示和鞭策的作用，要求个人在一切实践活动与言行举止中，持之以恒，铢积寸累，不断地排除各种私心杂念和外在干扰，专注于清心寡欲、明心见性的目的性追求，也就是让"心镜"保持清净，勿蒙尘埃（尘世烦恼），使自己"跳出三界外，不在五行中"，进入精神超脱的境界。其次，从反面来看，上述告诫也恰恰表明人世间尘埃飞扬、处处弥漫，甚至无孔不入，人若精神涣散，懒于拂拭，无意清心，那台"明镜"就会蒙尘积垢，导致"无明"，使心性迷失，烦恼丛生，甚至人欲横流。按照佛教的一般观念，外物为"色"，实相为"空"，世界万物是从永恒、绝对和灵明不昧的"真如"派生的。这些派生物，呈现为种种表象，经常混乱不堪，变幻无常，人类受其诱惑，身心也变得污秽不堪，结果遭受无数的烦恼与苦难，如同明镜蒙尘，因此需要时时刻刻清理打扫。

这种清理打扫或"勤拂拭"的方式，代表一种禅修的渐悟之道，意指人人都有佛性，但尘世干扰太大，障碍甚多，个人必须逐渐地、累世地不断修行，方能领悟佛理真谛，达到成佛的境界。在渐悟的具体实践中，务必借助人的毅力，遵从禅宗"戒定慧"三法，来逐步提高自己的修为，最终达到彻悟的觉解。所谓"戒"，就是要节制或禁制。佛教所言的"五戒"或"十戒"，主要内容不外乎财物美色口福妄言等欲望和杂念。所谓"定"，即禅定，其意为"安静而止息杂虑"，要求禅修者收心敛性，专注一境，最终达到身心轻安、观照明净的状态。所谓"慧"，意指灵明净化，大觉大悟，从内心深处熄灭一切烦恼，圆满一切清净功德，达到涅槃新生的超然境界。"戒定慧"三法，实际上也是三个禅修阶段。神秀以寥寥20字诗偈，形象地表达和浓缩了佛教"戒定慧"的渐进过程，通俗地揭示和解释了禅修的基本方法和目的。只可惜，神秀也遇到"既生瑜，何生亮"的尴尬，因为五祖弘忍尽管赞赏神秀偈语中所隐含的渐悟之法，但却更加钟爱其师弟慧能偈语中所喻示的顿悟之道。

（2）顿悟之道

据说，慧能原来是一个不识字的樵夫，听人诵读《金刚般若经》而有所悟，后拜在禅宗五祖弘忍门下，最终继承禅宗衣钵，成为六祖禅师，主张"见性成佛"，开创南禅顿悟派。这一切主要源于他这首深得弘忍赏识的诗偈：

菩提本无树，明镜亦非台；
本来无一物，何处惹尘埃？

这首偈语，其意与神秀的偈语截然对立，如同钟摆，扣其另外一端。慧能认为，菩提之身，明镜之心，都无须谈起，均属无中生有的赘词与愚痴。"实相无相"的空无本真，在"本来无一物"的断言中，得到充分而直白的表述。如此一来，四大皆空，万物皆无，渐悟累世的修为之法，显得浅薄而多余了。当然，慧能并未否认或抛弃"一切众生皆有佛性"的基本原则，而是把"见性成佛"的顿悟之道推向极致。在神秀等人看来，世界万物的不净与乱象，是污染和迷惑人的心性的，因此人要通过"戒定慧"三阶段的修行途径，一步步接近佛性，实现圆满。但在慧能眼里，自心是佛，无须狐疑延宕，外物无一可以建立，一切的一切都是虚拟，是从人心中生发或想象出来的。"心外无物"，人的本心就是一切。这本心天生清净澄明，根本谈不上惹什么尘埃，受什么污染。因此，只要直指本心，佛我不分，便可"一把抓"，达到顿悟玄旨、立地成佛的目的。

可见，慧能所倡导的顿悟之法，不仅抛开了"戒"的禁制阶段，同时也悬置了"定"的修行阶段，而是直指"慧"的彻悟结果。于是，坐禅的仪式不需要了，佛理教义不需要了，外在的一切条条框框或辅助手段都归于虚妄，化于无形，现在唯一要做的就是不绕弯子，直指本心，因为本心即佛，佛即本心。这本心等于自心，等于见性。诚如他本人所言：若能领悟到顿悟之教，不固执地在心外修行，只在自己的心念上（自心）经常生起正确的见解（正见），使一切烦恼都不能污染心灵，这就叫见到了自己本来具有的佛性（见性），在见到佛性的瞬间也就等于达到了明心成佛的境界。[①]

如何才能"见性"呢？这当然是有条件的，不是随随便便的。按照《坛经》里的说法，如果你通过正直真诚的般若智慧来观照真如，就会在一刹那间，把妄念全部消灭。如果认识了自己本来具有的佛性，一开悟就到佛地，于是立地成佛。[②] 这种顿悟之法，的确适应了中华文化中化繁就简的实用理性传统，与"刀下见菜"的实效主义追求形成内在感应关系。上述观照，虽起于智慧，但决于本心。慧能就此特别指出：以智慧去观照，就会内外明澈，认识自己本来具有的正直真心；如果认识了自己本来具有的正

[①] 慧能：《坛经·般若品第二》，见尹协理译注：《白话金刚经 坛经》，石家庄：河北人民出版社，1992年。原文为"若开悟顿教，不执外修，但于自心常起正见。烦恼尘劳，常不能染，即是见性"。
[②] 慧能：《坛经》。原文为"若起正真般若观照，一刹那间，妄念俱灭。若识自性，一悟即至佛地"。

直真心，就是从根本上得到了解脱；如果得到了解脱，就说明你懂得了般若的奥妙；般若的奥妙，就是无念。什么叫无念？看见世界上的一切事物，又不拘泥留恋于任何事物，这就是无念。① 此种无念观，类似于前述的自然而然观。

在以上论述中，智慧也罢，明澈也罢，解脱也罢，无念也罢，悟佛成佛也罢，我以为都来自本心，归于本心，真可谓"即时豁然，还得本心"。因为，本心生各种外物，外物本于心思。人心若识得真如，专于佛性，不思心外之物，那么一切外物也就不复存在了。② 基于这一论点，慧能理直气壮地宣称："世界虚空，能含万物色相，日月星宿，山河大地，泉源溪涧，草木丛林，恶人善人，恶法善法，天堂地狱，一切大海，须弥诸山，总在空中；世人性空，亦复如是。"这里所言的"空"，不是别的，正是"犹如虚空，无有边畔"的本心。宇宙的虚空，能包含万物的形象，世人的本心或佛性，如广袤空虚的宇宙，也能容纳天地万物。但容纳不等于存有。若心外无物，心内也可无物，一念之间万物化为空无。这种彻底的虚空观和顿悟观，在理论诠释上似乎比神秀的尘埃观和渐悟观来得更加简明扼要、精致超然，而且在推广宣传中更加简便易行、令人青睐。

那么，顿悟到底何意？到底要顿什么？悟什么？其具体途径又是什么？这些是要回答的根本问题。按照南禅对佛的独特理解，顿悟就是顿然觉悟。基于众生自心本有佛性之说，人无须诵经坐禅，无须累世修行，也无须广布财物，只要能顿然领悟，便可"见性成佛"。这种特殊的禅悟途径，既不遵循"戒定慧"三阶段的渐进方法，也不纳入苦集灭道"四谛"的逻辑系统，而是注重在"开悟顿教"或"一念悟时"，体验和把握世界即我即佛的真如或最高存在。当进入这一顿悟的境界时，现象与本质、色相与空无、主观与客观、凡与圣、我与佛之间，彼此的对立与分别都烟消云散了，或者说都合二为一了。于是乎，"言下即悟，当世成佛"，关键是佛在

---

① 慧能：《坛经》。原文为"智慧观照，内外彻明，识自本心；若识本心，即本解脱；若得解脱，即是般若三昧；般若三昧，即是无念。何名无念？知见一切法，心不染著，是为无念"。
② 《景德传灯录》卷五《慧能传》。原文为"心生种种法，生心灭，种种法灭"。

此岸；我即佛，佛即我，关键是肯否承当。此刻，刹那间的开悟与直接把握，构成了南禅顿悟之顿的时间性内涵；此处，佛我合一的零距离角色互换，象征着南禅顿悟之顿的空间性内涵。此情此景，就像诗境中所描述的那样，"众里寻他千百度，蓦然回首，那人却在，灯火阑珊处"。追寻过程中的执着与迷茫，在瞬间的惊喜和发现中得到补偿。真可谓"结果好，一切都好"（*Tout va bien qui finit bien*）。

值得强调的是，世界即我即佛，作为一个切切实实的存在和不可分割的整体，悟则全悟，惑则全惑，迷则全迷，任何一个环节上的失误，将会铸成白云千重之隔。这既是禅悟的对象，也是禅悟的要点。这种禅悟，不仅以顿然觉悟为特征，而且以自性自度为途径。所谓"自性自度"，就是用自己本来具有的佛性自行去度脱。对于自己心中的邪见、烦恼、愚痴，要用正确的见解去度脱。正确的见解源于认识自己的佛性。有了正确的见解，就可以用般若智慧去打破邪见、烦恼、愚痴以及迷妄的束缚，使自己得到度脱。邪见出来要用正见去度脱，烦恼出来要用清净去度脱，愚痴出来要用智慧去度脱，迷妄出来要用觉悟去度脱，罪恶出来要用慈善去度脱。像这样的度脱，方为真度脱。毋庸赘言，这种"自性自度"，要求"自见本性清净，自修，自行，自成佛道"。[①] 在此过程中，"妙处如何说，悟来方得知"，只能是个人体会，不可由他人代劳，也不可凭借言传，因为一旦说出，就会"握手已违"，词不达意，落入文网语阱之中。另外，这种禅悟并非限于庙宇佛堂，而在日常生活之中。南禅所谓"劈柴担水，无非妙道；行住坐卧，皆在道场"，凸显的正是这个意思。

4. 空灵为美的境界

北宗南宗，均属禅宗；渐悟顿悟，不外方法。究其本质，两者都是为

[①] 慧能：《坛经·坐禅品第五》。

第一部分　诗学与传统

了悟得本心清净的佛性，成就涅槃妙心的正果，尤其在思想基础方面，主要源自"大乘空宗"，体现为"般若性空"。"般若"意为"智慧"，"性空"是指"幻象"。凭借般若智慧，人们认识到世间一切事物（即"法"）都因缘而生，因缘而灭，徒有外表幻象，本身并不存在。由此，"性空"可以引申为"色空"或"四大皆空"。在禅悟中，悟得"性空"或"空无"之境，就等于觉解了佛性或真如之理。所以说，对中国禅僧和禅学诗人来讲，悟空是至关重要的。中国禅宗的几个祖师，主要是在这个"空"字上做文章；他们所悟得的，也主要是一种空灵之境。

禅宗所标举的三个境界，正是对这种空灵之境的诗化描绘和典型提炼。第一境是"落叶满空山，何处寻行迹"，描写的是一种渐入禅关而寻禅未得的情景。寻禅者依然在寻寻觅觅，徘徊于自然而然之外，执着于外求与禅机理路之间。其中的这一设问，本身就意味着尚未明心见性、缺乏内省功夫的初禅阶段。第二境为"空山无人，水流花开"。这里虽然寂静，也无人迹，但水在流泻，花在开放，局部的运动和生命的张力仍在，不仅未达到涅槃寂灭的境界，而且对终极禅定产生某种干扰。或者说，寻禅者通过静观默照，基本进入一种相对清净的心境，达到似乎已经领悟到禅理真谛而实际上尚存一定距离的程度，犹如"脱有形似，握手已违"的状态。第三境是"万古长空，一朝风月"，意指瞬刻中得永恒，刹那间见千古。在时间是瞬刻永恒，在空间是万物一体，此乃禅的最高境界。这种对时空的顿然而神秘的领悟，既可以说是一种顿悟，也可以说是一种妙悟，自身伴随着一种直觉的感受和空灵的体验。在这一瞬间，寻禅者得到真正的解脱，精神得到彻底的自由，宇宙河汉、日月星辰、山川大地、水光云影，都不分彼此地融为一体，都显得那样永恒宁静、和谐自然，这便使人突然感到这一瞬间"似乎超越了一切时空、因果，过去、未来、现在似乎融在一起，不可分辨，也不去分辨，不再知道自己身心在何处（时空）和何所由来（因果）。这当然也就超越了一切物我人己界限，与对象世界（例如与自然界）

149

完全合为一体，凝成为永恒的存在"。① 不过，这瞬刻即永恒，却又必须有此"瞬刻"（时间），否则也就无永恒；这一切皆空，却又无所谓空（虚无）；豁然开悟者，自自然然地过着原来过的生活，实际上却已超凡入圣。因为你通过独特的途径，已经参透禅关，亲身获得了"瞬间即可永恒"等于"我即佛"的神秘感受了。

我们把这种神秘感受也称为妙悟；把上述境界也称为禅宗的最高境界或空灵之境。通过妙悟而达此禅境，在人生则构成空灵为美的艺术化理想境界。这空灵中所隐含的空无、清净、广袤、幽眇、灵性、灵感、灵动和灵韵等等性相，使人从"小我"进入"大我"，从"平凡"进入"超凡"，从"烦恼"进入"禅悦"，从"必然"进入"自然"，从"见性明心"进入"梵我合一"或"天人合一"，最终，这一心路历程将人生艺术化、审美化了。因此，禅修的过程，也就是人生的艺术化的过程；禅悟的结果，也就是人生的艺术化的结果；而禅宗的智慧，自然也就是人生的智慧了。这种智慧要求自性清净，回归自然，习惯于假借大自然的景物意象来领悟禅理机巧，从万物本"无心"（无目的性）中体味宇宙的"大心"（合目的性）与诗化的"玄机"。正像下列两首诗偈中所指的那样，在我们周围诸多无心无意、习以为常的事物中，总是蕴含着无限奥妙的禅心悦意。

> 轻暖轻寒二月天，夭桃红绽柳凝烟，
> 莺啼蝶舞皆禅悦，般若分明在眼前。

> 春有百花秋有月，夏有凉风冬有雪，
> 若无闲事挂心头，便是人间好时节。

综上所述，禅宗是富有诗性智慧的人生哲学。我们在凝照自然景象时

---

① 李泽厚：《禅意盎然》，见《走我自己的路》，北京：三联书店，1986 年，页 392—393；另参阅李泽厚：《中国古代思想史论》，北京：人民出版社，1985 年，页 207—210。

得到的启示，可铺就学禅的缘机或门径；以自然而然的心法来感知和审视内外的世界，可当作禅悟的范导性原理之一；诗化的渐悟与顿悟之道，通常是禅修过程中彼此互证的两种方式；空灵为美的境界，本质上以精神自由为旨归，可以说是禅宗的终极追求或最高智慧。我们若想感知或体认这种智慧，既需要敏悟虚静的画境文心，也需要妙悟空灵的诗境禅心。如果说前者是学禅的资质，那么后者可谓入禅的法门。基于前者，我们能从宇宙大化中见出如画的美景；基于后者，我们能从风花雪月中见出空灵的境界。比较而言，如画的美景给人更多的是审美的愉悦，而空灵的境界给人更多的是精神的自由。维特根斯坦断言："哲学应该写如诗的作品。"我们以为禅宗就是如诗的哲学，不仅涉及人类的安身立命之道，而且关乎人类的生存质量之法。举凡热衷于参悟这种诗化哲学或人生智慧的人们，一般都会更加敏锐地对待自己的生活，对待周围的自然。

第二部分

转换与创新

九　审美批评哲学与境界诗学[①]

19、20世纪之交，中国见证了西方思想大量涌入的新文化运动。正是在这种意识形态纷乱的时期，王国维（1877—1927）确立了自己在哲学、美学、文学批评、中国历史、金石学和古代地理学等领域的学术先驱的地位，他本人同时又是享有盛誉的词人。

在其早年的美学或文学批评研究中，王国维一半受德国观念论（唯心主义）之影响，一半受中国艺术传统之启发。在西方哲学方面，他尤受康德、席勒、叔本华和尼采之影响。他对中国文学的重估，以喜好词学为标志。他的审美批评哲学，则以探讨艺术价值为核心议题。在他看来，即便纯艺术在工具意义上是无用的，但从启蒙角度看，其意义却非同寻常，十分重要。这主要是因为艺术作品表达了哲学的、美学的、精神的和伦理的价值。通过意象和艺术形式，艺术的哲学维度揭示了人类存在的普遍的和特殊的真理性。王国维的这一论点与叔本华的理念即认知对象或艺术起源的观点相关联。艺术的美学维度在于一种无利害性，即催生一种审美境界或静观状态，从而超越生命意志和世俗欲望。从这种静观状态中，人们获得自由自在的快乐和愉悦。艺术作为游戏的精神性相，旨在表达和释放那些引发痛苦与沮丧的受压抑的感受与情感。通过抚慰与解脱，艺术有助于减少人生中大量的痛苦和无意义感。艺术的伦理向度像是在人生苦海中提

[①] 此文应邀用英文撰写，题为"Wang Guowei's Philosophy of Aesthetic Criticism"，刊于 Chung Chong-Ying & Nicholas Burnin (ed.s), *Contemporary Chinese Philosophy* (Oxford: Blackwell, 2002)。高艳萍博士将其译成中文，作者对其进行了修改。收入本集时，作者就此文题目和内容进行了再次修订。

供庇护的渡船，能使人脱离世俗的焦虑。艺术的目标不仅在于描述人类世界的不幸与苦难，而且在于设法表明某些可望可即的选择，帮助受难者通过自我启蒙使自己从人生困境中解脱出来。

艺术价值的上列四种性相作为基本成分，或隐或显地贯穿在王国维的美学思考中。对王国维来讲，这四种性相与六个核心学说相向而行，即：审美教育说，精神解脱说，艺术即游戏说，艺术家即天才说，古雅形式说，诗性境界说。相比之下，王国维的突出贡献，主要是诗性境界说，此乃其诗学思想的内核或精髓，据此可将其称为境界诗学。总体而论，在理论思考中，王国维持守"学无中西"的跨文化立场，凭借取自西方的思想羽翼，翱翔于中华文化的广域之上。所论所著，钩深致远，成一家之说。实际上，王国维的诗学与美学思想，可谓兼容并蓄、各擅其长，虽基于中国本土传统，但在很大程度上受益于学兼中西的创构能力。

1. 超越东西的跨文化转换

王国维对于本土和外国文化的积极态度，见于其早期著作中，归之于他对各种学问的普遍性洞识。他认为，这种普遍性借助科学分析和事实论证趋向于真理。他寻求一种跨文化立场，以便摆脱任何一种单向度的视界。这一策略的主要动机，部分来自重塑中华文化传统的意向，部分来自他的如下信念：繁荣全球化意义上的学术研究，必须诚实而无偏见地研究重要的现存文化。因此他认为，在真诚的多元文化研究方面，强调"学无中西"的必要性，就在于不做无意义的区隔和打破妄自尊大的罗网，这需要承认思想史上存在思想或智识的多样性。[①] 其较为详致的论证如下：

[①] 王国维：《论近年之学术界》（1905 年），见王国维：《静庵文集》，沈阳：辽宁教育出版社，1997 年，页 112—115。

夫然，故吾所谓学无新旧、无中西、无有用无用之说，可得而详焉。何以言学无新旧也？夫天下之事物，自科学上观之，与自史学上观之，其立论各不同。自科学上观之，则事物必尽其真，而道理必求其是……世界学问，不出科学、史学、文学。故中国之学，西国类皆有之；西国之学，我国亦类似之。所异者，广狭疏密耳。即从俗说，而姑存中学西学之名，则夫虑西学之盛之妨中学，与虑中学之盛之妨西学者，均不根之说也。中国今日，实无学之患，而非中学西学偏重之患。京师号学问渊薮，而通达诚笃之旧学家，屈十指以计之，不能满也；其治西学者，不过为羔雁禽犊之资，其能贯串精博，终身以之如旧学家者，更难举其一二。风会否塞，习尚荒落，非一日矣。余谓中西二学，盛则俱盛，衰则俱衰，风气既开，互相推助。且居今日之世，讲今日之学，未有西学不兴，而中学能兴者；亦未有中学不兴，而西学能兴者。①

王国维在文化上的开放和包容立场，是建立在观察研究基础上的。譬如，他认为中国语言含义模糊，歧义颇多，比起受西方语言滋养的西方人来，中国人的思维模式显得逻辑性较弱。西方文化特性是更重视科学思辨，具有更强的抽象和分类能力。结果，无论是对于可见抑或不可见的自然，概括和说明（specification）是西方普遍运用的方略。在王国维看来，这些特征明显体现在康德关于理性的分析和叔本华关于充足理由的阐述当中。相反，中国人的思想特性在于实用或工具维度。在理论诉求上，他们往往容易满足于通常的事实性知识，而不愿意追究事物的根本。因此，中国人很少对事物进行理论说明，除非受到实际或实用需求的驱迫。

为了证明自己的观察，王国维试图运用一种跨文化转换的策略，来解决中国哲学中的三个基本问题，即："性""理"和"命"。他用康德分别为

---

① 王国维：《国学丛刊序》（1911 年），见王国维：《王国维论学集》，傅杰编校，北京：中国社会科学出版社，1997 年，页 403—405。

"先天"(a prior)和"后天"(a posterior)的认识论,来讨论如何摆脱二元论陷阱的可能性。这一陷阱实则是以善恶来二分人性的结果。按照他在《论性》一文中阐述的观点,先天知识是建立在理论假设的基础上的,而后天知识则是建立在经验观察及相关事实基础上的。在中国人关于人性的理解和学说之中,先天视角产生了两种对立观点:一是认为性本善,后天的环境和认识使人有了善恶之分。二是认为性本恶,唯有通过教育和人文化成才能使人成为善的。前一立场的代表是孟子,后一观点的代表是荀子。同样,后天视角也导致关于人性善恶的两种对立的立场。它们彼此之间处于戏剧性的冲突之中:在一种意义上,两者既是先天的又是后天的;但在另外一种意义上,由于对"性"持有的不可知论,它们又是"超乎人之知识外的"。这种不可知论趋向这一观点:

> 吾人之经验上善恶二性之相对立如此,故由经验以推论人性者,虽不知与性果有当与否,然尚不与经验相矛盾,故得而持其说也。超绝的一元论,亦务与经验上事实相调和,故亦不见有显著之矛盾。至执性善性恶之一元论者,当其就性言性时,以性为吾人不可经验之一物故,故皆得而持其说。然欲以之说明经验,或应用于修身之事业,则矛盾即随之而起。余故表而出之,使后之学者,勿徒为此无益之议论也。[1]

以此类推,王国维联系叔本华的"充足理由律"以及康德的"纯粹理性"和"实践理性"的区分,考察了"理"的意涵。他认为,"理"在狭义上意指"理由",在广义上意指"理性"。在"理"的这两个基本含义中,"以理由而言,为吾人知识之普遍之形式;以理性而言,则为吾人构造概念及定概念间之关系之作用,而知力之一种也"。而且,作为认识对象的"理",同时包含了形而上学价值("真")和伦理价值("善"),因为"真"和"善"在古代

---

[1] 王国维:《论性》(1904年),见王国维:《静庵文集》,页37。

思想中是不分的。这在朱熹的"天理"中不证自明。① 此外，尽管王国维拒绝了背后的自由意志和决定论，但他仍将中国传统中的"命"说与西方的宿命论、因果律相比较。在这一点上，他接受朱熹对于"命"（命运）、"性"（人性）和"理"（真理或诸种价值原则）之间相互关系的分析，最终从中引出某种实践意义上的道德责任感与使命感。②

这里有几点值得注意。其一，王国维的跨文化视角，从未使他对中西文化之间的基本差异视而不见。本土文化偏于强调利于协和人际关系并维持社会稳定的个人教化和道德价值；而西方文化则重视适用于征服自然和征服他人的力量和权利。从这种跨文化立场出发，王国维认为所有这些特点应该聚合在一起，以便建立一种具有重要意义的互补关系。

其二，虽然王国维坚持学习西方的必要性，但他从来不是社会活动家或革命者。终其一生，他都是一位心意笃诚的学者，一位跨文化的热心倡导者，故此有意避开当时那种相对肤浅的有关文化优先性和政治工具主义的争论。不过，就在此前那一代学者发起的西化潮流与1919年五四运动前后激进知识分子群体发起的新文化运动之间，③ 他起到了文化桥梁的作用。

其三，王国维的历史研究新方法被称之为"双重证据法"，其中依然包含跨文化特性。这得益于他先前所受德国观念论的浸淫，以及对兴起于清代的考据学传统的承继。事实上，这涉及一种双重证据法，即：取地下实物与纸上之遗文互相释证。取异族之故书与吾国之旧籍相补正。取外来之观念与固有之材料互相参证。④ 以王氏对中国字"旬"的词源学研究为例。他一方面"遍搜卜辞"，一方面细究《易经》和《说文解字》，由此运用双重证据法，在新出土的历史材料和旧有的历史文献之间进行互释互证，进一步在古代祭祀的器皿和铭文中寻找实实在在的证据，以鉴别"旬"字的语境

---

① 王国维：《释理》（1904年），见王国维：《静庵文集》，页37—49。
② 王国维：《原命》（1906年），见王国维：《静庵文集》，页141—144。
③ 王国维：《原命》（1906年），见王国维：《静庵文集》，页141—144。
④ 陈寅恪：《王静安遗文序》（1934年），见王国维：《王国维论学集》，页424—425；另见陈寅恪：《陈寅恪集·金明馆丛稿二编》，北京：三联书店，2001年，页247—248。

用法,并再次证实已经取得的可能解释。因此,他满怀信心地得出结论,"旬"字是与"天干"相关的"十日",可追溯到殷商时期(大概公元前1300年),当时用于占卜或算卦。[①]

其四,王国维对整个西方文化关注的标志,就是引介和推广德国观念论的热情,其间特别强调关乎人生的伦理学和关乎艺术的美学。依据笔者自己的观察和理解,王氏有选择地推介他所看重的西学要义,以中国式的敏感性和表达方式改造他所接受的学说。譬如,在中国文学语境的审美批评中,他接受并扩展了观念论概念,其中包括"无利害的凝神静观""审美游戏""生命意志""美"与"崇高""纯粹认识主体""现实主义"和"理想主义"等。结果,他本人提出六个核心学说,若无创造性误读(creative misunderstanding)的话,不仅涵盖了审美批评哲学的要素,而且体现了跨文化转换的能力。

2. 美育乃当务之急

"美育"(aesthetic education)这个西方观念,估计是由王国维最先介绍到中国,嗣后又在蔡元培(1868—1940)手里得到有效的促进。两人均确信,旧中国业已式微的教育体制,应该借助现代教育加以重构和复活。他们强调教育的整全性或全面发展性,包括体魄、知识、道德和审美等维度。他们之所以强调审美维度的重要性,主要是从德国观念论,尤其是从席勒那里获取灵感。不过,王国维的影响只限于学术界内,蔡元培的影响则涉及教育机构的运作并波及社会各界。蔡元培作为校长和著名教育家,利用职位的优势,在北京大学的行政改革中传播了自己的教育理念,其中声名远播的就是"美育代宗教"这一口号。在当时的中国语境中,王蔡二氏希图借助美育来重塑中国陈旧过时的教育模式,重铸民族性。更为确切地

[①] 王国维:《释旬》(1918年),见王国维:《观堂林集》,北京:中华书局,1961年,页285。

说，他们希望将精神自由的种子播撒在充满迷信和苦闷的国土之上，故在贬低死记硬背和片面学问的同时，积极推崇培养创造性和整全性的教育，认为只有确立公众的良好趣味和人类尊严，才能够抗击吸食鸦片和纵欲之乐等社会痼疾。

早在1903年，王国维就曾写道：

> 教育之宗旨何在？在使人为完全之人物而已。何谓完全之人物？谓人之能力无不发达且调和是也。人之能力分为内外二者：一曰身体之能力，一曰精神之能力。发达其身体而萎缩其精神，或发达其精神而罢敝其身体，皆非所谓完全者也。完全之人物，精神与身体必不可不为调和之发达。而精神之中又分为三部：知力、感情及意志是也。对此三者而有真美善之理想："真"者知力之理想，"美"者感情之理想，"善"者意志之理想也。完全之人物不可不备真美善之三德，欲达此理想，于是教育之事起。教育之事亦分为三部：智育、德育（即意育）、美育（即情育）是也。……三者并行而得渐达真善美之理想，又加以身体之训练，斯得为完全之人物，而教育之能事毕矣。①

由于相信美育的潜在福祉，王国维在许多论著中对其极力褒扬。在1906年关于全国教育纲要的奏本中，他极力主张所有学生，无论是人文科的还是理工科的，都应该选修美学这门学科。②

王国维指出，美学除了提高审美判断和个人修养之外，还可以帮助人们开启一种良好的认知结构和广阔的学术视野。在讨论如何处理无尽烦恼和鸦片毒害时，他再次赋予审美静观以优先地位。这里，静观的对象包括雕塑、绘画、音乐和文学等艺术作品。

对于审美静观抵御鸦片的价值，王国维列举了三个重要理由。他认

---

① 王国维：《论教育之宗旨》（1903年），见王国维：《王国维论学集》，页373—375。
② 王国维：《奏定经学科大学文学科大学章程书后》（1906年），见王国维：《静庵文集》，页176—180。

为，沉迷于鸦片不仅因为政治腐败、缺乏教育和国家贫穷，更是挫败、无望和无意义的生活所致。在这方面，他认为吸食鸦片是一种情感性疾病，其危害足以败亡一个民族。对此疾病，无法通过干巴巴的科学或僵化的道德来治疗，而必须通过情感手段来治疗。解决鸦片毒瘾的办法，在于通过宗教和艺术来医治情感，在于良好的公民政治、普遍认知与情趣教育。宗教和艺术可以提供情感净化和精神慰藉。宗教提供的是理想的和指向未来的东西，而艺术提供的是现实的与当下相关的东西。在所有艺术门类当中，文学最为强烈地触及人类情感和人生状况。因此，对文学的诚挚之爱，可以提供多种好处，可以通过为生命赋予意义而平息苦恼之痛，可以通过从精神上充实一个人的内心世界而防止堕入卑劣活动。①

利用审美静观来医治鸦片毒瘾的第二个理由，见于王国维对人类活动的研究考察之中。② 在相关讨论中，他区分了肯定性的和否定性的痛苦。肯定性痛苦一般出自日常生活的必要活动。否定性痛苦更多出自闲暇或消遣活动。为了将自己从苦恼的否定性痛苦中解脱出来，人们寻求一些旨在"消遣"的活动。不同的人寻求不同的活动。有些活动是健康与高尚的，比如通过阅读和享受书画与古董中的美来追求真理；有些活动则是伪装与虚荣的，比如占有与炫耀仅作为私人财产符号的艺术品；另有一些活动是丑陋与低级的，如吸食鸦片或声色犬马。喜爱文学艺术，提供了最正当活动的基点，其特殊价值理应得到高度赞扬。对此，王国维论道：

> 夫人之心力，不寄于此则寄于彼，不寄于高尚之嗜好，则卑劣之嗜好所不能免也矣。而雕刻、绘画、音乐、文学等，彼等果有解之之能力，则所以慰藉彼者，世固无以过之。③

最后，在中国具体的历史和文化的语境中，王国维力倡美育。当时，

---

① 王国维：《去毒篇》(1907年)，见王国维：《静庵文集》，页181—184。
② 王国维：《人间嗜好之研究》(1907年)，见王国维：《静庵文集》，页145—148。
③ 王国维：《去毒篇》(1907年)，见王国维：《静庵文集》，页184。

第二部分　转换与创新

学校课程极少注意通过文学和艺术进行的美育，反倒聚焦于以道德伦常说教为名的政治工具主义或意识形态的正统学说。结果，按照王国维的说法，中国文学无法与西方文学相媲美，由于这些缺陷，公众趣味无法获得充分发展，于是，民众陷入一种病态的心理，沉迷于鸦片、赌博、食、色等低级快乐。鉴于此况，美育作为当务之急，可用来改善与提升民族精神。①

特别值得指出的是，王国维认为美育能够有效改善人生。如其所言：

> 盖人心之动，无不束缚于一己之利害；独美之为物，使人忘一己之利害而入高尚纯洁之域，此最纯粹之快乐也。……要之，美育者一面使人之感情发达，以达完美之域；一面又为德育与智育之手段，此又教育者所不可不留意也。然人心之知情意三者，非各自独立，而互相交错者。②

这一论点与王国维对康德关于知、情、意三方面的分析相关联。王国维对于现代教育和哲学之关系的思考，进一步拓展了他对康德有关人性分析的理解。此外，席勒关于审美王国或审美状态(*dem asthetischen Staat*)的观念是其先兆，这种状态是一种感性和理性同时活跃的"中间倾向"；换言之，"在此中间倾向中，心灵既不受身体的限制，也不受道德的约束，而是在两方面都处于活跃状态"③。在《美育书简》的第 24 封信中，席勒详细阐述了审美状态是身体状态与道德状态之间必不可少的联结。席勒认为，"处于身体状态中的人，仅受自然的支配，但在审美状态中解放了自己，在道德状态中获得了支配权"④。同样的表达出现在第 27 封信中，其将审

---

① 王国维：《教育偶感四则》(1904 年)，见王国维：《静庵文集》，页 121—125。
② 王国维：《论教育之宗旨》(1903 年)，见《教育世界》第 56 号，初发表时未署名。
③ F. Schiller, *On the Aesthetic Education of Man* (trans. E. M. Wilkinson & L. A. Willoughby, Oxford: Oxford University Press, 1967).
④ F. Schiller, *On the Aesthetic Education of Man*, p. 172.

美状态看作权利的动态状态和责任的伦理状态之桥梁。①席勒声称,当一个人进入审美状态时,

> 美自身可以赋予其一种社会性格:趣味自身将会为社会带来和谐,因为它滋养个体的和谐。所有其它形式的感知分裂人,因为他们或独独建基于他的感性部分或独独建基于他的精神部分,而只有审美的感知方式让他成为整体,若如此,他的人性便处于和谐之中。②

事实上,王国维在其专论美育的著作中都引用席勒,但在根据自己的灵感所做的诸多分析中,他继续将儒家视为中华文化遗产的基石。他具体参照了孔子关于诗、礼、乐和山水风景的言论,率先得出如下论断:孔子教人,始于美育,终于美育,旨在培养君子人格。这在某种程度上等同于

> 叔本华所谓"无欲之我"、希尔列尔(今译席勒)所谓"美丽之心"者非欤?此时之境界:无希望,无恐怖,无内界之争斗,无利无害,无人无我,不随绳墨而合于道德之法则。……舍美育无由也。③

这一论断在《论语》中亦可得到旁证。比如,孔子论及人格完成过程时声称:"兴于诗,立于礼,成于乐。"④通过阐释孔子的这一教育思想,王国维进而表示:音乐,无论是声乐还是非声乐,应从丰富的中国古典诗歌资源中选取精要部分,从小学开始加以传授。因为,音乐至少具有三种主要功能:调和感情、陶冶意志、改善听觉与发声。⑤

就像普罗米修斯一样,王国维从德国观念论那里盗得火种,试图用此

---

① F. Schiller, *On the Aesthetic Education of Man*, pp. 213-219.
② F. Schiller, *On the Aesthetic Education of Man*, p. 215.
③ 王国维:《孔子之美育主义》(1904 年),见俞玉滋编:《中国近现代美育论文选:1840—1949》,上海:上海教育出版社,1999 年,页 15。
④ 《论语·泰伯》,见杨伯峻译注:《论语译注》,北京:中华书局 1988 年,页 80。
⑤ 王国维:《论小学校唱歌科之材料》(1907 年),见王国维:《静庵文集》,页 200。

来点燃中国美育之火。我们可以理解王氏信念的积极动机，即：美育应该作为解决那个时代社会问题和精神危机的启蒙手段。对于国人心理的阐述，对于其病态消遣的解剖，王国维均提出诸多见解。他对儒家通过诗乐进行美育的方法的重新发现，是值得关注和发人深省的。然而，他把美育奉为治疗其所分析的那些社会痼疾的灵丹妙方，这在当时中国社会各部门情势严酷的环境下，实在是一种乌托邦式的幻想。他关于美育实践之好处的论断，难免有些武断与夸张。借助浪漫主义的视界，王国维对于美育希冀甚高，但在彼时的中国，这些希冀几无实现之可能。

3. 艺术旨在解脱苦难

中国人生哲学充满格言式真理，诸如"含辛茹苦""人生苦短"等等。早期道家老子的警世恒言，包括"人之大患，莫过于有身"。这就是说，身体是欲望的起源，为了护身保生，人会不惜一切，由此招致无尽的烦恼乃至致命的祸端。同样，庄子把"人为物役"当作人生状况之不幸的本因。这种奴役的结果，就是贪求与攫取外在于生命真正价值的物质与快感。为了摆脱痛苦，老子建议人们应该通过"少思寡欲"或"为而不争"，上达"燕处超然"的境界。庄子鼓励人们通过追求精神解放和个体自由的"逍遥游"，进入"与物为春"或"与天为徒"的"至乐"。这类建议在中国文学中滋生出这样一种精神偏好：在风景的静穆之美以及作品的艺术之美中寻求避难所，这便引致中国传统文人所热衷的自然主义静修论（naturalistic quietism）。与视生为劳、视死为息的庄子一样，佛陀释迦牟尼把充满欲望的生命当作一切烦忧的源头。佛陀劝导深受这种生命之苦的人们，扬起生命之帆驶向涅槃之境。凭借一种虚无主义信念，佛陀试图说服人们视生命为幻觉，视人世为摩耶面纱。这一学说导致了禅定神秘性。作为一种修为方式，禅定的目的在于获得精神的纯净，在于弃绝充满贪欲和世俗焦虑的自我中心论。

经由自己苦涩的经历、多病的身体及对人生状况的哲学思考，王国维谙悉这些出世的思想观念,[1] 且以忧患与苦难来描述生命的本质。他所描绘的生命图景，笼罩在绝望的氛围之中，显得十分暗淡无光。这种绝望来自他自己的反思和经验，但也折映出叔本华的消极悲观主义，同时也深受中国道家和佛教消极思想的影响。如其所述：

> 忧患与劳苦之与生相对待也久矣。夫生者人人之所欲，忧患与劳苦者，人人之所恶也。……人有生矣，则思所以奉其生。饥而欲食，渴而欲饮，寒而欲衣，露处而欲宫室……时则有牝牡之欲，家室之累。进而育子女矣，则有保抱扶持饮食教诲之责，婚嫁之务。……欲之为性无厌，而其原生于不足。不足之状态，苦痛是也。既偿一欲，则此欲以终。然欲之被偿者一，而不偿者什伯，一欲既终，他欲随之，故究竟之慰藉，终不可得也。即使吾人之欲悉偿，而更无所欲之对象，倦厌之情即起而乘之，……故人生者如钟表之摆，实往复于苦痛与倦厌之间者也。夫倦厌固可视为苦痛之一种，有能除去此二者，吾人谓之曰快乐。然当其求快乐也，吾人于固有之苦痛外，又不得不加以努力，而努力亦苦痛之一也。且快乐之后，其感苦痛也弥深，故苦痛而无回复之快乐者有之矣，未有快乐而不先之或继之以苦痛者也。又此苦痛与世界之文化俱增，而不由之而减。何则？文化愈进，其知识弥广，其所欲弥多，又其感苦痛亦弥甚故也。然则人生之所欲既无以逾于生活，而生活之性质又不外乎苦痛，故欲与生活与苦痛，三者一而已矣。……兹有一物焉，使吾人超然于利害之外而忘物与我之关系，此时也，吾人之心无希望，无恐怖，非复欲之我，而但知之我也。……犹覆舟大海之中，浮沉上下，而飘著于故乡之海岸也……犹鱼之脱于罾网，鸟之自樊笼出，而游于山林江海也。然物之能使吾人超然于利害之外者，必其物之于吾人无利害之关系而后可。易言以明之，必其物非实物而后可。……故美术之为物，欲者不观，观者不

---

[1] 王国维：《自序》(1907年)，见王国维：《静庵文集》，页158—159。

欲。而艺术之美所以优于自然之美者,全存于使人易忘物我之关系也。……格代(今译歌德)之诗曰:"What in life doth only grieve us. That in art we gladly see."凡人生中足以使人悲者,于美术中则吾人乐而观之。此之谓也。此即所谓壮美之情,而其快乐存于使人忘物我之关系,则固与优美无以异也。①

显然,王国维重释了叔本华所说的"生命意志""人生空虚与痛苦""纯粹认识主体"等观念,尽管在其中文表达中略有改动。叔本华视艺术为精神自由的手段,其观点植根于艺术品促使我们成为"纯粹认识主体"的力量。艺术品是感知的对象,完全外在于能够与意志建立关联的事物领域。因其非实在之物,而只是图画,是现实生活化为诗情画意的事件,比如愉快早晨的歌唱、美丽的夜晚、静谧的月夜等。其效果取决于无差别、无意志的静观或凝照,由此使人成为"纯粹认识主体"。在这里,意志从意识中消失,心灵平静悄然趋入,由此获得对理念的直觉领悟,获得审美满足。最终,个体性连同其痛苦和不幸,都随之真正得以消除。②

沿着叔本华的思路,王国维对艺术期待甚高。叔本华宣称,美术在解决人生问题方面最为基本,每一件艺术品意在显示生命和事物的本然。③王国维继而确认,美术意在解脱生命的痛苦;艺术品意在将人类从此世的枷锁中拯救出来,从与生命欲望的冲突中解脱出来,以抵达暂时的和平。④然而,王国维并非是从怀疑主义的立场出发引出其独特结论,而是通过揭示艺术的审美与伦理价值对其予以发展。在王国维看来,唯有对于生活在不完美的世界中或充满烦恼的情境中的人而言,这两种价值才是有意义的。它们意味着将人从生命欲望中解放出来,进入纯粹认识的领域。这些

---

① 王国维:《〈红楼梦〉评论》(1904年),见王国维:《静庵文集》,页65—83。
② A. Schopenhauer, *The World as Will and Idea* (trans. R. B. Haldane & J. Kemp, London: Routledge & Kegan Paul, 1883, rep. 1964), Vol. 3, pp. 126-137.
③ *Ibid*., pp. 176-177.
④ 王国维:《〈红楼梦〉评论》(1904年),见王国维:《静庵文集》,页65—83。

价值相互联系，趋向解脱，也就是帮助人摆脱生命苦难的重负。

《红楼梦》是中国文学的典范。王国维断言这部小说是一出悲剧，其中每个人物都纠结于生命欲望，深陷于痛苦的泥潭之中。这部小说对日常事件的描述是真实的，对人类状况的揭露是深刻的，截然有别于所有其他无一例外走向大团圆结局的中国罗曼司。再者，《红楼梦》的风格，与中国思想中的乐天倾向相对立；该故事的整个进展过程，充满或显或隐的悲剧氛围，意在表明如下事实：人生的一切不幸，源于自我为中心的欲念；解决此问题的出路，须在自我中寻找。这就需要从精神上摆脱不幸的重负，弃绝世俗的世界，而不是通过自杀来终结生命。出世者弃绝一切生命欲望，谙悉人生难逃苦厄。不同的是，自杀者依然黏滞于生命欲望之中，大多是被绝望压倒而自戕。①

《红楼梦》展现了精神解脱过程中的两种可能性：一是通过观察他人之苦痛而为，一是感觉自己之苦痛而为。两种方式皆唤醒对生命真相的认识。不过，前一种方式仅适用于那些具有非常理解力之人，后一种方式则适用于一般具有平常理解力之人。通过他们异乎寻常的感知和智慧，非常之人能够洞察充满苦痛的人生之普遍本质，冲破生存意志，寻求精神解脱。平常之人，则因生命欲望不得满足而使欲望愈烈，又因欲望愈烈而使其愈加得不到满足，如此循环不已而陷于失望之困境。举凡遂悟宇宙人生之真相者，转而求其息肩之所。随着性情之转变、欲望之舍弃，他们渐渐超越地狱之苦，欣然品味天堂之乐。

在解脱的非常之途中，生命欲望犹时时与之相抗争，而生发种种之幻影。在解脱的寻常之途中，以生活为炉，苦痛为炭，从而铸就解脱之鼎。因疲于生命欲望，故其生命欲望不能复起而为种种幻影。用王国维的话说，"前者之解脱，超自然的也，神明的也；后者之解脱，自然的也，人类的也；前者之解脱宗教的也，后者美术的也；前者平和的也，后者悲感

---

① 王国维：《〈红楼梦〉评论》(1904年)，见王国维：《静庵文集》，页65—83。

的也,壮美的也"①。

在《红楼梦》的主人公贾宝玉身上,王国维发现了寻常解脱之道的具体表征。他将这条路径理想化为人类生存问题的最终解决方式,但却无视文学创作与生活现实之间的鸿沟,以及这种解决方式的有效性问题。颇为悖谬的是,王国维提出的通过艺术解救人生的论点,却被他对以下几方面的怀疑论思索颠覆了。首先,个体的精神解脱并不必然意味着整个人类的精神解脱,尽管个体和整个人类本质上具有同样的生命欲望。其次,自求证涅槃之道的释迦牟尼和为救赎人类而自我牺牲的基督以降,人类及其他物种的生命欲望一刻也未消失过。②

最后,王国维步叔本华之后尘,盛赞艺术作为纯粹认识对象的价值,切断了艺术与所有功利性的联系。虽然他意识到庄子"无用之用"的意义,但在艺术的无利害性与认为艺术可用于医治社会疾病的社会期待之间,仍然存在着难以尽除的矛盾。此外,王国维其言与其行之间内含悖论关系:他本人尽管拒绝以自杀作为精神解脱的方式,同时声称艺术可供人们从不幸中解脱出来,但他自己却做出悲剧性的决定,毅然自沉于昆明湖中。

4. 追求自由的审美游戏

在中国现代文学研究中,"游戏说"占据重要位置,诚如当代艺术口号"笔墨游戏"所示那样。在20世纪初的中国,王国维是率先主张审美游戏学说的学者。他在1906年声称:

> 文学者,游戏的事业也。人之势力用于生存竞争而有余,于是发而为游戏。婉娈之儿,有父母以衣食之,以卵翼之,无所谓争存之事

---

① 王国维:《〈红楼梦〉评论》(1904年),见王国维:《静庵文集》,页72。
② 王国维:《〈红楼梦〉评论》(1904年),见王国维:《静庵文集》,页65—83。

也。其势力无所发泄,于是作种种之游戏……而成人以后,又不能以小儿之游戏为满足,于是对其自己之感情及所观察之事物而摹写之,咏叹之,以发泄所储蓄之势力。故民族文化之发达,非达一定之程度,则不能有文学;而个人之汲汲于争存者,决无文学家之资格也。①

"汲汲于争存者"这类人,周旋于生存斗争并穷尽自身,没有任何剩余精力或冲动来进行游戏,而游戏正是艺术创构的根本动力。1907年,在一则关于人类活动的分析中,王国维再次确认了这一观点,② 并将"游戏说"当作理解艺术本质的一把新钥匙。此说的根源,可上溯至两种:其一是康德对"美的艺术的分类",其中第三类(音乐)被宽泛地定义为"美的感官游戏的艺术"或"感官的自由游戏"。这里的"感官",主要是指"知解力与想象力"。这种游戏,将会经由感官进入"审美理念"。③其二是席勒对"审美剩余精力"(asthetishe Zugabe)和"审美游戏"(asthetishe Spiele)的进一步阐述,此两者的内在关联,近乎审美主体作为能动者所助推的因果关系。④

王国维简化了席勒的"游戏说",在理论层面上几无贡献。出于"他山之石,可以攻玉"的想法,王国维试用席勒的理论,来澄明中国文学中的问题。由于他对审美游戏之自由的关注,他谴责政治介入与阻碍中国文学的发展。比如说,为了社群利益,文学被用来美化现实或颂扬政府计划,这便影响到文学自身的发展。在此情况下,文学被剥夺了独立价值,沦落为装饰或宣传。此外,王国维抨击道德说教,反对那些凌驾于文学作品创造性价值之上的伦常旧说。在他看来,对艺术的政治与道德期待所导致的意识形态工具主义,不仅会毁掉艺术家的想象力和创造力,而且还会毁掉公众的趣味或鉴赏力。此外,这种工具主义还会纵容满脑子功利念头的作

---

① 王国维:《文学小言》(1906年),见王国维:《静庵文集》,页167。
② 王国维:《人间嗜好之研究》(1907年),见王国维:《静庵文集》,页145—148。
③ I. Kant, *Critique of Judgment* (trans. J. B. Bernard, New York, Hafner Press, 1951), pp. 168-181.
④ F. Schiller, *On the Aesthetic Education of Man*. pp. 205-209.

家，致使他们仅仅为金钱或其他私人利益而写作。在此张扬批判与反思的语境中，王国维把"游戏说"引进中国，以期实现三重意图。其一，作为美的自由审美游戏，艺术应该独立于任何形式的政治工具主义。其二，为了有效地执行"寓教于乐"的功能，艺术应该摆脱简单的道德教育。其三，天才艺术家必须对艺术持守非功利观点，将自己从任何外在压力中解放出来。如果这些意图未能实现，创造性就会遭到扼杀，中国文学就无法像西方文学那样得到充分发展。

5. 艺术家是创造性天才

王国维认为，由于政治意识形态的优先地位以及道德正统思想的支配地位，中华文化中的纯粹哲学十分少见，纯粹美术发展不足。因此，面对哲学与艺术继续服务于政治与道德目的的趋向，他深感失望，故曰：

> 天下有最神圣、最尊贵而无与当世之用者，哲学与美术是已。天下之人嚣然谓之曰无用，无损于哲学、美术之价值也。……夫哲学与美术之所志者，真理也。真理者，天下万世之真理，而非一时之真理也。其有发明此真理（哲学家）或以记号表之（美术）者，天下万世之功绩，而非一时之功绩也。……今夫人积年月之研究，而一旦豁然悟宇宙人生之真理，或以胸中惝恍不可捉摸之意境，一旦表诸文字、绘画、雕刻之上，此固彼天赋之能力之发展，而此时之欢乐，绝非南面王之所能易者也。[1]

在此语境中，"天赋"是指属于天才的才能。与叔本华和尼采同道，王国维所论天才，也是智力、敏感性、理解力、精神、忍耐性和创造力等意

---

[1] 王国维：《论哲学家与美术家之天职》（1905年），见王国维：《静庵文集》，页119。

义上的天才。他坚持认为，虽然天才和常人在外相和生活上看似相像，但两者的明显不同之处，一方面在于他们能力的量性差异，另一方面在于他们思想和感受方式的质性差异。在同样的环境中，天才因为对人生和世界具有与众不同的洞见而有别于常人。当受制于同样的压力和困境时，天才所知与所求，是常人无法知与所不求的东西。天才的层次与其智力、意志力和痛苦程度成正比。天才对存在的问题更为敏感，更观察入微。他更易感受到痛苦，故极力寻求慰藉之道。他自视甚高，藐视卑鄙小人。他高唱自由意志之歌，笑傲一切悲剧。① 这种把天才视为富有智识和创造性贵族的观点，源自叔本华的天才学说②和尼采对"超人"和"末人"的区分。③

王国维非常重视天才在艺术生产中的作用，故此断言：

> 文学中有二原质焉：曰景，曰情。前者以描写自然及人生之事实为主，后者则吾人对此种事实之精神的态度也。故前者客观的，后者主观的也；前者知识的，后者感情的也。自一方面言之，则必吾人之胸中洞然无物，而后其观物也深，而其体物也切……要之，文学者，不外知识与感情交代之结果而已。苟无锐敏之知识与深邃之感情者，不足与于文学之事。此其所以但为天才游戏之事业，而不能以他道劝者也。④

在其他著述里，王国维追随康德的观点，认定"美术者，天才之制作也"，断言"此自汗德(康德)以来，百余年间学者之定论也"。⑤ 他拒斥模仿价值，赞同康德，认为原创性和典范性是天才的至要特征。王国维的天

---

① 王国维：《叔本华与尼采》(1904 年)，见王国维：《静庵文集》，页 84—95。
② A. Schopenhauer, "On Genius," in *The Art of Literature* (trans. T. Bailey Saunders, London et al: Swan Sonnensche In. & The MacMillan Press, 1897), pp. 129–149.
③ F. Nietzsche, *Thus Spoke Zarathustra*, in Walter Kaufmann (ed.), *The Portable Nietzsche* (London: Penguin Books, 1976), pp. 279–284.
④ 王国维：《文学小言》(1906 年)，见王国维：《静庵文集》，页 167—168。
⑤ 王国维：《古雅之在美学上之位置》(1907 年)，见王国维：《静庵文集》，页 162—164。

才观直接与康德在《判断力批判》中的天才说相联系①,并特意将其应用于中国文学:

> 三代以下之诗人,无过于屈子、渊明、子美、子瞻者。此四子者苟无文学之天才,其人格亦自足千古。故无高尚伟大之人格,而有高尚伟大之文学者,殆未之有也。天才者,或数十年而一出,或数百年而一出,而又须济之以学问,助之以德性,始能产真正之大文学。②

从上述来看,王国维的天才概念,略不同于康德和叔本华的天才观。相比之下,王国维更加强调道德价值和人文教化,这正是来自中国教育传统的影响。在中国教育传统中,天才的成就来自对人格和判断力的持续修为。人格的道德方面体现在仁义礼智信诸种价值的实际践履当中。判断力的文化维度是通过持续练习得以完善。以诗为证,王国维将此过程分为三个阶段:

> 古今之成大事业大学问者,不可不历三种之阶级:"昨夜西风凋碧树,独上高楼,望尽天涯路。"(晏同叔《蝶恋花》)此第一阶级也。"衣带渐宽终不悔,为伊消得人憔悴。"(欧阳永叔《蝶恋花》)此第二阶级也。"众里寻他千百度,回头蓦见,那人正在灯火阑珊处。"(辛幼安《青玉案》)此第三阶级也。未有不阅第一第二阶级,而能遽跻第三阶级者。文学亦然。此有文学上之天才者,所以又需莫大之修养也。③

《人间词话》中也有类似评说④。虽然王国维对这著名宋词的使用令人

---

① I. Kant, *Critique of Judgment* (trans. J. B. Bernard, New York, Hafner Press, 1951), pp.151-161.
② 王国维:《文学小言》(1906年),见王国维:《静庵文集》,页168。
③ 王国维:《文学小言》(1906年),见王国维:《静庵文集》,页168。
④ 汉语"人间"意味着"人世间",在此是作者自己所用的"号"或笔名,因此《人间词话》其实就是《王国维词话》。

惊叹，但我们可在王国维的思想中检视这相关宋词的意蕴。这里的整个描写，意在表示个人成长的过程。第一阶段重在兢兢业业的努力学习和扩大视野；第二阶段重在持之以恒的努力和追求进一步的超越性发展；第三阶段表达的是在文学事业中彻悟的欣喜和真正创造力的获得。这里，让我们想到王国维获得思想灵感的两种来源：一是叔本华对三类作者的区分①，即：第一类作者不计其数，他们不假思索地进行写作，其作品完全来自记忆或基于他人著述。第二类作者不在少数，他们边写边想或为写而想。第三类作者最为稀少，他们先思考后写作。另一来源则是尼采所论的"精神三变"，即从骆驼变为狮子，再由狮子变为孩童的精神转形说。②从象征意义上讲，"骆驼"指学习、忍耐和艰苦劳动的阶段；"狮子"指对存在价值的征服、掌控和重估阶段；"孩童"指一种新的开始和新价值的创造阶段。对叔本华、尼采和王国维而言，他们各自理论图式的最后阶段，都折映出天才的创造性、独特性、原创性和典范性等特质。

6. 古雅作为第二形式

王国维虽然把文学创作看作天才的事业③，但他作为一位批评家和诗人，却大量阅读了诸多创造性作品。在文学家当中，只有少数人堪称具有天赋的天才，但王国维发现，除天才之外，另一些人的作品也同样富有魅力和审美意味。这是如何成为可能的？这一萦绕在他脑际的问题，引出古雅即艺术第二形式的假说：

> 然天下之物，有决非真正之美术品，而又决非利用品者。又其制作之人，决非必为天才，而吾人之视之也，若与天才所制作之美术无

---

① A. Schopenhauer, "On Authorship," in *The Art of Literature*, p. 45.
② A. Schopenhauer, "On Authorship," in *The Art of Literature*, p. 45.
③ 王国维：《文学小言》(1906 年)，见王国维：《静庵文集》，页 166—169。

异者，无以名之，名之曰"古雅"。①

"古雅"一词，是由汉字"古"和"雅"组成。王国维将它们并置一起，在此语境中主要用来指艺术中一种古典优雅或精致优美的形式。我们不妨将"古雅"译为 the refined。王国维把"古雅"当作一种与天才相对照的创造力，与优美和崇高相对照的另一审美范畴。他对"古雅"的基本特点界定如下：作为一种艺术创构，"古雅"不是由天才所创，而是由博学高尚之士所造。因此，古雅艺术的制作，依赖于个人努力而非天分。作为一种艺术形式，"古雅"只存在于艺术中，但不同于优美和崇高，因为后两者既存在于艺术中也存在于自然中。作为一种艺术价值，"古雅"是独立的，以至于不包含优美和崇高的属性。作为一种艺术技巧，"古雅"将自然界不美的东西转化为精致或优雅的东西，风景画就是例证。作为一种审美对象，"古雅"这一范畴，涉及基于经验的后天判断，故此不同于优美和崇高两种审美范畴，后两者涉及普遍的先天判断。②

为了进而理解"古雅"这一新的艺术范畴，这里需要进一步予以澄清。首先，王国维是在广义上理解形式的。他认为，一切美说到底都是形式美，在于形式的对称、多样与和谐。比如，主人公及其处境提供了小说或戏剧的题材，但此题材唯有通过足够的形式才能激发起审美感受。唯有不同于题材的形式，可成为审美对象。一般而言，有两类形式。第一形式进行自然的、完美的表达，会产生"优美"或"壮美"的审美对象；第二形式进行熟练的表达，会产生"古雅"的审美对象。如此看来，通过激起审美感受，形式将某些东西化成审美对象，把题材转为作品内容。

其次，王国维指出，"古雅"是与"优美"和"崇高"（宏壮）等第一形式相对有别的第二形式。如柏克（Edmund Burke）和康德所述，包含"优美"与"崇高"（宏壮）两大范畴的第一形式，无疑是天才的创造性产品，是为其他

---

① 王国维：《古雅之在美学上之位置》（1907年），见王国维：《静庵文集》，页162。
② 王国维：《古雅之在美学上之位置》（1907年），见王国维：《静庵文集》，页162。

艺术家提供模仿的典范。与之相反,"古雅"型艺术作品,是由并非天才的艺术家创制,此类艺术家具有极其文雅的审美趣味以及充分的创造力。这种趣味是从学识、模仿和精微中逐渐滋养而成。在其所造之物方面,创制"古雅"作品的艺术家,可与第一流艺术家相提并论。一般而言,其作品之精美或优雅,更多来自勤奋,而非源于天赋。

再次,"古雅"具有独立的价值。它增进美的事物之美,即使其缺乏"优美"或"崇高"(宏壮)的属性。凭借形式美的特殊模式,"古雅"是优美和崇高构成的第一形式中不可或缺的要素。在这个语境中,"古雅"是必要手法、技巧或技艺,若"古雅"缺失,优美或崇高的艺术作品或将无法产生。

最后,我们必须借鉴"天才"概念来理解"古雅"概念。此两者在审美创构中是互补关系。历史地看,提供原创性与典范性的艺术天才纯属罕见。为了填补天才艺术家的间歇期,具有至高审美价值的优秀作品与"古雅"艺术家会应运而生,从而弥补天才作品的不足或空当。作为补充性艺术作品,"古雅"不否定以天才的原创性和典范性作品为原型的作品之价值。不过,"古雅"确信艺术创构过程中的学识、经验、趣味和勤奋的必要性。正是在这种联系中,"古雅"才具有独立价值。

尽管有了这些解析,"古雅"似乎依然令人费解,在某些时候甚至弄巧成拙。比如,就第一形式与第二形式的区分而言,前者包括自然和艺术中的"优美"和"崇高"(宏壮),从而构成两类:自然类和艺术类。艺术类的第一形式由"古雅"这种第二形式来补充,"古雅"只在艺术中才有可能,因而只是一种艺术形式。在这里,一切事物的美是形式的美,可借助第二形式的表达得以增加。不过,这与认为"古雅"只存在于艺术而非自然之中的观点相抵牾。王国维需要说明这种限制为何或是否武断的问题。他对"古雅"的论说,在美学上则是不同因素的杂糅。"古雅"说这一秘方虽然发人深思,特别对缺乏天才的艺术家而言是一种鼓励,但从阐释学的观点来看,他对"古雅"概念的西方式刻画,妨碍其在中国的接受与流行。

一些中国批评家仅仅从字面上审视或对待"古雅",甚至将这个概念分解为"古"和"雅"。他们视"古"为"今"的反义词,视"雅"为"俗"的反义词,因此,"古"和"雅"的作品就完全属于古典的或高雅的艺术,只被少数文化精英欣赏,而与当今现实没有关系。与此为对照,"今"和"俗"的作品,则被视为典型的大众或流行艺术,似乎反映当下的情况,通常为庸俗大众所欣赏。基于此,王国维被贴上保守主义或精英主义的标签,其"古雅"说因为与现实和生活疏离、与美的社会性和大众趣味相对峙而备受谴责。① 这种批评无视前文提到的语境性含义,未能真正回应王国维的现实关注。仅据王国维对于高雅艺术和大众艺术的立场来进行批评,实属武断之举。在关于中国戏剧和戏曲的历史回溯中,王国维对先前学者以为不雅观、不值得认真研究的戏剧艺术门类,提供了探索性的探究。在此研究开始之际,他便声称自己对高雅艺术和流行艺术同样喜爱:

> 凡一代有一代之文学,楚之骚,汉之赋,六代之骈语,唐之诗,宋之词,元之曲,皆所谓一代之文学,而后世莫能继焉者也。②

值得注意的是,王国维关于文学发展的进化观,既未受任何对古典艺术之限定的约束,也未受任何对流行艺术之偏见的约束。因此,那些对其精英主义立场的批评,显得不合时宜,甚至牵强附会。

7. 诗性境界说

与其论述文学艺术的其他文章相比,王国维的《人间词话》具有特殊意义。他所阐发的"境界"观,既是贯穿其思维历程的审美试金石,也是构成其境界诗学的重要理论基石。这种境界诗学的基本特征,主要体现在创构

---

① 陈元晖:《论王国维》,长春:东北师范大学出版社,1989年,页71—75。
② 王国维:《宋元戏曲考》,见《王国维文学论著三种》,北京:商务印书馆,2003年,页57。

境界的表现方式、意象形态与审美价值等诸多方面。

《人间词话》由64节组成，其结构可分为两大部分：理论思考和实践批评。(一)到(九)节是关于境界的理论探讨，其他部分考察了文学实践中创造和欣赏"境界"的具体案例。① "境界"一词是对梵文"visaya"的汉译，其在佛经中意指感知范围或感性经验的特征。这一原本含义具有各种引申含义，比如"疆界""造诣""景象"以及"心境"等。

在此背景下，王国维借用"境界"，作为文学批评术语，旨在表示艺术的本质性。在有些地方，他将"境界"和"意境"互换使用，致使许多中国学者将这两者等同视之。以此为前提，我在此将"境界"译为 the poetic state *par excellence*。对王国维而言，"境界"说是研究诗词艺术的至要因素。如其所言：

> 词以境界为最上。有境界则自成高格，自有名句。五代、北宋之词所以独绝者在此……境非独谓景物也。喜怒哀乐，亦人心中之一境界。故能写真景物、真感情者，谓之有境界；否则谓之无境界。"红杏枝头春意闹"，着一"闹"字，而境界全出；"云破月来花弄影"，着一"弄"字，而境界全出矣。②

在另一处谈论元剧时，王国维用"意境"代替"境界"：

> 其文章之妙，亦一言以蔽之，曰：有意境而已矣。何以谓之有意境？曰：写情则沁人心脾，写景则在人耳目，述事则如其口出是也。古诗词之佳者无不如是，元曲亦然。明以后，其思想、结构尽有胜于前人者，唯意境则为元人所独擅。③

---

① 叶嘉莹：《王国维及其文学批评》，北京：北京大学出版社，2008年，页186—188。
② Adele Austin Rickett (tr.), *Wang Kuo-wei's Jen-Chien Tzi-hua: A Study in Chinese Literary Criticism* (Hong Kong: Hong Kong University Press, 1977), p. 42. 另见《王国维文学论著三种》，页30—31。
③ 王国维：《宋元戏曲考》，见《王国维文学论著三种》，页161。

根据第一段落,"境界"或"意境"必须具有两种因素:"真景物"和"真感情"。在第二个段落里,我们注意到同样的东西:"情"(feelings)——"感情"的简化形式,"景"(scenes)——"景物"的简化形式,以及"事"(events)——基于故事或情节的事件。所有这些因素,在艺术作品中相互交织、彼此互映,以便取得真实诚挚、生动感人和自然含蓄的奇效。若无这些特点,也就没有"境界"可言。"情"或"感情"是主观的,"景"或"景物"与"事"或"事件"是客观的。因此,"境界"可被视作经验的主观方面与客观方面的融合。根据一些理论家的观点,"境界"如同"意境",是"'意'与'景'的艺术的融合"。"意"指"情意","景"指"景物"。① 另外,"境界"是包含了"感情"和"气氛"的"具体、鲜明的艺术形象",来自客观景物或事件在诗人的心灵或审美感性中的艺术性表现。②再者,"境界"是王国维文学批评中的一个特别术语,着重于"其可以真切生动地感受及表达之特质,而此种感受又兼内在之情意与外在之景物而言"。这种"境界"既表示感受到的真景物,也表示想象性联想的诗境。③在诸如此类的解释中,引起频繁讨论的是李泽厚对"境界"的如下界定:

> "意境"也可称作"境界",如王国维《人间词话》的用法。……("意境")是比"形象"("象")、"情感"("情")更高一级的美学范畴。因为他们不但包含了"象""情"两个方面,而且还特别扬弃了他们的主客观的片面性而构成了一完整统一、独立的艺术存在。④

作为"意境"的基础,"形象"不仅意指"形似",也指"神似"。"情感"不仅指情感方面的"情",也指"理",即关于真理、概念和内在法则的理性

---

① 李泽厚:《意境浅谈》,见姚柯夫编:《〈人间词话〉及评论汇编》,北京:书目文献出版社,1983年,页161—174。
② 陈咏:《略谈境界说》,见姚柯夫编:《〈人间词话〉及评论汇编》,页210—214。
③ 叶嘉莹:《对〈人间词话〉中境界一词之义界的探讨》,见姚柯夫编:《〈人间词话〉及评论汇编》,页147—159。
④ 李泽厚:《意境浅谈》,见姚柯夫编:《〈人间词话〉及评论汇编》,页161。

方面。因此,"意境"可被界定为:

> "境"和"意"本身又是两对范畴的统一:"境"是"形"与"神"的统一;"意"是"情"与"理"的统一。在情、理、形、神的互相渗透、相互制约的关系中就可窥破"意境"形成的秘密。①

王国维在阐释"红杏枝头春意闹""云破月来花弄影"等名句时指出,"境界"是借用"闹"和"弄"字的戏剧性意蕴创构而成。这来自两个因素:其中一个与心理学意义上的内模仿和移情作用相关——可以追溯到谷鲁斯(Karl Groos)和里普斯(Theodor Lipps);另一个则在超验意义上与美学中的直觉作用和认知经验有涉——可追溯到康德与叔本华。按照康德的思路,经验性的直觉感知导致审美理念的判断和艺术"精神"的发现。根据叔本华的说法,直觉感知之所以最为根本,是因为它能将理念感悟为自身意志的充分客观化。王国维受到审美判断中直觉概念的启发,进一步提出如下论点:若缺乏对"真景物"和"真感情"这两个基本要素的直觉感知或直接感知,"境界"就无法生成。"境界"本身的创造,是为揭显人生于世的本真含义。出于同样原因,读者可由此洞察所示之物,沉浸于审美欣赏和审美经验的诗意氛围之中。②

尽管尽力做出种种解释,我们依然无法用某一简单界说来定位"境界"。不过,要想驱散其上微妙而模糊的层层迷雾,就需要继而检视王国维关于"境界"的以下种种诠释。

(1)造境与写境

诗歌中既有"造境",也有"写境",这是理想主义和现实主义的基本区别。不过,要区分这两者并非易事,因为大诗人创造的"境",必与"自然"

---

① 李泽厚:《意境浅谈》,见姚柯夫编:《〈人间词话〉及评论汇编》,页162。
② 王柯平:《境界"为探其本"的深层意味》,见《学术月刊》2010年第3期。

相称，而他们描摹的"境"，又必贴近理想。①

上述区别是从艺术生产的角度做出的。"造境"通常寓于理想主义或浪漫主义作品之中，运用想象、发明、夸张以及怪诞来表现主观感受，描绘理想的社会形态或浪漫的幻想。"写境"通常反映在现实主义作品中，呈现和揭示的是人类状况的现实图景。不过，"造境"和"写境"在性质上的共同追求都是"境界"。

（2）有我之境与无我之境

诗歌既有"有我之境"，又有"无我之境"。"泪眼问花花不语，乱红飞过秋千去"，所呈现的是"有我之境"。相反，"采菊东篱下，悠然见南山"，所蕴含的是"无我之境"。"有我之境"，诗人从自我中心的角度看待外物，于是，一切物皆着我之色彩。"无我之境"，诗人按事物之本然而视之，故不知何者为我，何者为物。"无我之境"，唯有在完全清寂中方可体会。"有我之境"，一般产生于动态性主客关联之中。前者是优美，后者为宏壮。②

王国维从审美鉴赏角度区分了这两种看似不同的境界。在"有我之境"里，自我将外物当作主观的、情感的、仿佛高度个人化的对象。这与里普斯在《空间美学》中描述的移情作用颇有几分类似。在"无我之境"中，自我沉浸于仿佛消失的对象之中。因此，比起"有我之境"来，"无我之境"的诗意更微妙、更自然、更和谐，更富暗示性。然而，这两种境界之间的差异，乃是质性的，而非量性的。"有我之境"倾向于"显"，而"无我之境"倾向于"隐"。③

这里可从禅宗的"无念"或叔本华的"纯粹认识主体"概念，对"无我之境"做进一步探究。处于"无我之境"中的人，会从主客区分中脱身出来，

---

① Adele Austin Rickett (tr.), *Wang Kuo-wei's Jen-Chien Tzi-hua: A Study in Chinese Literary Criticism*, p. 40.
② Adele Austin Rickett (tr.), *Wang Kuo-wei's Jen-Chien Tzi-hua: A Study in Chinese Literary Criticism*, pp. 41-42.
③ 朱光潜：《诗的隐与显》，见姚柯夫编：《〈人间词话〉及评论汇编》，页85—92。

纯客观地静观外物。其中似有某种隐匿的关联，涉及区分"有我之境"和"无我之境"的关键，此关键就在于叔本华所说的充满主体生命意志的欲望。面对美的事物，主体通过意志排除一切干扰，从而沉浸于对理想自我的凝神静观之中。在这里，主体成为"纯粹认识主体"，断开旁牵他涉的意念，进入"无我之境"，仿佛主体与客体融为一体。面对崇高的事物，主体受到意志的干扰和震动，从而充满了紧张感或自我保护的欲望等，这会让主体经受一些痛苦和恐惧。但当主体设法超越了这种干扰，回复内在的平和或精神的宁静时，便可欣赏崇高对象特有的审美价值。所有这些表明：上述两种审美经验和审美心态，均与优美和崇高这两种审美范畴的不同特点相联系。

(3) 大境界与小境界

"境界"从感受量度上或许可分大小，但不能将此当作决定诗歌高下的基点。"细雨鱼儿出，微风燕子斜"的境界，难道就一定不如"落日照大旗，马鸣风萧萧"么？"宝帘闲挂小银钩"的诗境，难道就一定不如"雾失楼台，月迷津渡"么？[①]

在第一例里，鱼和燕从尺寸上看是小的，雨和微风是令人愉悦的与温柔的。这些意象不仅让人想起娇小和柔和，而且也让人想到活泼、快乐、精微与温馨。用王国维的话说，这类诗句是小境界。在第二例里，旗和马从尺寸上看是大的，太阳和风则是动态的与有力的。这些意象显示伟大、力量、酣战、兴奋、强势、压力甚至恐惧。用王国维的话说，这类诗句包含的是大境界。无论诗中呈现的是何种景或物，这两句诗都具有审美感染力和艺术表现力。借鉴柏克《关于美与崇高的思想根源的哲学研究》一文的相关论述，我们可以说小境界与美的范畴具有某些共同特性，而大境界则与崇高的范畴具有某些共同特性。

[①] Adele Austin Rickett (tr.), *Wang Kuo-wei's Jen-Chien Tzi-hua: A Study in Chinese Literary Criticism*, pp. 42-3; also see Wang Kuo-wei, *Poetic Remarks in the Human World* (trans. Ching-Ⅰ Tu, 1970), p. 5. 另见《王国维文学论著三种》，页 38。

(4)隔与不隔

我们还可以区分"隔"与"不隔"。按照王国维的说法,"隔"的境界,在景象描写上是羸弱的,导致人们在阅读这类诗歌时,就如同雾里看花。相反,像"池塘生春草""空梁落燕泥"这类名句的艺术精妙之处,正在于"不隔"。词也同样如此。以欧阳修的《少年游》上半阕为例:

> "栏干十二独凭春,晴碧远连云。千里万里,二月三月,行色苦愁人。"语语都在目前。便是不隔。至云"谢家池上,江淹浦畔",则隔矣。①

后两行诗之所以"隔",是因为引用了两则典故,一个指涉谢灵运的诗句"池塘生春草",另一个指涉江淹的《别赋》名句:"春草碧色,春水渌波,送君南浦,伤如之何!"原有诗句显得直接生动,而转用为典却变得间接生涩,令人摸不着头脑,于是便"隔"了一层。前几行所表意境,体现出直觉与自然的风格,包含感性经验和直接感知的元素。而被王国维视为"隔"的后两行诗句,显露出一种静观凝思的风格,带有理性和联想的推论色彩。

对王国维而言,凡生"隔"之诗,主要是因袭陈言或矫揉造作,致使读者不能获得真切的感受。凡"不隔"之诗,作者具有真切感受,所述自然真切,能使读者获得同样真切的感受。② 这种能力是与"境界"的主要特质相联系,全然有赖于"真感情"和"真景物"的表达与再现。只有当"真感情"作为灵魂,入乎"真景物"的美好形象之中,诗或词之"境界"连同其非同凡响的风姿,才会展现出来。因此可以认为,"真感情"是诗词"境界"的生

---

① Adele Austin Rickett (tr.), *Wang Kuo-wei's Jen-Chien Tzi-hua: A Study in Chinese Literary Criticism*, pp. 56-57; also see Wang Kuo-wei, *Poetic Remarks in the Human World* (trans. Ching-I Tu, 1970), pp. 26-27.
② 叶嘉莹:《王国维及其文学批评》,石家庄:河北教育出版社,1997年,页220。

命，而"真景物"只是这种生命的显现和象征。①

无怪乎王国维重点引用尼采此言："一切文学，余爱以血书者。"②这暗示出诗中"境界"的创制，从来不是一桩易事，因为它不仅要求不懈的努力，而且要求创造性的能量和纯净的赤子之心，等等。

最后，作为审美范畴的"境界"，可以通过上述复杂的区别得以整体观照。"境界"涉及诗歌的风格、意象、技巧、审美价值、有意味的形式、真理内容、判断标准和创造性活动，但皆是为了"以探其本"。③

王国维的"境界说"深植并绽放于中国批评哲学的丰沃土壤之中，他的观念可以追溯到庄子对于"言"与"义"的思索，以及王昌龄、严羽、王士祯、刘熙载等人对"诗境"或"意境"的思考。王国维显然得益于这一传统，其下述评说便是明证：

> 严沧浪诗话谓："盛唐诸公，唯在兴趣。羚羊挂角，无迹可求。故其妙处，透彻玲珑，不可凑泊，如空中之音，相中之色，水中之月，镜中之象，言有尽而意无穷。"余谓北宋以前之词，亦复如是。然沧浪所谓"兴趣"，阮亭所谓"神韵"，犹不过道其面目，不若鄙人拈出"境界"二字，为探其本也。④

应当说，王国维本人是站在先前批评家肩膀之上的独创性学者，虽受西学影响不小，但与中国传统美学的关联颇强。事实上，他开启的境界说，主要是从严羽的"兴趣说"和王士祯的"神韵说"那里得到启发。不过，他有意贬低这两家学说，着意抬高自创的境界说，将"境界"奉为诗词创作和审美价值中最本质的东西。这样，在他的思想中，"境界"作为诗词审美

---

① 张本楠：《王国维美学思想研究》，台北：文津出版社，1992年，页231—232。
② F. Nietzsche, *Thus Spoke Zarathustra*, Part Ⅰ, 1976.
③ 聂振斌：《王国维美学思想述评》，沈阳：辽宁大学出版社，1997年，页139。
④ Adele Austin Rickett (tr.), *Wang Kuo-wei's Jen-Chien Tzi-hua: A Study in Chinese Literary Criticism*, p. 43. 另见《王国维文学论著三种》，页32。

感染力与启示性的基质，容纳了"兴趣"；"境界"作为意象风格化结果或艺术魅力的要素，包含了"神韵"。一般说来，"兴趣"含有一种与神秘禅意相关联的微妙启蒙作用，"神韵"则表示从精致高远的角度对诗歌风格进行模糊的观照。但由于两者的不明确性与模糊性，都未曾得到具体明确的阐述或彰显。相对而言，王国维所推崇的"境界"，可用更为具体的术语加以明确描述，如"真景物"和"真感情"等。因此，一些读者将其视为主客观融合、理想和现实融合、情感与自然融合的结果。

此外，王国维凭借其写作能力和审美判断能力，以及他吸收西方相关思想资源的化解能力，扩大了"境界"的范围。他对"境界"的表述，会让许多中国学者联想到席勒所倡的"审美状态"（亦译"审美王国"）这一概念。但是，在席勒思想的具体语境中，使用这一概念的意图，在于将审美文化、审美的人与审美状态相关联的有教养的趣味予以理想化。换言之，席勒所言的"审美状态"，意指审美可使人摆脱感官属性，获得精神自由，从而由"生理状态"进入"道德状态"。这主要与审美教育的益处相关，而不是与艺术创构与欣赏原则相关。

比较而言，在境界说方面，席勒对王国维的影响甚微；但在美育说、解脱说与游戏说等方面，席勒对王国维的影响较大。事实上，我认为王国维所倡的"境界"观念，实则与康德《判断力批判》中的"精神"（*Geist*）观念有着更为直接的联系：

> 在某些人们期待至少部分地应当表现为美的艺术的作品，人们说：它们没有精神；尽管就鉴赏力而言我们在它们身上并没有找到任何可指责的东西。一首诗可能是相当可人和漂亮的，但它是没有精神的。一个故事是详细的和有条理的，但没有精神……甚至对一个少女我们也说，她是俏丽的，口齿伶俐的和乖巧的，但是没有精神。我们在这里所理解的精神究竟是什么呢？精神，在审美的意义上，就是指内心的鼓舞生动的原则。但这原则由以鼓动心灵的东西，即它用于这方面的那个材料，就是把内心诸力量合目的地置于焕发状态，亦即置

于一种自动维持自己、甚至为此而加强着这些力量的游戏之中的东西。于是，我认为，这个原则不是别的，正是把那些审美理念[感性理念]表现出来的能力。①

虽然两者之间存在差异，但"境界"与"精神"都主要关涉本质、生命力和艺术的意味。可见，王国维所言的"境界"，不仅是文学价值的最高尺度，而且也是艺术创构的理想所在。但是，王国维的表述，无法提供一种易解的定义或前后一致的说明。"境界"如手中泥鳅，读者满以为已然捉住，最终却发现此物已从指缝间滑走。因此，为了更有信心地理解和评估"境界"，进入具体语境的解读是非常必要的。

综上所述，王国维针对文学诗词的审美批评哲学，主要基于上述六种学说。前四个学说关乎美育至要说、艺术解脱说、艺术即游戏说和艺术家即天才说，虽然它们移植于西方思想，都是略做改造的产物，但它们给中国带来的启蒙作用，依然是中国美学思想和审美文化中重要的特征。与之迥然有别的则是关于"古雅"和"境界"的理论思考理路。王国维个人的成就，主要体现在他对境界的探索当中。这在20世纪初的中国，标示着中国古典文学批评的终结与现代中国美学思想的发端。"境界"说可被视为跨文化探索之树结出的硕果，如今这棵树成为人们关注和育养的对象。此说作为王国维境界诗学的重要基石，其代表性特征是以"真景物"与"真感情"为追求目标，主要体现在"造境"与"写境"、"有我之境"与"无我之境"、"隔"与"不隔"等表现方式和意象形态之中。这种境界诗学，可以说是现代中华美学的真正奠基之论。

---

① I. Kant, *Critique of Judgment* (tr. J. B. Bernard), pp. 156-157. 中译本参阅康德：《判断力批判》，邓晓芒译，北京：人民出版社，2002年，页158。

十 境界"为探其本"的深层意味[①]

诚如陈寅恪所言,王国维从事文学批评与小说戏曲研究,主要基于"外来之概念与固有之材料"的"互相参证"法。所谓"外来之概念",主要是来自西方古典哲学、文论以及心理学等领域中的重要理论概念及其运思方式;所谓"固有之材料",主要是指中国传统哲学、古代文论和诗词歌赋中的思想资源和名句范例。由此看来,这种"互相参证"法,可以说是一种跨文化参证法(transcultural cross-referential approach),是王国维倡导"学无中西"这一思想原则的必然结果。如今,人们在解读王国维诗学思想的过程中,也照样离不开这种跨文化参证法。否则,就容易落入理论困惑、语义误读或逻辑强辩的陷阱之中。这种跨文化参证法的运用,主要是在特定语境中通过相关的概念追溯(conceptual retrospection)与二次反思(second reflection)予以展开的。这样就会发现,王国维的境界说,在思想资源上一方面比照的是严沧浪的兴趣说和王阮亭的神韵说,另一方面借鉴了席勒的"审美状态"说、叔本华的"直觉观念"说和康德的"审美观念"说,实属中西之学"合璧"或会通的结果,是"旧瓶装新酒"的产物。究其本质,境界的生成有赖于"能观",涉及"直观"与"观念",其根本意义在于直观宇宙人生之真谛,其目的性追求在于从诗人创造境界和读者欣赏境界的过程中体悟宇宙人生之本质。无论在王国维的诗学理论中,还是在其诗词作品中,我们均可看到王氏以"人间"为别号,以诗哲融合为手法,以"学无中西"为基准,尝试性地创写《人间词》与《人间词话》的个人情怀与深刻用意。

[①] 此文经过压缩发表于《学术月刊》2010年第3期。

1. 何谓"为探其本"

王国维的诗学思想，以境界说为圭臬。所著《人间词话》，开篇即论"境界"："词以境界为最上。有境界则自成高格，自有名句。五代、北宋之词所以独绝者在此。"① 显然，"境界"被奉为评价诗词艺术及其价值的最高标准。举凡诗词有了境界，其高妙的格调与精彩的名句就会随之而生。故此，王国维断言："沧浪所谓'兴趣'，阮亭所谓'神韵'，犹不过道其面目，不若鄙人拈出'境界'二字，为探其本也。"② 我们知道，严羽（沧浪）所言"兴趣"，盖指盛唐诸人在诗中"吟咏情性"之时，注重诗歌的兴发感动作用，讲求"言有尽而意无穷"，所用形象或所写情景具有如下特点："羚羊挂角，无迹可求。故其妙处，透彻玲珑，不可凑泊，如空中之音，相中之色，水中之月，镜中之象"③。其中潜藏着以禅喻诗的用意，同时也包含着诗道妙悟或禅道妙悟的暗示，但终究是专论触景生情、委婉含蓄的诗歌创作手法（兴）与意趣盎然、情深旨远的诗歌艺术韵味（趣），同时也是对唐诗艺术特点的归纳和强调，以此来反衬和贬斥"以文字为诗，以才学为诗，以议论为诗"④ 的文坛时弊。

至于王士祯（阮亭）所谓"神韵"，是在严羽提出"诗之极致有一，曰入神"⑤ 等言说的影响下，先后有所论及。如在《池北偶谈》里，王士祯借用孔文谷之说，认为"诗以达性，然须清远为尚"。在进而讨论"清""远"与"清远兼之"的三种诗歌风格之后，认为三者"总其妙，在神韵矣"。⑥ 另在

---

① 王国维：《人间词话》，见姚淦铭、王燕编：《王国维文集》第一卷，北京：中国文史出版社，1997年，页141。
② 王国维：《人间词话》，见姚淦铭、王燕编：《王国维文集》第一卷，页143。
③ 严羽：《沧浪诗话》诗辩（五），北京：人民文学出版社，1983年，页26。
④ 严羽：《沧浪诗话》，页26。
⑤ 严羽：《沧浪诗话》，页8。
⑥ 转引自叶嘉莹：《王国维及其文学批评》，石家庄：河北教育出版社，1997年，页287。

《渔洋诗话》中，王士禛列举了一连串律句，认为其妙在于"神韵天然不可凑泊"①。比较而言，基于"清远"诗风的"神韵"说，盖指景物诗所抒发或表达的一种情思意趣使人有所感悟与体会；基于"神韵天然"的"神韵"说，"因其能由外在之景物，唤起一种微妙超绝的精神上之感兴，而写诗的人却只是提供了外在的景物，并不直接写出内心的感兴，于是便自然有一种含蕴不尽的情趣。如果从这种兴发感动的作用而言，则阮亭之所谓'神韵'与沧浪之所谓'兴趣'，实在颇有可以相通之处"。②不过，王士禛标举"神韵"，也是有感而发，虽有抑少陵而扬王孟之嫌，囿于清远冲淡而忽略飘逸豪放之偏，但终究看出当时文坛的主要弊端，试图以此来矫正明代前后七子复古风流失于肤廓之弊与公安派失于浅率之病。

那么，与上述两种诗论相比，王国维为何认为自己提出的"境界"说就高出一筹呢？就是"为探其本"呢？对于这两个问题，国内学界的看法颇多，大体上可归为三点。其一，一般认为"兴趣"与"神韵"两说各有偏重，不如"境界"一说具体而清楚。颇具代表性的说法是："沧浪之所谓'兴趣'，似偏重在感受作用本身之感发的活动；阮亭之所谓'神韵'，似偏重在由感兴所引起的言外之情趣；至于静安之所谓'境界'，则似偏重在所引发之感受在作品中具体之呈现。沧浪与阮亭所见者较为空灵，静安先生所见者较为质实。……沧浪及阮亭所标举的，都只是对于这种感发作用的模糊的体会，所以除了以极玄妙的禅家之妙悟为说外，仅能以一些缥悠恍惚的意象为喻，读者既对其真正之意旨难以掌握，因此他们二人的诗说，遂都滋生了许多流弊；至于静安先生，则其所体悟者，不仅较之前二人更为真切质实，而且对其所标举之'境界'，也有较明白而富于反省思考的诠释。"③其二，"境界"之所以为"本"，主要是因为其作为新的审美标准，要求"诗人在审美观照中客观重于主观，在艺术创作中再现重于表现，两者

---

① 转引自叶嘉莹：《王国维及其文学批评》，页288。
② 转引自叶嘉莹：《王国维及其文学批评》，页288—289。
③ 叶嘉莹：《王国维及其文学批评》，页296。

密不可分"。①具体说来,"境界"偏重于对某种客体之观照与"妙悟"所凝成的一幅生动而富意蕴的"图画"之再现,而诗人的情感意兴自在其中;"兴趣"则偏重于"妙悟"中某种"意兴"之"一唱三叹"的表现,其中也有"水月""镜象"般的"图画";"神韵"则偏重于某种"兴会"之缥缈的表现,其中的"图画"只在若隐若现之间。简而言之,后两者偏于主观表现,不讲"再现",往往"境""象"未曾立牢,辄欲高骞飞举,出神入化,故易变成"虚响",这才使王国维以"境界"取而代之。②其三,多数学者认为"兴趣"说与"神韵"说不像"境界"说那样深刻而准确,因为后者抓住了文学中"情"与"景"这两个"最具普遍性"的"原质",把"真感情"的审美表现与"真景物"的艺术形象视为"境界"的构成要素,并且进而将此两者"对立统一的关系"推演到"和谐化一、彼此不分"的程度。③

上述解释,有助于回答境界说"高出一筹"与"破旧立新"的问题,尚不能回答此说"为探其本"的问题。因为,在讲究情景交融和感悟体味的中国诗艺中,要区分或衡量客观与主观、再现与表现的差异或轻重,并非易事。再者,情、景作为文学的"二原质",在中国诗学发展史上属于常见的议题,"兴趣""神韵"与"境界"对此均有涉及和思考,只不过表述的方式和明晰的程度有别罢了。另外,王国维是大家公认的中西兼通的思想家与学者,其"境界"说的提出与论述,是中西诗学与美学思想资源会通创化的成果。如果仅限于用中国诗论传统来解释"境界"说,那显然是单向度的,不够全面的。譬如,王国维所用"境界"一词,较早见于 1904 年发表的《孔子之美育主义》一文,实则源自文德尔班《哲学史》转引席勒《美育书简》里的一段话。王国维据英译本将其译出:"谓审美之境界乃不关利害之境界,……审美之境界乃物质之境界与道德之境界之津梁也。"④在此,把"aesthetic state"译为"审美之境界"。其中所用"state"一词,是德文"*Staat*"一词的英

---

① 佛雏:《王国维诗学研究》,北京:北京大学出版社,1999 年,页 208。
② 佛雏:《王国维诗学研究》,页 235。
③ 聂振斌:《王国维美学思想述评》,沈阳:辽宁大学出版社,1997 年,页 154。
④ 王国维:《孔子之美育主义》,见姚淦铭、王燕编:《王国维文集》第三卷,页 156。

译，原本表示"状态""形态"或"国家"（故有人将其译为"王国"）。王国维将其引申为"境界"，是借用了中国诗论和佛教所用的这一特殊词语。此前，唐人王昌龄在《诗格》中谈到"意境"；清人刘熙载在《艺概》中论及"境界"，提出过"境界无尽"与"境界一新"等观点；王国维父亲王乃誉在《画衍》中论及创作，认为唯有"卓绝之行，好古之癖，乃能涉其境界，否是徒学无益也"[1]。不过，意义是人给的，对于特定概念来说，情况更是如此。在王国维这里，"境界"说"原是中学西学的一种'合璧'"。[2]因此，在中西跨文化的语境中，王国维赋予"境界"一词诸多新的含义，使其成为一个独立的美学概念，成为衡量诗文作品和评论诗人作家之本，即基本的美学标准。[3]在此意义上，境界说也可谓"旧瓶装新酒"的特定产物。

那么，境界成为衡量诗文作品和评论诗人作家的基本美学标准，是否可以说此乃"为探其本"的要义所在呢？我想恐怕还不能如此等同。因为，严羽标举"兴趣"，王士禛推崇"神韵"，不仅仅是总括盛唐诗歌的杰出特点或清远冲淡诗风的要妙所在，而且也是将各自学说奉为衡量相关诗文作品与评价相关诗人作家的基本美学标准，只不过此两说涉及范围较窄，限于盛唐诗歌与清远诗风的讨论，而境界说涉及范围较宽，关乎历代诗词佳作的生成。更要紧的是，我们既然承认王国维的境界说兼容着外来影响，是中西诗学或美学会通创化的结果，那么，以上阐述在很大程度上仅仅是立足于中国诗论传统的内部比较，并未真正追溯外来影响在创设"境界"一说过程中的具体作用。要知道，在王国维当时沉醉于"新学"（西学）的阶段，源自西方的"外来之概念"对其理论探索和思考的影响虽不能说举足轻重，但对理解"境界"说何以就是"为探其本"的问题，委实是不可跳过的重要环节。

---

[1] 转引自陈鸿祥：《王国维传》，北京：团结出版社，1998年，页146。
[2] 佛雏：《王国维诗学研究》，页208。
[3] 陈鸿祥：《王国维传》，页147。

2. "能观"之"观"的特征

那么，这个重要环节到底是什么呢？我们从王国维于1907年发表的《〈人间词〉乙稿序》中可以见出端倪。其云：

> 原夫文学之所以有意境者，以其能观也。出于观我者，意余于境。而出于观物者，境多于意。然非物无以见我，而观我之时，又自有我在。故二者常互相错综，能有所偏重，而不能有所偏废也。文学之工不工，亦视其意境之有无，与其深浅而已。①

这段话包含数层意思。其一，就审美对象而言，以诗词为代表的文学有没有意境或境界，就要看作品所表达的内容与形象能不能"观"；就审美主体而言，面对"能观"的意境，观赏者不仅要有审美的感知或敏悟能力，而且要有"超然于利害之外"的自由心境和无欲态度。所谓"美术之为物，欲者不观，观者不欲"②，与此不无关系。其二，以"观我"为主导的诗词作品，其情思意趣(意)的表现多于景色物态(景)的描绘，或者说其"情语"胜过"景语"，这方面的代表作家有欧阳修等人。其三，以"观物"为主导的诗词作品，其景色物态(景)的描绘多于情思意趣(意)的表现，或者说其"景语"胜过"情语"，这方面的代表作家有秦少游(秦观)等人。其四，物我虽然有别，但在文学创作过程中，两者是互动的，"观物"与"观我"是相互交错的，犹如"景语"与"情语"是相互转换的。只不过在不同的诗词作品中，在不同的时空背景下，此两者各有侧重，但绝不能有所偏废。其五，文学或诗词作品的好坏、格调的高低以及价值的多寡，均取决于意境或境界的

---

① 王国维：《〈人间词〉乙稿序》，见姚淦铭、王燕编：《王国维文集》第一卷，页176。
② 王国维：《〈红楼梦〉评论》，见姚淦铭、王燕编：《王国维文集》第一卷，页4。

有无及其深浅的程度。以上解释，我们虽然触及关键词"观"，但依然没有做出具体的说明。

那么，"观"到底所指何物？在《说文解字》中，释"观"为"谛视也"，意即细察、详审。所以，后有"常事曰视，非常曰观"之说。这里所谓的"观"，作为一种特定的方式，不同于一般的"视"或"看"（seeing or looking at），而是意味着仔细的、有目的的或针对性的观察或审视，《系辞》中所谓"仰则观象于天，俯则观法于地"，就含此意。在文学创作中，作者在"观物"或"观我"时，是带有情感与灵思的"观"，这就近似于西方所谓的"凝神观照"（contemplating），其中包含专注、凝思、品味、观赏等意。另外，宋儒邵雍曾经提出过多种观法，其中"以物观物"与"以我观物"影响最大。他认为"不以我观物者，以物观物之谓也。……以物观物，性也；以我观物，情也。性公而明，情偏而暗"①。看来，"以物观物"，是从物性细察详审物性，这样基于客观的事物本性就能搞清事物的本来面目。而"以我观物"，是从观者的情感好恶角度观察事物，这样基于主观的情感好恶就难以明白事理、了解真相。邵雍在《伊川击壤集》里，也曾将观物之法用于作诗，但主要因循的是宋代道学或理学的基本思路。因此，我以为上述偏于笼统简约的说法，虽然会对王国维产生某种启发作用，但不能真正解释王国维所言的"观"之本意。于是，我们还得进行概念追溯，并在对相关概念的二次反思过程中，逐步揭示所用概念的实质性内涵。在这里，我们可从王国维的《文学小言》中找到某些线索。如其所云：

> 文学中有二原质焉：曰景，曰情。前者以描写自然及人生之事实为主，后者则吾人对此种事实之精神的态度也。故前者客观的，后者主观的也；前者知识的，后者感情的也。自一方面言之，则必吾人之胸中洞然无物，而后其观物也深，而其体物也切；即客观的知识，实

---

① 邵雍：《皇极经世全书解·观物篇》，见北京大学哲学系美学教研室编：《中国美学史资料选编》下，北京：中华书局，1981年，页18。

与主观的情感为反比例。自他方面言之，则激烈之情感，亦得为直观之对象、文学之材料；而观物与其描写之也，亦有无限之快乐伴之。①

值得注意的是，王国维对构成文学诗词的"二原质"或基本要素重新予以界定，认为"景"是"以描写自然及人生之事实为主"，"情"是指"吾人对此种事实之精神的态度"。前者以客观摹写为要旨，后者以主观审视为特色；前者是对"自然及人生之事实"的认识或理解，后者是对"此种事实之精神"的体悟或感受。从一方面看，诗人如果胸无杂念，超然物表，怀有赤子之心，悬置旁牵他涉，就会对"自然及人生之事实"有通透的感悟和真切的体会，反之则不然，因此"客观的知识"与"主观的情感"成反比。从另一方面讲，激荡热烈的情感，作为"直观之对象、文学之材料"，也可以转化为"景"或"境"，这等于说"境非独谓景物也。喜怒哀乐，亦人心中之一境界"。② 有鉴于此，在文学或诗词创作过程中，"观物"与"描写"总会伴随着"无限之快乐"。当然，其中也会伴随着无限之苦痛，因为王国维深解尼采之言："一切文学，余爱以血书者。"③更何况一流的诗人词家尽管各自情况不一，但都程度不同地"俨有释迦、基督担荷人类罪恶之意"④。这些暂且不论，重要的是我们从这段话中找到了"观"的思想根源之一，那就是"直观之对象"一句中所用"直观"这一外来概念。

何谓"直观"？王国维在1905年撰写的《论新学语之输入》一文中，对此有过颇为详细的说明。即：

> "Idea"为"观念"，"Intuition"之为"直观"，……夫"intuition"者，谓吾心直觉五官之感觉，故听、嗅、尝、触，苟于五官之作用外加以心之作用，皆谓之"intuition"，不独目之所观而已。"观念"亦然。观

---

① 王国维：《文学小言》，见姚淦铭、王燕编：《王国维文集》第一卷，页25—26。
② 王国维：《人间词话》，见姚淦铭、王燕编：《王国维文集》第一卷，页143。
③ 王国维：《人间词话》，见姚淦铭、王燕编：《王国维文集》第一卷，页145。
④ 王国维：《人间词话》，见姚淦铭、王燕编：《王国维文集》第一卷，页145。

念者，谓直观之事物。其物既去，而其象留于心者，则但谓之直观，亦有未妥，然在原语亦有此病，不独自译语而已。"Intuition"之语，源出于拉丁之"in"及"tuitus"二语，"tuitus"者，观之意味也。盖观之作用于五官中为最要，故悉取由他官之知觉，而以其最要之名名之也；"Idea"之语，源出于希腊语之"Idea"及"Idein"，亦观之意也，以其源来自五官，故谓之观，以其所观之物既去而象尚存，故谓之念。或有谓之"想念"者，……其劣于观念也，审矣。①

由此看来，王国维所言的"观"，不仅与"直观"(intuition)有关，而且与"观念"(idea)相涉，此乃三者之间的共性使然。从拉丁语和希腊语的词源意义上讲，"直观"与"观念"均含有"观之意"，只不过"直观""不独目之所观"，除了眼睛观察之外，还有听、嗅、尝、触等其他感觉和心思的参与，所以是"五官之作用外加以心之作用"的结果。至于"观念"，则属于"直观之事物"或直观的对象，也是来源于五官的观察或心智的感知活动。之所以称其为"观念"，那是因为"所观之物既去而象尚存"。这就是说，观念是直观物象之后存留在心目中的念想、意象或形象。王国维有时将 idea 译为"实念"②，有时也将其译为"理念"③。现在，也有学者将其译为"理式"或"相"④。

据此，所谓"有意境者，以其能观也"这一断语，就等于说诗词有意境，主要在于能够通过五官和心思的"直观"而发现其中所表现出的艺术"观念"或"理念"。另外，构成"境界"的"真景物、真感情"，也正是"能观"(能够直观)的对象，是通过真切生动的艺术描写，将"所观之物既去而象尚存"的"观念"还原为眼前可观可赏的景象。因此，诗人词家要想取得

---

① 王国维：《论新学语之输入》，见姚淦铭、王燕编：《王国维文集》第三卷，页42。
② 王国维：《叔本华之哲学及其教育学说》，见姚淦铭、王燕编：《王国维文集》第三卷，页321。
③ 王国维：《汗德之知识论》，见姚淦铭、王燕编：《王国维文集》第三卷，页307。
④ 柏拉图：《文艺对话集》，北京：人民文学出版社，1980年；陈康：《论希腊哲学》，北京：商务印书馆，1990年。

"能观"的效果或感染力,就必须在创构和营造艺术"意境"或"境界"上多下功夫,在描写心意所感、耳目所触的"真景物、真感情"上多下功夫,以便使自己至少具备如下三种能力——"写情则沁人心脾,写景则在人耳目,述事则如其口出"。① 唯此,情景的"真"与"不真"、"隔"与"不隔"或"工"与"不工"之类的问题,便可迎刃而解了。

从跨文化参证法的角度来进行概念追溯,不难发现王国维所言的"能观",同叔本华的直观观念说和康德的审美观念说有着直接而密切的关系。从王国维的两篇《自序》里,我们得知他本人前后四次研读"汗德(康德)之书"。他从《纯理批判》(今译《纯粹理性批判》)入手,"兼及其伦理学及美学";因"苦其不可解",而"嗣读叔本华之书";后假道叔本华《意志及表象之世界》(今译《作为意志和表象的世界》)中《汗德哲学之批评》一篇,接通康德哲学;第四次再读其书时,方感"窒碍更少"。② 可见,王国维是深入研读过叔本华与康德的主要著作的,而且还专门撰写过相当数量的译介文章,其中篇幅较长、影响较大的有《叔本华与尼采》和《汗德之知识论》等。这里,我们不妨参照王国维对"观念"(idea)的上述译释,先从叔本华的直观观念(理念)论说起,随后再联系康德的审美观念(理念)论予以旁证。

3. 直观观念论的启示

叔本华的哲学体系基于两个主要命题:一是"世界作为表象"(The world as representation),二是"世界作为意志"(The world as will)。"意志"是"自在之物",是先验存在的,因此作为意志的世界是本原的。但意志本身可以客观化(objectification),其客观化发展到一定程度时,就会出现表象的世界及其所有现象,同时也会出现人类认识世界的基本形式。就"意

---

① 王国维:《宋元戏曲考》,见姚淦铭、王燕编:《王国维文集》第一卷,页389。
② 王国维:《静庵文集自序》(1905年),《自序》(1907年),见姚淦铭、王燕编:《王国维文集》第三卷,页469、471。

志"而言，它作为"自在之物"，是无法认识的，但可以直接客观化为"观念"（idea），间接客观化为"事物"（things），使人透过"事物"经由"观念"而去认识"意志"（will）的力量与作用。就"事物"而言，它们都只是同主体相关联的客体或表象。① 这表象可进而分为"直观的"（the intuitive）与"抽象的"（the abstract）两类。前者包括整个可见世界或全部经验，旁及经验所以可能的诸条件，可直接地加以直观；后者则指概念（concepts），可抽象地予以思维。②这样就随之引出两种认识形式：直观认识与理性认识。相比之下，直观永远是概念可近而不可即的极限。因为，有些人的心灵，只在直观认识到的[事物中]才有完全的满足，而理性认识的功能则是次一级的，所得出的概念有其消极作用，近似于镶嵌画中的碎片。尽管人类在好多事情上须借助理性和方法上的深思熟虑才能完成，但也有好些事情不应用理性反而完成得更好。譬如，当"意志"直接客观化为"观念"之时，就得依靠"直观"来体认和把握。叔本华所说的"观念"，不仅是人类认识的根本内容，而且在表象世界里作为"意志的直接而恰如其分的客观性"，是"唯一真正本质的东西"，是"世界各现象的真正内蕴"，是"不依赖一切关系""而在任何时候都以同等真实性而被认识的东西"。③这种对"观念"的直观认识，就是艺术，就是"天才的任务"。艺术复制着通过纯粹的凝神观照（pure contemplation）得以感悟的永恒观念（the eternal Ideas），即世界一切现象中本质而常住的要素。艺术的唯一源泉就是对观念的认识，其唯一目标就是传达这一认识。④如此一来，"观念"就成为"艺术的对象"，直观观念就成为"天才的任务"；与此同时，天才的考察方式也就成为"艺术上唯

---

① Arthur Schopenhauer, *The World as Will and Representation* (trans. E. F. J. Payne, USA: Dover Publication, 1996), p. 3. Also see Arthur Schopenhauer, *Die Welt als Wille und Vorstellung* (Zürich: Diogenes Verlag, 1977). 另参阅叔本华：《作为意志和表象的世界》，石冲白译，北京：商务印书馆，1982年，页25—26。
② Arthur Schopenhauer, *The World as Will and Representation*, p. 6. 另参阅叔本华：《作为意志和表象的世界》，页30。
③ Arthur Schopenhauer, *The World as Will and Representation*, p. 184. 另参阅叔本华：《作为意志和表象的世界》，页258。
④ 叔本华：《作为意志和表象的世界》，页258。

一有效而有益的考察方式"。①这一切都是天才的本性及其禀赋使然,因为天才具有"立足于纯粹直观地位的本领,在直观中遗忘自己,而使原来服务于意志的认识现能摆脱这种劳役,即是说完全抛开个人的利害、意欲和目的,并在一时之间完全取消自己的人格,以便使自己成为纯粹认识主体(pure knowing subject),成为明亮的世界之眼(the clear eye of the world)"。② 为了呈现这一直观认识过程,叔本华还特以欣赏自然美景为例详加说明:

> 丰富多彩的自然美景引人入胜,甚至让人流连忘返。每当自然美景一下子展开在我们眼前时,哪怕是短暂的瞬间,几乎总是能够抓住我们,让我们摆脱了主观性,摆脱了为意志服务的奴役而转入纯粹认识的状态。所以,一个为情欲、需求与忧虑所折磨的人,只要放怀一览大自然,也会在突然之间重新获得力量,重新变得欢欣鼓舞起来。这时,情欲的狂澜,欲望与恐惧的压迫,意愿引发的所有痛苦,都立刻以一种奇妙的方式平息下来。原来,我们在那一瞬间已摆脱了欲求而委身于纯粹的无意志的认识状态,我们就好像进入到另一个世界,在那儿,[日常]推动我们的意志因为强烈震撼我们的东西而不存在了。认识就这样获得自由,正如睡眠和做梦一样。幸福与不幸均已消逝,我们不再是那个体的人,而只是纯粹的认识主体,个体的人已经被遗忘了。我们只是作为那一世界之眼(the eye of the world)而存在,所有从事认识活动的生物都可以借用此眼,但是,唯有人类可以借用此眼而让自己完全从意志的驱使中解放出来。③

从叔本华的论述中不难看出如下几点:(1)所谓"纯粹的认识主体",就是指没有意志的(will-less)、不计利害的(disinterested)、超然物表的、

---

① 叔本华:《作为意志和表象的世界》,页259。
② Arthur Schopenhauer, *The World as Will and Representation*, 36, pp. 185–186.
③ Arthur Schopenhauer, *The World as Will and Representation*, 38, pp. 197–198. 另参阅叔本华:《作为意志和表象的世界》,页275—276。

只专注于"永恒观念"的主体。(2)所谓明亮的"世界之眼",就是指主体在抛却各种欲念和净化自我心灵之后,通过纯粹的凝神观照或直观来把握观念的特殊能力。叔本华有时也将其比作"世界内在本性的明镜"(the clear mirror of the inner nature of the world)或"直接观审的眼睛"(the perceiving eye)。(3)用此"世界之眼"直观对象的主体心境,是认识观念所要求的状况,是纯粹的凝神观照,是在直观中沉浸,是在客体中自失,是一切个体性的忘怀,是遵循充足理由律与只顾各种关系的那种认识的取消;而这时直观中的个别事物已上升为其种类的观念(the Idea of its species),从事这种认识之人已上升为不带意志的纯粹认识主体(the pure subject of will-less knowing),双方同时出现且不可分离,于是两者[分别]作为观念和纯粹认识主体也就不再居于时间之流和所有其他关系之中了。这样,人们或是从牢狱中,或是从王宫中观看日落,都是一样的。[1]另外,超出"时间之流"的纯粹认识主体,就等于摆脱了"生命意志"以及大限意识(死亡)的干扰,进入物我两忘的超然心境,可望在刹那间见千古、瞬刻间求永恒,获得一种类似于"一朝风月,万古长空"的自由体验。(4)上述直观过程,至少涉及两种不可分离的意识:其一是把直观对象未当作个别事物而是当作这类事物的观念或常住形式(persistent form),其二是把认识主体未当作个体而是当作纯粹的认识主体。(5)在此直观活动中,还涉及一种重要的中介因素,那就是"想象"(imagination)。叔本华认为,"想象"是天才的本质要素。天才直观的对象虽说是所有现象世界的永恒观念或常住形式,但几乎总是观念的不完善的摹本,因此需要借助非同寻常的想象作用,来弥补这方面的缺憾,以便超越自然实际所塑造的和展现在眼前的对象,并且使认识之人上升为不带意志的纯粹认识主体。故此,以想象为伴就成为天才称其为天才的一个条件。[2] (6)从艺术创作的角度讲,当通过直观而把握的观念具有

---

[1] Arthur Schopenhauer, *The World as Will and Representation*, 38, pp. 196-197. 另参阅叔本华:《作为意志和表象的世界》,页274—275。
[2] Arthur Schopenhauer, *The World as Will and Representation*, 36, pp. 186-187.

实践意义时,也就成了预期中的"理想的典型"(ideal)①,或者说是艺术创作中着意塑造的典型形象。

王国维深知,叔本华哲学的出发点在直观而不在概念,因为叔本华本人重直观而轻理性。王国维还发现,叔本华教育学说的核心也在直观,并"以直观为本",贯穿到智育、美育和德育等各个领域。在1904年发表的《叔本华之哲学及其教育学说》一文中,王国维在译介与总结的同时,也从比较的角度夹杂着自己的一些看法。这里不妨摘录几段,以便参证其思想渊源。其云:

> 若直观之知识,乃最确实之知识,而概念者,仅为知识之记忆传达之用,不能由此而得新知识。……[故]叔氏之哲学……其形而上学之系统,实本于一生之直观所得者,其言语之明晰,与材料之丰富,皆存于此。且彼之美学、伦理学中,亦重直观的知识,而谓于此二学中,概念的知识无效也。

> 叔氏谓直观者,乃一切真理之根本,唯直接间接与此相联络者,斯得为真理。而去直观愈近者,其理愈真,若有概念杂乎其间,则欲其不罹于虚妄难矣。

> 真正之知识,唯存于直观,即思索(比较概念之作用)时,亦不得不借想象之助,故抽象之思索,而无直观之根底者,如空中楼阁,终非实在之物也。

> 美术之知识全为直观之知识,而无概念杂乎其间,故叔氏之视美术也,尤重于科学。……美术之所表者,则非概念,又非个象,而以个象代表其物之一种之全体,即上所谓实念者是也,故在在得直观之。如

---

① Arthur Schopenhauer, *The World as Will and Representation*, 45, p. 222.

建筑、雕刻、图书、音乐等,皆呈于吾人之耳目者,唯诗歌(并戏剧小说言之)一道,虽借概念之助以唤起吾人之直观,然其价值全存于其能直观与否。诗之所以多用比兴者,其源全由于此也。①

可见,叔本华对直观的重视程度,远超其他所用概念,他甚至把直观与真知或真理等同了起来,这不仅表现在哲学与教育学领域,而且延展到伦理学和美学等领域。在上列引文最后一段中,所谓"个象",是指个别事物(the individual thing)在直观时所呈现出的表象;所谓"其物之一种之全体",是指此个别事物所属的全体种类(its whole species);所谓"图书",是指西方视觉艺术中的绘画(painting)。在原文中,叔本华在谈及美术的直观问题时,列举了"建筑、雕刻、绘画、诗歌与音乐"这五种艺术门类,"诗歌"列在"绘画"之后、"音乐"之前。但王国维特意将"诗歌"凸显出来,并联系中国诗论传统中的"比兴"说,断言诗歌"价值全存于其能直观与否",这很容易使人想起王国维对意境的界说:"原夫文学之所以有意境者,以其能观也。"实际上,从思想根源看,前一表述应是后一表述的雏形,而后一表述应是前一表述的凝练。无论怎么看,"其能直观"与"以其能观",可谓同义无别;以此来判定诗歌的价值或意境,在王国维看来算是抓住了根本。总之,叔本华论及艺术与审美时,对直观的重视与喻说,对其特殊功能的详述与诠释,的确对王国维的诗学思想产生了深远的影响。这不仅融贯在《人间词话》的"境界本于直观"一说里,同时也表露在其成果甚丰的文学评论或诗词创作中。譬如,在《〈红楼梦〉评论》中,王国维运用叔本华的唯意志论及其悲剧意识来解析《红楼梦》,同时还将喻示"直观"的"世界之眼"转换为"天眼",借此倡导"以开天眼而观之"的审视或鉴赏方法。② 在王国维自视甚高的词作中,也能看到包含"天眼"字样的诗句:

---

① 王国维:《叔本华之哲学及其教育学说》,见姚淦铭、王燕编:《王国维文集》第三卷,页324—330。
② 王国维:《〈红楼梦〉评论》,见姚淦铭、王燕编:《王国维文集》第一卷,页15。

"试上高峰窥皓月,偶开天眼觑红尘,可怜身是眼中人。"①这足以表明王国维对天眼直观的妙用不仅情有独钟,而且运作自如。

4. 审美观念论的影响

我们知道,叔本华哲学尽管吸取了婆罗门教、佛教和柏拉图的部分思想,但直接上承的是康德哲学,是在其基础上创构自己的理论体系的。上文所述叔本华的直观观念说,就与康德的审美观念说具有一定关联,特别是在强调直观认识作用方面,两者可以说是一脉相承。这一切对王国维的影响是相当深刻的,对境界论的发展是有推进作用的。

譬如,康德在《纯粹理性批判》开篇中就率先指出:一种知识不论以何种方式和通过什么手段与对象发生关系,都会无一例外地涉及直观。一切思维无论是直接地还是间接地借助于某些标志,最终都会与直观发生关系。这说明直观乃是获得所有知识的不二法门。但从认识论的角度出发,康德将直观分为两种,即经验直观(empirical intuition)与纯粹直观(pure intuition)。经验直观基于对象刺激主体时产生的感觉(sensation)或表象能力(faculty of representation),通过这种能力与对象发生直接关系而把握其现象(appearance),因此经验直观也被称之为感性直观(sensible intuition);纯粹直观基于理智(intellect)或知性(understanding),是以先验的方式领悟对象中不属于感觉范畴的纯粹形式,具有通过表象来认识对象和引出概念(如时空)的能力,因此也被称之为先验直观(a priori intuition)。② 康德还进而断言:我们的知识来自内心的两个基本来源,其中第一个是感受表象的能力,也就是对印象的接受性或直观,第二个是通过这些表象来认识一

---

① 王国维:《浣溪沙》(山寺微茫背夕曛),见姚淦铭、王燕编:《王国维文集》第一卷,页198。
② Immanuel Kant, *Critique of Pure Reason* (trans. Norman Kemp Smith, London: Macmillan Press Ltd., 1933), B34-35, pp.65-66; B74-75, p.92. 另参阅康德:《纯粹理性批判》,邓晓芒译,人民出版社,2004年,页25—26。

个对象的能力，也就是概念的自发性或概念。"所以，直观和概念是构成我们一切知识的要素，以至于概念没有以某种方式与之相应的直观，或直观没有概念，都不能产生知识。"①

对于直观与概念的关系，康德在《判断力批判》里还做了进一步的阐明。他认为就人类认识事物的可能性与现实性的能力而言，直观与概念这两种要素相互关联、不可或缺。因此，没有形象就无法思考，没有概念也就无法直观。换言之，没有直观的概念是空洞的（empty），没有概念的直观是盲目的（blind）。这种二元论存在于人类认识的根本条件之中，存在于我们区别事物的可能性和现实性的深层意识之中。② 那么，直观在康德的审美观念说中到底有何作用呢？我们不妨看看康德的这段论述：

> 观念有两类。其中一类与直观相关，所依据的是认识能力（想象力和知性）之间相互协和一致的单纯主观原则，此类观念称之为审美观念（aesthetic ideas）；另一类与概念相关，所依据的是客观原则，……此类观念称之为理性观念（rational ideas）……一个审美观念之所以不能成为知识，那是因为它是（想象力的）一种直观，而与这种直观相适应的概念是永远找不到的。……我们可以将审美观念称之为想象力的不能阐明的表象。……因此，天才也可以说是[展示]审美观念的能力（the ability to exhibit aesthetic ideas）。③

根据康德所述，感性直观可谓一种使对象直观化或形象化（visualization）的感觉能力（sensibility），"审美观念"就涉及这种感性直观。从词源学上讲，"审美"（aesthetic）一词本身就意味着"感性""感受"或"感觉"；"观

---

① Immanuel Kant, *Critique of Pure Reason*, B74-75, p. 92. 另参阅康德：《纯粹理性批判》，页 51。
② Ernest Cassirer, *An Essay on Man* (New Haven and London: Yale University Press, 26th printing, 1975), p. 56.
③ Immanuel Kant, *Critique of Judgment* (trans. Werner S. Pluhar, Illinois: Hackett Publishing Co., 1987), section 57, 342-344, pp. 214-217.

念"（idea）一词本身也具有"观之意味"，是"物既去而象尚存"令人"想念"的东西。由"审美"与"观念"两词组合而成的"审美观念"，是想象力的直观或表象结果，也可以说是借助想象力创造出来的感性形象。这类"审美观念"既无法找到与之适应或吻合的概念，也无法用语言阐明其中精微幽渺的意蕴，因此不能成为确定性的知识。要知道，对"审美观念"的判断本身是感性的，其决定性根基不在于"概念"（concept），而在于知性和想象力相互协调所产生的"感受"（feeling）。这种"感受"是内在的，在审美判断过程中通常表现为两种形态：一种是类属的，以（喜怒哀乐等）情感知觉意义上的先验共通感及其不证自明性为表征，是人们可以推而知之或达成共识的基础。另一种是个人的，以个体化的特殊性及其不可争辩性为表征，是因人而异的自我体验。这两种形态彼此交汇，相互作用，从而构成了"感受"的复杂性或多样性，甚至到了"只可意会，不可言传"的程度。另外，"审美观念"是由相关对象的审美属性引出的，可通过想象力的创造性和联想性功能，开拓出一个由诸多相关表象组成的"无限场域"（immeasurable field），以此来推动想象力去思索更多、更丰富、更深奥的东西。这样便使审美判断主体进入一种类似于"精骛八极，心游万仞"的自由想象境界。相应地，那些呼之即来、挥之即去的众多表象或观念，虽然彼此具有一定的相关性，但却无法从概念认知的角度予以把握，也无法用明晰的语言予以表述，故此也就不能成为逻辑或实证意义上的科学知识。不过，这些观念可以作为审美判断的对象，也可以作为天才展示的对象。前者经由感性直观而产生审美体验，后者通过想象创造而成就艺术作品。

  值得指出的是，在艺术实践领域，"审美观念"关系到艺术作品的"精神"（Geist or spirit），而"精神"则关系到艺术作品的优劣。在康德看来，一首文辞漂亮或韵律工整的诗歌，一个叙述精到而有条理的故事，一幅色彩华丽且构图精巧的绘画，都因为缺乏"精神"内涵而失色不少。[1] 康德对"精神"的强调，自然使人联想到王国维对"境界"的推崇，因为这两种因素

---

[1] Immanuel Kant, *Critique of Judgment*, section 49, p. 181.

分别决定着作品艺术价值或格调的高低。那么，我们又当如何理解康德所谓的"精神"呢？来看下列说法：

> 精神，在审美的意义上，就是指心灵中激发活力的原则（animating principle in the mind）。这一原则会赋予心灵以生命活力，会利用［作品的］素材来实现这一目的，也就是说，精神能以合目的性的方式将脑力功能置于动态之中，亦即置于一种游戏之中，这种游戏活动会自动地维持甚至加强那些旨在实现上述目的的诸脑力功能。
>
> 于是我认为，这个原则不是别的，正是那种把审美观念表现出来的能力；至于我所说的审美观念，就是指想象力的表象，这种表象能引起很多思考，但却没有任何确定的思想（也就是概念）能够恰如其分地代表它，因而也就没有任何语言能够充分地表达它或使它得到充分的理解。[1]

德语"精神"（*Geist*）一词包括"生命""气息""心灵"或"才智"等义。这里所谓的"精神"，主要是就艺术作品的精神性实质或内在生命力而言。康德将其视为一项原则或一种能力。作为一项原则，艺术"精神"能够振奋鼓舞心灵或激活心理机制，能使知性和想象力这两种脑力功能积极地运作起来，进入一种相互作用、协调一致和不断强化的游戏状态。这种游戏状态，代表一种比喻性的自由运作活动。正是在此活动中，主体的审美体验得以持续和深化。从艺术鉴赏的角度来看，真正能够实现这一目的的应当是具有真情实感的艺术形象及其动人心魄的艺术魅力。另外，作为一种能力，艺术"精神"能够"把审美观念表现出来"，这实际上是指天才艺术家"展示审美观念"的聪明才智，也就是艺术家用来创造出另一个自然或人工

---

[1] Immanuel Kant, *Critique of Judgment*, section 49, 313-314, pp. 181-183. Immanuel Kant, *Critique of the Powers of Judgment* (trans. Paul Guyer, Cambridge: Cambridge University Press, 2000), section 49, p. 192. 另参阅康德：《判断力批判》，邓晓芒译，北京：人民出版社，2002年，页158。

艺术作品的"富有想象力的才能"（a talent of the imagination）。正是凭借这种才能，天才艺术家把不可见的理性观念转化为可见可感的审美观念，也就是把诸如天国之福、地狱之祸、永生、创世等理性观念予以感性化，把死亡、嫉妒、仇恨、爱情等抽象概念予以具体化，使其转化为直观可感的艺术形象或审美观念。这里所说的"审美观念"如前所述，既是感性直观的对象，也是想象力的表象，虽能引起许多思考，但却无法用确定的思想或概念予以表达。这等于说，"审美观念"的丰富内涵无确定性可言，因此在客观上形成了开放的结构，致使任何语言都不能将其完全阐明或彰显出来。对于中国学者来讲，这很容易使人联想起"无以言表"或"言有尽而意无穷"之说。不难设想，研读康德美学的王国维，也不会忽略这一点。他在谈境界的审美特征时，不也特意强调"言外有无穷之意"吗？这虽说是受中国传统诗论的影响，但他能从康德那里得到旁证，不也有助于坚定自己旧说新解的学术立场吗？

综上所述，直观或直觉这种人类特有的认识能力，原本是指心灵的天生能力，它无须先行的推理、分析或讨论，便能通过瞬间的洞察来认识普遍中的特殊事物，从中直接领悟其真理的要旨。通常，感性直观是指可感对象在心灵中的直接呈现或形象化呈现，理智直观代表理性主义传统中所主张的理性识见这一重要官能，借此可以领悟或把握共相、概念、自明真理以及诸如上帝与不朽等一系列无法言表的对象。在康德那里，感性直观与理智直观的分别如同直观认识与抽象认识的分别一样，均未明确厘清，彼此之间的关系经常给人一种"剪不断理还乱"的印象。这主要是因为康德将直观视为一类经验，在这类经验中，感觉和思想、个别和普遍的通常对立被克服了。也就是说，在经验性的直观认识活动中，尤其是在瞬间的洞察或领悟过程中，感性与理智在想象力和知性的自由游戏中进入互动渗融的状态了。此时，作为直观对象的"审美观念"，无论是凝结在艺术作品中，还是表现在自然景象中，都会伴随着"想象力"的自由创造作用或"知性"的敏悟洞察能力，呈现出特有的艺术"精神"及其内在意蕴，昭示出合目的性以及合规律性的审美形式，凸显出任何言说都无法道尽的开放结构。按照康德的先验逻辑，人们大多通过感性直观来透视审美观念，通过直接体悟来把握内在精神，通过直观与概念的互动交合来认识现象世界的本质特征，通过想象力与知性的自由游戏来参与审美判断或审美体验的心理过程。

比较而言，叔本华对"直观"认识的阐释与强调，与康德的有关说法颇为相似，① 但在对待"审美观念"问题上，却是同中有异。所谓其同，主要是他们都把"审美观念"当作感性直观的对象，都认为这种直观离不开想象力的辅助。所谓其异，主要是叔本华将观念视为意志本体的客观化结果，是通过外在表象来认识意志本体的中介环节；而康德则把观念看作"想象力的无法阐明的表象"，并且将其分为感性的审美观念和抽象的理性观念两大类别，进而还因循了经院哲学一再倡导的三种观念形态，即灵魂、宇宙与上帝。② 对此，王国维在谈到康德认识论时也有过评说，认为它们是"无限制之物之代表，虽不能为知识之对象，然吾人不能不思之，于是形而上学遂陷于先天的幻影中"③。不过，对于这位哲人，王国维知解甚深，随之又指出：康德视灵魂（不朽）为"自由之原因"，视"宇宙"（时空）为"观物之形式"，视"上帝"为"实现理想之自由力"。此三者在纯粹理性看来为虚妄，但在实践理性看来为真实。因为，康德强调宗教与道德务必合一，"以纯粹理性附属于实践理性，故意志之自由、灵魂之不死、上帝之存在，

---

① 事实上，叔本华本人尽管对康德哲学的含混性、晦涩性、不确定性及其喜好玩弄概念游戏的论述方式进行了严厉的批评，但却直言不讳地承认自己是以康德的思路为前提或出发点的。他在《康德哲学批判》这一附录中坦言："我的思路尽管在内容上是如此不同于康德的思路，但显然是在康德思路的深刻影响之下，必然以康德思路为前提，并由此出发的；并且我还要坦白地承认：在我自己论述中的最佳部分，仅次于这直观世界的印象，这一切我都要感谢康德的著作所给的印象，也要感谢印度教神圣典籍和柏拉图对话集所给的印象。"参阅叔本华：《作为意志和表象的世界》，页567。
② 叔本华因此而讥笑康德。其曰："按他［康德］那一套达到一切智慧的最高超的引线，也就是[他的]匀整性。……'理性理念'也是由于应用推理于范畴之上而产生的；而应用推理于范畴之上这一业务，却是由理性按它[用以]寻求所谓绝对的原理来完成的。关系这一[类]的三个范畴提供从[大小]前提到结论的三种可能类型，结论又随之也为三种，其中每一种都要看作理性从而孵出一个理念的蛋，即是说，从定言推理孵出灵魂的理念，从假定推理孵出宇宙的理念，从选言推理孵出上帝的理念。"参阅叔本华：《作为意志和表象的世界》，页586—587。
③ 王国维：《汗德之知识论》，见姚淦铭、王燕编：《王国维文集》第三卷，页307。

吾人始得而确信之也"。①另外，在王国维最为称赞的西方哲学家中，主要以叔本华和康德为代表，故此仅撰有这两者的"像赞"。他认为康德其人"观外于空，观内于时；诸果粲然，厥因之随"②。这里所谓的"观"，似乎可以理解为洞察空间时间或宇宙万物的直观认识方法。据此获得的伟大而辉煌的思想成果，正是众多贤哲追随或研究康德的原因所在。由此看来，康德提出的这种基于直观认识和关乎艺术精神的审美观念说，对于王国维的境界说所产生的影响是可想而知的。

5. "为探其本"的深层意味

本文从"境界"决于"以其能观"一说入手，结合"固有之材料"和"外来之概念"，对"能观"与"直观"的认识特征及其思想来源进行了追溯与比较。那么，境界说"为探其本"的要义到底何在呢？若参照叔本华的思路，"境界"可以说是本于直观或静观外在表象的"观念"，继而认识内在的"生命意志"这一本体。若追随康德的思路，"境界"可以说是本于感性直观的"审美观念"，继而体认艺术的"精神"。但王国维绝非食洋不化或食古不化的庸才，而是立意创化(creative transformation)、"凿空而道"的理论家。故此，按照我们目前的理解，王氏所谓"境界"，应当是本于直观宇宙人生之真谛。这便是境界说"为探其本"的深层意味，也是其目的性追求。需要说明的是，这"直观"，是指诗性直觉与诗性灵思的融会贯通能力，是由感性、知性、想象或迁想妙得的灵思等质素综合而成的一种洞察敏悟能力(power of insightful percipience)；这"宇宙"，是指一定历史时空背景下的大千世界；这"人生"，是指蕴含七情六欲的人类生存状况；这"真谛"，是指

---

① 王国维：《汗德之伦理学及宗教学》，见姚淦铭、王燕编：《王国维文集》第三卷，页310—311。
② 王国维：《汗德像赞》，见姚淦铭、王燕编：《王国维文集》第三卷，页292。

真正的意义、真实的情景或内在的本质。当然，通过艺术境界来直观宇宙人生之真谛，不只是为了满足人们的好奇心与审美快感，更是为了让人们在获得思想启迪的同时探求自己的安身立命之道。

那么，境界本于直观宇宙人生之真谛的说法，到底有何根据呢？我们不妨从以下四个方面予以佐证。其一，从王国维的天性与兴趣来看，他生来体弱且性情忧郁，对宇宙人生问题甚为关注且极其敏感。譬如，他在《自序》中坦言自己"体素羸弱，性复忧郁，人生之问题，日往复于吾前。自是始决从事于哲学"①。可见，王国维开始主动研究哲学的动力或动机，是出自思索和解决人生问题的内在需要与心理情结。于是，"时人间方究哲学，静观人生哀乐，感慨系之。而《甲稿》词'人间'字凡十余见，故以名其词"②。这里所谓"人间"，是王国维自己启用的别号，其意表示人世间、人间世或人类生存活动的世界或场所，实际上也可看作"宇宙人生"的简要别称。王国维用此别号，不仅表明他所关注的对象，而且意指人类及其个人的生存状况，同时也暗含诗人为人类代言的特殊使命。在这段时间里，他专门探究人生哲学问题，静观人生的喜怒哀乐，并且有感而发，填词良多，于1906年4月选其61阕发表于《世界教育》（总第123号），名为《人间词甲稿》。其中"人间"一词使用频率甚高，多达10余处。1907年10月，他又选出词作43阕，刊于《世界教育》（总第161号），名为《人间词乙稿》。1921年，他自编《观堂集林》时，又将其词作分为两集，分别名为《苕华词》与《观堂长短句》。在《王国维遗书》中，《苕华词》集92阕，《观堂长短句》集23阕，共计115阕，通称《人间词》。据笔者初步统计，《人间词》前后两集共使用"人间"一词多达37次。依照相关语境来看，"人间"意指甚广，有表示叹世或喻世的，如"人间哀乐，者般零碎，一样飘零"③；"说

---

① 王国维：《自序》（一），见姚淦铭、王燕编：《王国维文集》第三卷，页471。
② 陈鸿祥：《王国维传》，页138。
③ 王国维：《水龙吟》，参阅《人间词·苕华词》，见姚淦铭、王燕编：《王国维文集》第一卷，页214。

与江潮应不至,潮落潮生,几换人间世"①;"谁道人间秋已尽,衰柳毵毵,尚弄鹅黄影。落日疏林光炯炯,不辞立尽西楼暝"②;等等。也有表示悦世或游世的,如"朝朝含笑复含颦,人间相媚争如许"③;"绣衾初展,……不尽灯前欢语。人间岁岁似今宵,便胜却,貂蝉无数"④;"天公倍放月婵娟,人间解与春游冶"⑤;等等。还有表示疑世、警世或醒世的,如"千门万户是耶非,人间总是堪疑处"⑥;"最是人间留不住,朱颜辞镜花辞树"⑦;"一霎新欢千万种,人间今夜浑如梦"⑧;"蓦然深省,起踏中庭千个影。依尽人间,一梦钧天只惘然"⑨;等等。值得指出的是,王国维在词作中所描写的"人间",有时是将自己的感受和体验(特殊)转化为广义或普世的东西(普遍)。总之,"人生哀乐"或"宇宙人生之问题",确是王国维词作中反复吟诵的主题,同时也是其词话或哲学随笔中经常探索的对象。无论是在《人间词话》里,还是在《〈红楼梦〉评论》《论近年之学术界》《人间嗜好之研究》和《叔本华之哲学及其教育学说》等文中,他对宇宙人生之本质的追索精神以及对宇宙人生之问题的忧患意识,都表现得淋漓尽致。

其二,从王国维对哲学与诗歌的态度来看,如何纾解宇宙人生难题是其深感彷徨和忧心的主因。王国维在遭受"可信而不能爱""可爱而不能信"的困惑与烦恼之时,曾游离往复于哲学与诗歌之间,并且发出过这样的叹喟:"欲为哲学家则感情苦多,而知力苦寡;欲为诗人,则又苦感情寡而理性多。诗歌乎?哲学乎?他日以何者终吾身,所不敢知,抑在二者之间乎?"⑩因此,他在"由哲学而移于文学"时,曾毅然决然地漫步于"西风林

---

① 王国维:《蝶恋花》,见姚淦铭、王燕编:《王国维文集》第一卷,页212。
② 王国维:《蝶恋花》,见姚淦铭、王燕编:《王国维文集》第一卷,页191。
③ 王国维:《踏莎行》,见姚淦铭、王燕编:《王国维文集》第一卷,页194。
④ 王国维:《鹊桥仙》,见姚淦铭、王燕编:《王国维文集》第一卷,页200。
⑤ 王国维:《踏莎行》,见姚淦铭、王燕编:《王国维文集》第一卷,页206。
⑥ 王国维:《鹧鸪天》,见姚淦铭、王燕编:《王国维文集》第一卷,页201。
⑦ 王国维:《蝶恋花》,见姚淦铭、王燕编:《王国维文集》第一卷,页196。
⑧ 王国维:《蝶恋花》,见姚淦铭、王燕编:《王国维文集》第一卷,页220。
⑨ 王国维:《减字木兰花》,见姚淦铭、王燕编:《王国维文集》第一卷,页201。
⑩ 王国维:《自序》(二),见姚淦铭、王燕编:《王国维文集》第三卷,页473。

下，夕阳水际，独自寻诗去"。①但实际上，他本人并未因此而摆脱萦绕于心的宇宙人生难题，而是在文学研究与诗词创作中兼顾诗歌与哲学的融合，借以缓解自己思想情感以及学术兴致所遇到的烦恼。因为，他深知诗歌与哲学，都与宇宙人生难题有着不解之缘。如他所言："诗歌者，描写人生者也……今更广之曰'描写自然及人生'，可乎？然人类之兴味，实先人生，而后自然。故纯粹之模山范水，流连光景之作，自建安以前，殆未之见。而诗歌之题目，皆以描写自己深邃之感情为主。其写景物也，亦必以自己深邃之感情为之素地，而始得于特别之境遇中，用特别之眼观之。……诗之为道，既以描写人生为事，而人生者，非孤立之生活，而在家族、国家及社会中之生活也。"②至于哲学，王国维更是将思考宇宙人生难题视为其要务或天职。他以叔本华哲学为例，强调其"所以凌轹古今者，其渊源实存于此。彼此以天才之眼，观宇宙人生之事实，……然其所以构成彼之伟大之哲学系统者，非此等经典及哲学，而人人耳中目中之宇宙人生即是也"。③

其三，从王国维将诗歌与哲学等同的立场来看，宇宙人生难题在本质意义上是这两者的共性所在。在这方面，王国维既受到来自中国的影响（如老庄哲学与诗赋词曲），也受到来自外国的影响（如西方哲学与日本思想）。譬如，王国维本人译介过诸多西方思想家的名著，同时也翻译过一些日本思想家的作品，其中就包括桑木《哲学概论》的部分章节，有些段落是专论诗歌与哲学之异同的。如："抑诗歌者，就其广义言之，乃人就天地自然之风景，或人事之曲折波澜等，而以美妙之文，叙述其所感想、经验者也。通常分为三种：叙事、抒情、剧诗，人人之所知也。其中特如抒情诗，以述作者之感慨为主，一路直观，蓦然吐露诗人之对人生世界之观念。其思想之幽玄深邃，尤与大哲人之所辛苦思索者符合。……故天地大

---

① 王国维：《青玉案》，参阅《人间词·苕华词》，见姚淦铭、王燕编：《王国维文集》第一卷，页198—199。
② 王国维：《屈子文学之精神》，见姚淦铭、王燕编：《王国维文集》第一卷，页30—31。
③ 王国维：《叔本华之哲学及其教育学说》，见姚淦铭、王燕编：《王国维文集》第三卷，页325。

宇宙，哲学者小宇宙也。……哲学者于此，可谓与大诗人。其揆一也。"①王国维翻译此段文字，显然欣赏其中所陈的观点立场。其后，于《奏定经学科大学文学科大学章程书后》中，他在上述论说的基础上明确提出了自己的看法："特如文学中之诗歌一门，尤与哲学有同一之性质；其所欲解释者，皆宇宙人生上根本之问题，不过其解释之方法，一直观的，一思考的；一顿悟的，一合理的耳。"②

其四，从王国维对"诗人之境界"的相关论述来看，宇宙人生难题及其真谛似乎只有诗人才能洞透、表达和传布。如他所言："诗人之境界，惟诗人能感之而能写之，故读其诗者，亦高举远慕，有遗世之意。而亦有得有不得，且得之者亦各有深浅焉。若夫悲欢离合、羁旅行役之感，常人皆能感之，而惟诗人能写之。故其入于人者至深，而行于世也尤广。"③这一方面表明诗人是天才，是人类的代言人，是敏悟的思想家或哲学家；另一方面也表明"生于忧患，死于安乐"的意识，在诗人身上表现得尤为突出。王国维为此举例说，"我瞻四方，蹙蹙靡所骋"与"昨夜西风凋碧树，独上高楼，望尽天涯路"之类的诗句词行，就包含着诗人浓厚的"忧生"意识与发人深省的追思；而"终日驰车走，不见所问津"与"百草千花寒食路，香车系在谁家树"之类的具体写照，则表达的是诗人深切的"忧世"意识与不平则鸣的叹喟。④另外，王国维还从创作的角度，对诗人提出了这样的建议："诗人对宇宙人生，须入乎其内，又须出乎其外。入乎其内，故能写之。出乎其外，故能观之。入乎其内，故有生气。出乎其外，故有高致。"⑤这实际上是在介绍如何感悟和创造"诗人之境界"的方法与经验。

从以上所述可以推断，"为探其本"的境界说，其深层意味并非囿于其

---

① 桑木：《哲学概论》（第2章第6节），见佛雏：《王国维哲学译稿研究》，北京：社会科学文献出版社，2006年，页11—14。
② 王国维：《奏定经学科大学文学科大学章程书后》，见姚淦铭、王燕编：《王国维文集》第三卷，页72。
③ 王国维：《〈人间词话〉附录》第十六则，见姚淦铭、王燕编：《王国维文集》第一卷，页173。
④ 王国维：《人间词话》第六十则，见姚淦铭、王燕编：《王国维文集》第一卷，页147。
⑤ 王国维：《人间词话》第六十则，见姚淦铭、王燕编：《王国维文集》第一卷，页155。

作为"根本性的诗词艺术法则"或"衡量诗文作品与评论诗人作家的基本美学标准",而是在于直观宇宙人生之真谛。至于境界说的目的性追求,一方面是指诗人基于真景物、真感情的诗性直观和灵思,能洞察宇宙人生之真谛,能以真切生动的方式将其表现在形象化的艺术境界之中;另一方面是指这种艺术境界能以不隔能观的方式,引发鉴赏者的共鸣、反思与觉解,进而使其养成一种良好的审美趣味,找到一条应对人生哀乐的可能途径。据此,我们也可以将王国维的诗学视为宇宙人生论诗学,或者干脆简称为人生论诗学。因为,从王国维所思所感所写的内容来看,"宇宙人生"的落脚点主要是在"人生"之上,也就是把"人生"放在"宇宙"的多维时空背景下及其历史文化意识中予以凝照追思罢了。

十一　鲁迅的摩罗式崇高诗学[①]

《摩罗诗力说》(1907年)是鲁迅早期诗学的代表作。这篇在人类精神发展中探索救亡图存和改造国民性方略的诗论，既是鲁迅浪漫主义诗学与文学创作的出发点，也是充满民主革命热情、追求人本主义理想、号召思想革命的战斗檄文；既倡导"立意在反抗，旨归在动作"的摩罗诗派精神，也呼吁"自觉勇猛、发扬精进"的"精神界之战士"。从历史的语境看，此文融鲁迅的艺术创作思想与启蒙主义热情为一体，在诗学与政治的经纬坐标上，达到了合规律性与合目的性的相对统一，在中国诗学从古典式和谐向摩罗式崇高转型的过程中，具有破旧立新的先导作用和标志意义。

1.《摩罗诗力说》的历史地位

1906年，鲁迅弃医从文[②]，返回东京，开始参与革命派和改良派的论

[①] 此文原用中文撰写，刊于《鲁迅研究月刊》2005年第3期。作者后来应邀将其译成英文，刊于《复旦大学学报》(英文版)2007年8月号。
[②] 一般说来，早期的鲁迅受当时社会思潮与个人理想抱负的影响，在专业学习与职业选择上有过"三弃三从"的特殊经历。首先是出于强国报国的目的对"船坚炮利"发生兴趣，于1898年5月入南京江南水师学堂学习军事。后因对教学与师资等条件深感失望，故决定弃军从理，于1899年1月转入南京矿务铁路学堂专事理工科目，于1902年1月毕业。毕业后不久，又决定弃理从医，立志学好医术，医治像他父亲那样被"名医"耽误了的病人(见《〈呐喊〉自序》，1923年)。据林毓生考察，激发鲁迅学医的因素是多方面的，其中就包括鲁迅少时因不愉快的"牙痛事件"而对中医理论所产生的怀疑态度。"十四五岁时，他患牙痛。中医不但不能治好，有关的理论还使鲁迅感到侮辱。按照中医的理论，牙齿与肾有关，肾属男子生殖系统。所以牙痛便是'阴亏'，

战。1907年以文言文撰写了四篇论文[①]，先后发表在河南籍留日学生创办的《河南》月刊上。1908年2—3月连载于《河南》月刊第二号和第三号的

是由于'不自爱'，自己说出来便是不害臊。从此鲁迅便不提牙痛。他曾告诉孙伏园，这也是他决定学医的一个原因。"（见孙伏园：《鲁迅先生二三事》，页66—67；鲁迅：《从胡须说到牙齿》，转引自林毓生：《鲁迅的复杂意识》，见乐黛云编：《国外鲁迅研究论集》，北京：北京大学出版社，1981年，页44注释1）当然，另外一个重要动因是：鲁迅知道日本维新大半发端于西方医学，借医学促进国人对新思潮的信仰。（见唐弢：《读后书怀：读细野浩二〈鲁迅的境界——追溯鲁迅留学日本的经历〉》，引自唐弢：《鲁迅的美学思想》，北京：人民文学出版社，1984年，页260—261）。其次，还有一个社会性的原因，那就是鲁迅想通过学习西医来救治中国女人缠脚的陋习（许寿裳：《我所认识的鲁迅》）。为了学医，鲁迅于1902年东渡日本，先在东京弘文学院学习日语两年（1902—1904年），后到仙台医学专门学校学医近三年（1904—1906年）。1906年有感于"幻灯事件"（见《〈呐喊〉自序》），决定弃医从文，当年返回东京，投身于革命派和改良派论战，历时三载（1906—1909年），直到回国（1909年）。关于鲁迅从文的主要动机，一般是以《〈呐喊〉自序》为依据，溯源至哀其不幸、怒其不争的文化刺激说。如他所言："我便觉得医学并非一件紧要事，凡是愚弱的国民，即使体格如何健全，如何茁壮，也只能做毫无意义的示众的材料和看客，病死多少是不必以为不幸的。所以我们的第一要著，是在改变他们的精神，而善于改变精神的是，我那时以为要推文艺，于是想提倡文艺运动了。"（见《呐喊》自序）其实，鲁迅弃医从文绝非偶然。他本人早期就爱好文艺，关注人性的启蒙。譬如，(1)终身爱好镌刻艺术。童年和少年时爱好描摹传统木刻和石版书籍，17岁写《戛剑生杂记》，19、20岁时写《别诸弟》和《惜花》等散文和诗（见周作人：《鲁迅的故事》）。(2)对文学的特殊偏好。1903年翻译法国作家凡尔纳的科幻小说《月界旅行》和《地界旅行》（东京进化社，收入《鲁迅译文集》1卷）。(3)对政治和国民性的极大关注。许寿裳回忆说，1902年在东京弘文学院与鲁迅初识时，发现鲁迅最关心的问题是：怎样才是最理想的人性？中国国民性中最缺乏的是什么？它的病根何在？在讨论中，鲁迅认为他发现中国国民性中最缺乏的是"诚和爱"，"换句话说，便是深中了诈伪、无耻和猜疑相贼的毛病"。（见许寿裳：《我所认识的鲁迅》）(4)受国内学者的影响。特别是受严复（《天演论》）所宣扬的进化论和梁启超（《论小说与群治之关系》）所标举的"小说界革命"思潮的影响。(5)受外国学者的启发。特别是受日本学者，如《拜伦：文艺界的大魔王》作者木村鹰太郎等人的文艺革新思潮的影响。木村认为当时日本的时代特征是：软弱无力之文学家为数甚多；自称天才、冒牌文人众多；阿谀、逸佚、伪善、嫉妒、中伤盛行；社会万般事物停滞、人类腐败；需要拜伦的叛逆精神来拨乱反正，促进文艺健康发展。（见北冈正子：《〈摩罗诗力说〉材源考》，何乃英译，北京：北京师范大学出版社1983年，页5）我个人以为，鲁迅弃医从文貌似偶然，实属必然，上述这些原因正是构成这一必然抉择的基本要素。

[①] 这四篇论文包括：(1)《人之历史》，原题为《人间的历史》，最先发表于1907年12月《河南》月刊第一号。1926年由作者编入杂文集《坟》时，改题为《人之历史》。这是鲁迅最早介绍西方生物进化学说的一篇论文。该文比较系统地解释了德国生物学家海克尔（Ernst Haeckel，1834—1919）的一元论种系发生学，同时也简述了拉马克（Jean de Lamarck，1744—1829）和达尔文（Charles Darwin，1809—1882）等人有关生物进化论的一些重要内容。从中可以看出鲁迅早期的思想基础。(2)《科学史教篇》，作于1907年，最初发表于1908年6月《河南》月刊第五号，署名令飞。这是鲁迅早期论述西方自然科学发展史的一篇重要论文。文中肯定了自然科学家在历史上的进步作用，揭示了科学对近现代人类文明发展的推动作用，论述了基础理论和应用科学

《摩罗诗力说》，署名令飞，是鲁迅早期浪漫主义诗学的代表作。

《摩罗诗力说》的基本主旨是以进化论为理论基础，以摩罗诗派为美学导向，以文学革命为运作手段，以启蒙新民、改良社会为终极目的。为此，作者逐一分析中外几大文明古国"灿烂于古，萧瑟于今"的主要原因，否定了文化复古派保守、静止、倒退的世界观，揭露了洋务派崇实（实利器物）轻神（精神思想）的片面性及其重外（文明表象）轻内（文明实质）的救国论，批判了阻滞文艺发展、扼杀天才个性的孔孟儒家的"无邪"诗教，强调了艺术教育在人生中的必要性和重要性，阐明了诗歌要打破"无浊之平和"，发扬"反抗挑战"的作用，总结了摩罗派诗人刚健不挠、抱诚守真等共同特点，标举出拜伦的"摩罗式"叛逆精神及其浪漫主义风格，最后热切盼望通过"别求新声于异邦"，使中国能涌现出像拜伦、雪莱一样的"精神界之战士"，发出文学革命的"先觉之声"，以"破中国之萧条"，开辟中国的文艺革命之道。

若从1906年弃医从文算起，直到1936年逝世，鲁迅在这条战线上披荆斩棘，前后奋斗了30余年。纵观鲁迅的后半生，无论其浪漫主义诗学思想、审美追求、艺术创作，还是其革命民主主义政治理想、人道主义哲学理念，都在很大程度上发轫于《摩罗诗力说》。诚如国内外研究鲁迅的学者所言：

> 可以说，《摩罗诗力说》最充分地体现出鲁迅的文学观。这篇文章在俄国和东欧被压迫民族的诗人中间，找到了英国被称为摩罗派诗人拜伦的谱系，其内容超出所谓批评与介绍之上。这篇在人类精神发展

之间的关系。其意在于抨击当时国内那些抱残守缺、主张复古倒退的顽固派。（3）《文化偏至论》，作于1907年，最初发表于1908年8月《河南》月刊第七号，署名迅行。此文的要旨是"掊物质而张灵明，任个人而排众数"，在提倡精神自由和个性发展的同时，指陈资产阶级文化的偏颇性，批评那些华而不实、虚伪欺骗、"竞言武事"的洋务派，称他们为"轻才小慧之徒"。对于那些留学国外、热衷于洋务运动的人士，鲁迅无情地揭露了他们的浅薄与自欺欺人的行径，说他们"近不知中国之情，远复不察欧美之实，以所拾尘芥，罗列人前，谓钩爪锯牙，为国家首事，又引文明之语，用以自文"。（4）《摩罗诗力说》。

中求得救国救民方策的诗论，是鲁迅文学的出发点。①

《摩罗诗力说》是一篇号召思想革命的檄文，以鲜明的色彩和激扬的情调，反映了辛亥革命以前革命民主主义最先进的水平。当鲁迅高呼"今索诸中国，为精神界之战士者安在"的时候，作为理想的书写和追求，美学便成为他直接触及的对象："有作至诚之声，致吾人于善美刚健者乎？有作温煦之声，援吾人出于荒寒者乎？"没有理由可以怀疑鲁迅的自觉的政治热情和强烈的战斗要求，社会改革和艺术创造在他的思想里是水乳交融地结合在一起的。②

如果从20世纪中国文论发展与流变的历史整体来看，我们将会发现，《摩罗诗力说》的重要意义及其历史地位，还表现在审美文化的破旧立新之诸多方面，如张扬个性，提倡浪漫主义文学；反抗传统，标举摩罗式理想人格；倡导悲壮风格，走向摩罗式崇高型诗学；推行文艺启蒙运动，期待"第二次维新"，坚持艺术创作的合规律性与合目的性的相对统一；"别求新声于异邦"，开拿来主义之风，行中西会通之实；等等。总之，无论是对鲁迅本人的诗学思想与艺术创作实践来说，还是对20世纪中国文论或诗学、美学的转型来说，《摩罗诗力说》所产生的积极推动作用，是不可低估的。凡此种种，我们有必要做进一步的说明。

2. 摩罗诗派与摩罗的寓意

所谓"摩罗诗派"，主要是指以拜伦为首、遍及欧洲的浪漫主义诗歌流派。拜伦下启英国的雪莱，俄国的普希金和莱蒙托夫，波兰的密茨凯维支、斯洛伐斯基和克拉辛斯基，以及匈牙利的裴多菲等著名诗人。"摩罗"

---

① 北冈正子：《〈摩罗诗力说〉材源考》，页1。
② 唐弢：《鲁迅的美学思想》，页67。

在印度佛教中代表天上的恶魔，欧洲人谓其为撒旦，当时人们以此来称呼离经叛道的浪漫派诗人拜伦。我个人猜想，鲁迅或许因为国人大多熟悉佛教而生疏基督教，故出于消除文化距离的考虑而假借"摩罗"一词，拈出富有新奇感和象征意义的"摩罗诗派"加以宣扬。

（1）摩罗诗派的基本特征

在西方，摩罗诗派的正式名称应是 Romantics 或 Romantic Movement。"romantic"一词源于古法语的"romant"，原指用拉丁语方言罗曼斯语写的传奇故事，因其内容主要是中世纪骑士的空想和冒险经历，故用来表示新奇惊异之意。在现代法语中，源自"romant"一词的有"roman""romance"与"romanticisme"等词，分别表示传奇小说或长篇小说、抒情歌曲或浪漫曲、浪漫主义等等。文艺史上，18 世纪末至 19 世纪上半叶被认定为浪漫主义时期，但其影响在整个 19 世纪持续不衰。[①]

在英国，浪漫诗派发端于诗人华兹华斯（William Wordsworth，1770—1850）和柯勒律治（Samuel T. Coleridge，1772—1834），以他们两人在 1798 年共同出版的《抒情歌谣集》（*Lyrical Ballads*）为标志。后起之秀中有拜伦、雪莱、济慈（John Keats，1795—1821）等人。

当然，浪漫主义不仅代表文艺史上的一种创作风格，而且也意味着人类精神史上的一种时代思潮。从哲学思想上讲，浪漫主义反对启蒙运动所倡导的理性主义，同时也反对因工业化而导致的物质主义文明。浪漫主义诗人大多受卢梭（Jean-Jacques Rousseau，1712—1778）思想和法国革命的影响，他们的主要共同点在于强调情感（emotion），关注个性化（individuality），推崇想象力（imagination or fantasy），热爱大自然（Nature），每人都热衷于以自己独特的方式来表现真实（truth）。从艺术的风格与内容上讲，浪漫主义的主要特征在于：

[①] 竹内敏雄主编：《美学百科词典》，池学镇译，哈尔滨：黑龙江人民出版社，1986 年，页 337—338；also see "Romantic Movement", in *New Age Encyclopedia* (Vol. 25. Sydney & London: Bay Books, 1983).

①富有动态创造性，不拘泥于严格的规则与次序，充分运用丰富的想象力，以生命的自由委身于无限的流动之中，探求奔放的情感表现。

②重视个性，追求自由，强调表现个人的内心感受或作者的精神生活，自我独白的倾向显著。

③惯于采用热情的语言、奇特的幻想和豪放的夸张手法来塑造艺术形象。

④崇尚理想，喜欢从理想出发批判现实或将其理想化，肯定个体对社会的反抗。

⑤钟情自然山水，采用民间题材，喜爱异国情调，憧憬遥远的国度，探求"无限"的理念，赞美中世纪等等。①

鲁迅笔下的"摩罗诗派"，是以拜伦为代表的一群富有反叛精神或爱国热情的诗人。从思想根源上讲，英国浪漫主义与英国激进主义密切相关。事实上，拜伦上承洛克(John Locke, 1632—1704)，雪莱上承戈德文(Willian Godwin, 1756—1836)。洛克的政治哲学在当时极富激进色彩，不仅倡导自由、民权与公民社会，而且对神权、皇权与外在的权威提出怀疑和挑战。戈德文因其极端的无政府主义和功利主义而闻名，他追求政治的公正性，宣传人人平等的理想，强调人类的自然权利，反对政府对执政者和人民的腐蚀作用。如果溯本探源的话，浪漫主义和激进主义的基本思想，主要发轫于卢梭的自由民主思想和法国革命的理想追求。因此，在历史上，卢梭经常被尊为"浪漫主义之父"(father of Romanticism)和"法国大革命的哲学家"(philosopher of French Revolution)。②

---

① Cf. "Romantic Movement", in *New Age Encyclopedia* (Vol. 25. Sydney & London: Bay Books, 1983). 另参阅王世德主编：《美学词典》"浪漫主义"词条，北京：知识出版社，1986年，页429—430。

② Cf. Sally Scholz, *On Rousseau* (USA: Wadsworth/Thomson Learning, Inc., 2001), pp. 3-5.

鲁迅认为这群摩罗诗人的力量足以振奋人心，语言思想比较深刻，能发出最雄壮伟大的声音。他们"外状至异，各禀自国之特色，发为光华；而要其大归，则趣于一：大都不为顺世和乐之音，动吭一呼，闻者兴起，争天拒俗，而精神复深感后世人心，绵延于无已"。另外，他们的性格、言论、行动和思想，虽然由于民族不相同、环境不一样，会因人而异地出现各种情况，但实际上却同属于一个流派："无不刚健不挠，抱诚守真；不取媚于群，以随顺旧俗；发为雄声，以起其国人之新生，而大其国于天下。求之华土，孰比之哉？"尤其是那位"自必居人前，而怒人之后于众"、赴汤蹈火、笑卧沙场的摩罗式人格拜伦，既揄扬威力，亦颂美强者；"既喜拿破仑之毁世界，亦爱华盛顿之争自由，既心仪海贼之横行，亦孤援希腊之独立，压制反抗，兼以一人矣"。

需要指出的是，鲁迅所推崇的"摩罗诗派"，既是理想的人格，也是艺术的天才。他们的品格情操，如上所述，可以说是"精神界之战士"的表率。而他们的艺术成就，则可以概括为力、语、声三维。用鲁迅的话说，这力，是"足以振人"之力；这语，是"较有深趣"之语；这声，是"最雄桀伟美"之声。用现在的话说，"力"意指足可震撼人心的艺术魅力、感染力、表现力和创造力；"语"就是比较深刻的文学语言或思想内涵；"声"代表异邦"新声"，是最雄杰伟美之声，震人耳鼓之声，发人深省之声，刚健抗拒破坏挑战之声，"致吾人于善美刚健"的至诚之声，"援吾人出于荒寒"的温煦之声，当然也是"破中国之萧条"的先觉之声。

（2）摩罗的多重寓意

"摩罗"为佛教用语，是梵文"Māra"的音译，亦作"魔罗"，简称"魔"，与基督教所谓的"魔鬼撒旦"（Satan）之义接近。诚如鲁迅所言："摩罗之言，假自天竺，此云天魔，欧人谓之撒旦。""摩罗"可以意译为"扰乱""破坏""障碍"等。佛教认为摩罗能扰乱身心，破坏好事，障碍善法。印度古代神话传说欲界最高境界第六重天之主波旬（Pāpīyas）为魔界之王，经常率领魔众从事破坏善事的活动，喜欢控制别人屈从于他的邪恶意志。佛教采用其说，把一切烦恼、疑惑、迷恋等妨碍修行的心理活动视为魔。《大智度论》卷五载："问曰：何以名魔？答曰：夺慧命，坏道法功德善本，是故名为魔。"①据说，佛教中的摩罗法力通天，智慧无边，诱惑力大。在佛祖释迦牟尼（Shakyamuni）即将修成正果之时，摩罗也曾用女色引诱对方，以期达到扰乱身心、破坏定力、阻碍成佛的目的，但却以失败告终。

鲁迅在《摩罗诗力说》中使用"摩罗"，首先是指以浪漫派诗人拜伦为代表的"摩罗诗派"。但从文本的具体语境以及当时的社会历史语境来看，鲁迅笔下的"摩罗"含有多重寓意。首先，从艺术作品的角度看，摩罗也暗指摩罗诗派笔下那些不同凡响的英雄人物，如"张撒旦而抗天帝，言人所不能言"的唐璜（Don Juan），遭人诬陷但意志强大、铁骨铮铮，以一剑之力蔑视国家法度和社会道德的海盗（Corsair）康拉德，舍命维护自尊、力抗定命、英勇战死的罗罗（Lara），不受诱惑、不畏强权、"神天魔龙无以相凌"的曼弗列特（Manfred），逐师摩罗，效法撒旦，"上则以力抗天帝，下则以力制众生，行之背驰，莫甚于此"的凯因（Cain），以及"死守真理，以拒庸愚，终获群敌之谥"的"国民公敌"，等等。所有这些摩罗式人物，均为浪漫主义诗人所颂美的强者。他们大都愤世嫉俗，尊侠尚义，亦如拜伦本人那样倨傲纵逸，无所顾忌。

其次，从艺术创作的角度看，摩罗也意味一种"天才"，也就是鲁迅所说的"性解"（genius）。这类人不同于"意在保位，使子孙王千万世，无有底止"的皇上，也有别于"意在安生，宁蜷伏堕落而恶进取"的民众，因此一旦出现，往往遭到各方的扼杀。如同柏拉图《理想国》里的诗人，会被以扰乱社会治安为由而驱逐出境。殊不知，他们是民众的代言人。对于民众的苦难与生活之烦恼，他们的感受更深切，反应更敏锐，抒写更真实。所以，他们是触动人们心灵的人。他们所作的诗，不为自己独有，属人们心中之诗。只是人们心中有诗，"而未能言，诗人为之语，则握拨一弹，心弦立应，其声澈于灵府，令有情皆举其首，如睹晓日，益为之美伟强力高

---

① 参阅《辞海》对"摩罗"和"魔"的注释。

尚发扬,而污浊之平和,以之将破。平和之破,人道蒸也"①。

　　再者,从思想革命的角度看,摩罗也象征着鲁迅所呼吁的中国"精神界之战士"。在鲁迅看来,只有通过这类战士的不懈努力,才会"破中国之萧条",才能推动"第二维新"。这样的战士,无疑是"立意在反抗,旨归在动作"的自由民主战士。具体说来,也就是鲁迅所论的"个人"。继《摩罗诗力说》发表之后,鲁迅又在同一月刊《河南》第七号上发表了《文化偏至论》一文。在这里,针对西方物质文明与政治文化的偏颇性,特别是国内"洋务派"只顾实利器物的浅薄性,鲁迅着意凸显了"掊物质而张灵明,任个人而排众数"的论点。这里所论的"个人",一方面是基于人道主义立场所倡导的个性解放与个人尊严,另一方面是源自民主自由理想所呼唤的"先觉善斗之士"。鲁迅声称,"张大个人之人格,又人生之第一义也"。他认为个人的人格品性非同一般,他们"意力轶众,所当希求,能于情意一端,处现实之世,而有勇猛奋斗之才,虽屡踣屡僵,终得现其理想:其为人格,如是焉耳"。②

　　1908年,鲁迅还写了《破恶声论》一文,对他所推崇的"个人"做了进一步的阐述:

　　　　故今之所贵所望,在有不和众嚣,独具我见之士,洞瞩幽隐,评骘文明,弗与妄惑者同其是非,惟向所信是诣,举世誉之而不加劝,举世毁之而不加沮,有从者则任其来,假其投以笑侮,使之孤立于世,亦无慑也。则庶几烛幽暗以天光,发国人之内曜,人各有己,不随风波,而中国亦以立。③

　　这种人,"乃是敢于肩负社会改革的重担的勇猛无畏的人。……有独

---

① 鲁迅:《摩罗诗力说》第二节,《鲁迅全集》卷一,北京:人民文学出版社,1958年。
② 鲁迅:《文化偏至论》,见《河南》杂志,1908年8月。
③ 鲁迅:《破恶声论》,见《集外集拾遗补编》,北京:人民文学出版社,1995年。

到的见解，决不随波逐流；有坚定的信念，勇于反抗时俗；有坚韧的战斗精神，排除了个人的私欲，不计较个人的毁誉；能团结'从者'，又不怕暂时的孤立。这样的'个人'，实际上就是鲁迅理想的反帝反封建的战士"①。

当然，鲁迅一再标举"个人"，是有其深刻用意的。他是从启蒙新民、改造国民性和救亡图存的终极目的出发，来谈立国必先立人的立国兴邦之道的。他特意强调说："是故将生存两间，角逐列国是务，其首在立人，人立而后凡事举；若其道术，乃必尊个性而张精神。"②这与"洋务派"的有关学说有着本质的区别。基于历史的失败经验和严酷的社会现实，鲁迅深知"安弱守雌，笃于旧习"，无以争存于天下；而"日易故常，哭泣叫号"，也无补于亡国灭种的忧患。他始终认为解决问题的关键是人，是自尊自强之人，明哲先觉之士，也就是他心仪已久的理想"个人"。这种人"洞达世界之大势，权衡校量，去其偏颇，得其神明，施之国中，翕合无间。外之既不后于世界之思潮，内之仍弗失固有之血脉，取今复古，别立新宗，人生意义，致之深邃，则国人之自觉至，个性张，沙聚之邦，由是转为人国。人国既建，乃始雄厉无前，屹然独见于天下，更何有于肤浅凡庸之事物哉？"③我们不能指望当时的青年鲁迅从社会制度的深层去切入时弊，究其根本，开出"砸烂旧世界，建立新世界"的革命药方。但要承认，他对国人亟须启蒙、觉悟和改造自身思想意识与价值观念这一点，是看得相当准确和深刻的。即便在今天，他的许多论点仍不失其现实意义与启示作用。

3. 破旧立新与摩罗式崇高

在中国新文化运动中，鲁迅是拿来主义的积极倡导者。他在一篇专论

---

① 曾庆瑞：《对中国近代思想启蒙运动的新贡献：试论鲁迅早期思想中的"掊物质而张灵明，任个人而排众数"》，见《鲁迅研究月刊》1981 年第 2 期，页 212。
② 鲁迅：《文化偏至论》。
③ 鲁迅：《文化偏至论》。

拿来主义的文章中，不仅阐述了三种不同的拿来态度，而且断言："没有拿来的，人不能自成为新人，没有拿来的，文艺不能自成为新文艺。"①历史地看，《摩罗诗力说》可谓拿来主义的先声，其中"别求新声于异邦"就是早期的宣言，引介浪漫主义诗派则是具体的明证。拿来的目的，显然是为了立新，即立新人格与新文艺；在立新的同时，必然要破旧，即破旧人格与旧文艺。在很大程度上，《摩罗诗力说》可谓破旧立新说。那么，到底立有何新呢？我们认为，比较突出的起码有下述四点。

（1）新的文化观

《摩罗诗力说》开宗明义，引用了尼采（F. W. Nietzsche，1844—1900）的一段名言："求古源尽者将求方来之泉，将求新源。嗟我昆弟，新生之作，新泉之涌于渊深，其非远矣。"其大意是：寻尽了古老的源泉的人，将去寻找未来的源泉，新的源泉。我的兄弟们，新生命的诞生，新的泉水从深渊中涌出，为时不会很远了。②这段引文选自《查拉图斯特如是说》（*Thus Spoke Zarathustra*）中的《论旧榜与新榜》（*On Old and New Tablets*）第1章第25节（中译文与英译文稍有出入）。依据专事尼采哲学研究的学者考夫曼（Walter Kaufmann）的英译文③，可以直译为："无论是谁获得了有关古老起源的智慧，最终都将去寻找未来的泉水（wells）与新的起源（origins）。我的兄弟们啊，新人民的诞生，新的泉水呼啸着奔入新的深渊，为时不会很远了。"

鲁迅以他特有的凸显方式，在篇首征用上段文字，不仅点明了该文"别求新声"的主题，而且暗示出他本人对中国旧人格、旧文艺的失望，对新人格、新文艺的向往。随之，鲁迅满怀激愤，滔滔不绝，指陈中国文化

---

① 鲁迅：《鲁迅全集》卷六，北京：人民文学出版社，1958年，页33。
② 王士菁：《鲁迅早期五篇论文注释》，天津：天津人民出版社，1978年，页198。
③ 英译文为："Whoever has gained wisdom concerning ancient origins will eventually look for wells of the future and for new origins. O my brothers, it will not be overlong before *new peoples* originate and new wells roar down into new depths." Cf. Walter Kaufmann（ed. & tr.），*The Portable Nietzsche*（New York：Penguin Books USA Inc.，1976），p. 323.

与诗歌的凋敝、零落与可悲的局面：

> 人有读古国文化史者，循代而下，至于卷末，必凄以有所觉，如脱春温而入秋肃，勾萌绝朕，枯槁在前，吾无以名，姑谓之萧条而止。盖人文之留遗后世者，最有力莫如心声。古民神思，接天然之閟宫，冥契万有，与之灵会，道其能道，爰为诗歌。其声度时劫而入人心，不与缄口同绝；且益曼衍，视其种人。递文事式微，则种人之运命亦尽，群生辍响，荣华收光；读史者萧条之感，即以怒起，而此文明史记，亦渐临末页矣。凡负令誉于史初，开文化之曙色，而今日转为影国者，无不如斯。①

从中可以看出，鲁迅直面中国社会的现状，将文化以及诗歌的繁荣兴盛，视为滋养灵魂的精神食粮、立民兴国的决定因素。如果抱残守缺，不思进取，文化诗歌就会衰落，民族的命运就会完结，国家就会沦为历史的陈迹。包括中国、天竺、埃及在内的所有"灿烂于古，萧瑟于今"的文明古国，概莫能外。于是，鲁迅讥笑那些已经中落家荒的飘零子弟，出于尊贵显赫的虚荣，死抱着思旧怀古之风不放，喋喋不休地高谈阔论祖宗辉煌往昔等滑稽做法；同时抨击那些胡乱夸耀，自寻安慰，盲目乐观，妄自尊大，张嘴唱军歌，随意作军歌，动辄痛斥印度、波兰奴性的"洋务派"人士及其肤浅的行为。并且批评说：类似像中国这样的"颂美之什，国民之声，则天下之咏者虽多，固未见有此作法矣"。可见这在鲁迅眼里，委实过分和可笑到"前无古人，后无来者"的地步了。

当然，鲁迅也不是无条件地反对怀古，而是认为怀古要建立在革旧更新的基础上。如他所言："夫国民发展，功虽有在于怀古，然其怀也，思理朗然，如鉴明镜，时时上征，时时反顾，时时进光明之长途，时时念辉

---

① 鲁迅：《摩罗诗力说》第一节。

煌之旧有,固其新者日新,而其古亦不死。"①显然,怀古与立新在这里辩证地统一起来了。时常回顾辉煌的历史,可以总结经验并鼓舞人心;时常奔向光明的前途,可以使新者日新且古亦不死。为此,要扫除沉沉暮气,力克愚蠢顽固,洞识文明进化与发展的无止境性,追求社会文化的不断进步。就中国的情形而言,现在暂且不说古代的事情,而要首先"别求新声于异邦",借他山之石,铺立新之基,也就是因借摩罗诗派的新声与精神,来为中国的新文化建设和新文艺发展注入新的活力与动力。

值得注意的是,鲁迅新文化观的理论基础主要是科学进化论②。早在弱冠之年,即在南京求学之际,鲁迅就深受进化论思想的影响。1989年,他开始接触"西学",对他影响最大的要数达尔文与赫胥黎的生物进化学说。如《朝花夕拾·琐记》中所载,鲁迅对当时维新人物严复翻译的《天演论》兴趣极大,当一听说该书出版时,就在"星期日跑到城南去买了下来","一口气读下去",从中发现了"物竞天择"的新天地。鲁迅不是一般地读此书,而是达到烂熟于胸、开口能诵的程度。许寿裳在《亡友鲁迅印象记》中说:"有一天,我们谈到天演论,鲁迅有好几篇能够背诵。"③在《人之历史》和《科学史教篇》等文里,鲁迅对进化学说有过比较翔实的论述。他认为新的总比旧的好,进化发展是硬道理。同时还假定进化论可以用来解决诸多问题,不仅可以促进文化更新与艺术创新,还可以延长种族与壮大生命力,乃至推动社会进步。前者见之于对"摩罗诗派"及其新声的称赞推崇,后者在1918年所说的一段话里表露无遗:"我想种族的延长,——便是生命的连续,——的确是生物界事业里的一大部分。何以要延长呢?不消说是想进化了。但进化的途中总须新陈代谢。所以新的应该欢天喜地的

---

① 鲁迅:《摩罗诗力说》第一节。
② 自不待言,鲁迅的思想十分丰富,其理论基础还有其他来源,譬如人道主义、民主主义、启蒙主义和新理想主义等等。他本人积极倡导思想自由、平等博爱、个性发展、自觉精神、人类尊严,希望人们"神思宗之至新者",所有这些与国粹派、复古派、洋务派和崇实论的思想方法形成鲜明对照,这里姑且不论了。
③ 转引自李泽厚:《略论鲁迅思想的发展》,见《鲁迅研究集刊》第1辑,上海:上海文艺出版社,1979年,页33注释4。

向前走去，这便是壮，旧的也应该欢天喜地的向前走去，这便是死，各各如此走去，便是进化的路。"①看来，鲁迅既受进化论的启发，也受其理论局限性的约束，在立论上显得过于直接而绝对。但要看到，鲁迅为了达到破旧立新的目的，对进化论进行了利用和改造，强化了其中发展的观点，以此来促进新文化的建构和新社会的改革。

（2）新的文艺观

在《摩罗诗力说》中，鲁迅满怀热情地介绍和称颂了拜伦、雪莱、普希金、莱蒙托夫、密茨凯维支、斯洛伐斯基、克拉辛斯基和裴多菲等诗人的生平、作品、理想、艺术成就和诗学理论。这说明鲁迅从一开始就受到浪漫主义的感染，对摩罗诗派的批判现实主义精神十分赞赏。在此基础上，他所倡导的文艺观，自然是以浪漫主义为导向的，其中蕴含着更新文学观念的火种。

首先，鲁迅认为诗人是具有革新精神之立法者，如同"摩罗诗派"这样的"精神界之战士"。他们"抗伪俗弊习以成诗，而诗亦即受伪俗弊习之天阏"。他们"多抱正义而骈殒"，但依然推动"革新之潮"，"与旧习对立，更张破坏，无稍假借也"。与此同时，他们均是富有"神思之人，求索而无止期，猛进而不退转，浅人之所观察，殊莫可得其渊深。若能真识其人，将见品性之卓，出于云间，热诚勃然，无可沮遏，自趁其神思而奔神思之乡，此其为乡，则爱有美之本体"。②雪莱本人在《诗之辩护》(*A Defense of Poetry*)一文中，对真正的诗人倍加赞扬，得出这样的结论："在一个伟大民族觉醒起来为实现思想或制度上的有益改革而奋斗当中，诗人就是一个最可靠的先驱、伙伴和追随者；……是不可领会的灵感之祭司；是反映出'未来'投射到'现在'上的巨影之明镜；……是能动而不被动之力量。诗人是世间未经公认的立法者(Poets are the unacknowledged legislators of the

---

① 鲁迅：《鲁迅全集》卷一，页412。
② 鲁迅：《摩罗诗力说》第六节。

world)。"①看来，鲁迅不仅受到雪莱的影响，而且接受了雪莱的观点。

其次，鲁迅同大多数浪漫派诗人一样，承认天才对于艺术创作和思想革命的重要意义。他既推崇天才("性解")的诗人，也称颂天才的个性。在鲁迅眼里，天才的诗人，首推以拜伦、雪莱等人为代表的"摩罗诗派"。中国的天才诗人屈原，虽能"抽写哀怨，郁为奇文。茫洋在前，顾忌皆去，怼世俗之浑浊，颂己身之修能，……放言无惮，为前人所不敢言。然中亦多芳菲凄恻之音，而反抗挑战，则终其篇未能见，感动后世，为力非强"②，所以与西方杰出的浪漫主义诗人尚存差距。至于天才的个性，则主要表现在思进取、抗旧俗、争自由、求解放、讲真实、多新创的实际行动和不屈不挠的精神之中。因此。天才一旦出现，时常遭到"意在安生，宁蜷伏堕落而恶进取"者的竭力扼杀。在《文化偏至论》一文里，鲁迅在阐述立国必先立人的道理时，再次感叹天才在中国的可悲命运和为此付出的沉重历史代价："夫中国在昔，本尚物质而疾天才矣，先王之泽，日以殄绝，逮蒙外力，乃退然不可自存。而轻才小慧之徒，则又号召张皇，重杀之以物质而囿之以多数，个人之性，剥夺无余。"显然，鲁迅热切地期盼着天才的出现，也呼吁社会尊重天才的作用。这里的天才与他理想的"个人"几乎同属一类。其实，鲁迅的天才说，与一般的天才观念是有本质区别的。譬如在文艺领域，诗人通常被尊为天才。这类天才罕见，仅限于少数。然而，鲁迅在承认诗人天赋的同时，也提出"国民皆诗，亦皆诗人之具"的论点，认为"凡人之心，无不有诗，如诗人作诗，诗不为诗人独有，凡一读其诗，心即会解者，即无不自有诗人之诗。无之何以能解？"③。这或许是受雪莱的直接影响与启发。譬如，把诗界定为"想象之表现"(the expression of the imagination)的雪莱声称："自有人类便有诗(poetry is connate with the

---

① Cf. Percey Bysshe Shelley. *A Defense of Poetry.* In Hazard Adams (ed.), *Critical Theory since Plato* (New York et al: Harcourt Brace Jovanovich, 1971), pp. 512-513. 参阅雪莱：《诗之辩护》，见汪培基等译：《英国作家论文学》，北京：三联书店，1985年，页122—123。
② 鲁迅：《摩罗诗力说》第二节。
③ 鲁迅：《摩罗诗力说》第二节。

origin of man——或译为"诗与人类的起源共生")。在人心里,……不仅产生曲调,还产生和音,凭借一种内在的协调,使得那被感发的声音或动作与感受它的印象相适应。这正如竖琴能使它的琴弦适应弹奏的动作,而发出一定长度的音响,又如歌唱者能使自己的歌喉适应琴声。……人在社会中固然不免有激情和快感,不过他自身随之又成为人们的激情和快感的对象;情绪每增多一种,表现的宝藏便扩大一分。"[1]相比之下,前后两种说法均有一定的可通约性,只是后者显得更为翔实具体一些。

再者,鲁迅积极肯定以真为美的艺术创作原则,也就是合艺术规律性的真实律。所谓真实,既包括艺术情感的真实,也包括艺术表现的真实。前者应当是发自内心的真情实感,因此要求作者"率真行诚,无所讳掩";后者应当是破除旧思想或旧套子桎梏后的言论自由和表现自由,因此要求作者"超脱古范,直抒所信",要成为"抱诚守真"的或摩罗式的"说真理者"。相应地,鲁迅坚决反对歌功颂德的文艺,讥笑吟风弄月的文艺,鞭挞瞒与骗的文艺。他认为那些"颂祝主人,悦媚豪右之作"没有意义,不值一提;"心应虫鸟,情感林泉"的韵语,"多拘于无形之囹圄,不能舒两间之真美";而"不敢正视人生,只好瞒和骗"的文艺,几乎是毒害污染民众思想的主要恶源了。对瞒和骗的文艺,鲁迅深恶痛绝,后来在《论睁了眼看》(1925年)一文里严加痛斥:"中国人向来因为不敢正视人生,只好瞒和骗。由此也生出瞒和骗的文艺来,由这文艺,更令中国人更深地陷入瞒和骗的大泽中,甚而至于已经自己不觉得。"与此同时,他还迫切地呐喊疾呼:"世界日日改变,我们的作家取下假面,真诚地,深入地,大胆地看取人生并且写出他的血和肉来的时候早到了;早就应该有一片崭新的文场,早就应该有几个凶猛的闯将!"看得出,鲁迅所倡导的艺术真实律,还具有批判现实主义和大众启蒙主义的特殊要求,这与他把文艺视为"国民精神所发的火光"和"引导国民精神的前途的灯火"等理念是密切相关的。这也说明鲁迅诗学中的艺术真实律,不只是强调艺术的合规律性(艺术创

---

[1] 雪莱:《诗之辩护》,见汪培基等译:《英国作家论文学》,页90—91。

作），同时也关注艺术的合目的性（社会职能）。时至今日，历经磨难，我们所取得的艺术实践成果，与鲁迅的理想追求尚存差距。究其要因，客观上是受政治化意识形态变异的干扰，主观上是受艺术家自身思想境界及其艺术修养的局限。

最后，特别值得注意的是，鲁迅对文艺与科学的互补性有着比较全面的认识，这远远超越了当时那些顾此失彼的偏颇思想与某些急功近利的做法。我们知道，鲁迅早年热衷于科学救国的思想，从事过自然科学的学习与研究，深知科学与技术对国计民生的重要意义。但他也清楚，富有人文关怀精神的文学艺术，在表现人生、体味人生和启蒙人生等方面，是科学所不能取代的。如他所言："盖世界大文，无不能启人生之閟机，而直语其事实法则，为科学所不能言者。"[①]类似的观点，在《科学史教篇》中有过深入的论述。他认为科学可以强国富民，但不能偏于一隅，走向极端。否则，社会的发展将会陷入偏废，根本的精神将会逐渐消失，国家的破灭将会跟着降临。如果"举世惟知识之崇，人生必大归于枯寂，如是既久，则美上之感情漓，明敏之思想失，所谓科学，亦同趣于无有矣"。因此，为了使人生得到全面发展，不使其发生偏向，我们既需要科学，也需要文艺；既需要牛顿（O. Newton）、波尔（R. Boyle）和康德（I. Kant）那样的科学家与哲学家，也需要莎士比亚、拉斐尔和贝多芬那样的诗人与艺术家。

（3）新的美学形态

基于积极浪漫主义和批判现实主义的文艺观，为了达到启蒙新民和救亡图存的终极目的，鲁迅通过"摩罗诗派"的示范作用，希望产生能鼓舞人心的"伟大壮丽之笔"和"独立自由之音"，能超脱古范的"刚健抗拒破坏挑战之声"和"强怒善战豁达能思之士"，能"致吾人于善美刚健者"和"援吾人出于荒寒者"的宏文巨作，最终以此来唤起民众，孕育出更多的"自觉勇

---

① 鲁迅：《摩罗诗力说》第三节。

猛、发扬精进","破中国之萧条"的"精神界之战士"。

从"摩罗诗派"诗人的生平事迹、所述作品中的人物形象、《摩罗诗力说》的行文风格到破旧立新的理想追求，字里行间都流溢着激情、悲壮、雄健、伟岸的美学特征。这实际上是在颂扬一种崇高的美，一种有别于中国传统的古典式和谐的美。这种崇高的美学形态，以"摩罗诗派"及其笔下的英雄人物为基本特征，可以说是一种摩罗式崇高，与神游古境、畏死不争、隐逸逃避的虚幻式和谐形成鲜明的对照，也与常见的那种"曲终奏雅"式的大团圆主义大异其趣。这种摩罗式崇高，正是鲁迅手中最为锐利的武器，用来促进和实现中国文艺从古典的或喜剧性的虚幻式和谐向现代的或悲剧性的冲突式崇高的转型。

就"摩罗诗派"诗人的生平事迹而论，他们多具英雄气概和反抗精神，言行轰轰烈烈，笑傲一切悲剧。譬如，拜伦善抗，性情率真，刚毅雄大，"自尊而怜人之为奴，制人而援人之独立，无惧于狂涛而大傲于乘马，好战崇力，遇敌无所宽假，而于累囚之苦，有同情焉。意者摩罗为性，有如此乎？"①雪莱性复狷介，反对旧习，更张破坏，毫不妥协。作为神思之人，他"求索而无止期，猛进而不退转……品性之卓，出于云间，热诚勃然，无可沮遏"，穷毕生精力，扬同情之精神，慕自由之思想，怀大希以奋进。于是，世俗谓之恶魔，众人加以排挤，使雪莱身陷孤立，"客意大利之南方，终以壮龄而夭死，谓一生即悲剧之实现"。②莱蒙托夫自信自负，亦如拜伦：与沙皇统治者"奋战力拒，不稍退转"，遭受流放之苦，虽然"不能胜来追之运命，而当降伏之际，亦至猛而骄。凡所为诗，无不有强烈弗和与踔厉不平之响者"。③"波兰三杰"以爱国复仇为"至高之目的"，热爱自由独立，始终为反抗沙皇暴政而斗争，"诸凡诗中之声，清澈弘厉，万感悉至，直至波兰一角之天，悉满歌声，虽至今日，而影响于波兰人之心

---

① 鲁迅：《摩罗诗力说》第五节。
② 鲁迅：《摩罗诗力说》第六节。
③ 鲁迅：《摩罗诗力说》第七节。

者,力犹无限"。① 裴多菲喜欢拜伦与雪莱的诗风,性情亦如二人,其作品"纵言自由,诞放激烈,……善体物色,著之诗歌,妙绝人世",后投笔从戎,沙场捐躯,结束了为爱而歌、为国而死的短暂一生。②

就"摩罗诗派"作品中的人物形象而论,他们大多刚烈勇猛、侠肝义胆、雄强悲壮、命运多舛,为达理想,将生死置之度外。譬如,拜伦作品中的人物,"皆禀种种思,具种种行,或以不平而厌世,远离人群,宁与天地为俦偶,如哈洛尔特;或厌世至极,乃希灭亡,如曼弗列特;或被人天之楚毒,至于刻骨,乃咸希破坏,以复仇雠,如康拉德与卢希飞勒;或弃斥德义,蹇视淫游,以嘲弄社会,聊快其意,如堂祥。其非然者,则尊侠尚义,扶弱者而平不平,颠仆有力之蠢愚,虽获罪于全群无惧"。③ 至于拜伦本人,在许多地方与其笔下的人物相似,只是没有叹息绝望、逃避现实,而是"怀抱不平,突突上发,则倨傲纵逸,不恤人言,破坏复仇,无所顾忌,而义侠之性,亦即伏此烈火之中,重独立而爱自繇,苟奴隶立其前,必衷悲而疾视,衷悲所以哀其不幸,疾视所以怒其不争,此诗人所为援希腊之独立,而终死于其军中者也"。④

上述这些诗人,多为慷慨悲歌之士。根据鲁迅的评价,他们虽然民族与环境不同,但性格与言行接近,都具有刚强不屈的精神,怀抱着真诚的愿望,不向世俗献媚,不与旧习惯同流合污;他们都发出雄伟的声音,促进祖国人民的觉醒,渴望自己的国家在世界上强盛起来,并且不惜为此舍生忘死,奔赴疆场。而诗人笔下的人物,多为狂野侠义之客,都感染上诗人的色彩,折映出诗人的性格,投射出诗人的影子。此两者浑然一体,充分展现出血与火映照中的摩罗式崇高之美。这种美是摩罗诗力之美的综合体现,其中既包括刚健雄强的人格美和勇猛反抗的精神美,也蕴含抱诚守真的艺术美和震撼人心的悲剧美。这种美也是一种伟大的力量,鲁迅之所

---

① 鲁迅:《摩罗诗力说》第八节。
② 鲁迅:《摩罗诗力说》第九节。
③ 鲁迅:《摩罗诗力说》第五节。
④ 鲁迅:《摩罗诗力说》第五节。

以满怀激情地彰显这种力量，就是因为他坚信"人得是力，乃以发生，乃以曼衍，乃以上征，乃至于人所能至之极点"①。

鲁迅知行合一，是中国精神界的无畏战士。他把对摩罗式崇高之美及其诗学的推崇，具体地落实在自己的艺术创作实践之中。他贬斥"颂祝主人，悦媚豪右"的"歌德"文艺，冷落"心应虫鸟，情感林泉"的韵语丽词，蔑视"悲慨世事，感怀前贤"的"可有可无之作"，批判传统的"十景病"，打破"曲终奏雅"式的大团圆主义，以会通中西的方法，独创出代表整个中华民族之悲剧的《狂人日记》，代表中国贫苦农民之悲剧的《阿Q正传》，代表中国劳动妇女之悲剧的《祝福》，代表中国下层知识分子之悲剧的《孔乙己》和《伤逝》，代表旧民主主义革命者之悲剧的《药》等作品。② 这一幕幕悲剧，震荡着当时的文坛，感染着当时的读者，有力地促进了中国旧文艺向新文艺的过渡，推动了古典虚幻式和谐向现代摩罗式崇高的转型。

事实上，鲁迅的诗学思想是以《摩罗诗力说》为出发点的。他深受摩罗式崇高之美学形态的影响，认为悲剧就是"将人生的有价值的东西毁灭给人看"。③ 在艺术创作实践中，鲁迅正视中国现实及其悲剧产生的社会根源，不仅对自己的悲剧观做了最有说服力的证明，同时还把悲剧作为一种意在启蒙新民、反帝反封建的艺术武器，作为对凌辱中国的帝国主义和祸国殃民的封建主义的一种血泪控诉。正如有的学者所言："鲁迅创作的小说，从美学的角度来看，可以说，它的最卓越的成就就是创造了一批中国现代社会最真实、最深刻的悲剧作品，这些悲剧作品在高度真实的程度上反映了半殖民地半封建的黑暗社会制度下，中国农民、中国妇女、中国知识分子的悲剧性生活。"④

（4）新的文论范式与诗教理论

中国传统意义上的诗话词话，也就是现在所说的文论或文学批评，主

---

① 鲁迅：《摩罗诗力说》第二节。
② 刘再复：《鲁迅美学思想论稿》，北京：中国社会科学出版社，1981年，页97。
③ 鲁迅：《再论雷峰塔的倒掉》（1925年）。
④ 刘再复：《鲁迅美学思想论稿》，页96—97。

要是给行家、圈内的人写的,表现为一点即悟式的、不用费笔墨的话语方式。其论据所出,大多是作者与作品名称的连串罗列。

然而,"西学东渐"以来,传统的阅读"圈子"被打破,传统的文论范式遇到挑战,文学批评越来越兼具文化信息传播的功能,光靠体悟性的点拨已经不够了,而理论化、明晰化、系统化就势必成为文学批评所要追求的目标。① 如果说梁启超于1902年发表的《论小说与群治之关系》是开一代文论新体之先河的话,那么,王国维于1904年发表的《〈红楼梦〉评论》则可以说是借西方批评方法来革新日趋沉滞的传统文论,而鲁迅于1907年发表的《摩罗诗力说》则是进一步发展了新兴的文论范式。这种范式有引介,有评价,有分析,有归纳;既注重信息传布,也注重实证诠释;相关作者的生平事迹与性格特征,作品人物的思想言行及其相关情节,都在或详或略的叙述评析之列,而且富有真凭实据与真情实感。其振奋、生动和充满阳刚之气的文笔,无疑对激活当时中国文坛的批评思维方式十分有益。

在这篇诗论中,鲁迅也批评了传统的"无邪"诗教观,认为那种"持人性情"的做法有悖人意,如同"许自繇于鞭策羁縻之下"。② 随之,鲁迅强调了文艺"无用之用"的启蒙教育作用,这实际上也代表其新的诗教理论。鲁迅认为文艺没有科学那样实用和周密,与个人和国家的存亡也没有直接联系,而且"益智不如史乘,诫人不如格言,致富不如工商,弋功名不如卒业之券",但却能"涵养人之神思","使观听之人,为之兴感怡悦"。就好像在大海里游泳,面对一片汪洋,起伏在波涛之中,游泳完毕,精神和肉体都发生了变化。这是因为文艺包含和表现着人生的真理,对人具有潜移默化的作用,"使闻其声者,灵府朗然,与人生即会"。所以,如果人们读古希腊诗人荷马以来的伟大作品,"则不徒近诗,且自与人生会,历历见其优胜缺陷之所存,更力自就于圆满。此其效力,有教示意;既为教示,斯益人生;而其教复非常教,自觉勇猛发扬精进,彼实示之。凡苓落

---

① 温儒敏:《中国现代文学批评史》,北京:北京大学出版社,2000年,页3。
② 鲁迅:《摩罗诗力说》第二节。

颓唐之邦，无不以不耳此教示始"。① 看来，鲁迅是受梁任公的直接影响，在新民救国心切之际，也夸大了艺术教育的社会功能。

综上所述，在鲁迅弃医从文、撰写《摩罗诗力说》一文的那个时代，中国社会与文化的历史语境是十分特殊而复杂的，这必然使该文的历史价值及其意义呈现出多维形态。究其本质，《摩罗诗力说》的基本主题是"立意在反抗，旨归在动作"。所"反抗"的主要对象，是帝国主义列强的侵略，封建腐朽的政治文化，抱残守缺的传统陋习；所采取的主要"动作"，是反帝反封建的革命民主主义行动，提倡个性解放的思想革命行动，以及旨在改造国民性的文艺启蒙行动。这些是就其合目的性而言的。若从学理的角度和文化建构的意义上讲，《摩罗诗力说》也意在破旧立新，即在打破以瞒与骗为特征的旧的文艺传统、内容形式、方法结构与审美观念的同时，树立新的文化观、新的文艺观、新的美学风格和新的文论范式，开辟新的文艺启蒙领域或新的思想解放路径。这些都属于合规律性的范畴。因此可以说，鲁迅早期的这篇诗论，在其历史语境中取得了合规律性与合目的性的相对统一。就其上述价值与影响而言，最具代表性的则是在20世纪中国新旧文论诗学的转折点上，《摩罗诗力说》连同鲁迅的艺术创作实践，一起有效地推动了古典虚幻式和谐向现代摩罗式崇高的转型。

---

① 鲁迅：《摩罗诗力说》第三节。

第三部分

美学与人生

十二　中西美学的会通要略[①]

中国现代美学是在中西文化的交流与碰撞中氤氲而生的，是在中西美学的互动与会通中逐步发展的，而且在移花接木的文化变异中形成了自身的独特风范。从方法与内容上看，其显著的特征主要表现为融贯古今、会通中外。

历史地看，中国百年美学从勃兴到成熟，孕育出五种主要发展模式。这些模式各有侧重，互为前提，彼此影响，逐步深化，以类似线性的轮廓勾画出中国现代美学发展的阶段性历史轨迹和学术思想历程。概括起来，就是以译介为主的片断性因借发挥模式，以移植为主的系统化学科架构模式，注重创设的中西会通式理论整合模式，讲求应用科学效度的跨学科综合型美育实践模式和进行溯本探源的跨文化思索模式。

值得强调的是，中国现代美学虽以译介和移植西方美学为发端，但并不完全是简单地模仿或机械地复制，而是有选择地借题发挥，尽可能地局部改造，最终为中西美学的会通与理论整合创造了有利的条件。这是因为中国人文传统根深而久远，来势迅猛的"西学"，从"东渐"之初就遇到本土文化的抵制。这种抵制尽管在很大程度上是文化保守主义所为，但也从消极的反拨中矫正了偏颇而极端的文化观念。譬如，针对"旧学"（中）与"新学"（西）之争，王国维法乎其上，追求真知，力排偏见，早在1911年所撰

[①] 此文原用中文撰写，刊《学海》2001年第1期，全文转载于中国人民大学复印资料《美学》2001年第5期。作者后来应邀将其译成英文，题为"Interactions between Western and Chinese Aesthetics", in M. Hussain & R. Wilkinson (eds), *The Pursuit of Comparative Aesthetics* (Hants: Ashgate, 2006)。

写的《国学丛刊·序》中，就倡导"学无新旧、无中西"之分的大文化视野。① 针对当时一度流行的文化调和主义，不少学者提出批评。宗白华在1919年11月27日的《时事日报》上发表过《中国的学问家——沟通—调和》一文，反对在中外文化之间寻求"相似"予以沟通的简单做法，"希望吾国学者打破沟通调和的念头，只要为着真理去研究真理，不要为着沟通调和去研究东西学说"。② 针对"全盘西化"的思潮和异质文化的蔓延，1935年上海十教授联名发表《中国本位文化建设宣言》，公开举起"本位文化的旗帜"。对于这种两极化的文化意识，张岱年等学者均予以批评，进而倡导一种"综合创造论"的建设性主张。该主张要求在文化问题上，"兼综东西两方之长，发扬中国固有的卓越的文化遗产，同时采纳西方的有价值的精良的贡献，融合为一而创成一种新的文化，但不要平庸的调和，而要作一种创造的综合"。③ 所谓"创造的综合"，就是要否定文化保守派、激进派以及调和折中派的偏颇做法，主张剔除本土文化中陈旧而不良的东西，吸

---

① 王国维：《国学丛刊·序》，见姚淦铭、王燕编：《王国维文集》第四卷，北京：中国文史出版社，1997年，页366。王氏认为："何以言学无新旧也？夫天下之事物，自科学上观之，与自史学上观之，其立论各不同。自科学上观之，则事物必尽其真，而道理必求其是。凡吾智之不能通，而吾心之所不能安者，虽圣贤言之，有所不信焉；虽圣贤行之，有所不慊焉。何则？圣贤所以别真伪也，真伪非由圣贤出也；所以明是非也，是非非由圣贤立也。自史学上观之，则不独事理之真与是者，足资研究而已，即今日所视为不真之学说，不是之制度风俗，必有所以成立之由，与其所以适于一时之故。……今之君子，非一切蔑古，即一切尚古。蔑古者出于科学上之知识，而不知有史学；尚古者出于史学上之见地，而不知有科学。即为调停之说者，亦未能知取舍之所以然。此所以有古今新旧之说也。何以言学无中西也？世界学问，不出科学、史学、文学。故中国之学，西国类皆有之；西国之学，我国亦类皆有之。所异者，广狭疏密也。即从俗说，而姑存中学西学之名，则夫虑西学之盛之妨中学，与虑中学之盛之妨西学者，均不根之说也。中国今日，实无学之患，而非中学西学偏重之患。京师号学问渊薮，而通达诚笃之旧学者，屈十指以计之，不能满也；其治西学者，不过为羔雁禽犊之资，其贯串精通，终身以之如旧学家者，更难举其一二。风会否塞，习尚荒落，非一日也。余谓中西二学，盛则俱盛，衰则俱衰，风气既开，互相推助。且居今日之世，讲今日之学，未有西学不兴，而中学能兴者；亦未有中学不兴，而西学能兴者。"《王国维文集》第四卷，页366—367。

② 参阅汝信、王德胜主编：《美学的历史：20世纪中国美学学术进程》，安徽教育出版社，2000年，页411。

③ 参阅张岱年：《张岱年文集》第一卷，清华大学出版社，1989年，页265，转引自傅长珍：《文化与哲学的整合——论张岱年先生早期的哲学文化观》，见《学海》2001年第1期，页101。

收外来文化中鲜活而优秀的东西,用传统文化中"其命维新"的活的成分来启发进步,有效推动外来新文化的输入与消化,最终创造出有利于新陈代谢和复兴再生的华夏新文化。随后他还提出了"文化的创造主义",把"综合创造论"的现实意义提到攸关华夏文化再生与中华民族复兴的高度来认识。[①] 类似这样的文化观念和创新意识,对于那些关注中国文化建设、力图"为天地立心,为生民立命,为往圣继绝学,为万世开太平"(张载语)的中国学者来讲,必然会产生一定的激励和启发作用。这种作用势必也波及审美文化领域,在不同程度上影响中国现代美学的发展模式。

1. 片断性的因借发挥

20世纪以降,中国内忧外患,许多有良知、有抱负、有民族气节的知识分子,"上感国变,中伤种族,下哀生民",均以各自可能的方式探寻着救亡图存的文化革新之道。此时的"西学东渐"或文化转型,已从原来所偏重的文化器物层面(如船坚炮利)进而转向文化制度层面(如教育制度)和文化观念层面(如科学、哲学、美学、文学艺术)。虽然"旧学"(中)与"新学"(西)之争仍在继续,但"青山遮不住",前者势运日衰,后者精进如斯,蔚然已成显学。在这种社会大环境下,"学无中西"(王国维语)和"别求新声于异邦"(鲁迅语)之类的呼声日见高涨,形形色色的西方思想理念通过译介像潮水般涌入华土。在当时的中国美学和文艺界,这一趋势也构成了一道热闹的风景线。不少从事美学译介或文艺研究的学者,怀着文化

---

① 傅长珍:《文化与哲学的整合——论张岱年先生早期的哲学文化观》。张岱年在《世界文化与中国文化》《关于中国本位的文化建设》和《西化与创造》等文章中指出,文化的创造主义就是"不因袭,亦不抄袭,而是从新创造。对于过去及现存的一切,概取批判的态度;对于将来,要发挥我们创造的精神!惟有信取'文化的创造主义'而实践之,然后中华民族的文化才能再生;惟有赖文化之再生,然后中华民族才能复兴。创造新的中国本位的文化,无疑的,是中国文化之惟一的出路。宇宙中一切都是新陈代谢的,只有创造力永远不灭而是值得我们执著的"。

革新或社会改良的愿望,采用"他山之石,可以攻玉"的方策,一方面批判守旧,一方面积极引进,在紧锣密鼓中"你方唱罢我登台"。

这便是中国美学在学科意义上的初创阶段。在当时特定的历史文化条件下,开山之师们不大可能也无暇顾及系统地了解和研究西方美学源远流长的全貌,而是根据社会文化需求、个人的兴致所好与理想追求,在西方美学理论思想史的横断面上,截取了一些影响较大的学说,如康德的"审美无利害说"和"优美与崇高说",席勒的"审美游戏说"和"美育论",叔本华的"生命意志说"和"静观论",尼采的"超人天才说"和"悲剧论",等等,继而联系中国文艺传统中的相关因素,借题发挥,大加张扬。其中不乏片面的理解,机械的照搬,有意的夸大,概念的套释,牵强附会的取证,文本的误读和挪用,语境的错位和变形,而且在学术规范上也显得松散、随意,甚至杂乱无序。从学理上看,所有此类弊病显然是缺乏系统研究或片断性因借的必然结果。但从文化碰撞与文化选择的角度看,上述现象在一个急于救亡图存的社会环境里又显得是那么自然而然、必不可免。

尽管如此,处于初创阶段的中国美学也不乏成功的磨合,深刻的见地,新范畴的创设,富有智慧的概念嫁接和创造性的理论建树,其中最有代表性的当推王国维的"意境论"和"古雅说"。这主要与他追新求变的独创精神、深厚的传统文化学养和自觉的超越意识具有直接关系。另外,值得注意的是,当西方的美学概念及其相关的理论思想,一旦转换为汉语的表达形式,文化的变异也就随之开始了。我们知道,文化与语言是相互作用的。前者会影响到语言的内容与结构,如新术语、新词汇的出现和语法句式的变化;后者会影响文化中原有概念在第二语言符号中的内涵,导致"按字索骥"式的创造性误读。研究语言与文化之间关系的萨丕尔(Edward Spir)认为,语言不仅能列举出我们周围的环境,而且具有名副其实的强制力量。"语言之所以能给我们的经验下定义,是由于它本身在形式上具有完整性,同时也由于我们总是在下意识地把预期要用语言明确表达的观念，投射到我们的经验领域里去了。"① 譬如，"美学"的汉译名，是假道日本传入华土的，与原本出自古希腊语的 αισθητικος（拉丁化的英译为 aesthetics）并不怎么应和。后者通常用来表示感知能力和可以感知的东西，与其相对的则是表示没有感觉或感觉麻木的 αναισθητος（拉丁化的英译为 anaesthetic，意指麻醉、麻木或麻醉剂）。αισθητικος 作为学科，主要是研究感性知觉、艺术创造和审美判断的。西方人看到这个词，从字母组成的逻辑与语义关系中便可以自然而然地推导出其基本的范畴属性，但在汉字里，"美"这一象形的语言符号所具有的直观意义，很容易自动地消解原词所包含的整体和部分之间的逻辑关系。与此同时，"美"在中国文化，特别是儒家传统中与"善"互换的语义特征和道德伦理内容，也自然会以其自身拥有的"强制力量"制约人们的解读方式。由此所引发的创造性误读与文化的变异，也必然会在中国现代美学发轫之初产生一定的效应。

2. 系统化的学科架构

"五四"新文化运动将中国美学研究推向新的平台。特别是开创性的美育实践，不仅企图利用美学辅助文艺一同担负起民众启蒙教育乃至改造国民性的重任，而且在相关学者中间激发起建构美学学科体系的热情和努力，从而使系统化美学研究模式应运而生。该模式的宗旨在于参照和借用西方的科学研究方法，筛选和吸纳中国治学传统中的有效成分，由浅入深、由点到面、由局部到整体地梳理和厘清美学的历史沿革、文化背景、研究对象、基本范畴、理论形态、哲学基础等方方面面，进而确立其学科架构，完善其理论体系。这样不仅有利于消除和补正片断性美学研究的种种偏颇（如"就其一点不及其余"的论述方式），而且有利于深化艺术批评和

---

① 参阅 Edward Spir. "Conceptual Categories in Primieire Languages", in *Science*, 74 (1931), p. 578; C. 恩伯、M. 恩伯：《文化的变异》，沈阳：辽宁人民出版社，1988 年，页 136—137。

文艺学研究，同时也促进了中国美学思想与部门艺术美学的系统研究，堪称中国近现代美学发展的逻辑必然。

推动系统化美学研究的领军人物当属蔡元培。这不仅是因为他本人在德国莱比锡等大学接受过比较系统的美学训练，回国后又积极引入西方《美学的研究方法》(1921年)，亲自讲授过西方美学，并且拟定过《美学通论》的教材编写提纲(实际上已经写出《美学的趋向》和《美学的对象》两章)，更重要的是因为他担任北京大学校长之后，通过实施美育计划而影响全国教育领域，打下了广泛的社会基础，调动了研究人员的学术兴趣和积极性。

推动系统化美学研究的另一要素来自大量译介的西方美学著作。从国内最早于1920年出版的刘仁航译本《近世美学》、经由朱光潜等人译介的美学名著，一直到20世纪80—90年代由李泽厚主编的大型"美学译文丛书"，真可谓琳琅满目，蔚为大观。它们除了为国内系统化美学研究提供着必要的资料和参照框架(frame of reference)外，也的确在一定程度上支撑着国内美学研究的事业。

国内建构近现代美学体系的努力，在20世纪30—40年代取得了显著的成果。以吕澂、陈望道、李安宅、范寿康、朱光潜、蔡仪、傅统等人为代表的美学家，相继撰写了多部题为《美学》《美学概论》《美学纲要》《文艺心理学》以及《西方美学史》之类的专著。他们或以知识的真、善、美三分法来界定美学学科的特征，或从学术、精神、价值和规范角度来分析美学的性质，或以主要的美感理论形态来组合美学的发展体系，抑或从艺术创造的合规律性出发来批判旧美学，建立新美学。虽然有的观点失之简略，有的地方稍嫌浅泛，有的结构难免雷同，有的学说显露出照搬或挪用的痕迹，有的论述也多少残存着机械或强辩的色彩，但总体上是在不断追求完善的过程中，系统地勾画出这门学科的基本特色及其方法原理。与此同时，系统化模式也有效地促进了中国艺术美学的体系化研究，从而为日后建立中国古典美学思想体系奠定了基础。这方面的成果甚丰，譬如朱光潜的诗论，丰子恺的画论，邓以蛰的书法欣赏，李泽厚、刘纲纪、叶朗、敏泽等人的中国美学史……从论述方法和体系结构上看，其中尽管不乏理论的因借、概念的嫁接、语义的转换，但基本上还是立足于中国的文化背景与思维传统，从纵横两方面展现出中华美学思想的发展经纬和独特风貌。

3. 中西会通式的理论整合

从中西文化碰撞与磨合的夹缝中发展起来的美学，始终伴随着不同形式的中西美学比较过程。这种比较，需要跨文化研究的学术视野、平等的对话意识、学贯中西的学养和会通学理方法的能力。唯此，才有可能通过相关的理论整合而有所创建、有所超越。

所幸的是，中国近现代美学界的确涌现出这样一些特殊人才，其中众所公认的有朱光潜、丰子恺和宗白华等著名美学家。他们的共同之处在于一方面到海外接受过系统的学术训练，习得西方文化与美学的科学精神，也谙悉西方学理的要求及其规范；另一方面又都从小接受过中国文化的熏陶和传统的教育，具有深厚的国学功底和东方特有的妙悟智慧，同时也自觉地担负着创造中华新文化的历史使命和热衷于人生艺术化的理想追求。

就其成果而言，朱光潜早期所著的《文艺心理学》和《谈美》等书，总体上是以西方近现代重要美学理论为主干，利用语义转换、观念比较和取证于中国传统文艺理论以及诗歌范例的方式，有效地化解了外来学说的生疏与隔膜。譬如借助中国古代文论中的"情景交融"和"超然物外"说，分别诠释里普斯的"移情作用"和布劳的"心理距离"论；基于康德的"无关利害的凝神观照说""美的自由说"与席勒的"游戏说"等等，进而接道家传统之"木"，提出了"人生的艺术化"这一重要理论。其后所著的《诗论》一书，则是"百尺竿头，更进一步"，在会通中西学理和整合中西诗学理论基础上，通过科学地分析和对比中西诗歌的节奏、声韵、音波、情趣、意象、句法、韵法等要素，揭示了中西诗歌艺术的不同特征，其恰当的体例、严整的逻辑、缜密的求证和平实的结论，为创设中国现代诗学和中西比较诗学树立了一个新的里程碑，迄今恐怕还无人超越这一成就。难怪著作和译作等身的朱先生声称自己一生仅写了这么一部书。相比之下，丰、宗二位先生更多地是从书画艺术的角度对中外美学进行比较研究。他们在中西绘画的审美理想、价值特征、创作规律和构成要素的相应功能等方面，都做了开创性的研究比较和理论归结，并对其发展方向提出了有意义的前瞻性展望，其学识和风范均为后学树立了榜样。

　　需要指出的是，真正意义上的中西美学会通，并非简单的"移花接木"之述，而是在讲究学问、义理和思想异同的基础上取得创获。常见的做法是利用西方的学理方法和科学精神，审视和诠释以传统诗学、文论和画论为主要内容的中国审美文化，或使含蓄模糊歧义的概念得以澄明，或在中西互为文本的语境中进行跨文化的沟通会通。这种中西美学会通的本质特征，犹如牟宗三在论及中西哲学之会通时所言，关键在于"解消二律背反"，既承认普遍性，也承认特殊性，在沟通会通过程中追求的是普遍真理，而不是合二为一。相反，双方"各保持其本来的特性，中国保持其本有的特色，西方也同样保持其本有的特色，而不是互相变成一样。故有普遍性也不失其特殊性，有特殊性也不失其普遍性，由此可言中西哲学的会通，也可言多姿多彩"。[①] 中西哲学会通如此，中西美学会通亦然。在这方面，其典型的范例之一要数李泽厚的审美"积淀说"。此说融贯了实践哲学的基础，得益于贝尔（Clive Bell）"有意味的形式说"（the siginificant form）和荣格（Carl Jung）的"集体无意识说"（the collective unconscious），同时也深受"只可意会，不可言传"的中国体验妙悟式思维特点的影响。尽管"积淀说"还不足以涵盖人类不断追求超越性的审美创造活动与理论研究的动态过程，但其中西会通的性相给当代中国美学研究人员以莫大的启迪。

---

① 牟宗三：《中西哲学之会通十四讲》，上海：上海古籍出版社，1998年，页5—6。

4. 跨学科综合型的美育实践

20世纪初，王国维有感于僵化滞后的中国教育体系和鸦片之毒害使世风萎颓的社会现状，在探讨研究教育的宗旨、人间的嗜好与孔子的礼乐诗教等问题时，积极倡导开展美育的重要性和必要性。同时代的梁任公，在标举"趣味教育"之时，也深刻地认识到美育在人生中的不可或缺性。但碍于时局和历史条件，他们在美育实践上并无多少实际的作为，只是尽己所能地做了一些理论铺垫工作。倒是后起之秀蔡元培，于1917年初出任北京大学校长后，担起教育救国与社会改良的使命，不仅发表了以"美育代宗教"的著名学说，而且率先垂范，以北京大学为龙头开展了不同形式的美育教学以及艺术实践活动，从而在真正的意义上开中国美育的先河，奠定了相关的理论和经验基础。

迄今，历经几代人的努力，中国美育的理论与实践均已取得显著的成就。时逢举国上下强调人文素质的教育改革之机，"美育"作为人格教育的重要一环终于被纳入国民教育方针之中。为适应新时期的社会要求，国内一些美学家经过长期探索和总结，提出了不少有效的美育理论和方法。其中比较突出的要数滕守尧等人创设的生态式美育新模式。该模式不同于传统上以教师为中心、忽视学生自由创造性的灌输式美育模式，也有别于偏重学生自我表现能力而忽视艺术激发和教师作用的园丁式美育模式，而是以跨学科综合型的教学实践为出发点，通过美学、艺术史、艺术批评、艺术创造和设计等多种不同学科之间的生态组合，通过经典作品与学生之间、作品体现的生活与学生日常生活之间、教师与学生之间、学生与学生之间、学校与社会之间等多方面和多层次的互生互补关系，提高学生的艺术感觉和创造能力。诚如滕守尧本人所言，在自然"生态系统"中，各种不同物种达到一种最佳组合时，才能形成一种互生、互补、生机勃发、持续发展的生态关系。生态式美育就是一种充分体现生态智慧和不断运用生态智慧的艺术教育。这种艺术教育首先就是要打破美学、艺术史、艺术批评、艺术创作、艺术心理学、艺术社会学、文化人类学等不同学科之间的隔离状态，建立它们之间的生态关系。其次是强调艺术欣赏与艺术创造之间的相互融合和相互渗透，使艺术敏悟与艺术创造之间贯通。最后是要通过对艺术形式的感知和分析，分辨和认识艺术作品中清与浊、大与小、短与长、疾与徐、哀与乐、刚与柔、高与下、出与入、密与疏、虚与实等不同因素和不同事物之间"物物相需"的生态关系和由此而导致的可持续性生命过程。长期接受这种训练，就会通过慢性熏陶异质同构作用，影响人的心理结构，使之成为一种与杰出艺术品同样的开放性和可持续性发展结构。

事实上，这一模式不仅具有跨学科的特征，而且也流溢着跨文化的韵致。简单说，它参照了美国艺术教育界于20世纪90年代提出的"以多学科为基础的艺术教育"（discipline-based arts education）设想，有选择地吸收了中国古代诗乐教育传统的某些积极因素和多年来行之有效的美育方法，同时也融会了环境生态学、精神生态学和现代与后现代设计文化的有趣内容。众所周知，美学相当于批评的艺术，主要从哲学角度来分析审美概念和解释艺术表现；艺术史相当于传承的艺术，有助于人们理解历史语境中的艺术作品；艺术批评相当于沟通的艺术，主要基于艺术的合规律性来评价和诠释艺术作品及其欣赏价值；艺术创作相当于创造的艺术，是引导和鼓励人们从事艺术作品制作或创造的；环境生态保护绝非见物不见人的单一技术观念，而是基于"仁民爱物""赞天地之化育""曲成万物而不遗"等传统伦理观念与现代"可持续发展"的思想，旨在培养人们爱护外部生态环境和协调内部精神生态环境的自觉性，进而和谐人与自然的关系、人与人的关系，以及情感与理智、物质与精神的关系；设计文化是现代审美文化的重要内容，旨在提高"实用品艺术化"的品位和人类生活质量。所有这些学科尽管不能完全兼容，但密切相关，对人文素养教育和现代社会生活具有直接影响。经过一段时间的实践磨合，想必会丰富艺术教育的内容，活跃课堂教学的气氛，增加学校乃至社会、家庭美育的广度和深度。

5. 溯本探源式的跨文化思索

从中西文化哲学与文化诗学角度来探讨中西文化精神及其审美特性，是美学与审美文化研究的进一步深化。这不仅需要纵向的把握和归纳，而且需要横向的分析和比较，同时也需要研究者有融贯古今中外和打通文史哲诸学科的深厚学养。在这方面，方东美、唐君毅、徐复观等人所取得的成就很值得我们关注。

譬如，在《哲学三慧》《生命情调与美感》《诗与生命》《广大和谐的生命精神》《从比较哲学观旷观中国文化里的人与自然》以及《中国人的艺术精神》等文章中，方东美以溯本探源的跨文化研究方式，从纵横两大维度揭示了希腊、欧洲和中国的文化精神与审美特性。首先，他从希腊、欧洲与中国的三种智慧样态的整体角度出发，来昭示各自不同的思维方式、文化精神与民族生命特征。据其所述，希腊人以实智照理，起如实慧，衍生为契理文化，主要在援理证真；其民族生命特征以酒神狄俄尼索斯(Dionysus)、日神阿波罗(Apollo)和天国奥林匹斯(Olympus)为三种精神代表，分别象征豪情、正理和理微情亏，三者之中以日神精神为主导。欧洲人以方便应机，生方便慧，形之于业力又称方便巧，衍生为尚能文化，主要在驰情入幻；其民族生命特征以文艺复兴(the Renaissance)、巴洛克(the Baroque)和洛可可(the Rococo)为三种精神代表，前者以艺术热情胜，中者以科学奥理彰，后者则情理相违、凿空蹈虚而幻惑，兼此三者为浮士德精神(the Faustian)。中国人以妙性知化，依如实慧，运方便巧，成平等慧，衍生为妙性文化，主要在挈幻归真；其民族生命特征以老、孔、墨为精神代表，老子显道之妙用，孔子演易之"元理"，墨子申爱之圣情，贯通老墨得中道者厥为孔子，道、元、爱三者虽异而不隔。这样，希腊慧体为一种实质和谐，类似音乐中的主调和谐，具有情、理、欲兼顾的三叠和谐性；欧洲慧体为一种凌空系统，类似音乐中的复调和谐，具有内在矛盾之系统；

中国慧体为一种充量和谐、交响和谐，具有彼是相因、两极相应、内外相孚、不滞不流、无偏无颇等同情交感之中道特点。

随后，方东美认为上述三种文化精神及其特性，自然会影响各自的艺术表现形式和审美风格。譬如，希腊文化的三叠和谐性以体现科学精神的理（智）为主，所以提倡节制的美德，以情（感）为辅，所以控制过度的欲（望）。在艺术上，建筑艺术美表现为对称、比例与均衡三者交互和谐，悲剧诗艺美表现为动作、空间与时间的三一律形式，雕刻艺术美表现为中分线经鼻尖、肚脐与两足中间三点的一体三相和谐。欧洲文化的凌空系统，其性质深秘微密，其内容虚妄假立，学理无穷抽象，处于二元或多端对立的内在矛盾系统。反映在文学上，则驰情入幻，心理动机冲突发展，如浮士德诗剧一样方生方死，转变无常，寻寻觅觅，怪怪奇奇。反映在建筑上，其形式如倾斜欹侧，危微矗立，锥峰凌霄，廊庑空灵之教堂。反映在绘画上，则讲究透视法，故浓淡分层，明暗判影，切线横堂，幻尺幅空间之远近，艳色掩虚，饰瑰奇美感之假有。中国文化追求充量和谐，讲究同情交感之中道。就艺术言，其神韵纡余蕴藉，生气浑浩流衍，意境空灵，造妙入微，令人兴感，神思醉酡。于诗礼乐三科，诗为中声之所止，乐为中和之纪纲，礼是防伪之中教。中国建筑之山回水抱，得其环中，以应无穷，形成园艺和谐之美。绘画六法，分疆叠段，不守透视定则，然位置、向背、阴阳、远近、浓淡、大小、气脉、源流出入界划，信乎皴染，隐迹立形，气韵生动，灵变逞奇，无违中道，不失和谐。中国各体文学传心灵之香，写神明之媚，音韵必协，声调务谐，劲气内转，秀势外舒，文心开朗如满月，意趣飘扬若天风，妙合重用和谐之道本。[1]

再则，这位诗人兼哲学家断言，文化乃心灵的全部表现，宛如表现人类生命、情感与思理的一幅幅图画。要研究一个民族的美感或审美特性，要从其生命情调及其特征切入；而要了解其生命情调与特征，又必须探讨

---

[1] 方东美：《哲学三慧》，见《生命理想与文化类型——方东美新儒学论著辑要》，蒋国保、周亚洲编，北京：中国广播电视出版社，1993年，页85—106。

其宇宙观。诚如他所言,"宇宙,心之鉴也,生命,情之府也,鉴能照映,府贵藏收,托心身于宇宙,寓美感于人生。……生命凭恃宇宙,宇宙衣被人生,宇宙定位而心灵得养,心灵缘虑而宇宙谐和,智慧之积所以称宇宙之名理也,意绪之流所以畅人生之美感也。……各民族之美感,常系于生命情调,而生命情调又规抚其民族所托之宇宙,斯三者如神之于影,影之于形,盖交相感应,得其一即可推知其余者也,今之所论,准宇宙之形象以测生命之内蕴,更依生命之表现,以括艺术之理法"[1]。根据他的分析归纳,希腊人的宇宙,形体质实圆融,空间上下四方,时历往来古今,因此描述世界形象"具体而微",持"拟物宇宙观"。词人所谓"天似穹庐,笼盖四野,天苍苍,野茫茫,风吹草低见牛羊",最形象地表达了希腊人的宇宙。近代西洋人的宇宙,则为无穷之境界,质、空、时、数均属无穷,其宇宙观自然应乎无穷。相比之下,希腊人纵目瞰宇宙,自觉"地形连海尽,天影落江虚",大有"独坐清天下"之妙趣。近代西洋人豪思寄宇宙,但感"苍茫云海间","长风几万里",转生"惆怅意无穷"之远兴。西洋人这种渺无涯际的宇宙情怀,犹如歌德诗中所述:"乾坤渺无垠,生世浑如寄。晏息向君怀,驰情入幻意。"中国人的宇宙,则是一有限之质体而兼无穷之"势用"。中国人通常轻视科学理趣,而看重艺术意境,以艺术化的神思来经纶宇宙,因此其宇宙观"盖胎息于宇宙之妙悟而略露其朕兆",可用庄子的"圣人者原天地之美而达万物之理"一语加以概括。比较而言,"希腊人与近代西洋人之宇宙,科学之理境也,中国人之宇宙,艺术之意境也"[2]。于是,在各自的生命情调、美感特性及其表达形式上便构成一定的差异,若将其置于灯彩流翠的戏场上可作如是观:[3]

---

[1] 方东美:《生命情调与美感》,见《方东美集》,黄克剑主编,北京:群言出版社,1993年,页355—357。
[2] 方东美:《生命情调与美感》,见《方东美集》,页357—366。
[3] 方东美:《生命情调与美感》,见《方东美集》,页356。

戏中人物	希腊人	近代西洋人	中国人
背景	有限乾坤	无穷宇宙	荒远云野，冲虚绵邈
场合	雅典万神殿	哥特式教堂	深山古寺
缀景	裸体雕刻	油画与乐器	山水画与香花
题材	摹略自然	戡天役物	大化流行，物我两忘
主角	阿波罗	浮士德	诗人词客
表演	讴歌	舞蹈	吟咏
音乐	七弦琴	提琴钢琴	钟磬箫管
境况	雨过天青	晴天霹雳	明月箫声
景象	逼真	似真而幻	似幻而真
时令	清秋	长夏与严冬	和春
情韵	色在眉头，素雅朗丽	急雷过耳，震荡感激	花香入梦，纡余蕴藉

这种宏观的研究和跨文化的比较，虽不能翔实周备，但却能从总体上彰显古希腊、近代欧洲和中国文化传统、文化精神和美感特征的实质要素，从类型上昭示各自的差异性和独特性。当然，古希腊的科学求真精神，在近现代欧洲是得到继承发扬的，其逻辑分析传统几乎一脉相承，所谓"欧洲文化，言必称希腊"也说明了其中的文化渊源。值得指出的是，这种跨文化比较，并无扬此抑彼之嫌。譬如论及西方以科学理境为主、中国以艺术意境为主的宇宙观时，作者特意指出："科学理趣之完成，不必违碍艺术之意境，艺术意境之具足亦不必损削科学之理境，特各民族心性殊异，故其视科学与艺术有畸重畸轻之别耳。中外宇宙观之不同，此其大较，至其价值如何论定，则见仁见智，存乎其人可也。"[①]

另外，基于广阔的国际文化视野和文化批评意识，作者在比照相关文化的特征和优点的同时，也指陈了各自的不足或弊病。就后者而言，希腊与欧洲文化各有三大弱点，中国文化列有七个弊端。譬如，希腊式智慧"遗弃现实，邻于理想，灭绝身体，迫近神灵，是以现实遮可能，觉此世

---

① 方东美：《生命情调与美感》，见《方东美集》，页366。

第三部分　美学与人生

之虚无，以形骸毁心灵，证此生之幻妄。……从此可知希腊文化之崩溃，哲学之衰落，实为逻辑之必然结果也"①。欧洲式智慧过于迷恋"论辩造妙"，因此"欧洲人深中理智疯狂，劈积细微，每于真实事类掩显标幽，毁坏智相，滋生妄想。观于心性之分析，感觉现量本可趋真，而谓摄幻；理性比量原能证实，而谓起疑；幻想似量究属权宜，而谓妙用。其甚也，人格之统一，后先相承而谓断灭，身心之连谊，彼此互纽而谓离异。内外之界系，尔我交喻而谓悬绝"②。中国人虽然悟道之妙，然四千年智慧昭明之时少，暗昧锢蔽之日多，原因之一在于"中国哲学家之思想向来寄于艺术想象，托于道德修养，只图引归身心，自家受用，时或不免趋于艺术诞妄之说，囿于伦理锢蔽之习，晦昧隐曲，偏私随之。原夫艺术遐想，道德慈心，性属至仁，意多不忍，往往移同情于境相，召美感与俄顷，无科学家坚贞持恒之素德，颇难贯穿理体，钜细毕究，本末兼察，引发逻辑思想系统"③。

再者，溯本探源式的跨文化比较研究，当然不是为了比较而比较。实际上，其潜在的动机是为了在揭示中外文化异同的基础上，最终达到返本开新、融贯超越的目的，以便担负起完善人类、发展文化的崇高使命。诚如方东美所描述的那样，尼采所推崇的超人，负荷着人间世的一切意义，

---

① 方东美：《哲学三慧》，见《生命理想与文化类型——方东美新儒学论著辑要》，页96。希腊式智慧的另两大弱点：一是认为"现实生存流为罪恶渊薮，不符理想，可能境界含藏美善价值，殊难实现，是现实与可能隔绝，罪恶与价值乖违，人类奇迹现实，如沉地狱，末又游心可能，契会善美，故哲学家之理想，生不如死，常以抵死为全生之途径"。二是认为"躯体都为物欲所锢蔽，精神却悬真理为鹄的，身蔽不解，心智难生，故哲学家必须涤尽身体之淈浊，乃得回向心灵之纯真"。
② 方东美：《哲学三慧》，见《生命理想与文化类型——方东美新儒学论著辑要》，页99。其他两个弱点分别为："一切思想问题之探讨，义取二元或多端树敌，如复音对谱，纷披杂陈，不尚协和。举一内心而有外物与之交注，立一自我而有他人与之互争，设一假定而有异论与之抵触，见一方法而有隐义与之乖违。内在矛盾不图根本消除，凡所筹度，终难归依真理。""遐想境界，透入非非，固是心灵极诣，但情有至真而不可忽玩，理有极确而不能破除。欧洲人以浮士德之灵明，往往听受魔鬼巧诈之诱惑，弄假作真，转真成假，似如曹雪芹所谓'假作真来真亦假，无为有处有还无'也。"
③ 方东美：《哲学三慧》，见《生命理想与文化类型——方东美新儒学论著辑要》，页103。中国文化的弊端列有七点，主要是因循守旧，宗经崇圣，垄断学术，以权威约真理，经世致用，空存美谈，钓名渔利，科学精神缺乏，求真精神不足，没有独立和自由的学术传统，等等。

醉心于重估一切价值，但这只是一个空洞的理想而已。这一理想若能合理地吸纳中外灿烂的文化价值，即"以希腊欧洲中国三人合德所成就之哲学智慧充实之，乃能负荷宇宙内新价值，担当文化大责任。目前时代需要应为虚心欣赏，而非抗志鄙夷。所谓超人者，乃是超希腊人之弱点而为理想欧洲人与中国人，超欧洲人之缺陷而为优美中国人与希腊人，超中国人之瑕疵而为卓越希腊人与欧洲人，合德完人方是超人"①。这显然是一种富有浪漫主义和理想主义色彩的跨文化整合观，其实现的可能性也许大多存在于人们的想象和期盼中，但在新世纪文化全球化的当代语境中，我们并不怀疑其内在的启示意义。这对进行跨文化美学研究来讲，更是如此。

谈到中西文化会通融合，当代的新儒学大家们的确做了许多开创性的和建设性的工作，为我们继续研究提供了颇有借鉴价值的参照系。譬如，唐君毅、牟宗三、徐复观、张君劢等人，分别在《中西文化精神形成之外缘》和《中国文化与世界》等文中总结说，西方文化的来源为多元，融会着富有科学精神，吸纳了埃及、巴比伦和爱琴等文化成分的希腊文化，富有基督教精神的希伯来文化，富有人本主义精神的文艺复兴时期的民主启蒙文化以及倡导理性精神的近当代科学技术文化。而中国文化的来源是一元的，三朝以来，大体上一贯相仍，虽有华夏南北二支文化思想之论和齐鲁、秦晋、荆楚三支文化分类之说，但大多是在同一文化圈内因地理影响所形成的一些差异而已。自汉唐以降，虽然与印度、伊斯兰、景教等文化有一定接触，但未引发真正意义上的文化冲突，没有影响中国文化精神的核心。因此，中西文化发展的环境与路径不同，便形成各自明显的特点。从互补角度看，中国文化因缺乏多元的外缘，其文化精神便有缺失，可从西方文化中补充以下四点：一为向上而向外的超越精神。二为充量客观化人类求知的理性活动的精神。三为尊重个体自由意志的精神。四为学术文化上分途的多端发展精神。② 相应地，依据牟宗山等现代儒家学者的看法，

---

① 方东美：《哲学三慧》，见《生命理想与文化类型——方东美新儒学论著辑要》，页105—106。
② 唐君毅：《中西文化精神形成之外缘》，见《文化意识宇宙的探索——唐君毅新儒学论著辑要》，张祥浩编，北京：中国广播电视出版社，1993年，页308—309。

西方文化也有必要从东方的人文智慧中借鉴以下五点：一是"当下即是"的精神与"一切放下"的襟抱。二是"与物宛转俱流、活泼周运"的圆而神的智慧。三为温润而恻怛或悲悯之情。四为文化如何悠久的智慧。五为天下一家的情怀。这里虽然是在谈文化，但美学或审美文化作为文化整体的重要组成部分，在学理上是可以变通的。王国维研究美学、文学、哲学、史学的过程中，有效地利用了西方的方法、观念和本土文化中固有材料互相参证的理路，取得了举世瞩目的学术成就，就是一个成功的范例。现今的跨文化美学研究，更应当从相关的文化精神切入，置于不同文化的语境中进行。

综上所述，从片断性的因借发挥、系统化的学科架构、会通式的理论整合、跨学科综合型的美育实践到溯本探源式的跨文化思索，宏观上体现了中国现代美学纵向发展和学科研究深化的历史逻辑过程。特别是后三种模式，可以说是中国现代美学进入成熟期的主要标志。按照我们目前的理解，中西美学的会通式理论整合，代表中西美学的创造性转换和中国化美学理论创设时期；多学科综合型美育实践或生态式美育构想，代表科学化和有效性的大美育实践模式的成形；而溯本探源式的跨文化思索，则代表一种基于文化精神分析的新方法，这种方法把美学研究放在古今中外的历史文化背景中，追求的是返本开新、融贯中外的理论超越，不仅具有前瞻性，而且是指向美学的未来的。

十三　中华美学精神与活力因相说[①]

研究中华美学精神，不只是从知识考古学角度去挖掘其生成语境与历史传统，更要从实用活力论角度来透视其绵延流变与因革创化。通常，前一类研究囿于典籍，多成旧忆，具有博物馆式展示价值，其趋于固化的思想资源，很难与现代艺术实践与审美智慧产生有机联通。后一种研究侧重流变，可得新生，具有艺术实践的创化功能和审美智慧的育养机制，体现出绵延不已或持久常新的独特魅力。本文以天人合一观为例，尝试探讨中华美学精神的活力因相或生命力因缘特性，借此阐明其活力因中本体相（体）、应用相（用）与成果相（果）三者的互动作用。

1. 中华美学精神要旨

"中华美学精神"涉及"中华美学"与"精神"两个概念及其复合用意。"中华美学"原本是参照"西方美学"（Western aesthetics）而得名。"西方美学"是突出感性认知的感知科学（science of perception），是关乎艺术本体论、价值论与创作规律的艺术哲学。在学科建构中，"中华美学"通常模拟"西方美学"的理论范式，但在论述审美体验时，则会凸显"中华美学"注重精神境界、道德修养与人格品藻等特点。所有这些特点，主要表现为由表

[①] 本文原名为《活力因相说——中华美学精神的绵延机能》，载《哲学研究》2015 年第 5 期。作者应邀将其译成英文，题为"Rethinking the Spirit of Chinese Aesthetics"，刊于 *Synthesis Philosophica*（Croatian Philosophical Society），forthcoming in 2022。本文收入此书时，作者对其做了补充。

及里的审美导向,首先是重直观形式美的悦耳悦目体验,其后是重内容理趣美的悦心悦意体验,最后是重人文精神美的悦志悦神体验,这一由形入神的上达理路,实与追求内向超越性的中华文化传统密不可分。因此,在中华审美意识中,美的功能往往超出愉悦或快乐范畴,更强调"以美启真"和"以美储善"两个向度。这里所言的"真",包括人类之真情、人生之真境、生命之真实、宇宙之真谛乃至艺术之真理性内容等;这里所言的"善",包括善心、善性、善德、善思、善行以及善言等。相比之下,"中华美学"的自身特点与审视方式,明显有别于"西方美学",其内向超越性要求及其道德目的性追求,也明显高于注重形式感和直觉性的"西方美学"。当然,这并不是说"中华美学"在学科建构上或科学含量上也高于"西方美学"。实事求是地讲,前者在这一点上远不及后者,这也是前者经常以后者为范型的要因所在。

至于"精神"意指,主要涵盖三层:一是思想、情感与性格,二是活力、主旨与主要趋向,三是根本属性、典型特质及风采神韵。这三者具有互动性内在联系。但就"中华美学精神"来讲,我认为它大体是指中华美学反映在艺术创作、审美价值、鉴赏准则、道德情操以及人文精神等领域里的核心思想(the core thoughts)、典型特质(the typical qualities)、根本理据(the fundamental rationales)与深层活力(the underlying liveliness)。

从目的论判断上看,"中华美学精神"属于"人文化成"理想追求的重要组成部分。在古代中国,这种理想主要是通过两大路径得以体认与趋近。一是"观乎天文,以察时变",二是"观乎人文,以化成天下"。前一路径注重观察日月星辰等天体在宇宙间的交互运行现象,将这类现象视为天的文饰,借此识别与明察四季时序的变化;借助这一观察和认识方式,在了解和依据外在变化的同时,设定和调整人类自身的行为与活动;这里面隐含着知天、顺天与用天的天人互动或天人相合等朴素思想。后一路径注重观察人的文饰,即文采、文雅、文操和文明的言行举止、风俗习惯以及伦常秩序等,这些文饰可以照亮人性,培育德性,养成善行,不仅引导和促进人之为人的修为,而且使人止于应有的分际而不横行妄为,由此确保社会人生的和谐有序，这也就是"文明以止"的"人文"功用。古时要实现这一功用，主要诉诸礼乐文化教育，以期达到移风易俗、教化民众、治理天下等目的。在中国人文历史进程中，重视人文化成或人文教化的先秦诸子，均从不同角度标举和谐、自由和仁爱的人文价值，从而为中华审美意识或美学精神奠定了坚实的根基。

从中华审美传统上看，这一根基在儒家那里主要表现为重德性致中和的尽善尽美意识，在道家那里主要表现为贵真性崇自然的逍遥至乐意识，在释家那里主要表现为尚空性倡般若的超越时空意识。从古代艺术与生活智慧上看，这一根基主要表现为感性活动中的理性精神，美感形式中的生命精神，自然山水中的乐天精神，现实环境中的自由精神。从构成要素上看，这一根基主要隐含在情理并举，形神兼备，虚实相生，刚柔互济，言意、体性、气韵与意境之辩等基本审美范畴之中，既关乎艺术的创作法则与价值取向，也涉及艺术的风格神韵与鉴赏标准。相比之下，从典型特质与根本理据上看，中华美学精神较为集中地表现在"天人合一"或"天人相合"这一观念之中。"天人合一"通常被视为中华美学的最高境界，是就人作为道德存在和审美主体所追求的"内向超越"或"审美超越"而设的基准。

简而言之，"内向超越"所能表达的最高境界，是"人心"与"道心"的合一，这主要是基于仁心内化的道德原则，由此促成的合一境界，与先秦轴心时期形成的新"天人合一"观密切相关。[1] "审美超越"得以促成的要素，在于包含自由直观、人性情感和人性能力的审美敏感性，需要依据人类的"文化心理结构"进行审视。此处的审美敏感性，也涉及"天人合一"的审美境界。而这种"天人合一"论，包括自然的人化和人的自然化两个方面。[2]

质而言之，上述超越性在道家主要表现为"以天合天""乘物以游心"或"得至美而游乎至乐"的虚静道心、自由精神与独立人格，目的在于修炼超

---

[1] 余英时：《论天人之际》，北京：中华书局，2014年，页213—227，212—215。
[2] 李泽厚：《人类学历史本体论》，青岛：青岛出版社，2016年，页293。

然物外的"真人"品藻；其在儒家主要表现为"下学上达""赞天地之化育"或"曲尽万物而不遗"的知天、事天和用天之探索精神和实用理性，目的在于成就文质彬彬的"君子"人格；其在释家则主要表现为"真性惟空""水流花开"或"一朝风月，万古长空"所象征的般若智慧与空灵妙悟，目的在于涵泳无限圆融的"觉者"心性。于是，从人类学本体论的立场来看，这一超越性一方面关乎人类在现实世界或俗世生活里的安身立命愿景，另一方面关乎人类在精神世界或精神生活里的形而上追求之道。

2. 活力因的三相组合

本文所言的实用活力论（pragmatic vitalism），是因循中国实用理性（pragmatic reason）来揭示中华美学精神绵延流变与因革创化的活力论。此论在强调有用性、伦理性、情理结构、历史意识和与时俱进等要素的同时，也强调实体性根本理据在艺术实践和审美鉴赏领域里的发展机能或活力。要知道，中华美学精神作为一种具有典型特质的理论有机体，其自身活力在根本上决定着它的生命力或持久力。那么，其活力因相何在？其内在关联怎样？

所谓"活力因相"，是指构成活力因（cause of vitality）的体、用、果三相，即由本体相、应用相和成果相组成的内在结构。应当指出，这里所言的"因"，是指"原因"或"因果"之"因"，内含"引发"与"产生"之能；这里所言的"相"，是指"性相"或"相态"之"相"，内含"特性"与"方面"之意。另外，所谓本体相（the substantial aspect），主要是指中华美学精神的根本理据及其典型特质，有别于牟宗三所讲的"实有体"，后者代表本心、道心、真常心或由此衍生统合的自由无限心，意在取代康德所言的"自由意志"；所谓应用相（the applicable aspect），主要是指中华美学精神的本体相在艺术实践过程中的应用与运作性能，不同于牟宗三所讲的"实有用"，后者是本着"实有体"而起实践用，代表那种凭借实践来证现"实有体"的作用，意在转换康德所言的"理智直觉"及其功能；所谓成果相（the fruitful aspect），主要是指中华美学精神的本体相与应用相在艺术创构过程中所成就的最终结果或杰出作品，相异于牟宗三所讲的"实有果"，后者是本着"实有体"而起实践用所成就的结果，意在通过成真人、成圣、成佛以取得实有性或无限性，试图借此扬弃康德所言的"物自体"。总之，笔者是从实用活力论视域出发，借助本体相、应用相与成果相三者来探讨中华美学精神绵延创化之活力因，而牟宗三则从"基本存有论"立场出发，以自由意志为"实有体"、以理智直觉为"实有用"、以物自体为"实有果"来论述其三位一体的理论架构。[1] 可见，各自旨趣与目的不同，所论必然形似而质异。

比较而言，在活力因的三相组合中，本体相实属根基或理据。这里所言的"本体"，主要是指具有化育或生发能量的基本起始之根（root as a fundamental genesis with generative energy），而非西方哲学中永恒不变、唯一自在与不可知的"本体"（noumenon）。在中华美学精神的诸要素中，"天人合一"观最具典型特质。它作为一种审美境界，虽有朦胧模糊之嫌，但不失为一种可思想的对象、可体悟的过程、可参照的量度。在审美经验中，其本体意义实为具有生发能量的根本性创始意义，主要是通过"天地有大美而不言"中的"大美"引发出来。这"大美"或表示自然规律性的大道之美，或表示万物化育创生的大德之美，或表示宇宙生命精神或太虚之气的流动之美，或表示天地神工鬼斧所造化的景观之美，等等。这"大美"，不仅是人类认识、欣赏和利用的对象，而且是艺术模仿、灵思和创构的源头。

若从"人文化成"的目的性追求来看，"天人合一"中的"天"，无论其作为规律性或自强不息的"天道"，还是作为自然界或化育万物的"天地"，对人之为人的理想追求而言，均具有认识价值、参照意义或范导作用。"人"在下学而上达，"天"在范导而下贯，在此互动关系中，人为设定出理想的"相合""和合"乃至"合一"境界。这一境界在审美妙悟意义上，使人

---

[1] 牟宗三：《牟宗三先生全集》第21卷，台北：联经出版事业有限公司，2003年，页449；另参阅陶悦：《牟宗三"体、用、果"三位一体的理论架构》，见《哲学研究》2014年第12期，页45—46。

感知和体验到天地无言的"大美";在本体或存有意义上,使人从个体的"小我"进入天地宇宙的"大我";在道德或精神意义上,则使人升华到悦志悦神或内圣外王的玄秘之境。这三个层面彼此应和,由此趋向人之为人可能取得的最高成就。

值得注意的是,"天人合一"的观念如同一面镜子,通过审美体验折映出有情宇宙的观念。鉴于人格神在中国文化与民族心理中缺位,"天"的观念备受推崇,一般被尊为人类栖居的精神家园。为了使其便于人类接纳和亲近,就将人情与希冀注入这一家园,这在人类学本体论意义上有利于人类安身立命。人情与希冀有助于育养人对于天地宇宙的强烈亲和意识,这便使天地作为精神家园的观念同样适用于宇宙作为精神家园的观念。如此一来,借助"天地之大德曰生"等思想,原本无情的宇宙便成为有情的宇宙。至于"合一"境界,通常假定是经由审美体验得以实现。这里的审美体验具有超道德快感、绝对精神自由与审美升华或审美超越等特征。正是凭借这种"合一"境界,人类个体自我能够登堂入室,踏入天地或宇宙这一精神家园,以其快乐意识与乐观韧性,直面俗世人生中的各种境遇。

另需指出的是,在中国思维模式和思想传统里,"体用"关系是相辅相成的互动关系,因此有"体用不二"之说。这"体"对内作为具有生发能量的根本或根源,犹如一种活性机制;对外可显示其生发能量的"用",展示出不可或缺的引导或启迪作用。诸如上面所说的"天人合一"观,就是"体用不二"的范例之一。不过,要说明活力因的三相组合关系,还需参照"三位一体"的原理予以审视。若对艺术家来讲,其实践理路通常是基于本体相来启动应用相,讲究的是体悟与灵思,可谓"依体致用";随之是实施应用相来达到成果相,讲究的是表现与创构,可谓"化用为果"。据此,活力因中的本体相(体),是根本或根源,是启动应用相的内在机能或基因密码。活力因中的应用相(用),它的实际作用至少体现在两个主要领域:一是对精神境界、道德修养或人格情操的促动与提升,这最充分地反映在道家所倡导的精神自由与独立人格诸多方面;二是对艺术修养与艺术创作的驱动与推进,这突出地反映在中国画境三分的学说与实践之中。活力因中的成果相(果),是依据本体相而施行应用相所成就的最终结果,或者说是艺术家将天人合一理据应用于艺术生产实践创构的杰出作品。

对于这类作品,观赏者的认知逻辑又是怎样的呢?一般说来,这种逻辑首先是依靠成果相来觉解应用相,侧重由表及里的感知与直观,可谓"由果识用";其后是根据应用相来推导本体相,强调追根溯源的分析与体察,可谓"由用知体"。应当看到,这种分层描述,主要是为了说明三者的互动关系。若从"体用不二"的法则来看,我们会在实践与认知过程中遇到"即用即体"的现象。若从"三位一体"的原理来看,我们也会在相关过程中发现"果即体用"的可能。限于篇幅,此处不赘。下面仅以文人山水画的艺术追求与创作经验来佐证上述论说。

3. 师天地的画境文心

在道家传统中,有关天人合一观的学说尤为突出。譬如,继老子倡导"从事于天者,同于天;同于天者,天亦乐得之"[①]的理念之后,庄子更进一步,直接断言"天地与我并生,万物与我为一",同时鼓励求道者通过"朝彻""悬解",以便"与天为徒","与物为春","游心于物之初","独与天地精神往来",由此成为"乘云气,骑日月,而游乎四海之外"的逍遥"真人"。这一思想深刻影响了中国文人山水画的进路,最终衍生出"外师造化""师法自然""师山川""师天地"之类主导性绘画原理。此类原理经过王维、马远、倪云林与董其昌等唐宋元丹青大家的实践运作,相继取得突破性艺术成就,最终将业已成熟的山水画(特别是文人山水画)推向历史高峰。

众所周知,中国笔墨山水,注重画境文心,讲究修为创化。按照画家艺术造诣、人文素养与作品意境,山水画大体分为三级:一为师法古人、

[①] 老子:《道德经》第二十三章。

训练技法与临摹名作的移画，二为师法山川、培养独创意识与摹写山水景象的目画，三为师法天地、修炼传神功夫与表现宇宙生命精神的心画。相比之下，移画为基，目画为塔，心画为顶。三者循序渐进，终以逸品为上乘。在逸品类，文人山水画作占据首位。

中国历史上的文人山水画家，为了创构闲逸轻灵与物我合一的画境文心，无不推崇与践履"外师造化，中得心源"的艺术法则。他们通常认为造化之功，犹如神工鬼斧，能使江山如画，万象奇绝，不少自然美景甚至超过人力所为的"艺术作品"。为此，画家需要在艺术上敏于观察体会，能够发现物象的微妙特征，能够感悟到自然的生命力，能够采用自由精到的水墨笔法，将所见所感生动而形象地呈现出来。然而，仅靠这种临摹写生，尚不足以创构杰作，也不足以成为一流大师。诚如张彦远所言："今之画人，粗善写貌，得其形似，则无其气韵；具其彩色，则失其笔法。岂曰画也！"[1]这就是说，仅限于"摹写"之类的技法，虽然能够画什么像什么，但却表现不出内在的神韵，充其量是以形写形，而不是以形写神。此等技艺难以达到至高的画境（"艺不至也"）。这就需要修炼"传神"的功夫。为此，艺术家需要不断提高自身的观察力、想象力、鉴赏力与创造力，以便使自己神游四海，精骛八极，领略天地间的无言之美，感受宇宙间的生命律动，最终获得绝妙的灵思，跃入自由的境界，绘出独特的画作。

在这方面，明画家董其昌上承古法先贤，博采众长，钩深致远，厚积薄发，不仅总结出"师天地"的绘画主张，为后世画坛积累了新的经验、设定了新的法度，同时还创作出最具代表性的山水杰作，在艺术领域树立了新的标杆，产生了悠久的影响。据明末姜绍书《无声诗史》所载，董其昌画仿宋元名家，"精研六法，结岳融川，笔与神合。气韵生动，得于自然。所谓云峰石迹，迥出天机，笔意纵横，参乎造化者也"[2]。事实上，董氏本人经过多年创作与思索，深谙画道，在已届知天命之年时，基于实践经

---

[1] 张彦远：《论画》，见沈子丞编：《历代论画名著汇编》，北京：文物出版社，1982年，页36。
[2] 姜绍书：《无声诗史》卷四，转引自徐复观：《中国艺术精神》，沈阳：春风文艺出版社，1987年，页357。

验,曾这样总结说:

> 画家以古人为师,已自上乘,进此,当以天地为师。每朝起,看云气变幻,绝近画中山。山行时见奇树,须四面取之。树有左看不入画,而右看入画者,前后亦尔。看得熟,自然传神。传神者必以形,形与心手相凑而相忘,神之所托也。①

这无疑是个人的创作心得。据史记载,董其昌喜欢宋代大师米芾(元章),欣赏其迷蒙缥缈的云山,其临摹作品有《仿米芾山水图卷》,探究其若有若无的画境,从中得出"画家之妙,全在烟云变灭中"的秘诀。在"元四家"中,董其昌尊倪瓒(云林)为文人画之圣哲,钟爱其萧疏荒寂的画境,藏有其《秋林图》,临摹其代表作品(传世的有《仿云林山水集》),还在一幅仿作中题诗赞曰:"云林倪夫子,作画天下奇。信笔写寒枝,千金难易之。"②另外,董其昌也推举黄公望(大痴道人)的雄浑画风,吸收其有益成分,最终成就了自己的艺术杰作,如《秋兴八景图》《江南山水图》《林泉清幽图》《泉光云影图》《云藏雨散图》与《春山欲雨图》等。清人王时敏在评价董的《九峰寒翠图》时指出:"董宗伯画苍秀超逸,绝无烟火气,此幅萧疏淡远,全从大痴云林得来,试置身峰泖间,直觉境与笔化矣。"③尽管已达此高度,董其昌并未自满不前,反倒进而提出"以天地为师"的更高要求,并且从凝照云山草木的细节出发,概括出观察的要诀,提炼出传神的法门,建议画家要宁静致远,体察精微,待其情思意趣与自然景色融会无间时,方能迸发创作灵感,进入"自然传神"和"形与心手相凑而相忘"的自由无碍状态。此时此地,画家似有神助,挥毫泼墨,得心应手,"笼天地于形内,挫万物于笔端",从而创作出气韵生动的"心画",展现出宇宙中无言的大美或大化流行的精神。此精神实属生命精神,也就是董其昌所谓的

---

① 董其昌:《画禅室随笔》,见沈子丞编:《历代论画名著汇编》,页255。
② 朱良志:《南画十六观》,北京:北京大学出版社,2013年,页339—340。
③ 朱良志:《南画十六观》,页346。

"生机"。在董看来,画家唯有体悟到万物的"生机",才能把握住山水"画之道",并且在"寄乐于画"的创作中享得"多寿"的益处。①

值得重视的是,董其昌举荐"看得熟",将其视为"自然传神"的不二法门。据我理解,"看得熟"不仅是指常看细看以便熟悉自然外物的结构与形态,而且是指画家在天地之间观物赏物的特殊方式。这一方式可分两途:其一是"以我观物",即以自我的情感经验作为凝神观照外物的基准,借此将自我的情思意趣投射到外物之上,经过创造性想象将所观之物的表象转化为心目中的形象,使其染上个人或主观的色彩,继而在物我合一的感知过程中,以托物抒情的方式构图绘影,用笔墨画出"有我之境"的作品。其二是"以物观物",其中第一个"物"字意指物的实存本性,第二个"物"字意指物化的审美对象,以前者为基准来观照后者,当然离不开作为能动主体的"我",否则就谈不上"观"这一鉴赏活动了;不过,这个"我"不再是为情所困的我,而是致虚守静的我,是超越情识造作或欲求成见的本真之我,是以自由无限的道心来体悟对象之审美形态的本性之我;由此创构出的"无我之境",是一种"不知何者为我,何者为物"之境,② 实质上也是一种物我合一之境,只不过此时物我俱在、浑然无别、超然物表罢了。这令人自然想起"庄周梦蝶"隐喻的象征意味。相比之下,基于"以我观物"而造"有我之境",有可能被情感遮蔽而智昏,难以理解宇宙人生的真谛;基于"以物观物"而造"无我之境",则会因本性神觉而慧明,可以看透宇宙人生的真谛。③ 我以为,推崇逸品至上的文人画家董其昌,虽不摒弃前者,但

---

① 董其昌原话如是说:"画之道,所谓宇宙在乎手者,眼前无非生机,故其人往往多寿。至如刻画细谨,为造物役者,乃能损寿。盖无生机也。黄子久、沈石田、文徵明,皆大耋。仇英短命,赵吴兴止六十余。仇与赵,品格虽不同,皆习者之流,非以画为寄以画为乐者也。寄乐于画,自黄公望始开此门庭耳。"参阅董其昌:《画禅室随笔》,见沈子丞编:《历代论画名著汇编》,页253。

② 邵雍:《观物篇》《观物外篇》,见北京大学哲学系美学教研室编:《中国美学史资料选编》下册,北京:中华书局,1981年,页18。另参阅王国维:《人间词话》第3—4则,见姚柯夫编:《〈人间词话〉及评论汇编》,北京:书目文献出版社,1983年,页1—2。

③ 邵雍:《观物外篇》,见北京大学哲学系美学教研室编:《中国美学史资料选编》下册,页18。邵雍认为:"以物观物,性也;以我观物,情也……任我则情,情则蔽,蔽则昏矣;因物则性,性则神,神则明矣。"

更看重后者。

可贵的是,董其昌对画境文心的追求是无限量的。承接上述画论,他进而将画道概括为三条法则:

> 画家以天地为师,其次以山川为师,其次以古人为师。故有"不读万卷书,不行千里路,不可为画"之语;又云"天闲万马,吾师也"。然非闲静无他萦好者不足语此。①

对画家而言,"以天地为师",也就是"师天地"。天地无形,其大德曰生。"师天地"便是师法天地的生生之德,感悟宇宙的创化精神,即从天地宇宙的永恒运转以及生生化化的无限生机中,汲取一种深刻的妙悟与启示。画家在体验这种大化衍流与生命节律的同时,也能付诸笔墨,使自己画出的万物景象,不只是"堆积着的色相(形骸),而皆是生机的流行"②。这显然是一种表现天地精神的自由创造,应和于"传神"与"心画"创作阶段,要求画家不仅具备"天地之心",也能"以一管之笔,拟太虚之体"③。其言"以山川为师",也就是"师山川",等同于"师造化",由此直面外在景物,意在溯本探源,观其自然形态。与无形无限的"天地"相比,"山川"在本质上属于确定而有限的描绘对象或空间形象。在此意义上,"师山川"类似于"写生"与"目画"制作阶段。至于"以古人为师",也就是"师古人",要求画家临摹古代先师及其名作,借此训练笔墨技法与构图要诀,大体上等同于"临摹"与"摹本"习作阶段。看得出,董氏所论,自上而下,由高到低,旨在标举"师天地"这一至高法则;然而,实际习画,理当自下而上,由低到高,初师古人,后师山川,再师天地,这样才符合循序渐进的修为

---

① 汪珂玉:《珊瑚网》卷十八《名画题跋》"董玄宰自题画幅",四库全书本;转引自张郁乎:《从"师山川"到"师天地"》,《文艺研究》2008年第4期,页113。
② 张郁乎:《从"师山川"到"师天地"》,见《文艺研究》2008年第4期,页113—114;另参阅宗白华:《中国诗画中所表现的空间意识》,见宗白华:《美学与意境》,北京:人民出版社,1987年,页245—264。
③ 王微:《叙画》,见沈子丞编:《历代论画名著汇编》,页16。

逻辑。① 无疑,这一过程是建立在艺术造诣与人文修为的基础之上,故需读万卷书以明理觉慧、敏悟善断,行千里路以观景察变、开阔眼界,以此养成凝神观照、心闲气静的习惯,练就"胸有成竹"、得心应手、以形写神的功夫。董氏推崇文人画,以神品为宗极,以逸品为至上,强调画家与画境的"士气",即古雅淡静的文人气质。因此,他十分强调博通厚积与见多识广的人文修养,甚至认为气韵生动的画境虽是天才所为,但也"有学得处",可通过"读万卷书,行万里路"使"胸中脱去尘浊"或俗念,达到"自然丘壑内营,立成郾鄂,随手写出,皆为山水传神"的程度。② 为此,他以宋朝宗室画家赵大年为例,引证读书与远行二者不可偏废,否则,难以写胸中丘壑,无以成丹青高手,更不要侈谈"欲作画祖"了。③

事实上,作画如此,观画亦然,皆须臾不离人文修养与审美敏悟。譬如,品鉴董其昌的画境文心,既要了解其"与天为徒"和"真性惟空"的道佛思想渊源(本体相),也要知悉其师法天地、山川与古人的实践活动(应用相),还要分析其作品中尚空性宏阔、重妙合天然、喜凌虚淡远、好古雅幽邃、求境与笔化的艺术品位、气质和韵致(成果相)。否则,我们在其呈现"江流天地外,山色有无中"的画境里,也许仅能看到物象化的江流与山色,却看不见大化之运行、宇宙之精神、生命之真境。至于如何培养观物灵觉的审美智慧或敏悟能力,委实需要一种适宜而可行的实践方略。在这方面,我认为《菜根谭》作者洪应明所言颇富启示意义。其曰:

> 风恬浪静中见人生之真境,味淡声稀处识心体之本然,宠辱不惊闲看庭前花开花落,去留无意漫随天外云卷云舒;林间松韵,石上泉声,静里听来,识天地自然鸣佩;草际烟光,水心云影,闲中观出,见乾坤最上文章。

---

① 王柯平:《流变与会通》,北京:北京大学出版社,2013年,页115—116。
② 董其昌:《画禅室随笔》,见沈子丞编:《历代论画名著汇编》,页249。
③ 董其昌:《画禅室随笔》,见沈子丞编:《历代论画名著汇编》,页269。

依此方法修为,有望涤除悖于画道的浮躁心理,可能育涵符合画道的静观态度。此态度既适用于观自然山水景,也适用于观文人山水画,更何况像董其昌等画家的精品杰作,在呈现人生之真境、心体之本然、天籁之清音与乾坤之妙文等方面,并不亚于甚至超过了天地间一般山水的象征意味。

在我看来,上述方法原本注重个人修为之道,特此劝导文人借助其与自然环境交往之机,育养或成就其敏悟或敏感能力,依此提升其凝照沉思的生活、富有哲理的洞识和审美鉴赏的智慧等。为此,这里将相关语境置于画境之中,赋予这类文人一种诗性化和哲理化的文心,旨在设法唤醒和强化其对天地整体与画境山水的潜在亲和力。因为,对于一般中国文人而言,这种亲和力的潜在偏好似乎与生俱来,大多会将其修炼成一种有情的天地意识,此处所言的天地,等同于大自然与宇宙。诚如《文心雕龙》所言,"登山则情满于山,观海则意溢于海"。这种有情的天地或宇宙意识的生成,在很大程度上归因于文人与画境山水的耳濡目染与快乐接触,此类画境山水是在"读万卷书,行万里路"的过程中,或浮现于想象之中,或实存于天地之间。由此可见,个人修为之道与描绘山水之道,彼此密切关联,犹如一币两面。此关联性的发生,有待于文人自怀兴致,将描绘山水当作一种艺术爱好或生活方式。

4. 绵延中的因革创化

如前所述,在文人山水画境三分中,"心画"的地位最高,是师法天地的结果。而师法天地作为绘画创作的最高法则,是从"天人合一"观的根本理据中衍生出来的。基于"师天地"而创构的画境文心,作为"心画"的具象化,既是董其昌的艺术追求,也是他的艺术成就。从活力因相说的立场来看,"师天地"这一绘画法则,在强调天人感应与物我合一的深层理据上隐含着本体相,同时在注重师法自然与实践运作的"依体致用"上意味着应用相，这两者便印证了"体用不二"的内在逻辑关系。至于画境文心，则是实施"体用不二"原则和依循"以形写神"画道所取得的具体成果，属于"化用为果"意义上所说的成果相。若将此三相放在绘画创作过程中看，显然是互证联动的关系，不仅类似"体用不二"的法则，而且符合体、用、果三位一体的原理。

那么，继董其昌之后，源自"天人合一"观的活力因相说，在中国山水画史中是否持续绵延呢？答案是肯定的。不过，其绵延过程并不是静态的，而是动态的，是伴随着因革与创化的。另外，在历史上，循此画道者甚众，成为大师者有之。比较而言，我以为董其昌身后的清代石涛成就最大。石涛本人奉师法天地为创作至理，老来更是如痴如醉，身体力行，遍访名山大川，"搜尽奇峰打草稿"。他曾以充满诗意的语言描述自己的体会："足迹不经十万里，眼中难尽世间奇。笔锋到处无回头，天地为师老更痴。"[1]

当然，石涛在传承(因)中有创化(革)，其因革之道主要表现在个人的用笔与画境的布局等方面。从其传世作品观之，石涛所用笔墨，在随意挥洒之中讲究法度与理趣，在纵横活泼之中富有姿致与气韵，在新颖布局之中意欲险中求胜，在平淡天真之中表达诗情画意，在质朴画法中蕴含深刻哲理。譬如，他倡导的"一画"法，并不是极简意义上用一根基本造型之线来完成一笔之画的具体技法，也不是通过一气呵成的勾画来彰显有机贯通的整体性效果法则，而是意指天地万物化育生成的根本之道，此道之中贯穿着宇宙、人生和艺术之间运动的内在规律，当然也包括绘画艺术创作的普遍法则。石涛本人深受道佛等思想的影响，既谙悉老子所言"道生一，一生二，二生三，三生万物""天得一以清；地得一以宁；神得一以灵；谷得一以盈；万物得一以生"的宏道玄理，也洞透华严宗推举"一即万，万即一""缘一法而起万法"的禅语机关，因此，他从宇宙本体论的角度，来思索和提炼山水画创作的至高原理，由此得出如下结论：

---

[1] 石涛：《自书诗卷》，见《石涛书画全集》上册，天津：天津人民美术出版社，2002年，页98。

> 一画者，众有之本，万象之根。……立一画之法者，盖以无法生有法，以有法贯众法。……此一画收尽鸿蒙之外，即亿万万笔墨，未有不始于此而终于此。……一画之法立而万物著矣。①

不难看出，石涛参照道佛的推理逻辑，试用"一画"来凿破宇宙洪荒的混沌，化生天地之间的万物，同时也让"含万物于中"的"一画"艺术得以生成，并由此窥知其中所能容纳的万物之理及其生命精神。当然，此"一画"之法，既是画道要诀，也指本心自性，前者要求一法贯众法或以至法无法来派生出万法，后者则要求清静自在的心体与妙识万相的灵觉。在石涛心目中，"一画"艺术兼有"形天地万物"之大任，所循法度乃"天下变通之大法"。举凡对此法运用自如得当的画家，便可"自一以分万，自万以治一"②，并能"画于山则灵之，画于水则动之，画于林则生之，画于人则逸之"③，最后只需"信手一挥，山川、人物、鸟兽、草木、池榭、楼台，取形用势，写生揣意，运情摹景，显露隐含，人不见其画之成，画不违其心之用"④。因此，石涛标榜自己天授其才，用"一画"之法，"能贯山川之形神"，可"代山川而言"。⑤

时至现代，黄宾虹堪称一代画师，在其《六法感言》与《讲学集录》等论作中，对董其昌的《画旨》要论颇为推崇。黄氏兼法宋元名家（因），屡经创新求变（革），自成一家面目。他本人平生遍游山川，注重写生，积稿盈万，中年画风苍浑清润，晚年尤精墨法水法。在因革古法方面，他与时俱进，强调创新变化。譬如，论及"造化"，他坚信当今学画者理应"师近人兼师古人，而师古人不若师造化"；要想绘出"好画"，务必在掌握画法与

---

① 石涛：《石涛画语录》"一画章"，见"百度"网上版。
② 石涛：《石涛画语录》"氤氲章"。
③ 石涛：《石涛画语录》"氤氲章"。
④ 石涛：《石涛画语录》"一画章"。
⑤ 石涛：《石涛画语录》"山川章"。

养足功夫的基础上,"合其趣于天,又当补造物于偏",以精诚笔墨与精巧剪裁来营构格局。① 与此同时,他还将"造化"与内在"神韵"相联系,给人的印象似乎是"造化"既表"山川",也指"天地",实际上是建议画家要直面造化或山川美景,进而妙悟天地创化的神韵或大化衍流的生机,唯有循此路径,方可创作"真画"。如其所言:"'造化入画,画夺造化'。'夺'字最难。造化天地自然也,有形影常人可见,取之较易;造化有神有韵,此中内美,常人不可见。画者能夺得其神韵,才是真画;徒取形影,如案头置盆景,非真画也。"②显然,黄氏在画境追求上,重神韵而斥形似,堪称上承古贤,"一以贯之"。

到了晚年,黄宾虹总结古今成功经验,倡导"七墨"画法——浓墨法、淡墨法、破墨法、渍墨法、积墨法、焦墨法和宿墨法。其中,对于破墨法的历史渊源和创新运用,他深有心得,所言如下:

> 破墨法,是在纸上以浓墨破淡墨,或以淡墨破浓墨;直笔以横笔渗破之,横笔则以直笔渗破之;均于将干未干时行之,利用其水分的自然渗化,不仅充分取得物象的阴阳向背,轻重厚薄之感,且墨色新鲜灵活,如见雨露滋润,永远不干却于纸上者。此法宋元人所长,而明人几失其传,知者极鲜,故所作均枯硬不忍睹。清代石涛,复用此法,如以淡墨平铺作地,然后以浓笔画细草于其上,得水墨之自然渗化,备见其欣欣向荣,生动有致,此以浓破淡之例也。然以浓破淡易,以淡破浓难。③

在因革古法的同时,黄宾虹老骥伏枥,推陈出新,深明"丹青隐墨墨

---

① 黄宾虹:《怎样才是一张好画》,见黄宾虹:《黄宾虹论艺》,王中秀选编,上海:上海书画出版社,2012年,页125—126。
② 黄宾虹:《黄宾虹画语录》,引自汪流等编:《艺术特征论》,北京:文化艺术出版社,1984年,页21。
③ 黄宾虹:《黄宾虹画语录》第三部分。

隐水"的画理,继而大胆尝试,率先创立了"铺水法",用以"接气""出韵味"和"统一画面",力求创构出"妙在自自在在"或"妙在似与不似之间"的画境。① 因此,有人认为黄氏"晚熟",即在他75岁之后大成。这里所言的"熟","不只在技巧上见出他的地道功夫,主要在于他的师法造化。心中有真山真水,体现在他的神奇变法"②。的确,黄氏学养深厚,画道老熟,善用独到而多变的墨法与水法作画,有时在浓、焦墨中兼施重彩,以"明一而现千万"为表现手段,由此取得黑白对照的"亮墨"妙用,焕发出"一局画之精神",描绘出浑厚华滋、意境深邃的山川神貌。此等杰出之作,恰如此言所示:"其必古人之所未及就,后世之所不可无而后为之"。总之,就黄氏的艺术成就而论,我以为现代画家中鲜有出其右者,唯有自称"黄师门下笨弟子"的李可染,或许在描绘云山雾景方面可与其业师比肩。

从古代到现代,从董其昌到黄宾虹,我们不仅可以窥知活力因相说的理论衍生与因革之道,也可以看到显现画境文心的历代杰作,这皆表明蕴含在中华美学精神中的持久活力或机能,既具历史意义,也有现实意义,其对艺术实践的指导作用,在历史中绵延,在绵延中创化,在创化中发展。相比于那种思想固化的死东西,这种流变因革的活东西更值得我们重思、传承与弘扬。

---

① 王伯敏:《中国绘画通史》下册,北京:三联书店,2000年,页422—423。
② 王伯敏:《中国绘画通史》,第418页。

十四　模仿论与摹写说辨析[①]

发轫之初，柏拉图的"模仿"论应用于诗画，谢赫的"摹写"说应用于绘画，分别言及再现艺术与临摹艺术的制作技能。[②] 适逢西学东渐，"模仿"论传入华土，历经百年流变，在某些方面与"摹写"说似呈杂糅交叠之态。从表层意指上看，二者似有共同之处，即以外物为对象，极尽构图绘影或写貌象形之能事。事实上，它们各自的理论背景有别，其深层意蕴差异甚大，并在历史沿革中显现出多棱镜像。[③]但从源头主旨上讲，柏拉图的"模

[①] 此文原用英文撰写，题为"The Platonic *Mimesis* and the Chinese *Moxie*", in Wang Keping (ed.), *IAA Yearbook: Diversity and Universality in Aesthetics*, vol. 14, 2010。

[②] 参阅柏拉图《理想国》第十卷，郭斌和、张竹明译，北京：商务印书馆，1995 年，页 596—597，页 388—392；谢赫：《古画品录》，见沈子丞编：《历代论画名著汇编》，北京：文物出版社，1982 年，页 17。

[③] 柏拉图的"模仿"（摹仿）概念，原本是一负面的指称，旨在贬斥绘画与诗歌这类娱乐性游戏艺术及其创制手法，认为其中缺乏真理性，价值甚微，用处不大。但到了亚里士多德那里，"模仿"论被赋予正面的价值，借此将诗歌描写的可然性真理置于历史所描述的必然性真理之上。随后，模仿论贯通西方诗学与美学的整个历史，经过诸多流变，演化为不同时期、不同形态与不同意向的写实主义或现实主义。譬如，无论从文学创作还是从造型艺术发展的角度出发，我们若将古典时期、希腊化与古罗马时期以及中世纪时期的模仿观同现代写实主义的模仿观加以比较，就不难看出其中巨大的变化和差异。很显然，早期文学对于现实的看法与现代写实主义"完全不能同日而语"，而"现代写实主义顺应了不断变化和更加宽广的生活现实，拓展了越来越多的表现形式"。不过，我们在承认这些历史发展变化的同时，也应当看到在"研究处理写实题材时的严肃性、问题性和悲剧性之尺度和方式"过程中，事关再现与表现的模仿（摹仿）论这根主线，总是忽隐忽现，萦绕古今文论，几乎到了"剪不断理还乱"的程度，这也从另一侧面表明模仿（摹仿）论持续存在与不断发展的实际价值和重要意义。参阅奥尔巴赫：《摹仿论——西方文学中所描绘的现实》，吴麟绶等译，天津：百花文艺出版社，2002 年，页 620—621；贝西埃等主编：《史学史》，史忠义译，天津：百花文艺出版社，2002 年；史忠义：《中西比较诗学新探》，开封：河南大学出版社，2008 年；黄药眠、童庆炳主编：《中西比较诗学体系》，北京：人民文学出版社，1991 年。

仿"论基于认识价值判断，涉及真实性层级结构，包含理式层、实物层与形象层这三等真实，关乎艺术本体存在的根由以及艺术形象的功能。谢赫的"摹写"说基于技艺练习与传移实践，进而包含"临摹"与"写生"两种绘画训练阶段：前者以室内仿制前人名画为重，旨在制作"移画"或"摹本"；后者以户外描写自然景物为主，旨在制作"目画"。在此基础上继而修养发展，有望上达中国画论所推崇的"传神"之境，以期创作"心画"。本文拟从相关理论语境及其特定含义出发，尝试厘清上述两种学说的异同之处。

1. 模仿与真实性层级结构

柏拉图的"模仿"论，亦称"摹仿"论，源自古希腊 *mimesis* 这一概念。在英、法、德语等西方语言中，*mimesis* 通常被译为 imitation，有模仿、仿效、仿制、伪造或赝品等多义。其实，在现代西语中，*mimesis* 并无现成的同义等价词，强译为 imitation，会将其全然等同于一种模仿或复制技能，难免会引起诸多误解。[1] 当然，也有一些论者，根据 *mimesis* 在艺术创作领域的用法，试图将其译为 representational action（再现行为）、representation-

---

[1] imitation 一词在语义上难以与 *mimesis* 对等，故此在西方学界遭到诸多诟病。譬如，在专论文学本质的《双重表演》(*La double séance*，1972）一文中，德里达特意从形上学的角度强调指出：源自希腊语 *mimesis* 这一概念，"在翻译时不可草率行事，尤其不要以模仿一词取而代之（qu'il ne faut pas se hâter de traduire surtout par imitation）"。在他本人看来，希腊语 *mimesis* 从本质上代表柏拉图式的呈现方式，与实在和本体（ontologique）有关，涉及真实性的形而上学问题。因此，模仿的历史"完全受到真实性价值的支配（tout entière réglée par la valeur de vérité）"。Cf. J. Derrida. "La double séance," in *La dissemination* (Paris：Éditions du Seuil, 1972), pp. 208-209. 豪利威尔认为，德里达在批判模仿时，正误兼有。譬如，德里达"认为模仿总是以不言而喻的方式，假定一种想象的实在，这种实在从原则上讲可能是外在于作品的（再现务必再现某种东西）。这一点是正确的。然而，德里达的另一观点则是错误的，即：他认为上述需要涉及一种'在场的形上学'（metaphysics of presence），或者说是涉及一种实在的平面，而这一平面在他看来完全独立于艺术的表现。一般说来，人类的思想与想象如果是可行的或可知的（德里达本人意在思索这些问题），那么，艺术模仿就有其需要的惟一基础。无论是内在于艺术还是外在于艺术的再现，均有赖于某些为公众所共享的理解力所能理解的东西，但是，这种再现对于超验真实性并无任何内在的要求"。Cf. Stephen Halliwell, *The Aesthetics of Mimesis* (Princeton & Oxford：Princeton University Press, 2002), pp. 375-376. Also see footnotes on p. 375.

cum-expression(再现加表现)或 make-believe(虚构)等等。①即便如此，我们若想进而理解"模仿"论的真正用意，还必须在细读原作的基础上，设法搞清柏拉图对真实性问题的哲学思考。

在《理想国》第十卷里，借助"床喻"，柏拉图是这样言说的：

> 在凡是我们能用同一名称称谓多数事物的场合，我们总是假定它们只有一个理式或形式。譬如床有许多张，但床之理式仅有一个。木匠注视着床之理式，制造出我们使用的床，其他用物也是如此。另有一种技巧惊人的匠人，"在某种意义上"不仅能制作一切用具，还能制作一切植物、动物以及他自身。此外，他还能制造大地、神明、天体和冥间的一切。他的做法就像是拿一面镜子四处映照，很快就能制作出太阳和天空中的一切。然而，他的"制作"并非真的制作，而是像画家一样，"在某种意义上"制作一张床，但那只是床的影像。相比之下，木匠制作的床，也不是真实的床，而是一张具体特殊的、好像真实的床而已。其实，神明是创造者，所造的床是真实的床或床之理式；木匠是制造者，所造的床是仿制床之理式的结果；画家是模仿者，所画的床是木匠所造之床的影像，是与真实的床相隔两层的作品。悲剧诗人也属于模仿者，其作品也与真实隔着两层。画家作画时，不是在模仿事物的本身，而是在模仿事物看上去的样子，也就是在模仿影像而非真实。模仿术虽能骗人耳目，但与真实相去甚远，因为模仿者全然不知事物真相，仅仅知道事物外表。他所模仿的东西对于一无所知的群众来说是显得美的，但他自己对模仿的对象却没有值得一提的知识。模仿只是一种游戏，不能当真，仅与隔着真实两层的第三级事物相关。同一事物在水里面看和不在水里面看曲直不同，这

---

① 这三种译法分别见于 G. Sörbom, *Mimesis and Art* (Bonniers: Svenska Bokförlaget, 1966), p. 22; S. Halliwell, *The Aesthetics of Mimesis* (Princeton and Oxford: Princeton University Press, 2002), pp. 14-18; K. Walton, *Mimesis as Make-believe* (Cambridge: Harvard University Press, 1990), pp. 11-69.

是视觉错误与心灵混乱所致。绘画之所以能发挥其魅力，正是因为利用了我们天性中的这一弱点。①

从上述可见，柏拉图以理式为始基，以真实为根本，以比较为方法，以价值为尺度，逐一论述了三类制造者(*treis poiouton*)、三类床(*trisin eidesi klinon*)和三类技艺(*treis technas*)。若按本末顺序排列，三类制造者分别为神明(*theos*)、木匠(*klinopoios*)与画家(*zoyraphos*)；三类床分别为神明所创之床(*phusei /auton klinen theon eryasasthai*)或自在之床，木匠所造之床(*klinen klinopoion poiei*)或木质之床，画家所画之床(*klinen zoyraphon poiei*)或象形之床；三类技艺分别为运用型技艺(*techne chresomenen*)、制作型技艺(*techne poiesousan*)与模仿型技艺或模仿术(*techne mimesomenen*)。就其各自地位及其相互间的内在关系而论，神明是无所不能的原创者和"享有真知的运用者"(*o de chromenos epistemen*)，神明首先创造出独一无二的床之理式(*klinen eidos*)，也就是具有真正本质或最为真实的自在之床，并且依据自己所掌握的运用型技艺，判别出床的性能好坏与正确优美与否，然后留给掌握制作型技艺的木匠，由后者按照相关要求制作出具有物质形态和实际用途的木质之床；画家看到木质之床，借助自己所熟悉的模仿型技艺，将其表象(*phainomenon*)照样描摹下来，由此制作出自己的仿品，也就是他的所画之床或象形之床。比较而言，自在之床象征真实(*aletheias*)，是所有床的理想原型或原创形式，属于形上本体的第一级事物；木质之床是自在之床的摹本，与真实相隔一层，属于好像真实的第二级事物；象形之床是木质之床的影像(*phantasmatos*)，与真实相隔两层，属于复制外观的第三级事物。从认识价值上看，柏拉图最重视神所创造的床之理式，其次是木匠所制作的木质之床。前者至真，尊之为体；后者似真，意在为用；体用虽然相关，但彼此二分，呈现出由体而用、由一而多的衍生关系。另

---

① Plato, *Republic* (trans. Paul Shorey, Cambridge & London: Harvard University Press, 1994), pp. 596-602.

外，神明贵在原创且有真知，木匠善于领悟且能制作，神明授意，木匠追随，两者结为设计先导与具体实施的传承关系。谈及画家的象形之床与模仿型技艺，柏拉图毫不掩饰其鄙视与贬斥态度，认为画家骗人耳目，利用人性弱点来增加作品魅力。其所擅长的绘画与模仿型技艺，"在工作时是在制造远离真实的作品，是同人心中远离理智的部分相交往，从中不会结出任何健康而真实的果实。总之，这种模仿型技艺是低贱的技艺，与低贱的东西为伴只能生出低贱的孩子"[1]。

从以上对"床喻"的解释中，可推演出一种"真实性层级结构"（a hierarchical structure of reality）。[2] 这个结构包括三个层级，即自在之床所代表的理式，木质之床所代表的实物，象形之床所代表的影像或形象（*eikonas*）。若采取自下而上的观察角度，我们发现每一层次的真实性及其认识价值，均呈递增状态，也就是说，形象的真实性与认识价值最低，实物的真实性与认识价值居中，而理式的真实性和认识价值最高。质而论之，真实性的高低，有赖于真实性的大小；真实性的大小，取决于同完美实体或神造理式的近似程度。由此可知，经验界不等于真实界，只是近似于真实界；经验界或表明"某种相似于真实但并非真实的东西"[3]，或表明"某种渴望成为与理式相像"但却"相形见绌"的东西[4]，结果只能艰难地显示出真实界所提供的某些形象[5]。正是通过这些"形象"，人们才能感知到隐藏在背后的实相，才能观看到闪烁在光亮中的美。[6]其实，认识习惯是一个由表及里的过程。通常，最锐利的眼光最先看到事物夺目的外在形象，于是

---

[1] Plato, *Republic*, 603a-b.
[2] W. J. Verdenius. *Mimesis: Plato's Doctrine of Artistic Imitation and Its Meaning to Us* (Leiden: E. J. Brill, 1972), pp. 16-17. As far as this observation is concerned, Verdenius is feeling so indebted to R. Schaerer who emphasizes the hierarchical conception of reality in his works including *La question platonicienne* (Neuchâtel, 1938), *La composition du Phédon*(Rev. Et. Gr. 53, 1940, 1-50), and *Dieu, l'homme et la vie d'après Platon* (Neuchâtel, 1944).
[3] Plato, *The Republic*, 597a.
[4] Plato, *Phaedo*. 74d, 75a-b, in Plato, *Complete Works* (ed. John M. Cooper, Indianapolis et al: Hackett Publishing Company, 1997).
[5] Plato, *Phaedrus*, 250b, in Plato, *Complete Works*.
[6] *Ibid.*, 250b.

引导视觉进入通道，透过外在形象洞察到内在真实。在这里，与其说是"观看到闪烁在光亮中的美"，不如说是"观看到显现在形象后的真"。当这种情况发生时，形象自然变得至关重要。因为，在提升认知层级或超越物质世界的体验中，形象发挥着关键作用。举凡形象，特别是艺术形象，并不囿于自身视觉模式的局限，而是通过自身的象征作用，唤起或使人联想到某种与其相似但却更为真实的存在。对柏拉图来说，这种源于艺术形象的唤起作用，并非指向普通现实，而是指向理想之美。

不可否认的是，形象自身的特殊功能，在很大程度上是"模仿"的结果，而"模仿"离不开参照对象。这些对象不仅存在于物质世界，同时也存在于别的领域。事实上，"模仿"概念是柏拉图哲学思辨的核心内容之一。我们在其诸多对话文本中发现，除了艺术范畴之外，不少其他领域也涉及种种不同的模仿行为与模仿结果。譬如，在语言学领域，文字借助字母和音节模仿事物，旨在命名和把握所指事物的各自本质；[1] 在和声学领域，声音借助凡人的运动模仿神性的和谐，旨在给明智之士带来愉悦，而不是给愚蠢之人提供快感；[2]在认识论领域，有关宇宙本性即至善的思考和论证，依据神明绝对无误的运行，模仿的是实在性或真实性；[3]在宇宙学领域，时间模仿永恒，在主神的协助下，依照数的法则旋转；[4]在政治领域，法律模仿各个事物的真理，法律制定者是那些真正懂得治国安邦之道的真才实学者；[5]人性化的政府或宪法，为了取得更好而非更糟的成效，所模仿的是正确而适宜的政府或宪法；[6]在宗教和精神领域，虔诚的人们试图以各种力所能及的方式，模仿和追随他们敬奉的神灵，如果他们碰巧从宙斯那里汲取到灵感，他们就会将其灌注到所爱之人的灵魂里，尽力使对方养成

---

[1] Plato, *Cratylus*, 423e-424b, in Plato, *Complete Works*.
[2] Plato, *Timaeus*, 80b, in Plato, *Complete Works*.
[3] *Ibid.*, 47b-c.
[4] *Ibid.*, 37c-38a.
[5] Plato, *Statesman*, 300c-e.
[6] *Ibid.*, 293e, 297c.

他们所敬神明的那些品质;①各种有形的人物都试图模仿永恒的人物,均采用一种难以言表的奇妙方式,效仿后者的言行举止;②普通人都尽力模仿那些据说是神明指导过的人,这样做的目的就在于获得幸福。……③这一切足以表明,柏拉图所论的"模仿",是接近不同事物、品质、实体、神灵、理式或真实的途径,而非意指单纯摹本的制作。柏拉图本人向来反对以机械的方式将模仿形象等同于模仿对象的所有品质。因为,模仿形象毕竟是形象,远未具备模仿对象固有的品质。也就是说,模仿或模仿品"永远不会超过它所暗示或唤起的东西"④。

综上所述,柏拉图对"模仿"与"真实"的上述哲学思考,原则上应和于"真实性层级结构"的假设,据此可将理式视为一等真实,将实物视为二等真实,将形象视为三等真实。相应地,一等真实是原创因,二等与三等真实是派生物。这种基于认识论的价值判断逻辑,反映出"模仿"论的某些确切用意。在柏拉图看来,模仿实物是为了让形象与实物之间具有相似性(likeness)。鉴于形象的审美价值,这种相似性会吸引我们的感官与视觉,借此发挥一种双重作用。一方面,相似性会唤起观众的好奇心,鼓励他们透过表象看到真实本身。这一点具有积极意义,因为相似性的认知价值就隐藏在其审美价值之中,凭借凝神观照外在形象,便有可能发现内在真理。另一方面,相似性在某种程度上是"模糊不清且骗人耳目的",这是因为"我们对一些事物的知识从来不是精确无误的,就拿观画来说,我们不会那么仔细推敲,也不会对其吹毛求疵,而是满足于接受这种充满暗示和幻象的艺术所表现的东西"。⑤显然,这一点具有消极意义,因为相似性会使我们远离真实,甚至会上当受骗,但我们却不以为然,反倒陶醉于这种充满游戏色彩、充满暗示和幻象的艺术之中。

---

① Plato, *Phaedrus*, 252c-d, 253b, in Plato, *Complete Works*.
② Plato, *Timaeus*, 50c, in Plato, *Complete Works*.
③ Plato, *The Laws*, 713e, in Plato, *Complete Works*.
④ Ibid. Also see R. Schaerer. *La question platonicienne*. 163 n. 1.
⑤ Plato, *Critias*, 107c-d, in Plato, *Complete Works*.

艺术凭借模仿制造形象，形象属于三等真实，在本质上与二等真实和一等真实相联系。这种联系首先表现为形象与实物近似的不同程度，其次表现为形象与理式近似的不同程度。有鉴于此，艺术模仿可以被视为一种具有象征意义的唤起形式，有助于揭示模仿形象、实用物品和原创理式三者之间的潜在关系。① 换言之，艺术模仿虽然存在于三等真实或感性经验之中，但在象征意义上既能唤起二等真实，也能唤起一等真实。常言道，"一叶知秋"。正如你看到一片落叶就能感受到秋天的到来一样，你完全可以通过凝神观照艺术模仿所得出的形象，进而认识二等真实和一等真实。尽管真实的三个层次在价值判断上位于不同等级，但它们终究处在相互联结、密不可分的关系网络之中。

另外，柏拉图确把哲学奉为"真正的缪斯"（alethines Mouses）②。在他眼里，艺术的作用无法与哲学的作用相匹敌。但是，当柏拉图沉迷于形而上的理式思索时，却在不经意间使艺术模仿感染上某种形而上的色彩。通过具体的形象，艺术模仿通过象征与联想的方式，既可表现出二等真实，也可表现出一等真实以及神性特征。在这方面，古希腊艺术中的神像与雕刻就是范例。再者，柏拉图认定画家是模仿者，如同抱着镜子四下映照一样，会以令人惊异的模仿术制造出各种影像或形象。以此逻辑进行推断，似可得出这一结论：画家本人只要有意，只要认为值得，就会随兴之所至，模仿自己喜闻乐见的任何事物。这些事物包罗万象，不会局限于描绘床的形象与其他物像。也就是说，画家完全可以自由挥洒，驰骋想象，直接模仿理念或理式等不可见的实体，借此创制或设计出许多超出物质界与经验界之外的形象。在这方面，希腊古瓶上的诸神形象与英雄形象就是明证之一。

还应该看到，画家的创作离不开相应的思考与丰富的想象。思考源自理性能力，想象源自艺术灵感。在柏拉图眼里，理性能力是人类与生俱来

---

① Bernard Bosanquet. *A History of Aesthetic* (New York: Meridian Books, 1957), pp. 45-47.
② Plato, *The Republic*, 548b, *Phaedo*, 61a, *The Laws*, 698d, 817b-c.

的一种神性要素。人之为人，旨在成神，即在某种程度上成为与神相似之人。至于充满创造性的想象能力，它有助于艺术家制作出各种各样的形象，其中必然包括那些关乎宗教崇拜和升华精神的神像等等。如此一来，绘画作品中蕴含的启示意义和道德价值，肯定会产生相当大的感召力量或影响。对真正的哲学家而言，此类影响也许是微不足道或可有可无的，但对普通人而言，它却是意义重大且不可或缺的。这在古今中外的教堂和寺庙艺术中显而易见，不证自明。

2. 摹写与渐进式修为过程

在中国绘画传统中，"摹写"说源自谢赫六法之一，原文为"传移，摹写是也"①。据此句式解读，可谓从"传移"引出"摹写"，以"摹写"解释"传移"，二者义近而互用，故此简称"摹写"或"传写"。按谢赫所言，凡善于此法者，只要"不闲其思""笔迹历落"，便可制作出"出群"的"移画"。②后来张彦远论及谢赫六法，将其转引为"传模移写"，认为此"乃画家末事"。③这里所言"末事"，含义双重：一是从鉴别绘画品第的角度看，六法如同六种衡量尺度，"气韵""骨法""象形""赋彩"与"位置"依次居先，"摹写"居末，属于末流。二是从绘画艺术造诣的角度来看，六法如同六个发展阶段，"摹写"虽为"画家末事"，反倒是学画的基础，属于第一阶段。因为，古人排列次序，习惯于从高到低、自大而小或先重后轻。

简而言之，谢赫所言"摹写"，早期意指"临摹"，主要是为了保存古画而制作"移画"或"摹本"。但随着时间的推移，其用意得以扩充，所"临

---

① 谢赫：《古画品录》，见沈子丞编：《历代论画名著汇编》，页17。此处采用钱钟书断句方式。参阅钱钟书：《一八九，全齐文卷二五，"六法"失读》，见钱钟书：《管锥编》第四册，北京：中华书局，1991年，页1352—1366。
② 谢赫：《古画品录》，见沈子丞编：《历代论画名著汇编》，页20。
③ 张彦远：《论画》，见沈子丞编：《历代论画名著汇编》，页36。

摹"的对象，不仅有古人古画，也包括自然山水。譬如，明代沈颢在专论"临摹"时指出：

> 临摹古人，不在对临，而在神会。目意所结，一尘不入；似而不似，不容思议。
>
> 董源以江南真山水为稿本。黄公望隐虞山，即写虞山。皴色俱肖，且日囊笔砚。遇云姿树态，临勒不舍。郭河阳至取真云惊涌作山势，尤称巧绝。应知古人稿本在大块内、苦心中，慧眼人自能觑著。①

这里至少有三层意思值得注意：其一，临摹古人古画，制作优质摹本，不能机械仿制，而要用心理解，仔细辨识，取其精华，有所创新。其二，古代著名画家，如董源、黄公望与郭熙，所临摹的是自己喜爱与熟悉的真山水，而且不断临摹，熟能生巧，结果绘出形似而绝妙的画作。其三，所谓"古人稿本在大块内"，是说古人临摹的对象就在大自然里，即以自然山水为样板，凭借自己敏锐的眼光发现其中的景象气势，继而以笔墨表现出来。这意味着与其临摹古人稿本，还不如临摹自然山水，因为古人稿本源于自然山水。再就山水画作而言，这也意味着画家可从间接习仿转入直接写生，从师古临旧转入师法自然。

从上述可见，"摹写"原指"临摹"，如今范围拓展，开始模山范水，从中引出"写生"。就这两个相互关联的艺术实践阶段而言，"临摹"一般属于师法古人的阶段。此时的画家，在画室内临摹古人古画，习仿先师笔墨，训练绘画技能，制作"移画"或"摹本"，这与中国传统绘画艺术重视学习古代先贤的原则密切相关。此时，画家就像学徒一样，反复临摹古代大师的代表作品，以便掌握笔、墨、线、色、调、空白与构图等基本技能。同时，他还会通过观察和解读各种艺术风格与其有意味的形式，从中发现一些重要的参考框架，这将有利于日后发展和成就其绘画技艺。此外，他将

---

① 沈颢：《画尘》，见沈子丞编：《历代论画名著汇编》，页238—239。

会看到绘画是一门综合艺术,是画、诗、书和刻等"四艺"的有机结合。事实上,一位真正成功的画家,需要掌握以上四种专长,不仅要成为优秀的画家,也要成为优秀的诗人,还要成为优秀的书法家和篆刻家。正因如此,在对中国传统绘画进行审美判断时,有经验的观赏者总是根据这四种艺术的造诣水平,从整体或综合的角度予以评价。有鉴于此,具有天赋和抱负的画家,需要反复练习临摹技法,以期制作出蕴含"四艺"、精湛老到乃至以假乱真的"移画",借此提高和展示自己的艺术才能。当然,这绝非一种简单而机械的习仿训练,而是一个仔细揣摩、用心觉解和追求超越的重要过程,需要借此掌握古人的画面气势、构图格法、古雅用意和精妙笔墨等等,最终要赶超古人,青出于蓝而胜于蓝。诚如唐岱在《绘事发微》中所述:"凡临旧画,须细阅古人名迹,先看山之气势,次究格法,以用意古雅、笔精墨妙者为尚也。而临旧之法,虽摹古人之丘壑梗概,亦必追求其神韵之精粹,不可只求形似。诚从古画中多临多记,饮食寝处与之为一,自然神韵浑化,使蹊径幽深,林木荫郁,古人之画皆成我之画。有不恨我不见古人,恨古人不见我之叹矣。……诀曰:落笔要旧,景界要新,何患不脱古人窠臼也。"①

承接"临摹"的"写生",有些类似于"应物象形",属于练习描绘自然对象的阶段。在此阶段,要求技艺日益成熟的画家走出画室,来到户外,直接观察山川,用笔构图绘影,创造性地表现各种景物之美。从技法意义上说,"写生"是向大自然学习的必要手段。传统上,中国画家注重师法自然,认为造化之功,能使江山如画,万象奇绝,不少自然美景甚至超过人力所为的"艺术作品"。这里,画家需要在艺术上敏于观察体会,能够发现物象的微妙特征,能够感悟到自然环境的生命活力,能够采用尽可能自由精到的笔法,将所见所感生动而形象地表达出来。在此阶段,他更多依赖的是自己的视觉感受和审美眼光,由此创构出"目画",展现个人的艺术独创与审美理想。

---

① 唐岱:《绘事发微》,见沈子丞编:《历代论画名著汇编》,页420。

然而，仅靠"临摹"与"写生"，尚不足以创构杰出作品，也不足以成就一流大师。高超的艺术家与评论家，实际上并不怎么推重这两个环节。诚如张彦远所言，"今之画人，粗善写貌，得其形似，则无其气韵；具其彩色，则失其笔法。岂曰画也！"[1]也就是说，仅限于"摹写"之类的技法，虽然能够画什么像什么，但却表现不出内在的神韵，充其量是以形写形，而不是以形写神。因此，这样的绘画技艺难以达到至高的境界（"艺不至也"）。这就需要修炼"传神"的才能。为此，艺术家需要不断提高自身的观察力、想象力、鉴赏力与创造力，以便使自己在审美和精神意义上自由自在，神游四海，精骛八极，领略天地间的无言之美，感受宇宙间的生命律动。最终，他将会上达"传神"的境界，创造性表达自己的感悟、精神的自由以及人生的理想。宋代马远的山水画《寒江独钓图》，就是一个典型的例证。画境中，荒山野岭，寒江孤舟，渔翁独钓，看似寂苦凄凉，但渔翁不以为意，反倒志得意满，在万籁俱静之中，"独与天地精神相往来"，沉浸在无言而乐的天人对话之中。这类画作是富有想象的心理图式的反映，是将理想化愿景与独特性实景有机结合的产物。要做到这一点，就需要有独特的感受、敏锐的观察、创造性的想象、合理的抽象以及绝妙的灵思等艺术品质。唯此方可使画家超然物表、与天合一，从有限的存在状态跃入无限的自由之境。

以上所述，为画道总要，分三个阶段。第一阶段为室内临摹，注重学习古代名家，临摹古代名作，训练基本技法，制作高级"摹本"或"移画"。第二阶段为户外写生，致力于师法自然山川，直接描绘外物景象，训练艺术眼力，自行运用笔墨，提高创构能力，创作自己所见所感的"目画"。第三阶段为传神，侧重学习天地精神，专注于本真的体悟，游心于物之初，畅神于天地间，志在表现宇宙生命的气韵与律动，进而创作超以象外的"心画"。自不待言，上列三个阶段意味着画家艺术发展的三个阶梯，代表一个循序渐进的个人修为过程，一个从因借依附到独立自在的蜕变过程。在此过程中，画家逐步提高自己的笔墨技艺、感悟能力和独创意识，使艺术实

---

[1] 张彦远：《论画》，见沈子丞编：《历代论画名著汇编》，页36。

践越来越超出循规蹈矩的机械制作，越来越接近得心应手的自由创造。

在中国绘画史上，这一思路可上溯到谢赫和张璪。谢赫论画六法，包括"气韵生动，骨法用笔，应物象形，随类赋彩，经营位置与传移摹写"①。张璪论画指要，提倡"外师造化，中得心源"②。不难看出，谢赫推崇"气韵生动"，置其于先，类乎"传神"；重视"应物象形"，置其于中，类乎"写生"；不忘"传移摹写"，置其于后，类乎"临摹"。张璪所言，虽不如谢论系统，但取法乎上，直接点出绘画创作的主客关系与主观能动作用。归总两说要义，似乎隐含着"传神""写生"与"临摹"三个阶段。比较而言，董其昌的下列论述显得更为明了：

> 画家以古人为师，已自上乘，进此当以天地为师。每朝起看云气变幻，绝近画中山。山行时见奇树，须四面取之。树有左看不入画，而右看入画者，前后亦尔。看得熟，自然传神。传神者必以形，形与心手相凑而相忘，神之所托也。③

---

① 谢赫：《古画品录》，见沈子丞编，《历代论画名著汇编》，页17。
② 参阅张彦远：《历代名画记》卷十，见北京大学哲学系美学教研室编：《中国美学史资料选编》上，北京：中华书局，1982年，页281。
③ 董其昌：《画禅室随笔》，见北京大学哲学系美学教研室编：《中国美学史资料选编》下，北京：中华书局，1981年，页147。无独有偶，石涛也推崇师天地的创作法则，老来更是如痴如醉，身体力行，"搜尽奇峰打草稿"，并以充满诗意的语言描述自己的体会："足迹不经十万里，眼中难尽世间奇。笔锋到处无回顾，天地为师老更痴。"见石涛：《自书诗卷》，《石涛书画全集》上，天津：天津人民美术出版社，2002年，页98。后来，黄宾虹论及"造化"，将其与内在"神韵"相联系，给人的印象似乎是"造化"既指"山川"，也表"天地"，实际上是建议画家要直面造化或山川美景，进而妙悟天地创化的神韵或大化衍流的生机，唯有循此路径，方可创作"真画"。如他所言："造化入画，画夺造化。夺字最难。……造化有神有韵，此中内美，常人不可见。画者能夺得其神韵，才是真画。徒取形影，如案头置盆景，非真画也。"参阅黄宾虹：《黄宾虹画语录》，引自汪流等编：《艺术特征论》，北京：文化艺术出版社，1984年，页21。关于以形写神的"心画"，"胸有成竹"堪称范例。大家熟知，历代画家，赏竹者众，画竹者多，但能否画出竹子的神韵，创作出写竹的"心画"，则另当别论。因为，外在之竹，不同于眼中之竹；眼中之竹，不同于胸中之竹。这胸中之竹，要执笔熟视，急起从之，心手相应，方成"心画"。宋代文与可画竹，身与竹化，胸有成竹，堪称典范。苏轼对其称赞有加，曾赋诗以记："与可画竹时，见竹不见人。岂独不见人，嗒然遗其身。其身与竹化，无穷出清新。庄周世无有，谁知此凝神。"参阅苏轼：《苏东坡集》，第16卷，见北京大学哲学系美学教研室编：《中国美学史资料选编》下，页39。

其后，董其昌将画道概括为三条法则：

画家以天地为师，其次以山川为师，其次以古人为师。①

在经历了漫长而艰苦的艺术体验和创作探索后，董其昌在51岁时得出上述总结性论断，其中有关"天地"与"山川"的区分，对绘画艺术实践和发展具有重大意义。首先，对画家而言，"以天地为师"，也就是"师天地"。天地无形，其大德曰生。师天地便是师法天地的生生之德，感悟宇宙的创化精神，即从天地宇宙的永恒运转以及生生化化的无限生机中，汲取一种深刻的妙悟与启示。画家在体验这种大化衍流与生命节律的同时，也能付诸笔墨，使自己画出的万物景象，不只是"堆积着的色相（形骸），而皆是生机的流行"。② 这显然是一种表现天地精神的自由创造，应和于"传神"与"心画"创作阶段，要求画家不仅具备"天地之心"，也能够"以一管之笔，拟太虚之体"。③其次，"以山川为师"，也就是"师山川"，等乎于"师造化"，由此直面外在景物，意在"溯本探源"。与无形无限的"天地"相比，"山川"在本质上属于确定而有限的描绘对象或空间形态。在此意义上，"师山川"类似于"写生"与"目画"制作。再次，"以古人为师"，也就是"师古人"，要求画家临摹古代先师及其名作，借此训练笔墨技法与构图要诀，大体上等同于"临摹"与"摹本"习作。看得出，董氏所论，自上而下，由高到低，旨在标举"师天地"这一至高法则；然而，实际习画，理当自下而上，由低到高，初师古人，后师山川，再师天地，这样才符合循序渐进的修为逻辑。

古往今来，画家虽众，但能"师天地"而创"心画"者较寡。因为，此类

---

① 汪珂玉：《珊瑚网》卷十八《名画题跋》"董玄宰自题画幅"，四库全书本，转引自张郁乎：《从"师山川"到"师古人"》，《文艺研究》2008年第4期，页113。
② 张郁乎：《从"师山川"到"师天地"》，见《文艺研究》2008年第4期，页113—114。另参阅宗白华：《中国诗画中所表现的空间意识》，见宗白华：《美学与意境》，北京：人民出版社，1987年，页245—264。
③ 王微：《叙画》，沈子丞编：《历代论画名著汇编》，页16。

画家，无论其艺术修为还是其内在品质，都非同寻常。下面两例，可窥一斑。第一例出自《庄子》"外篇"《田子方》：

> 宋元君将画图，众史皆至，受揖而立；舐笔和墨，在外者半。有一史后至者，儃儃然不趋，受揖不立，因之舍。公使人视之，则解衣般礴，臝。君曰："可矣，是真画者也。"①

第二例出自张彦远《论画》：

> 南朝宋顾骏之，常结构高楼以为画所。每登楼去梯，家人罕见。若时景融朗，然后含毫。天地阴惨，则不操笔。今之画人，笔墨混于尘埃，丹青和其泥滓，徒污绢素，岂曰绘画。自古善画者，莫匪衣冠贵胄逸士高人。振妙一时，传芳千祀，非间阎鄙贱之所能为也。②

值得注意的是，第一例讲述的是一个真画家的故事。他无视繁文缛节，直奔画室，宽衣解带，赤身裸体，席地而坐，沉浸在冥想之中，进入坐忘状态。所有这一切表明，他已然摆脱了社会惯例的制约，抛弃了所有世俗的伪装，回归到本然的真我，成为自由的个体。在此情况下，他才会无拘无束，潇洒自如，挥毫泼墨，得心应手，勾画出想象的意象，创作出独特的"心画"。

第二个故事旨在告诉我们，画家为了宁静致远，体察精微，于是竭力摆脱任何日常干扰，甚至不惜杜绝家人的接触。他独居高楼，凝神观照，"与天为徒""与物为春"。当其情思意趣与自然景色融会无间时，他找到了创作灵感，进入迷狂状态。在此理想状态下，他挥毫泼墨，得心应手，"笼天地于形内，挫万物于笔端"，创作出气韵生动的"心画"，展现出宇宙

---

① 庄子：《田子方》，见陈鼓应注译：《庄子今注今译》，北京：中华书局，1983年，页546。
② 张彦远：《论画》，见沈子丞编：《历代论画名著汇编》，页36—37。

中无言的大美和创化的精神。

需要指出的是，中国传统绘画历来推崇以形写神的"心画"创作，所论品第，如神品逸品，大多以此为重。因此，艺术家和评论家在评判艺术品的价值时，也往往重传神而轻形似。譬如，苏轼就坚持认为，"论画以形似，见与儿童邻；赋诗必此诗，定非知诗人。诗画本一律，天工与清新。边鸾雀写生，赵昌花传神。何如此两幅，疏澹含精匀；谁言一点红，解寄无边春"①。这就是说，鉴赏绘画作品，仅以形似评审，流于浅薄幼稚，如同无知儿童。赵昌画花，仅用一点红，虽违背花的外在形式，但在绿叶相扶下，却传达出花的特殊神韵，象征出春天的无限魅力。然而，这等论点并不足以构成轻视形似的理由，甚至还会招来尖刻的批评。譬如清代邹一桂就曾以讥讽的口吻指出，以"此论诗则可，论画则不可。未有形不似而反得其神者。此老不能工画，故以此自文。……东坡乃以形似为非，直谓之门外人可也"②。要知道，"画无常工，以似为工"，形似的功夫，具有自身价值。只要适度合宜，恰如其分，就能构成形式之美，在绘画表现中不可或缺。对此，齐(白石)黄(宾虹)所论，深得要理。前者断言："作画妙在似与不似之间，太似为媚俗，不似为欺世。"③后者持论相近，认为画分三类："一、绝似物象者，此欺世盗名之画；二、绝不似物象者，往往托名写意，亦欺世盗名之画；三、惟绝似又绝不似物象者，此乃真画。"④由此可见，形似是基础条件与技能保障，似与不似等乎于神似，实为自由的创造和追求的目标。从逻辑上讲，先有形似，后成神似；要由形似转入神似，全然有赖于画家的艺术修为。

---

① 苏轼：《苏东坡集》第 16 卷，见北京大学哲学系美学教研室编：《中国美学史资料选编》下，页 36。
② 邹一桂：《小山画谱》，沈子丞编：《历代论画名著汇编》，页 455。
③ 齐白石：《齐白石画集序》，引自汪流等编：《艺术特征论》，页 20。
④ 黄宾虹：《黄宾虹画语录》，引自汪流等编：《艺术特征论》，页 20。

3. 同异有别的比较分析

20世纪初，柏拉图的"模仿"论被引入中国后，其中文译名"模仿"亦如西文译名"imitation"，所引发的误导误解之弊，主要源于两个原因：一是该译名仅涉及 *mimesis* 的表层含义，而未考虑柏拉图对真实性的哲学思索；二是该理论与中国"摹写"说碰巧在用意上似有重叠之处，因此将其奉为艺术制作的普遍原则。如今，通过以上对"模仿"和"摹写"在各自语境中的讨论，可以大体看出两者之间的本质差别。下面以并置方式再予以比较，将有助于进一步澄清这两个特定概念的不同性相。

在柏拉图的"床喻"中，所用"模仿"一词，主要表示模仿艺术的再现本性。柏拉图认为，绘画与诗歌均属于模仿艺术，可归于三等真实，与一等真实相隔两层。但值得注意的是，他采用了某种近似于"借船渡海"的手法，表面上是在抨击绘画，实际上意在批判诗歌，认为诗歌并不提供真实的知识，而只制造现象性影像。[①] 柏拉图此为的真正目的是贬低诗歌在雅典公民教育中的传统主导作用。不过，柏拉图对待诗歌的态度是矛盾的，几乎是爱恨并存。一方面，他谙悉诗歌的艺术魔力，将其视为威胁理智的情感劲敌，如果任其泛滥，必然影响到城邦卫士的道德情操教育；另一方面，他对诗歌情有独钟，具有浓厚的审美兴趣，故此不愿将其完全废弃或禁绝，而是力图将其维系在健康而可控的范围之内。在此情况下，他竭力想要创构一种哲理诗，以此取代传统的模仿诗。他心目中的哲理诗，主要是自己的哲学对话；而传统的模仿诗，一般是指古希腊人荷马史诗。为此，他特意表明如下心迹："我从小对荷马怀有敬爱之心，因为他是所有美的悲剧诗人的祖师爷，但是，我们不能把对个人的尊敬看得高于真理，

---

① Plato, *The Republic*, 599a.

我必须讲出心里话。"①可见，客气归客气，批判归批判。"吾爱吾师，吾更爱真理"。柏拉图对此原则身体力行，毫不含糊。

柏拉图用来意指模仿艺术的"模仿"观念，虽然在先验意义上具有消极的一面，但其多种含义可激发起富有想象的反思。首先，"模仿"观念所隐含的上述那种"真实性层级结构"，不仅反映出柏拉图理智主义的思维模式，而且鼓励人们深入探究理式本身；不仅有意引导人们承认神明这位万能的造物主，而且有助于人们理解一与多的本质—现象关系。这便形成一个自下而上、从低等真实到高等真实的认识过程，即从表象到实物、从实物到理式、从理式到神明的认识过程，由此引导人们追求具有哲理意味和神性维度的生活方式，使其义无反顾地爱智求真，持之以恒地育美养德，最终成为柏拉图所倡导的那种"像神明一样的人"。②

其次，"模仿"论揭示了艺术的本体地位，喻示艺术生成的起因。要知道，影像制作基于模仿型技艺。画家凭借这种技艺，观看木匠所造之床，照此样态画出一床，再现出人工制品或实物的视觉形象与形式美。画家所作所为，如同用镜子映照外物，均以再现对方形象为能事。这一切表明艺术——尤其是模仿艺术或再现艺术——在原则上是怎样生成的，在形式上是如何制作的，在审美上是如何表现的。从这个意义上讲，柏拉图的"模仿"论在西方一直被视为"美学理论的重要基石"，尽管他本人"对诗歌世界的价值充满深刻的敌意"。③

与此同时，从柏拉图的"理念"论角度来看，"模仿"式的制作，在本质上是接近与认识"理念"或"理式"的途径与过程，这是由"理式"的"原创性"（originality）或"原型特性"（archetypal character）所决定的。在艺术创作领域，这种源于神明的"原创性"如上所述。至于"原型特性"，我们在叔本华提出的天才直观和表现理式的学说里，可以推测出"理式"即"原型"

---

① Ibid., 595b-c.
② Ibid., 613a-b.
③ Bernard Bosanquet, *A History of Aesthetic* (New York: Meridian Books, 1957), p.28.

的思想。不过,直接表明这一要点的则是弗里兰德(Paul Friedlander)和叶秀山等人。后者明确指出,eidos、idea(理式)为一种"原型"(prototype, archetype),为万物之"原型",此种"原型",不在"万物"自身,而只能"在""思想"中,在"主体"之"设计"中,"万物"正是据此种种之"原型"制作出来的。① 这里所言的"主体",与神明相关;这里所言的"设计",与"形式因"或"第一推动力"有涉;这里所言的"万物",不仅包括人造物,而且包括自然物。由此类推,不难看出"理式为万物之本体"以及"神明为造物主"的古希腊思想根源。

再者,柏拉图对模仿艺术的形而上学评估,似乎隐含着他对艺术象征关系的心理学评估。通常,这种象征关系凭借感性形象,引发心理暗示或联想作用,由此体现或表露出不可见的真实或内在的理式。自下而上地看,从低到高的各等真实,均是以喻示或象征的方式,在其层级结构中相互联系着。换言之,如果所画之床是直接模仿木质之床的影像,那同时也是间接模仿床之理式的影像。反过来讲,床之理式如果在木质之床中留下直接的印迹,那同时也在象形之床中留下间接的印迹。更何况任何一位成熟的画家,在从事艺术创作时,大多不会恪守柏拉图所设立的这种逻辑顺序。相反,他会大胆地越过模仿人工制品的边界,尽情地描绘和表现四周历历在目的自然景物;会放开自己的想象力,采用艺术特有的方式,将抽象概念、精神实体或各种神灵转化为直观的感性形象。实际上,现存的古希腊花瓶和雕刻等艺术品,都如实地证明了这一点。

另外,把 mimesis 译为"模仿"或"再现",似乎都会产生某种误解。因为,这个古希腊词本身包含模仿、再现、复制、虚构、制造形象或艺术创作等多种含义。在将不可见之物转化为感性形象时,mimesis 的作用是指一种"象征性想象"(symbolic imagination)或"再现加表现",即借助想象的神奇力量和模仿型技艺,制作出感性直观的形式,表达出精神性的抽象事

---

① 叶秀山:《永恒的活火:古希腊哲学新论》,广州:广东人民出版社,2007 年,页 172—173;另参阅 Paul Friedlander, *Plato: An Introduction*, 1928。

物。这样做的最终目的,不仅是为了供人鉴赏其中表达的审美价值和道德价值,而且是为了供人思索其中蕴含的哲理价值和宇宙论价值,借此引导人们不断地追问与把握作为宇宙万物第一动因的至高理式。实际上,从理智主义的认识论角度看,从艺术形象到理式本体,既存在着无限的思考和想象空间,也开启了永无止境的认识和探寻过程。

至于中国画论中的"摹写"说,原意为"临摹",重在习仿和复制古代大师的作品,借此提高自身的绘画技艺。其后随着范围与内容的扩充,从中引申出"写生",重在直接描绘自然景物,以便提高画家的创作才能。若从复制或制作外物形象的角度看,"临摹"与"写生"似乎与柏拉图所言的"模仿"有些许近似之处,但从价值判断的方式看,柏拉图因循的是形而上学的立场,重理式而轻外形,自然会贬低"模仿"的认识价值和真实性;而中国画家依据的是实用主义的立场,在很大程度上是以提高绘画技能和艺术修养为导向,虽然在价值判断上分出两个等级,但始终对其持有积极态度,认为两者不可或缺,需要逐步推进。后来,"临摹"演变为"师古人","写生"演变为"师山川",虽有轻前者重后者的倾向,但依然对两者抱着积极的肯定态度,期待画家能够走出古人的制约,直面山川的灵动,提升创作的能力。

相对而言,"临摹"或"师古人",重在复制"移画";"写生"或"师山川",重在制作"目画"。对于画家来讲,这两个阶段毕竟不是追求的最终目标,而是迈向第三阶段的跳板或必由之路。"传神"或"师天地"作为第三阶段,是以天人谐和主义(heaven-human harmonism)为旨归,重在创构"心画",于表现个人的情思意趣和审美理想的同时,也表现宇宙万物的生命节律与创化精神。这里面虽然隐含着超然物表与天人合一的神秘体验,追求的是道家推崇的自由精神和独立人格,但却丝毫没有柏拉图式的造物主神性维度或宗教情结。

但要看到,从"临摹"经"写生"到"传神",或从"师古人"经"师山川"到"师天地",由此构成的三个绘画实践阶段,无论是从技艺训练与感知方式上讲,还是从精神境界与创作能力上讲,实则喻指一个渐进式艺术修为过程。在其开初，学习技艺，重在练手；随之加强观察，重在用目；最后追求神会，重在养心。沿着这一理路，画家亲近自然，与物为春，澄怀味象，含道应物，追求高峰体验，走向天人合一而不是神人合一。在这里，举凡创构"心画"者，可尊为圣贤之士，但绝非"像神明一样之人"（柏拉图语）。

值得注意的是，在"传神"或"师天地"阶段，画家所作"心画"，是对天地宇宙生命和创化精神的妙悟，是个人自由想象和心领神会的创造，是将内在的灵思、情志与理想转化成艺术化的感性形象。这种形象是以形写神的产物，虽与外在的自然景物相似，但却似而不是，独一无二，而且不失可游、可居、可观、可赏的空间魅力。

顺便提及，"师天地"就是学习表现天地的内在精神与生命律动。但从审美自主性的角度来看，这实际上是在不断追求直观和体验的无限广延之境。这一追求过程看似神秘沉奥，甚至显得不可思议，可望而不可即，但对大部分中国画家而言，却显得不难理解，可望而可即。因为，他们持守一个世界的观念。在其心目中，这个世界是一有机整体，是由可及之物（the accessible）与可感之物（the felt）组成。可及之物意指天地间可感知与可触及的万事万物，可感之物象征天地间可体验与可参悟的生命律动。

行文至此，我们可以得出以下较为稳妥的结论：柏拉图的"模仿"论与中国的"摹写"说，在文化意义上具有各自的特定性，而不具有普遍性；在仿效和复制的基本意义上，虽然两者有某些近似之处，但却形同质异，表面上看似相同，原则上却迥然相异。因此，唯有将两者置于各自的文化语境中，才能得到合乎情理的知解与辨别。否则，就有可能牵强附会，误入张冠李戴之途。

十五　水景审美的哲理与诗境

在论述思维方式与哲学目的时，深受柏拉图影响的怀特海断言："哲学与诗相似，二者都力求表达我们称之为文明的终极良知，其所涉及的都是形成字句的直接意义以外的东西。诗与韵律联姻，哲学则与数学结盟。"[1]在我看来，所谓"终极良知"(the ultimate good sense)至少涉及两个领域：一是指向认识论领域与人的认识能力，二是指向伦理学领域与人的德行境界。如此一来，哲学与诗的相似性，便被提升到影响或左右人类理智的层次及其道德良知的高度。所谓"直接意义以外的东西"，想必是指隐含寓意、象征意义或言外之意。这不仅关乎哲学所要传达的哲理，也关乎诗歌所要表现的诗境。当其指向人类文明的"终极良知"时，必然会彰显出哲学与诗的内在关联性。至于哲学与诗的区别，怀特海基于表达与理解的重要性，特意将诗与韵律联姻，将哲学与数学结盟。在我看来，诗与韵律联姻主要构成诗的体式与乐感，但对言志缘情的诗而言，更为关键的则是其所表现的诗境，尤其是哲理化的诗境，这涉及情思、意趣、想象、灵感、形象或审美直观等等。至于源自惊异的哲学，凸显的是卓异沉奥和发人深省的哲理，其在古典时期更多凸显的是诗化的哲理。故此，哲学在爱智、求真、储善的过程中，除了倚重逻辑实证的数学之辅助作用外，确然离不开诘问、反思、辩证、神秘玄想与理智直观等等。这一切可以说是深深地根植于或典型地体现在中国传统的水景视域和诠释之中。从审美角度进行

---

[1] 怀特海：《思维方式》，刘放桐译，北京：商务印书馆，2004年，页1、152。Also see Alfred N. Whitehead, *Modes of Thought* (New York: The Free Press, 1968), p.174.

考察，我们发现这一视域和诠释几乎贯穿于中国古代哲学与山水诗歌的全部过程。

在中国传统中，山水景观因其创化自然美和提供家园感而在人类生活中发挥着重要作用。时至今日，内含审美感悟和诗化哲理的题刻，在各地风景区和游览地的巨石摩崖上随处可见。举凡观光览胜的国人，大多对此抱有强烈而恒久的亲和态度。这种情境一方面可追溯到儒道两家的尚水意识与乐水情怀，另一方面可求证于唐诗宋词里的诗情画意景象。仅就水景而言，其由不同形态与量度的水源构成，其自有的动态性被视为自然景观的活力所在。在审美方面，其所引发的哲学思索与诗性描述，通过隐喻、托寓（allegory）、类比、象征、道德化与人格化等手法，表露出独特丰富的诗化哲理。相应地，源自水景审美的山水诗，也呈现出风格不同的哲理化诗境。这些诗境基于不同的诗性特征与审美属性，可大体分为秀美、壮美与乐感三种类型，各自在古代山水诗歌与游记里表现得十分灵动且耐人寻味。作为此番讨论的引述性契机，我们先看看海德格尔对"伟大的隐秘溪流"的惊叹与兴致。

1. "隐秘溪流"与"井喻"

在反思现代世界的人类栖居者"无家园感"这一困境时，海德格尔对于具有支配作用的技术能量深表关切，认为这种技术能量惯于将大自然当作人类用以满足自身需求和功利的"设备"。例如，一条河流既是用来发电的资源，也是开展旅游商务的吸引物。在我看来，在这种技术能量的背后，实则是急功近利的工具论作祟，或者说是滥用工具理性的社会经济意识作祟。这样一来，自然环境的过度开发、利用乃至破坏，势必导致"无家园感"的问题日趋严重，势必驱使人们"忘却存在"，最终丧失感知存在之神秘来源的能力。在海德格尔看来，这种感知能力曾经支撑人类坚信，他们的生命拥有某种得以回应的实体和得以衡量的尺度。现如今的当务之急，就是恢复这种感知能力，将其作为改善人类生存状况的一种替代方式。

笔者曾在一篇论文中发现，海德格尔对水源尤为敏感和珍惜，十分重视"推动万物和容纳一切的伟大的隐秘溪流"。[1]这在一定程度上折映出海德格尔对道家思想的着迷。有鉴于此，海德格尔之子后来将此"溪流"与"井水"联系起来，借此指涉其父笔下的隐喻——"伟大的隐秘溪流"，认为此喻包含特殊寓意，同衍生万物之道相关。事实上，海德格尔在1946年曾与"一位母语为汉语的学者(a native speaker of Chinese)一起翻译《道德经》，但从未完成，所译部分佚失"。[2]事实上，这里所说的"井水"，就流淌在一座小木屋后的花园里。这座木屋位于黑森林山区(the Mountains of Schwarzwald)高处的村落边缘，通常被称为"黑森林中的海德格尔木屋"或"林中木屋"(Heidegger's Hut in the Schwarzwald)。从相关图片中看，"井水"是从外接的管道流出，汇入一个方形的木制水槽里。此槽平卧在草丛中，旁边辟有花径，从木屋后窗一览无余。

这座木屋建于1922年。在过往的50年里，海德格尔的大部分著述就在此处写讫。这不仅是因为该处环境宁静、适宜写作，更为重要的原因是，海德格尔曾在一次广播电台采访中解释说，他在那里写作时获得自然美景的"支持和引导"，四周的山林与湖泊"渗入到日常的生存体验之中"。如其所述：

> 我每次刚一返回到那里，就能轻而易举地进入到我的工作节奏之中。都市里的人们时常寻思一个人在山林里是否会感到寂寞。可那并非寂寞，而是寂静。寂静具有独特和原创的力量，可将我们的整个存在投射到万物在场的宏阔而贴近的感受之中。[3]

---

[1] Martin Heidegger, 'The Nature of Language', in *On the Way of Language* (trans. P. Hertz, New York: Harper and Row, 1971), p. 92.

[2] David E. Cooper, *Converging with Nature: A Daoist Perspective* (Totnes: Green Books, 2012), p. 31. 这位"母语为汉语的学者"，国内学界一般认为是当时在维也纳研习哲学的萧师毅。

[3] David Cooper, *Converging with Nature: A Daoist perspective*, p. 30. Also See Adam Sharr, *Heidegger's Hut*(Cambridge, Mass.: MIT Press, 2006), pp. 64-65.

不难看出，这一表述的基本意涵是多面性的。根据我的理解，海德格尔似从本体论立场出发感知自然风景。这类风景所营造的寂静，满足了他的精神需要，丰富了他的审美体验，启发了他的哲学灵感，协助他撰写出皇皇巨著，渗到他"日常的生存体验"之中。山林与湖泊构成的风景，令海德格尔喜不自胜、情有独钟，他认为那里的寂静，伴随着四季循环变化的景致，不乏精微奇幻的动态性，远远超过熙熙攘攘的喧嚣都市。细心的读者还会发现，海德格尔的这座木屋及其四周环境，在薄厚不一的积雪覆盖之下。可以想象，在那个白雪茫茫的寂静山林里，其屋后花园里那根细直的水管，不停淌出清澈的井水，持续流入木制的水槽，必然会发出悦耳的水声流韵。这在寂静的山林里，犹如神秘的乐音，打破宁静的妙曲，滋养花草树木的源泉，慰藉栖居主人的天籁。

有趣的是，这里的山林景致，也让我想起中国的山水观念。在中国传统中，山水观念本身实属主体鉴赏和外在景致融合的结果。山水作为两种自然或物理实体，不可分离，由此形成自然景观的基本结构。山水的彼此关联性，在相当大的程度上会使人产生这样的直观感受：山有水则活，无水则死。从自然美的某些性相来看，山水相互映照，构成有机综合。不过，在特定情境下，由于各自的物理和属性不同，山亦有山景，水亦有水景。从景观学角度看，山水组成的自然景观，虽是互动互补的综合体，但它们对观赏主体而言，既可整体观赏，亦可分开凝照。更何况在有些景点或景区，水景的魅力或大于山色，山色的魅力或胜过水景。总之，山景与水景均有各自特征、象征意义和审美价值。至于偏好游山或玩水的审美倾向，一般取决于个人的审美习惯与当时心境。在审美自由主义那里，这种倾向一任诸君所好，全凭个人选择。

来自海德格尔的井水隐喻（下称"井喻"），若从"道生万物"的观点来看，意味着神秘的水源和潜在的化育能力。由此观之，海德格尔对自然山林的感知与体验，营造出一种引人入胜的氛围，协助这位德国哲学家顺利进入自己的工作节奏，陶醉于欣然而乐的寂静之中，进入自己"整个存在"

与"万物在场"的融合状态。简而言之，这有助于自然美"宏阔而贴近的感受"，打动海德格尔活生生的"此在"或"缘在"、"共在"或"同在"，启发其凝神静观的冥想，提升其审美欣喜的感受，唤醒其哲学著述的灵感，等等。

2. 尚水意识与乐水情怀

应当说，海德格尔之所以看重"伟大的隐秘溪流"，似与道家传统的尚水意识有关，但彼此在思索与识察的理路上却大相径庭。

譬如，在老子笔下，尚水意识多以托寓方式予以表达，其在隐喻意义上可称为"水喻"。常见的例证，是以"不争""善下""柔弱""胜刚"与"胜强"等特征来凸显水的特有德性与潜在能量。譬如，"上善若水。水善利万物而不争，处众人之所恶，故几于道矣"①。这里将上善之人视同水之德性，是因为后者善于滋润养育万物而不与其相争，顺势停留在众所厌恶的地方而自甘无怨，故此最接近"为而不争"的"圣人之道"。在老子看来，水的功能积极有益，具有利他而无私、谦逊且低调等美德。

另外，水所汇成的江海，有容乃大，虚怀若谷。如其所述："江海所以能为百谷王者，以其善下之，故能为百谷王。"②所谓"善下"，意即"处下"或"卑下"。江海如此，众流归之。将此类比人事，暗指谦虚厚道与善待民众的圣王。江海之喻，在庄子那里，焕然一新。如《秋水》所言："天下之水，莫大于海。万川归之，不知何时止而不盈。尾闾泄之，不知何时已而不虚。春秋不变，水旱不知。此其过江河之流，不可为量数。"③面对

---

① 老子：《道德经》第八章，见王柯平：《老子思想精义》，陈昊、林振华译，北京：中国大百科全书出版社，2017年，页92—93。
② 老子：《道德经》第六十六章，参阅河上公注：《道德真经》，上海：上海古籍出版社，1993年，页38。
③ 陈鼓应注译：《庄子今注今译》，北京：中华书局，1983年，页411—415；另参阅郭象注，成玄英疏：《南华真经》，上海：上海古籍出版社，1993年，页420—421。

浩瀚大海，河伯望洋兴叹。这里看似比照河与海的大小，实则是以海喻道，宣扬大海无涯、大道无疆的无穷无尽性。

至于水的"柔弱""胜刚""胜强"的德性，老子这样描述："天下柔弱莫过于水，而攻坚强者莫之能胜，以其无以易之。弱之胜强，柔之胜刚，天下莫不知，莫能行。"①显然，川流顺势，以柔克刚，非同一般。其外表柔弱不堪，但内蓄无限"神力"，故而无坚不摧，无物可比。这一方面是因为水凭借自身的育养能力，为而不争，协助万物繁衍生长；另一方面是水凭借自身的潜在能量，顺势而为，征服一切貌似"刚强"的他者。这也是水近于道（生万物、统万物）的性相所在。自不待言，这种能量在很大程度上取决于水流动力本身的不懈作用。久久为功的"滴水穿石"之说，就是有力的明证。现实中，位于五台山菩萨顶的一座唐代古寺里，就有这种令人惊叹的历史奇迹。文殊殿前的石阶虽硬，但从屋檐流下的水滴，日复一日，年复一年，终能取得"穿石"功效。这代表持之以恒的德性、坚持不懈的过程。

相比之下，海德格尔所看重的"隐秘溪流"与"井水"，是基于人生的本体论立场，意在追思"推动万物和容纳一切"的根源，探寻一种有助于找回家园和存在意识的神秘感觉。老子所萦怀的尚水意识与水之品性，则是根据经验直观，从朴素的能量辩证法角度出发，旨在说明"上善若水"的至高美德与独特功能。在老子心目中，水性即水德，利万物而处下，无偏私而海纳，不相争而谦虚，入低洼而自安，外至柔而胜刚，显羸弱而胜强，自卑下而为王。总之，水的潜能巨大，无为不争，无物不克，无往不胜，最接近道的本质。所有这些不仅反映出老子倡导的"守柔"哲学，而且应和于"弱者道之用"的辩证原理。不过，细究起来，老子的尚水意识，表面看似涉及水的潜在能量及其动态发展的能量辩证法，实则是以水喻世，可以将其视为关乎为人处世乃至治国理政的行动辩证法。事实上，在老子阐述"上善若水"的一章里，其所推崇的上善之人，也是其所关切的"善建者"或

---

① 老子：《道德经》第七十八章，见王柯平：《老子思想精义》，页79—81。

"善行者"。老子语重心长地劝导他们，要从看似谦下和柔弱的水流中，汲取经验教训，习得善行美德，储养善下而深邃的智慧，掌握以柔克刚的行动辩证法。他甚至不厌其烦地建议说：在安家时，应选择"居善地"；在思索时，应尽力"心善渊"；在交往时，应用心"与善人"；在谈话时，应做到"言善信"；在执政时，应设法"正善治"；在公务中，应推崇"事善能"；在实践中，应确保"动善时"。再者，凡事有度，不可妄为，不可胡为，更不可图谋私利而争强斗胜。因为，"夫唯不争，故无尤矣"。①

值得注意的是，老子的尚水意识，自然会使人联想到孔子的乐水情怀。这两者虽然导向各异，但对中国水景审美活动影响甚巨。要而言之，老子的尚水意识，是基于经验直观与实践智慧，内含处世济世的行动辩证法。孔子的乐水情怀，是基于人文教化与君子修为，指涉理想人格的美德象征论。因此，以孔子为代表的儒家对水的凝照态度，引出诸多道德哲学的沉思玄想，在象征意义上成为理想人格修为的外在参照。《论语》中子曰："智者乐水，仁者乐山。智者动，仁者静。智者乐，仁者寿。"②后世编纂《说苑》的学者，对乐水乐山的情怀与山水比德的缘由，有过如下评析：

"夫智者何以乐水也？"曰："泉源溃溃，不释昼夜，其似力者；循理而行，不遗小间，其似持平者；动而之下，其似有礼者；赴千仞之壑而不疑，其似勇者；障防而清，其似知命者；不清以入，鲜洁以出，其似善化者；众人取平品类以正，万物得之则生，失之则死，其似有德者；淑淑渊渊，深不可测，其似圣者。通润天地之间，国家以成，是智者所以乐水也。诗云：'思乐泮水，薄采其茆；鲁侯戾止，在泮饮酒。'乐水之谓也。"

"夫仁者何以乐山也？"曰："夫山岿岚累巍，万民之所观仰。草木生焉，众木立焉，飞禽萃焉，走兽休焉，宝藏殖焉，奇夫息焉，育群

---

① 老子：《道德经》第八章，见王柯平：《老子思想精义》，页92—93。
② 《论语·雍也》，6：23，见《四书》，长沙：湖南出版社，1995年。

物而不倦焉，四方并取而不限焉。出云风通气于天地之间，国家以成，是仁者所以乐山也。诗曰：'太山岩岩，鲁侯是瞻。'乐山之谓矣。"①

以上所言，均以山水的自然形态和诗化描述，引申出力、平、礼、勇、知命、善化、有德、圣、生、立、萃、休、殖、息、不倦、不限等诸多美德，彰显出道德化与人格化的特殊性相和理想追求。若用现代的通俗说法，"水"在此意指大川巨流，"山"在此意指山峦高峰。依据各自特征与物理品性，"水"川流不息，处于动态，浅时清澈见底，深时高深莫测，直观看来不仅迅捷、敏锐、灵动，而且明察、深邃、滋养万物，象征一往无前、滔滔不绝的智慧，令人联想到"高挂云帆，以济沧海"的壮行。"山"形安然，处于静态，自身特质坚实、稳重、可靠，象征泰然自若、厚德载物的仁德，令人顿生"高山仰止，心向往之"的愿景。相应地，智者与仁者之别，也是依据各自的品性与人格。

一般说来，在心性人格方面，智者有些类似于川流的动态德性，仁者有些类似于山脉的静态属性。智者之所以面对川流形象欣然而乐，是因为他们自己睿智而敏捷，在感知外物和处理问题时，思想睿智，行动敏捷，如同川流不息的滔滔江水。仁者充满互惠仁爱的意识，能够超越名利的枷锁或局限。在待人接物之时，能够处之坦然，笃实平和，不受外界干扰，不为私利所动，故在超然之中体验到"无时间的时间"，在喻义上与巍然屹立的大山相若，与仁厚永恒的德性等同。至此，生活情境与山水意象合二为一，智者与仁者似已摆脱社会异化，返回自自然然、天人相合的审美之境。这一存在状态，既是身体上的，也是心理上的，更是精神上的。"主客同一，仁智并行，亦宗教亦哲学"，此乃"人的自然化"②所引致的结果。

按此思路，孔子的观水态度，在子贡询问君子为何"见大水必观"时，

---

① 刘向：《说苑》第十七章《杂言》，王瑛、王天海译注，贵阳：贵州人民出版社，1992年。
② 李泽厚：《论语今读》，合肥：安徽文艺出版社，1998年，页161—162。

得到进一步拓展和深化。在《孔子家语》中，孔子在回应子贡所问时指出：

> 以其不息，且遍与诸生而不为也，夫水似乎德；其流也，则卑下倨拘必循其理，此似义；浩浩乎无屈尽之期，此似道；流行赴百仞之溪而不惧，此似勇；至量必平之，此似法；盛而不求概，此似正；绰约微达，此似察；发源必东，此视志；以出以入，万物就已化洁，此似善化也。水之德有若此，是故君子见必观焉。①

类似陈述，也见于《荀子》一书。有关言论，在其他古籍里相继展开；相关道德价值，在比附中得以深化。譬如，《说苑》转述道：

> 夫水者，君子比德焉。遍予而无私，似德；所及者生，似仁；其流卑下句倨，皆循其理，似义；浅者流行，深者不测，似智；其赴百仞之谷不疑，似勇；绵弱而微达，似察；受恶不让，似包蒙；不清以入，鲜洁以出，似善化；至量必平，似正；盈不求概，似度；其万折必东，似意。是以君子见大水观焉尔也。②

从上列类比性描述来看，自然现象与道德象征之间的应和关系显而易见。人性虽是人文化成的结果，但却保留着源于自然界的某种相似性，此乃人类观察和模仿生活环境中的对象所致。换言之，当人们发现续存于自然界的此类对象时，就会以这种或那种方式回应审美上的刺激、哲理上的感悟和道德上的启示。这在孔子乐水乐山的凝照与体验中不难见出。有鉴于此，钱穆在注解《论语》时提出一种道德和艺术相互关联之见，断言有道德的人大多知解和喜爱艺术。其曰：

---

① 《孔子家语·三恕第九》，北京：北京燕山出版社，1995 年；另参阅《荀子》第二十八章《宥坐》，安小兰译注，北京：中华书局，2019 年。
② 刘向：《说苑》第十七章《杂言》。

> 道德本乎人性，人性出于自然，自然之美反映于人心，表而出之，则为艺术。故有道德者多知爱艺术，以此二者皆同本于自然也。《论语》中似此章赋予艺术性之美者尚多，鸢飞戾天，鱼跃于渊，俯仰之间，而天人合一，亦合之于德行与艺术耳，此之谓美善合一。美善合一，此乃中国古人所倡天人合一之深旨。①

在这里，从观乎山水而欣然而乐的审美愉悦中，引申出道德、人性、自然、艺术之间的生成关系；继而从自然美与艺术美的鉴赏活动中，先行解读出仰观俯察的"天人合一"说，随后归结出应乎德性和艺术的"美善合一"说，最终则将"美善合一"确定为"天人合一"的深层要旨。这也说明，中国传统的"乐感文化"，既是建立在凝神观照、欣然而乐基础上的"审美文化"，也是建立在人生艺术化和道德化基础上的"精神文化"，由此统合了人的个体生命体验中情感与理性、仁爱与智慧的互动、互补、互渗、互融等协同关系。

具体说来，孔子眼中的川流形象有何意味呢？它至少涉及四点：其一，山水之乐，不仅是对自然景色愉悦感官的特性做出的审美反应，而且是对其道德象征意涵的理智感悟。此乃人对自然景观美产生的共鸣，表明审美体验与道德评价并行不悖。其二，孔子凝照山水的态度，昭示出人对待自然的一种特殊亲和力，进而发展成为一种人与自然契合如一的意识。此意识非同寻常，已然从审美和精神两个方面，渗透到凝照自然美景的传统敏悟方式之中。其三，中国各地自然景观独特而多样，内含丰富的文化要素与历史遗迹，构成中国景观审美现象学和艺术创作的重要部分，这在诗画中表现得尤为突出。其四，鉴赏自然景观美的方式，涉及价值判断的层次，关乎三种不同态度。按照孔子所述，"知之者不如好之者，好之者不如乐之者"②。何故？举凡知道对象如其所是之人（知之者），在情感上

---

① 钱穆：《论语新解》，转引自李泽厚：《论语今读》，页161。
② 《论语·雍也》，6：20。

不及那些喜欢相关对象之人(好之者)那么强烈。举凡喜欢相关对象之人只是喜欢而已,但却不一定能够充分鉴赏相关对象的深层旨趣。换言之,他们不一定能以快乐方式将相关鉴赏活动付诸实践。举凡从此对象中体验到快乐或愉悦之人(乐之者),不仅知解而且喜欢此对象,同时还能把握和玩味此对象,从中获得感知与心智上的愉悦感。故此,与"知之者"和"好之者"相比,"乐之者"高出一筹,具有审美敏感能力,擅长鉴赏诸对象,并在本体论意义上能体验和上达自由存在的境界。因为,他们从中能够享受到精神自由,能够乐在其中,能够享受人生艺术化或艺术化人生。这便是宋儒为何将学与乐(学者学其乐,乐者乐其学)合二为一的主要动因。

宏观而论,先秦儒道两家采用辩证喻说或道德类比等方式,分别揭示出水景特有的哲理化意涵,相继形成道家所倡的玄学化尚水意识与儒家主张的道德化乐水情怀。此两者作为文化遗响的重要组成部分,经由"述而不作"式的思想传承,在历史沿革与流变中绵延至今,已然积淀为中国传统水景审美意识的哲学基质与心理要素。

在这里,若为传统水景审美设立联动双翼的话,哲理化意涵与诗化描述可谓各居其一。从历史发展路径看,这种诗化描述发轫于《诗经》,彰显于《楚辞》,铺张于汉赋,砺新于魏晋诗文,鼎盛于唐诗宋词以及后来的名胜游记。实际上,从诗化表现的力度、情景交融的深度与影响中国传统水景审美的广度来看,唐诗宋词都是最成熟、最丰富和最流行的典范。就其基本特征而言,所用语言,近乎白话,而非文言,通俗易懂,便于传诵;所用韵律,抑扬顿挫,节奏优美,朗朗上口,易于记忆;所创诗境,形象鲜活,精微灵动,文浅意深,富含哲理。凝于中而形于外的艺术性、鲜活性、生动性与影响性,堪称中国诗词审美文化的一大奇观。另外,由此生成的流行性,更是拓展出举世罕见的大众化诵读、流传和鉴赏渠道。其中不少名作,几乎到了众人耳熟能详、出口成章的惊人程度,这在中外文学史上当属绝无仅有的独特现象。譬如,在蒙学经典《千家诗》里,唐人王之涣的五言绝句《登鹳雀楼》,短短四行,寥寥廿字,脍炙人口,历经千载。所述河海景象,雄浑壮阔,令人遐想;所抒登楼意境,目接千里,意味无穷。人生一世，经历良多，举凡积极上进或认真生活之人，在不同阶段吟诵这首短诗，自然会有不同体悟、不同解读乃至不同感慨。

在中国文学遗产中，诸如此类的山水诗，占据至为重要的地位。通过情感的诗化渲染，借助敏悟的审美智慧，运用言、象、意三位一体的有机互动方式，这类山水诗着力表现出山水景观精微多样的自然美和艺术美。在这方面，唐宋佳作通过充盈的创造力与亲和的形象性，将诸多水景审美体验置于感物吟志的诗情画意之中。其中蕴含的那种"我们称之为文明的终极良知"，以其特有的艺术魅力吸引着众多读者，在入乎其内与出乎其外的解悟观赏中进行哲理与诗性的双重反思。总之，自唐宋以来，水景审美的诗性价值与哲理价值影响巨大、流布最广。其风格多样的诗境，依据各自不同的审美属性，至少可以划分为秀美型、壮美型与乐感型三种范式。

3. 秀美型水景的内涵

举凡诗境类型，有其相应的诗性特征或审美属性。大体说来，秀美型水景见之于宁静的泉溪、明澈的池塘、荡漾的湖泊、潺湲的河流，其中以平和宁静和悦耳悦目为主调的相关属性，与西方美学里的优美范畴有某些近似之处，有助于促成主客体之间的和谐互动与快乐融合的审美关系。实际上，秀美型水景借助自身的外观魅力和内含意味，既是诗人喜好描述的景致，也是游人欣然而乐的对象。

首先，就宁静的泉溪而言，典型示例在唐诗宋词里随处可见。譬如，王维的《山居秋暝》：

空山新雨后，天气晚来秋。
明月松间照，清泉石上流。
竹喧归浣女，莲动下渔舟。

随意春芳歇，王孙自可留。①

从诗中可见，水景与"新雨""清泉""浣女""渔舟"连接一体，沉浸在"明月"之中，点缀着"松""石""竹""莲"。没有行人与喧嚣的"空山"，反衬出此情此景的宁静谐和状态。泉流石上，竖耳可闻，同竹林的摇曳声和渔舟的划水声形成协奏。这一精妙描述，诗中有画更有声，既悦目悦耳，又悦心悦意。这里，人与自然的亲和关系，令人油然而生情寄山水的家园感。而一"归"字，点出洗衣少女在欢声笑语中摇船穿过荷花的回家景象。尾联虽是以消歇的"春芳"凸显眼前的秋色，但让人流连忘返的美景进而强化了全诗隐含的那种家园感——情寄山水的家园感。

沙河塘里灯初上，
水调谁家唱。
夜阑风静欲归时，
惟有一江明月碧琉璃。②

这节词选自苏轼《虞美人》，所描写的是华灯初上的水景意象，其背景依然是一轮高悬的"明月"。江面上浮现出"碧琉璃"似的色调，同"水调"韵律契合的吟唱，伴随着江水富有节奏的波动起伏。月光如水，"夜阑风静"，诗人在回家途中，面对优美的江景，怡然自得。这里有实景，有想象，有感受，有抒怀，集成身游、目游与神游的综合性通感体验。

秀美型水景形态多样，因地貌环境不同而异。柳宗元笔下的石潭景致，细密而具象，近乎鲜活的画境：

---

① 王维：《山居秋暝》，见许渊冲等编：《唐诗三百首新译》，北京：中国对外翻译出版公司、商务印书馆香港分馆，1988年，页71。
② 苏轼：《虞美人——有美堂赠述古》，见许渊冲选译：《唐宋词一百首》，北京：中译出版社（原中国对外翻译出版公司），2008年，页120。

> 从小丘西行百二十步,隔篁竹,闻水声,如鸣珮环,心乐之。伐竹取道,下见小潭,水尤清冽。全石以为底,近岸,卷石底以出,为坻,为屿,为嵁,为岩。青树翠蔓,蒙络摇缀,参差披拂。潭中鱼可百许头,皆若空游无所依,日光下澈,影布石上,佁然不动;俶尔远逝,往来翕忽,似与游者相乐。①

可见,石潭静处,无人打扰。潭水清澈见底,百余尾小鱼,浮在水中,其影投射在潭底的巨石上,静憩不动,灵萌可爱。透明的石潭,澄澈的溪水,孤寂的环境,使得小鱼自由自在、安享悠闲。就在这时,突然有人造访,打破寂静,惊动了潭里安然的鱼儿,瞬刻间使其感到困惑不解。不过,它们很快恢复平静,好奇之余,欣然与来客嬉戏相乐。这与其说是鱼之乐,不如说是人之乐,是观赏主体将自身意趣投射进观赏对象的结果。

同上列情景相若的是另一诗境,主客体之间的审美关系如下所示:

> 山光悦鸟性,潭影空人心。
> 万籁此俱寂,但余钟磬音。②

在这里,我们看到"山光"与"潭影"合成的景象。位于潭上的是树梢的鸟鸣,从周边寺庙传来的是"钟磬"的余音,在万籁俱寂处更显得清脆或悠扬。潭水清澈透亮,洗涤心中凡尘。这些意象融合在一起,使人联想到石潭四围的山林、天上漫游的流云、沉思凝照的来客。几近"诗眼"的"空人心",实则意指净化人心、淘洗俗虑、超脱烦扰,这正好表明人入山林、光顾此处的原因。无疑,这不仅是一种单纯为了审美满足的观光体验,更可以说是一种为了净化心灵的精神之旅,其中隐含着游心参禅或问道的自觉与动机。中国传统意义上的文人墨客,通常怀有这种寻求心静神宁或精

---

① 柳宗元:《至小丘西小石潭记》,见倪其心等选注:《中国古代游记选》上册,北京:中国旅游出版社,1985年,页111。
② 常建:《题破山寺后禅院》,见许渊冲等编:《唐诗三百首新译》,页260。

神自由的"林泉之心"。欧阳修曾言:"醉翁之意不在酒,在乎山水之间也。山水之乐,得之心而寓之酒也。"①相比之下,"得之心"才是关键,此乃"山林之乐"的枢机。儒道两家所倡导的"山水之乐",或追求仁智之德,或追求逍遥之境,均离不开欣然而乐的"林泉之心"。

相比于泉流池塘潭水的景象,流光溢彩的秀美江景别有风情。下列三例可证一斑:

> 春江潮水连海平,海上明月共潮生。
> 滟滟随波千万里,何处春江无月明!
> 江流宛转绕芳甸,月照花林皆似霰;
> 空里流霜不觉飞,汀上白沙看不见。
> 江天一色无纤尘,皎皎空中孤月轮。②

> 渌水明秋月,南湖采白蘋。
> 荷花娇欲语,愁杀荡舟人。③

> 山桃红花满上头,蜀江春水拍山流。
> 花红易衰似郎意,水流无限似侬愁。④

第一例来自张若虚的《春江花月夜》开篇。从描述中可见,月照江海的水景,平远寥廓,柔和迷离,充满魅惑。其中,"潮水""明月""芳甸""花林""流霜"与"白沙"等一组意象,以生动的交互作用方式,引出视觉、听觉、嗅觉、触觉以及统觉功能。这一切主要围绕着月光下的"春江"与"海水"展开。月为体,江为实,海为虚,彼此交汇,凸显出起伏波动的江景、

---

① 欧阳修:《醉翁亭记》。
② 张若虚:《春江花月夜》。
③ 李白:《渌水曲》。
④ 刘禹锡:《竹枝词·山桃红花满上头》。

平阔柔美的海景、璀璨明亮的月色、沁人心脾的花香。这幅幽美邈远、宁静空明的春江月夜图，隐含着迥绝而有情的宇宙意识，创构出滟波浩渺但又亲和与共的景象。设此背景，便为随后抒写游子思妇的离情别绪与富有哲理的人生感慨做好铺垫，从而使这首融诗情、画意、哲理为一体的诗作，享有"孤篇盖全唐"之誉。

第二例是李白的《渌水曲》，简短凝练，描述的是碧波荡漾、秋月辉映、胜似春光的南湖水景。首句写景，表示湖水碧绿澄澈，借以映衬秋月之美。所用"明"字，凸显出南湖秋月波光粼粼、光洁可爱的迷人景象。次句叙事，言少女在湖上荡舟采集白蘋。后两行言情，构思精巧别致，让"娇"媚"欲语"的"荷花"，一方面与近旁的少女形成对照，渲染各自的容色之美，另一方面使采蘋姑娘产生些微妒意，反衬"荷花"惹人艳羡之美。此诗选词精妙，设境奇绝，把湖景写活了，把荷花写活了，把少女写活了，同时也把湖光秋月与荷花美人构成的诗境写活了。典型的南国秋色，生气勃勃，胜似春日。相关描述，既表现出诗人欣然而乐的心情，也反映出水景秀美宜人的魅力。

第三例取自刘禹锡的《竹枝词》。前两行描写的是桃花烂漫、春江涌动的景象。"山桃红花"与"蜀山春水"互为背景，呈现出交相辉映的动人画境：春来桃花盛开，满山红艳；江水拍山而流，滔滔不绝。这里花妆山，山恋水，彼此浑然一体，已然无须区分。后两句托物起兴，借景抒情，表达赏花观景少女睹物思人，心生惆怅。在她看来，山桃虽美，但"花红易衰"，难免引发青春易逝如明日黄花之叹，徒生郎君爱情甜蜜但久则衰退之感。这便触碰到失恋少女敏感的痛处。潜藏在她内心的无尽愁苦，恰似"水流无限"，滔滔不绝，让人不禁联想到李煜的感伤叹喟："问君能有几多愁，恰似一江春水向东流。"总之，暖春热烈的山色水景，失恋惆怅的怀春少女，形成鲜明的对照。正是在欣喜与愁苦、希望与失望、积极与消极、自然与人生的多重交响中，隐含着哀乐并存的生活哲理、难以舍弃的家园情怀。

4. 壮美型水景的张力

同秀美型水景的诗境相比，壮美型水景的诗境具有令人望而生畏、惊心动魄的审美属性，譬如气势磅礴、力量宏巨、汹涌澎湃、广袤无垠、浩渺壮阔等等，其与西方美学中的崇高范畴（the sublime）具有某些类似特征。在许多情况下，壮美型水景虽然会在主客体之间引发心理对立或冲突的紧张关系，但却有助于深化和铭记这种特殊的审美体验。通常，这种反应会出现在观看飞流直下的巨瀑、波涛汹涌的大江、铺天盖地的海潮、壮阔无垠的湖泊等景象之际。

在当今世界上，分布着数处大瀑布，它们均以巨大的流量、震耳的声响、骇人的高度和恢宏的形态为显著特征，故此成为古往今来搜奇览胜者的著名"圣地"。在中国山水诗歌里，创造性表现瀑布的诗作虽然不多，但却占据重要而独特的位置。例如，在李白这首七言绝句里，我们看到一幅熟悉超绝的飞瀑图。其诗曰：

> 日照香炉生紫烟，遥看瀑布挂前川。
> 飞流直下三千尺，疑是银河落九天。①

香炉峰是江西庐山诸多山峰之一，在朝霞映照之时，呈现出紫云缭绕的景象，远看恰似一座香炉浮于云端。"飞流直下"的"瀑布"，悬挂在耸立的山巅，似有"三千尺"之长，犹如"银河"自"九天"落下，声震八方，力超万钧。这里，瀑布的长度与高度同一，声量与力量一体，巨瀑与"银河"类比，云霄与"九天"相合。描写壮美景象的修辞夸张手法，源自独特的想象力和诗化的表现力。上述非同寻常的高度、量度、力度、流速、声响和气

---

① 李白：《望庐山瀑布》。Also see Xu Yuanchong (ed.), *Selected Poems of Li Bai*, p. 15.

势，构成巨瀑的动态特征，以相互融合的方式，彰显出壮美型水景的个性。通常，这种诗化描绘，与山水实景并不等同，因为诗人是从个体经历、想象、灵视或情思意趣出发，表达自己的直观感受与审美评判，创造性地描写自己心中的景象而非眼中的景物。

另外，壮美型水景也体现在惊涛骇浪、洪流江海之中。唐宋诗人词家对此借题发挥，多有吟诵。譬如：

> 渡远荆门外，来从楚国游。
> 山随平野尽，江入大荒流。
> 月下飞天镜，云生结海楼。
> 仍怜故乡水，万里送行舟。①

> 云树绕堤沙，
> 怒涛卷霜雪，
> 天堑无涯。②

> 大江东去，
> 浪淘尽，千古风流人物。
> 故垒西边，
> 人道是，三国周郎赤壁。
> 乱石穿空，
> 惊涛拍岸，
> 卷起千堆雪。
> 江山如画，

---

① 李白：《渡荆门送别》，见蘅塘退士编：《唐诗三百首》，北京：中华书局，1978年，卷五页八。
② 柳永：《望海潮》。Also see Xu Yuanchong (ed.), *100 Tang and Song Ci Poems* (Beijing: CTPC, 2008), p. 79.

一时多少豪杰。①

上列诗化描绘,均与大江相关。李白的《渡荆门送别》里描写的是出蜀地、下长江、经巴渝、出三峡,抵达湖北宜都的游览感受。诗人兴致勃勃,乘舟壮游,沿途纵情观览长江两岸的崇山峻岭。船过荆门,景色突变,平原旷野绵延,视野顿然开阔,别有一番天地。"山随平野尽,江入大荒流"一联,至少呈现出四种景象:山峦起伏,旷野平坦,大江奔流,荒原辽远。这组景象壮阔雄浑,让人放眼天地,思接千里。在山形隐去的广阔原野上,看到的是江水奔腾的宏伟景象,如同一幅气势磅礴的万里长江图,给人以宇宙无限的空间感和大江东去的洪流感。碰巧的是,这里容易使人联想到杜甫《旅夜书怀》中的名句"星垂平野阔,月涌大江流",由此自然会引发似曾相识的比照或耳目一新的感受。李白诗中的"月下飞天镜,云生结海楼"两句,实属长江近景描写:月入江流,其倒影好似天上飞来的一面天镜;云霞变幻,其多彩迷离的形态由此结成一座海市蜃楼。如果说山水画"咫尺应须论万里",那么这首山水诗所绘形象,可以说是小中见大,容量丰富,数语胜过千言,把万里山势与壮美水景写得活灵活现、历历在目。尤为感人的是尾联以深情的乡愁,道出万里江水送行的壮景。别情离绪,天高水长;思家恋乡,无穷无尽。于是,乡愁汇入江水,江水化作乡愁。不过,在"天镜""海楼"中,这位游子于迷离欣喜之时,似乎找到精神的寄托或归宿,似乎觉得大自然瞬间已成为大家园。

柳永《望海潮》里的三行词句,一反常态,尽扫绮丽、婉约与凄切之风,仅用寥寥数语,勾画出壮美海景的瑰玮景观,给人留下殊深印象。在他的笔下,钱塘江畔的"云树",高耸入云,环绕沙堤,汹涌的潮水铺天盖地冲来,卷起霜雪一样的白色浪花,奔流滚动,壮阔的江面一望无涯。不难想象,此时潮水汹涌,浩浩荡荡,涛声大作,震撼四方,为此情此景平添几分豪迈、几分雄壮。

---

① 苏轼:《赤壁怀古》。Also see Xu Yuanchong (ed.), *100 Tang and Song Ci Poems*, p. 148.

第三部分　美学与人生

　　苏轼《赤壁怀古》一词，借古抒怀，雄浑苍凉，意境宏阔，将写景、咏史、抒情融为一体，以摄魂夺魄的艺术力量，被誉为"古今绝唱"。所引几行，描写的是黄冈城外赤壁矶处的月夜壮美江景，作者借对三国古战场的凭吊和对风流人物才略、气度、功业的追念，流露出怀才不遇的忧愤之情，表现了关注历史和人生的旷达之心。在隐约深沉的感慨和着意洒脱的抒怀中，作者将浩荡江流胜景与千古英雄气概并收笔下。故此，后来的词论家徐轨称东坡词"自有横槊气概，固是英雄本色"。这难免让人联想到赤壁鏖战中横槊赋诗、慨当以慷的曹孟德之为作。"卷起千堆雪"、拍击江岸乱石的"惊涛"骇浪，既有惊心动魄的画面感，也含险峻豪迈的历史感。"千古风流人物"消遁，"江山如画"依旧在，然而，前者并非就此归于虚无，事实上，诗词能使历史事件和英雄人物成为永恒。这壮阔的江山，作为历史遗迹，总让人发思古之幽情，念英雄之伟业。可以说，这古人、今人与景观，三位一体，相互联动，彼此衬托，组成景观壮美、寓意深远的人文胜迹画卷。

　　中国湖泊甚多，洞庭湖水域辽阔，方圆八百余里，更有岳阳楼之大观。登斯楼而望远，波光浩渺，漫无际涯，是古往今来的名胜之地，文人墨客到此游览赋诗者居多，所留名作佳句数不胜数，此处仅举其二：

　　　　昔闻洞庭水，今上岳阳楼。
　　　　吴楚东南坼，乾坤日夜浮。①

　　　　八月湖水平，涵虚混太清。
　　　　气蒸云梦泽，波撼岳阳城。②

　　杜甫《登岳阳楼》前两联叙事写景，为后两联抒情感怀预设背景。首联

---

① 杜甫：《登岳阳楼》，见蘅塘退士编：《唐诗三百首》，卷五页十四。
② 孟浩然：《临洞庭上张丞相》，见蘅塘退士编：《唐诗三百首》，卷五页十八。

虚实交错，今昔对照，扩大了时空的领域，暗指涉洞庭的盛名，表露出内心的喜悦。其为诗蓄势，为描写洞庭湖酝酿气氛。颔联"吴楚东南坼，乾坤日夜浮"，感叹广阔无边的洞庭湖水，划分吴楚两大古国的疆界，代表乾坤的日月星辰，就好像漂浮在湖水中一般。洞庭之广，远接吴楚；洞庭之大，可纳乾坤。此联可谓神来之笔，生动展现出洞庭湖水势浩茫无际、雄阔宏伟的壮美景象。在这里，日月星辰组成的乾坤，与浩渺宏阔的洞庭，互为镜像，彼此映照，观者居于其中，或生天上人间之感。

相比之下，孟浩然对洞庭湖景的描写有其独到之处。首联直书，点明时令，"八月"秋汛汹涌，用"平"字点出湖水涨漫，溢出堤岸，造成水岸相接、广阔无垠之状，进而增强了洞庭的浩瀚气势。面对洞庭，极目远望，水岸相平，水天相接，仰观俯瞰，"涵虚"见其宏大，"混太清"见其广袤，看似天宇映落湖中，又似湖水涵容天宇。如此壮阔的湖面，风云激荡，波涛汹涌。颔联"气蒸云梦泽，波撼岳阳城"，道出古老的云梦泽似乎在惊涛中蒸腾沸滚，雄伟的岳阳城似乎被巨浪撼动摇荡。所用"蒸""撼"二字，力重千钧，乃画龙点睛之笔，将升腾的气象与飞扬的动势奇妙地灌注进湖光与市景之中，足以见出非凡的艺术表现力和惊人的审美效果。这里，天宇与洞庭的交接互动，隐含着某种有情宇宙的神秘感或魅惑感。时至今日，深谙此诗此景的游人，每到此地，出于好奇与遐想，也会登楼远望，一窥究竟。不过，如今洞庭水面萎缩，远逊往昔，旱涝季节，虽有三峡水库拦洪或补水，但上述诗化胜景已成往事。幸运的是，此类诗文游记（如《岳阳楼记》等），作为有效的历史记忆，仍然可资闲行者借鉴，以便"神游"八百里洞庭，灵视壮美型湖景。

顺便提及，欣赏壮美型水景的体验，可通过传统观光游览方式得到强化。也就是说，这种观赏行为所借助的是传统而非现代交通工具。要知道，古代诗人欣赏景观景象，都是采用划船、骑马或徒步等传统旅行方式，其所产生的感受，均来自步移景异的缓慢过程，而非来自快艇、游艇或缆车等现代常用工具的急速运行。譬如，在这首七言绝句里，李白依据自己乘舟直下江陵的特殊经历与感受，将长江三峡壮美奇绝的景象描述得栩栩如生，收放自如的蒙太奇手法不仅使山川景观如在眼前，而且留下无限的想象空间：

> 朝辞白帝彩云间，千里江陵一日还。
> 两岸猿声啼不住，轻舟已过万重山。①

长江三峡的激流，融含在诗中所描述的遥远距离与超常速度里。从白帝城到江陵城，诗言虽有"千里"之遥，但却"一日"抵达。在实际地理上，两城间距数百余里，但诗人通过夸张手法，记述了乘"轻舟"远渡天险的历程。三峡地形复杂，水流湍急，山势险峻，古往今来，乘船渡江都是一场伟大而艰难的历险，需要无所畏惧的勇气和魄力。相比于大川洪流与高山险滩，一叶"轻舟"飞速直下，伴随着沿途惊叫不已的"两岸猿声"，更加彰显出大与小、胆与识、险峻与雄浑、激情与速度的交叉重叠之感及其动态雄浑之美。若能真正进入此情此景之人，想必会在惊心动魄之余产生某种精神振奋或审美狂喜之感。

5. 乐感型水景的韵味

水景的乐感魅力，源于自然而然的水声泉鸣，其形式与量度多种多样，譬如潺潺的溪流、汩汩的清泉。在中国历史上，有些文人墨客对于神秘诱人的乐感型水景情有独钟。他们雅好山水，迷恋泉鸣，明代公安派就是典型代表，袁中道（1570—1626）更是首屈一指。

袁中道本人时常陶醉于清泉之音，甚至认为此音给人的乐感胜过丝竹之声或乐器演奏效果。因为，他觉得水声流韵，自然纯粹，而人工丝竹之

---

① 李白：《早发白帝城》，见蘅塘退士编：《唐诗三百首》，卷八页三。Also see Xu Yuanchong (ed.), *Selected Poems of Li Bai* (Changsha: Hunan people's Publishing House, 2007), p. 195.

音，矫揉造作。在有些场景，他本人将明慧的心智等同于溪涧流水，变化精微，富有情趣。在有些境遇，他聆听卵石与溪水之间的轻触音响，视其为天籁合奏。故此，他深感具有乐感的水韵，声情并茂，类似于琴瑟相鸣，不亚于妙音吟唱，故此特别喜欢临流泛舴，"听水声汨汨"，"悄然如语"。① 尤其在《爽籁亭记》里，他对水声雅韵的详细描述，似有闻音涤虑、澄怀玄览的感受与哲思。如其所述：

> 玉泉初如溅珠，注为修渠，至此忽有大石横峙，去地丈余。邮泉而下，忽落地作大声，闻数里。予来山中，常爱听之。泉畔有石，可敷蒲，至则趺坐终日。其初至也，气浮意嚣，耳与泉不深入，风柯谷鸟，犹得而乱之。以及瞑而息焉，收吾视，返吾听，万缘俱却，嗒焉丧偶，而后泉之变态百出：初如哀松碎玉，已如鹍弦铁拨，已如疾雷震霆，摇荡川岳。故予神愈静，则泉愈喧也。泉之喧者入吾耳而注吾心，萧然泠然，浣濯肺腑，疏瀹尘垢，洒洒乎忘身世而一死生。故泉愈喧，则吾神愈静也……泉与予又安可须臾离也？故予居此数月，无日不听泉，初曦落照往焉……暂去之，而予心皇皇然，若有失也。乃谋之山僧，结茅为亭于泉上，四置轩窗，可坐可卧。亭成而叹曰："是骄阳之所不能驱，而猛雨之所不能逐也；与明月而偕来，逐梦寐而不舍，吾今乃得有此泉乎？"且古今之乐，自八音止耳，今而后始知八音外，别有泉音一奇。世之王公大人不能听，亦不暇听，而专以供高人逸士陶写性灵之用，虽帝王之咸英韶武，犹不能与此泠泠世外之声较也，而况其他乎？予何幸而得有之，岂非天所以赉予者欤？于是置几移榻，穷日夜不舍，而字之曰爽籁云。②

此篇亭记，主写泉流，刻画入微，妙笔传神。通过详细描绘泉声的大小高

---

① 袁中道：《西山十记》，见北京大学哲学系美学教研室编：《中国美学史资料选编》，下册，北京：中华书局，1981年，页171。
② 袁中道：《爽籁亭记》，见北京大学哲学系美学教研室编：《中国美学史资料选编》，页170。

低和自己听泉时的神情变化,表达了忘情山水、其乐无穷的超然志趣。在亲历过程中,作者起先由于"气浮意嚣","耳与泉不深入",虽在听泉,却常被山色谷鸟所扰。其后排除干扰,采用"暝""息"之法,凝神静听,竟然能辨出泉声的百变形态。进而为之,泉声入于耳,注入心,洗肺腑,瀹尘垢,忘却自己身世,超越生死界限,上达"泉"与"神"契合谐和的状态,进入无拘无束的精神自由之境。至此,作者沉迷于泉声,独钟此乐感,"居此数月,无日不听泉",初曦落照前往,几乎须臾难离。如果天气变化,不得前往听泉,竟使其"心惶惶然,若有失也"。故此,作者与山僧商定,联手"结茅为亭于泉上,四置轩窗,可坐可卧",日月轮转,不舍昼夜,随时可听。何故?是因"古今之乐,自八音止耳,今而后始知八音外,别有泉音一奇"。也就是说,古今音乐无法与泉音相媲美。不过,欣赏奇特泉音,显然要有条件。举凡"世之王公大人"等俗人,"不能听,亦不暇听,而专以供高人逸士陶写性灵之用"。此言所指,是拔出俗流的超然,还是自命非凡的清高?已然无别,明者自知。但需指出的是,作者袁中道不仅在此恢复了"家园感",而且找到了心仪的"家园",从而"诗意栖居"在爽籁亭下流连忘返。

可见,对于泉声之美,袁中道既是"知之者"和"好之者",更是名副其实的"乐之者"。从其描述的泉韵之妙来看,他对其察之翔致,爱之深切,乐此不疲。泉声流韵所形成的音乐感,对这位聆听者而言,不仅是视觉听觉的对象,而且是明心慧性的寄托,从而使其乐以忘忧,流连忘返。泉声的微妙变化,伴随着想象和联想,使聆听者感入其中,怡情悦性,享受水声流韵带来的乐感。这一切均体现出观者对道家自然主义智慧的感悟与觉解。基于此,观者"与天为徒","与物为春",得其"至乐",将自身存在和泉音之美融为一体。这种美在表象上可被视为水声流韵的创造结果,但在实质上则是将有情宇宙生命节奏音乐化的结果,此乃中国传统的空间与生命意识使然。音乐化行为本身并不囿于水声,而是以不同方式扩展或运用于乐律、书法、诗歌与绘画等艺术之中。有鉴于此,中国文人习惯于在鉴赏自然美时,将本体论意义灌注其内。如此一来,他们就会进入天人合一的超越性审美和自由体验。该体验在精神与宗教意义上几近于喜不自胜的迷狂状态和超然物外的至乐境界。为了实现这一目的，就需要超脱的个人修养、丰富的想象力和高度的审美敏感性。

无独有偶，阿道斯·赫胥黎（Aldous Huxley，1894—1963）也曾在滴答、滴答、滴滴答答的雨落石阶声响中，发现了"水韵"（watery melody）与"水乐"（music of water）的妙趣。他对自己相关体验的描述，与袁中道的相关经历形成鲜明对照。赫胥黎在聆听雨声时，伴随着一种杂糅的情感——"愉悦与气恼"（pleasure and irritation），一方面是滋生于内的"不舒服情绪"，另一方面是令人好奇的"不连贯水乐"，犹如"达达派文学"所产生的效果。① 对此，赫胥黎这样描述：

> 夜来，我的睡意愈来愈浓，耳边是无休无止的落雨音调，蓄水池里传来空洞的独白，巨大的雨点从屋顶跌落到石阶上，发出金属般说唱的声音；的确，我从中发现了一种意义；的确，我从中窥探到思想的印迹；的确，雨点组成的乐句，连续不断，具有艺术性，最终以某种惊人的方式结束。我几乎听到了，几乎理解了，几乎把握了。然而，我猜想自己沉沉入睡，进入梦乡。一觉醒来，我所看到的是晨曦入牖，满屋生辉。此时已是清晨，雨水依然嘀嗒不停，令人可乐可恼不已。②

不难看出，赫胥黎力图在连串雨滴构成的"水乐"中，寻找某种"意义"，某种令人可解的意涵。然而，他语焉不详，这种"水乐"的不可理解性和空洞性，或许使他感到有些失望。于是，他赋予其一种"渐进的模糊意义"，一方面将其归于金属般的说唱声与机械性的滴答声，另一方面将其比作"挥之不去的鬼魅"，因为这声音打扰他入睡，影响他情绪。相反，

---

① Aldous Huxley, "Water Music", in H. Barnes (ed.), *Essays Old and New* (London: George G. Harrap, 1963), pp. 197-199.
② Aldous Huxley, "Water Music", in H. Barnes (ed.), *Essays Old and New*, p. 198.

袁中道则不然。这位中国文人秉持鲜明观点,恪守积极态度,不仅醉心于泉声的乐感魅力与溪流的多变音调,而且感悟到宇宙中的生命律动和神秘音乐节奏。最终,他不是昏昏入睡,而是摆脱烦扰俗虑,进入乐以忘忧的神闲气静状态,将自己完全感入或投射到人与水景合二为一的超然境界之中。

综上所述,从目的论角度审视哲学与诗的相似性,我们在中国传统水景审美的哲理与诗境中不难找到诸多明证与典型范例。在这里,抽象而玄远的哲理被诗化了,形象而直观的诗境被哲理化了。看似二分的诗化哲学与哲理化诗境,实则近乎一枚硬币的两面,以其互动应和的方式,深刻而精妙地表达了"我们称之为文明的终极良知"。比较而言,老子的哲理化尚水意识,更多强调的是流水育养万物的利他主义美德和谦下宽容的守柔不争哲学。在关注水的启示意义和标举水的至善德性时,继而推崇以水喻世与以水喻政的能量或行动辩证法。孔子的道德化乐水情怀,突出的是人文教化与君子修为的理想范型,其中蕴含着人格化的美德象征论。孔子本人据说"见大水必观",惯于借助川流不息的大江,喻指不屈不挠、勇往直前、高风亮节的君子人格。道儒两家各自践行的尚水理念或乐水传统,均展现出诗化的类比或喻说性相,不仅为中国传统的水景审美奠定了重要的哲学基础,而且也为古今中国文人雅士的水景审美意识塑建了独特的心理结构。

值得注意的是,海德格尔所关注的"隐秘溪流""井喻"及其念兹在兹的山林景观,既关乎他本人哲思中导致"无家园感"与"忘却存在"的工具论缘由,也涉及他本人力图恢复诗意存在的主体论意识。那么,如何消除"无家园感"而代之以"有家园感"呢?如何稀释"忘却存在"而代之以"诗意存在"呢?这在深层意义上恐怕涉及人之为人理当"如何活?"的本体论关切与艺术化人生。若从中国传统水景审美的哲理与诗境角度观之,道家的尚水意识、儒家的乐水情怀与中国的诗化山水审美传统,在上述领域里似有发挥积极推动作用的可能。仅就中国人的生活情境与心态而言,长期的农耕文明历史及其深刻的传统影响,在其灵魂深处或文化心理结构中构成特殊的感应密码，从而使其常对自然山水和田园风光情有独钟，由此凝结为彼此之间密不可分的亲和力。但凡人们在游历或诗歌中看到那些似曾相识的自然山水与田园风光时，就会在不经意间促发自己的家园意识或唤起自己的诗意存在。时下所倡的"留住乡愁"，实则是维系家园意识和助长诗意存在的一种途径。这里面不仅包括对家乡文化习俗的回忆和珍惜，而且包括对家乡青山绿水的缅怀和向往。通常，家乡的一道溪流、一条小河、一汪池水、一片湖泊、一处海滩，都会在美好的回忆或想象中显现为家园意识或诗意存在的具象化组成部分。现如今，从基于实用性经验逻辑的因果律上讲，人不负青山，青山定不负人。同样，人不负绿水，绿水定不负人。不过，这里需要突破由此衍生的"两山理念"的物质层面，需要设法由此上达以自由享受与内在超越为特征的审美层面和精神层面。至此，方有可能塑建全景式家园意识，成就真正的诗意存在。这一切，可在传统水景（山景）审美的哲理与诗境里找到理想的参照范本。

　　需要指出的是，在通常情况下，新奇为美（novelty as beauty）是大众审美活动中的普遍法则。但就中国人耳熟能详和脍炙人口的唐诗宋词而言，流行为美（popularity as beauty）却是不同凡响的有效原理。有些富含诗性智慧与生动意象的名篇，从少时背诵直到老来吟诵，总会给人多样的快感和人生的启迪，更何况其中有许多名句，具有普遍适用性，经常在情景相似的际遇，会引致创造性引申或创造性挪用的惯性结果。也就是说，在不同时空背景下（无论国内国外），触景生情式的默念与吟诵相关诗句，会激活诗情画意与联想机制，继而强化审美经验中直观、想象、理解与感受等心理要素的互动作用。

　　总体说来，传统水景审美具有悦耳悦目、悦心悦意与悦志悦神的特殊功效。中国诗人描述水景审美的作品，呈现出多种多样的意象、情调和风格。由此构成的代表性诗境，至少包括秀美型、壮美型和乐感型三类，各自拥有相应的诗性价值、哲理价值与审美属性，这便为古往今来的人们提供了"诗意栖居"的欣快感觉与凝照品鉴的丰富遗产。其所表达与蕴含的

"终极良知",对于既能入乎其内而解之,又能出乎其外而观之的读者来说,在很大程度上有助于他们凝照水景之美,开启敏悟能力,激发精神愉悦,提升人生境界。

十六　观赏风景的审美体验[1]

奥古斯丁曾言："众人出国远游,惊奇山峦之崇高,海涛之宏巨,江河之流长,汪洋之浩瀚,星河之灿烂,但却无暇思索,匆匆而过。"[2]这里面隐含着委婉的批评,也呼唤着真正的游道。此游道通常来自凝视与沉思,也就是美学上常说的凝神观照或审美凝照(aesthetic contemplation)。不消说,一般忽视游道的远游者或旅行观光者,容易让人回想起历史上长安城的旅游盛况,那可谓"长安车马应无数",只可惜"能解闲行有几人"。

现如今,越来越多的人外出旅行观光,旅游业在世界各国各地蔚然成风。在中国,这一产业近年来已在地方经济中独占鳌头。对于旅游者的主要吸引力,大多集中在点缀有文化景观的自然风景之中。大自然的确充满魅力,尤其对于那些热爱大自然、回归大自然并将游览观光当作综合性审美活动的旅游者而言,其所提供的多样性风景风物,如同一种社会疗法,能够有效缓解和抵制过度文明与都市化所导致的各种文化心理疾病。如此一来,自然美学经由"步入野外"(stepping into the open air)这种寻赏自然美的活动,在某种程度上得以激活与勃兴。[3]

在我看来,阿多诺所言的"步入野外",其目的在于更换环境,放松心

---

[1] 本文原用英文撰写,题为"Appreciating Nature in View of Practical Aesthetics",是提交给巴西里约热内卢 2004 年第 16 届国际美学大会"美学变化"的论文。高艳萍博士曾将其译为中文,作者对译文进行了必要的修改与补充。

[2] 奥古斯丁的原话英译为:"Men go abroad to wonder at the height of mountains, at the huge waves of the sea, at the long course of rivers, at the vast compass of ocean, at the circular motion of the stars, and they pass by themselves without wondering."

[3] Theodor W. Adorno, *Aesthetic Theory* (trans. Robert Hullot-Kentor, Minneapolis: University of Minnesota Press, 1997), pp. 63–64.

情，着意观赏和体验自然美高于艺术美的卓越之处。要知道，自然美是唯一能够唤起直接兴味或直观快感的美，其与凝神观照者所享有的精微而坚实的思维方式相契合。按照康德的说法，一个人如果"愿意离开那间布满虚浮的、为了社交消遣所安排的漂亮房间，而转向大自然的美，以便在这里，在永远发展不尽的络绎中，见到精神的极大的欢乐，我们会以高度的尊敬态度，来看待他的这一选择，并且肯定他的内心具有一颗优美的灵魂"①。这就是说，一个真正有审美品位或鉴赏力的人，如若步出装饰繁复的华室豪宅，进入开阔怡然的野外，静观天放多姿的美景，这自当有助于审美趣味的调节，有助于道德情感的培育，更有助于优美灵魂的滋养。

一般说来，大多数旅游者在回归大自然后，都会或多或少地感知到陶渊明的诗意抒写之情——"久在樊笼里，复得返自然"。的确，当人们离开拥挤的城市和社会的尘网，进入优美宁静的自然环境中时，就会欣然感受到人与自然之间，存在一种与生俱来的亲和关系。于是，人们在欣然而乐的审美体验之际，会不知不觉地舒缓生活的压力，摆脱无形的束缚，获得精神的自由。这也暗示，那些能够发现和欣赏自然美的人，似乎都会拥有康德所言的那颗"优美灵魂"，似乎都能找回爱默生所标举的那种"真正自我"。

本文借助实践美学所倡的三重性审美体验层次，参照天人合一的传统视角，旨在探讨旅游审美活动的内在意义及其基本特征，由此探寻审美化内在超越对于个体人格修养与精神世界的可能效应。在国内学界，实践美学通常可追溯至李泽厚于20世纪50年代提出的相关美学主张，尽管他本人数十年后才接受这一特定学派式冠名。② 20世纪80年代以来，实践美学通过国内一些学者的批评与研究，相继得到进一步的发展与广泛的传布。

---

① Immanuel Kant, *Critique of Judgment* (trans. Werner S. Pluhar, Indianapolis: Hackett Publishing Company, 1987), pp. 166-167. 另参阅康德:《判断力批判》，宗白华译，北京：商务印书馆，1987年，第42节。
② 李泽厚对"实践美学"的具体态度，可参阅王柯平主编:《跨世纪的论辩——实践美学的反思与展望》，合肥：安徽教育出版社，2006年。

但就李泽厚的实践美学思想而言，其大多浓缩于他所著述的"美学三书"之中。[①]一般说来，实践美学的思想要旨虽是参照西方实践哲学理据提出的，但却借用了诸多中国传统思想资源，因此在一定程度上可被视为中西跨文化美学探索的理论成果。

1. 审美体验的三层次

就自然风景的观赏或凝照而言，至少会引发三个层次或阶段的审美体验。旅游者作为游览自然景观的审美主体，莅临或面对高山流水、瀑布飞泻、湖光月色、绿树鲜花、鸟飞蝶舞等自然景象，往往会心旌摇曳、欣然而乐。乍一看来，他们沉浸在由自然景物的色、形、声所组成的空间形象及其愉悦耳目的审美氛围之中。耳是听觉感官，眼是视觉感官。这两者作为首要的审美感官，对于美的表象具有突出的敏感或敏悟能力。这便是说，视听觉能使旅游者从眼前景物的外在性相中直接获得某种感性愉悦或审美快感。通常，这种感受被视作以"悦耳悦目"为特征的初级审美体验。[②]然而，这并不意味着此阶段的审美体验完全归因于视听觉两种感官。事实

[①] 李泽厚的"美学三书"包括《美的历程》《华夏美学》与《美学四讲》(1989年)。其中《美学四讲》的英文版由 Professor Jane Cauvel 翻译，于2006年出版。参阅 Li Zehou and Jane Cauvel, *Four Lectures on Aesthetics*, Lanham et al: Lexington Books, 2006。这是一部富有独创性、哲学人类学特征与跨文化视域的美学著作，是得到国际美学界普遍认可的中西方法论的创造性转化成果。

[②] 刘向是第一位在谈及声音之美和服饰之美时提出这一观点的人。刘向原文为："衣服容貌者，所以悦目也；声音应对者，所以悦耳也；嗜欲好恶者，所以悦心也。君子衣服中，容貌得，则民之目悦矣；言语顺，应对给，则民之耳悦矣；就仁去不仁，则民之心悦矣；三者存乎心，畅乎体，形乎动静。"语出《说苑·修文》，见向宗鲁校注《说苑校证》，北京：中华书局，1987年，页481。中国当代哲学家李泽厚从审美活动和相应普遍的实践经验角度发展了这一观点，其表述如下："审美体验有不同的层面。其中最普遍的境界与耳目之欢有关(悦耳悦目)；其上境界与精神和情意有关(悦心悦意)；最高境界与志和神有关(悦志悦神)。然而，悦耳悦目并不是全然的愉悦，悦志悦神亦不同于宗教神秘经验。"李泽厚：《中国美学及其它——美国通信》，见刘纲纪、吴樾编：《美学述林》第一卷，武汉：武汉大学出版社，1983年，页27。这一观点后来在李泽厚1989年的《美学四讲》中得到详细阐述，参阅李泽厚：《美学四讲》，北京：三联书店，1989年，页155。

上，对自然景观的欣赏，通常是一种统觉式的感知，至少涉及视、听、嗅、味、触等五种感官，同时还会涉及直觉这一超感官能力。我们知道，人类出于个体生存保护和日常生活意识等诸多需要与习惯，通常很难在气味难闻的环境中欣赏那些看似美观的景物。这说明人在进入审美的瞬间，除视觉和听觉之外，嗅觉与味觉自然也会参与其中。不过，这种审美体验还处于第一层次，具有直接性、直觉性与瞬间性，其主要特点涉及适宜的生理反应与愉悦的感性知觉所形成的欣快状态。事实上，对于富有直观魅力的自然风景，举凡视听觉等感官条件正常的旅游者，均易于获得"悦耳悦目"的审美体验。在此阶段，一些人会感到心满意足，认为不虚此行。而另一些人则不然，他们会依据自己的情思意趣，进一步寻访和探察。

当他们沉静下来，透过表象，反省自身，在更为深入地凝照外在风景时，就有可能进入审美体验的第二阶段，也就是"悦心悦意"的阶段。在这里，理解和想象的心理机能开始发挥作用，让凝照者超越对象的外在性相，入乎其内而体味真意，出乎其外而静观真境。这样一来，他们会从外在风景的物理表象或外在形态中，抽象出某种与审美价值判断相联系的内涵与意味。他们会通过心灵之眼（mind's eye）凝视外物，孕育或创生一种惬意的心境与诗意的冲动。他们会感入（feel into）美的事物之中，或将其转化为一幅画，或将其谱写成一首诗，借此来表达自己的情思意趣。这或许是美的风景为何被描述为"风景如画"或"画境"（picturesque）的主因所在。在中华传统审美意识中，这种"画境"是包含诗意的，因此具有诗情画意的双重特性。

相比之下，"悦耳悦目"作为审美体验的第一层次，更多凸显的是直接性和瞬间性。"悦心悦意"作为审美体验的第二层次，在认识和感受上则显得更为深刻、更为持久。换言之，这种审美体验令人难以忘怀，将长期保存在个体的记忆里，因为这关乎"象外之象"和"境外之境"的体察与洞识。在此阶段，恰如王国维所言，"一切景语皆情语"。这"景语"，是景色物象自然天成的无声之语，是其呈现在空间中的物态审美形象或外在直观形式；这"情语"，则是景色物象令人动情的无声之语，是其打动人心的特殊魅力或感发兴趣的诗情画意。由"景语"转化而成的"情语"，自身就是旅游观赏主体欣然而乐的反映与审美体验的结果，这有助于旅游者在不同程度上摆脱世俗的烦恼、压力、紧张、抑郁或其他负面情绪，代之以燕处超然的审美心境或审美快感。譬如，当人们数着盛开的花朵而非地上的落叶时，就会感到心情愉悦；当人们在飞鸟或游鱼的自由嬉戏中联想到自由自在的状态时，就会感到怡然自得。说到鱼，人们或许会联想到"庄子观鱼"的寓言：庄子与好友惠施在河岸上散步，庄子看到河里有一条鱼跃出水面，随之又落入水中，于是假定这条鱼悠然快乐。惠子闻此，予以反驳，且从逻辑推理出发，认定庄子并非鱼本身，故无法知道鱼快乐与否。而庄子则从感性经验出发，对自己的移情性观察结果予以辩解。这俩人谁也无法说服谁，但其争论却留下巨大的思维空间，供人们想象自然与人类之间的互动同乐乃至和谐共生关系。

这则寓言本身极富喻义，尔后成为诗歌、绘画乃至园艺表现的主题之一。俯拾即是的实际范例，便是位于北京颐和园内的谐趣园。在那里，你可以看到一座横跨水池的小桥，名曰"知鱼桥"，源自"庄子观鱼"的故事。为了说明其中隐意，我们需要追溯这一实情：庄子倡导"齐物"原则，认为万物齐一，不加区别，应持一视同仁的态度来对待包括人间是非曲直在内的万事万物。显而易见的是，庄子本人并非水中跃动的那条鱼，但他根据情感投射或经验推论，感知到鱼本身悠然自在或自由快乐的状态。这可以说是以移情的方式观鱼，结果使人与鱼合而为一，由此引发的心理反应，令人以为这条鱼处于快乐自在的状态。的确，当看到这条鱼在自由而快乐地游动时，观者自己也甚感自由和快乐。在此情境下，观者反过来会将自己的自由与快乐感，投射到这条游鱼的身上。庄子和鱼之间的互动关系，在根本意义上可以说是主体间性的和审美性的。这类经验彰显出"悦心悦意"的本质特征。其间，审美换位（aesthetic transposition）或移情作用（empathy）发挥了关键作用。

无疑，观赏风景有待于从审美角度进一步发掘。在审美体验经历过第二阶段之后，便有可能经历随后的第三阶段。在某些时候，当你在凝神观照自然风景时，你会充分调动和运用自己的知觉、想象、理解和情感等审美心理功能。假如你恰好在特殊启示下心胸豁然开朗，妙悟人生真谛，俯察天地奥秘，你将会上达审美体验的第三阶段，即"悦志悦神"的阶段。你会借此进入一种超然的心境、自由的精神与崇高的憧憬之中。在此阶段，你会在刹那间顿悟本体论意义上的本真存在，在物我两忘中进入审美超越的境界。此时，你个人的时空知觉，会奇迹般得以扩展或外延，其结果足以容纳天地万物。一方面，你感到自己与大自然亲和无间，从"小我"进入"大我"；另一方面，你获得更高的觉解，于瞬间见出永恒，从有限识得无限。质而言之，你会感到自己在同整个宇宙结成的合一性中，个体的"志"和"神"被提升到一种超道德、超经验的领域。可以假定，在此情境下，你不仅意会到绝对的精神自由与独立人格，而且超越了平常的道德意识而进入超道德的自由意识。在前一情形里，如庄子所言，你"独与天地精神往来"[1]，自享逍遥之游，欣然"与物为春"[2]，可"乘云气，骑日月，而游乎四海之外"[3]。这后一情形里，按照儒家的意思，你与天地同在，通过"天行健，君子以自强不息；""地势坤，君子以厚德载物"[4]的修为方式，使自己的人格与德行臻于完善，在精神与道德维度得以完满的基础上，你会成为自由而普遍的存在，拥有了"仁民爱物"之德或和合天地之德。在这方面，你在审美意义上已然成为一位具有优美灵魂的人，在道德意义上已然成为一位具有至善修养的人。

就上述审美体验的三个层次而言，处于初始阶段的第一层次，显然是寻常易及的感受。举凡外出休闲或放松的观光者，均可体验到这种感受。至于第二与第三层次，则对观赏自然风景的审美主体及其相关资质提出更高的要求。首先，最不可或缺的就是审美主体对待自然景物的特殊亲和力。这种亲和力的生成，需要相应的文化修养、审美趣味与精神追求等诸

---

[1] 《庄子·天下》，见陈鼓应注译：《庄子今注今译》，北京：中华书局，1983年，页884。
[2] 《庄子·逍遥游》，见陈鼓应注译：《庄子今注今译》，页21。
[3] 《庄子·齐物论》，见陈鼓应注译：《庄子今注今译》，页81。
[4] 黄寿祺、张善文：《周易译注》，上海：上海古籍出版社，2001年，页8、27。

种个体品质。就其功能而言，这种亲和力有助于加强审美主体与自然风景的互动关系，提升审美主体对自然景观美的鉴赏水平。相对而言，审美体验的第二层次，从文化心理的角度看，暗含着审美换位以及对象拟人化等心理活动，其审美效果往往会在主体的记忆中保留较长时间。至于审美体验的第三层次，从道德或宗教的视域看，一般具有难于言表的神秘性和沉奥超拔的崇高感，当其审美效果处在最佳状态时，对于在超道德意义上得以升华的人而言，它有助于丰富和重塑其审美意识、精神世界乃至人格境界。

2. 天人合一的审美效应

在中华文化传统意识中，人类与周围环境的亲和关系，同贯穿其整个思想史的"天人合一"观念紧密相联。这一观念至少包含四个要素，即天、人、合、一。根据相关阐释[①]，"天"代表天空、天地与自然万物，象征天

[①] 王柯平：《天人合一说重估》，见王柯平：《中华文化特质》，西安：陕西人民出版社，2024年。现如今，面对诸种生态危机与环境问题，人们借助建设性的实践理性，试图重估"天人合一说"的现实意义。20世纪90年代以降，这一趋势日益蔓衍，无论是中国学者还是海外汉学家，都在借用"温故而知新"的方式，从古老学说中解读出现代的启示意义。为了环境保护与生态平衡，着实需要重构一种更为健康的天人关系。在这方面，"天人合一说"在思想观念层面，委实是一个具有重要意义和有效性的理念。另有一种主要解释则与上述路径不同。它依据象征意义来解释"天"的概念，认为"天"所象征的是封建伦常或伦理准则系统。这一系统被称为"道"，也就是基于"五常"（仁义礼智信）之"道"。此"道"被看作整体的"一"，既表示与天同一的"天道"，也表示与人同一的"人道"。据此，"天人合一"可用"天人合德"取而代之。这种以道德为本位的合一性，意在行使至少两种职能。其一，它将"天道"等同于"人道"。这不仅使"天道"与"人道"同等重要，而且将天与人之间的关系道德化了，尽管其中不乏某些神秘特征。其二，这种合一性将道德系统提升到上天的位置，借此将其予以高贵化和神圣化。这有助于凸显和强化道德系统的客观必然性及其永恒性。如此一来，天高于人。天被赋予形而上学的优先性，以此来规定人的行为；人则被剥夺了个体的主观性，由此被设定为上天的忠实追随者。所有这一切蕴含一种潜在目的，那就是在伦理和政治意义上，让人在任何情况下都要遵从这种合一性，以便协和人伦关系、确保社会秩序与稳定。在这方面，"天人合一说"所强调的是封建道德的神圣性和永恒性，而不是人类与自然的整一性或合一性。上述阐释专属于儒家思想领域，因为儒家在传统上倡导道德本位和政治义务。

道与天下等特定意涵；"人"意指人类或特定情境中的人类个体；"合"意指融合与互动行为；"一"意指融洽的合一性或合一状态，即一种不可分离的相互和谐关系。"天人合一"的字面意思是"天与人合而为一"。为了简明起见，可将其直接英译为"heaven-and-human oneness"。鉴于"天"代表自然万物，因而也可将其直接英译为"nature-and-human oneness"。[①] 从逻辑上讲，这"一"作为融洽的合一性或合一状态，是从传统信念中推衍而出。传统信念在习惯和常识上认定：人类是大自然的产物与大自然的组成部分。即便人类是所有物种中的最高存在，但仍然像其他物种一样，均无法离开大自然而孤立生存。这不仅涉及基本的生存空间，更涉及必要的生活资源（如空气、水和食物等等）。当我们谈及"一"的上述特性时，并不意味着人类与自然是真正同一的关系。事实上，双方在很多时候都是不同的，甚至是两立的。但这里所说的"一"，重在强调两者之间可能形成的和谐统一与相互依赖的关系，而非彼此不同或相互对立的关系。如此一来，这里意在创构一种人类和自然的和谐共在关系，而非敌对冲突关系。诚然，在生态危机和环境问题层出不穷的背景下，可从建设性的实践理性角度来重估"天人合一"观念的现实意义。

那么，如何从"天人合一"的角度来鉴赏自然或观赏风景呢？基于前述，我们可将这种"合一"观念，视为一种助人塑造审美态度的元美学精神（meta-aesthetic Geist），当作一种助人发展自己审美敏感性和提升精神境界的途径。当其被运用于鉴赏自然或观照风景之类特殊审美活动时，它有助于丰富和启发人们从注重感性直观的"悦耳悦目"的审美体验，经由注重情思意趣的"悦心悦意"的审美体验，上达注重精神升华或内在超越的"悦志悦神"的审美体验。若从"天人合一"的角度予以审视，其中至少涉及三种逐一深化的互动模式。

首先，"天人合一"观念本身体现了整体意义上人类与自然之间可能的合一性。从本体论讲，自然被认为是永恒的实体，是化育人类与万物的场

[①] 有的西方学者将其英译为"heaven（或 human）convergence with nature"。

所。人类是自然的组成部分与现存物种之一，而非衡量万物的尺度或掌控万物的主宰。这一理念对中国人的心理影响巨大，从而在文化心理意识上使人与自然之间的和谐融合关系成为可能。每一人类个体，常被看作拥有内在世界的"小我"；而整个自然或宇宙，常被视为拥有外在世界的"大我"（人类种群意义上的"大我"被包容其中）。前者是有限的，后者是无限的。在这两者合而为一之际，"小我"进入"大我"，内在世界与外在世界融合，有限向无限转化。换言之，当你作为有限渺小的人类个体与广袤无际的宇宙或自然打成一片时，你的心思意向在豁然开朗的同时，就会得到无限的拓展或广延，从而能够理解和容纳天下万物，以至于达到"人心之大可以囊括宇宙"的程度。此时此地，你不再囿于孤立的自我与狭隘的视域，相反，你摆脱了一切局限与褊狭，或超然物外，或物我为一，或物我两忘。与此同时，你不再以非此即彼的方式来区别对待外在事物，而是将所有他者看成自然而然的存在，视为与自身契合无间的部分。正是在此意义上，你可以说是实现了庄子所倡的"悬解"之境。

在《庄子》一书里，我们读到一则关于"庄周梦蝶"的有趣故事。正是在此梦境里，庄周与蝴蝶难分彼此，但却深感快意，坐忘其中。待他自己觉醒之时，依旧蘧蘧然于梦境，不知是自己化为蝴蝶，还是蝴蝶化为自己。因此，他无法分辨两者，即使刻意为之，也无济于事。结果，他将这一体验称为"物化"。这个故事的重要寓意之一，在于揭示了梦者所代表的人类与蝴蝶所代表的外物之间构成的合一关系。在目的论意义上，这种关系重在转化事物，而非区分事物。这就是说，事物彼此转化，而非相互区分。因此，梦者既能感到自己化为蝴蝶，且能感到蝴蝶化为自己，结果使原本不同的两者不分彼此，化而为一，形成心理学上的异质同构关系（isomorphic relationship）。从象征意义上讲，这体现出人类精神和自然现象合而为一的可能性；从美学意义上讲，这表现出主体与客体相融为一的无差别性；从本体论意义上讲，这彰显出内在世界与外在世界谐和为一的无限会通性。这里所言的"一"，实指人类和自然之间的互动谐和的共生共存关系。在上文所述的审美体验第三阶段中，人对自然风景的审美凝照，也离不开这种特殊的共生共存关系。

其次,观赏风景或鉴赏自然,在很大程度上涉及两个要素:情与景。审美体验正是通过这两个要素之间的交融互动而得以深刻化和丰富化。情的因素来自审美主体,也就是被风景美或自然美所感动的观赏者。景的因素来自审美客体,也就是吸引审美主体或观赏者的优美风景。只有当前者将其情感甚至生命力投射或灌注到后者之时,这种交融互动行为才可能真正发生。在中国美学里,"情景交融"被认为是审美体验和艺术创造的最根本的驱动力。在想象力的辅助下,这种交融互动可将一块无生命的石头幻化为一个活生生的人形,可将一朵盛开的野花幻化为一位美丽的女子,可将一棵参天的大树幻化为一个拔地而起的巨人,等等。

究其根源,这种情景交融理论,来自或基于"天人合一"观念。换言之,正是人类与自然的和谐共生关系,使得这种交融成为可能。因为,这种交融作用,一方面通过"情"将"景"拟人化了,另一方面通过"景"将"情"客观化了。要知道,"情"在这里既不是纯主观的反应,也不是单纯的心理现象,因为其与"景"混融一起,并由"景"具象化或客观化了。相应地,"景"既不是纯客观的对象,也不是单纯的自然现象,因为其与"情"相融合,并被"情"拟人化或主观化了。换言之,正是在此际遇,情景相互交融,"景语"变成"情语"。不过,"情"对"景"的投射或灌注,尚不能说是"天人合一"意义上的单纯审美态度。因为,这种投射、灌注乃至外化(客观化),是基于互动形式的双重投射过程。也就是说,审美主体可将自身的情思意趣或理想愿景投射到审美客体上;与此同时,审美客体也可将自身的形象、生气及自然而然的精神投射到审美主体上。这种双重性的互动作用,不仅具有启发性,而且富有创造性。在特定情境中,这种作用既可以引发"悦心悦意"的审美体验,也可以促成"悦志悦神"的审美体验。此外,它还有可能使人突破惯性思维,顿悟自己何以成为自己乃至人之为人的真谛。

最后,根据道家的思路,"天人合一"的主要外显特征之一常被描述为"逍遥游"。具体而言,"逍遥游"实则是自由自在的游戏活动,其代表性的具体表述包括"神与物游""乘物以游心"和"独与天地精神相往来"等等。不消说，这种"游"，当然不是现实性的或一般性的旅游活动，而是精神性的、想象性的或异想天开式的神游活动。然而，这种神游活动有助于拓展人的想象力，育养人的审美敏感力，激发人的艺术创造力。在某种意义上，这可为贫乏的现实生活提供一种想象性的补偿作用，为生活中不可能实现却又令人希冀的东西提供某种理想化或审美化的代用品。因此，人们可以充分利用上述"三力"，从而让自己"游"得更逍遥、更自在、更快活、更超越。

总而言之，"天人合一"的观念，有助于育养和强化人类与自然的亲和力，有助于开启一种对待自然风景的审美情怀或更为积极的审美态度。若将这一观念付诸实践，你便有可能"以宇宙人生的具体为对象，赏玩它的色相、秩序、节奏、和谐，借以窥见自我的最深心灵的反映；化实景而为虚景，创形象以为象征，使人类最高的心灵具体化、肉身化，这就是'艺术境界'"[1]。

如此看来，上述诗性描写与源自"天人合一"观的诗性智慧，是相携而现、如影随形的关系。不过，这里所言的"艺术境界"，不仅与审美价值判断和创造性的可能性相关，而且与一种卓越人生的艺术化相关。这种艺术化与中国整个哲学和美学的精神相契合。它就像是一根拐杖，既引领我们欣赏自然万象，又引领我们享受现实生活，甚至作为一种精神补偿，还能够使人苦中作乐。要知道，面对生活中的烦扰困顿，人类个体所希冀的快乐，在根本上是自为之事。

---

[1] 宗白华：《美学与意境》，北京：人民出版社，1987年，页210。

十七 艺术即积淀说的要义与反思[1]

自杜尚(Marcel Duchamp)和安迪·沃霍尔(Andy Warhol)等先锋派或波普艺术家所推崇的成品艺术问世以来,人们发现在很长一段时间内,对一般艺术进行界定虽说不是完全不可能,却也委实变得愈发困难了。然而,一些哲学家并不信邪,他们孜孜以求,进行各种尝试。其中较具影响力的当推丹托(Arthur C. Danto)建构的"艺术界"(art-world)学说和迪基(George Dickie)提出的艺术"惯例理论"(institutional theory)。不过,在当代中国思想家李泽厚看来,这两种理论皆缺乏说服力,均非自足可信之说,因为它们无法在根本上有效解释艺术和非艺术之间的区别,遑论阐明作为人工产品的艺术作品和作为审美对象的艺术作品之间的区别了。于是,从其实践美学特有的人类学—历史本体论视角出发,李泽厚提出艺术即积淀(art as sedimentation)一说。其论证基于跨文化方法,旨在拓宽思维与价值空间,创制更具解释力的理论果实。

1. 艺术即积淀

依据《美学四讲》所述,艺术是各种艺术作品的总和,与人类审美心理相关。艺术作品呈现在各种媒介之中,并作为审美对象而存在。这是因为

---

[1] 本文原用英文撰写,题为"Art as Sedimentation",刊于 *The Journal of Chinese Philosophy*(Blackwell),2010, Vol.1。高艳萍博士将其译成中文,作者对译文进行了必要的校改。

艺术作品的制作，无论是出于观赏、实用还是宗教的目的，都会直接唤起审美观照或审美经验。譬如，对于拥有"音乐耳朵"的人类个体而言，音乐通常就有如此功效。此外，就其本质而言，艺术是建立在人类实践和符号创造基础上的历史产物。它涉及形式、形象和意味诸层的积淀过程。有鉴于此，艺术作品至少存在于三种相互关联的层次与积淀之中，即：形式层与原始积淀，形象层与艺术积淀，意味层与生活积淀。

形式层与原始积淀经过物质生产和社会劳动的漫长过程，其早期阶段发端于原始人在生活实践中对物态形式和自然秩序某些性相的模仿或运用。随后，客观合规律性和主观合目的性逐渐演化成新的统一体。这种统一体又形成美和审美经验的雏形。换言之，通过劳动，人类赋予物质世界某种形式。这形式最初发现于自然本身，但却通过运用人类的抽象官能而得以独立。最后，正是通过社会劳动和物质生产，人类创造了美的形式。由于人类具有主观的情感和感觉，他们对可见的秩序和外表的形状越来越敏感。当他们为了装饰或娱乐，开始运用自然秩序去生产美的对象时，从中发现了与外界事物异质同构的应和关系（isomorphic correspondence）。这种对异质同构的意识，并非一种天生的能力，而是社会生产中制作和使用工具的人类实践活动的结果。因此，这种意识包含社会性和人性。随着人类实践的持续演进，与异质同构相应的动态结构应运而生，并在连续的和不同的社会活动中得以拓展与丰富。因此，当人类在改变客观世界的实践活动中达到某些目标时，这个过程的合规律性与合目的性，将与人类感官结构相联结，从而唤起愉快感受或审美快感。尽管审美经验是以模糊的理解、想象和意向为特征，但在这里面占据主导地位的仍是感觉。这些可被视为人类精神世界的史前模式或原始积淀过程。[1]

在原始积淀的基础上，艺术作品的形式层至少向两个方向延展：一个延展方向是"人自然化"（naturalization of humanity），这不仅表现在中国气功、太极拳、养生术这些身体活动中，也表现在艺术作品的形式层里，包

---

[1] Li Zehou, *Four Essays on Aesthetics* (Lanham et al: Lexington Books, 2006), p.134.

括"气"以及"骨气"。不可否认，让艺术作品的形式层和宇宙节律相一致从而形成异质同构并非易事。这就是为什么中国传统园林艺术的主要原则特别强调自然性，认为一座好的园林应是"虽由人作，宛自天开"。另一延展方向涉及时代精神和社会性。也就是说，变化不息的外物、事件和关系，体现出不同时代和社会的不同趋向与特质，同时会引起各种形式变异和审美潮流。因此，在文学运动和各种艺术种类中，存在多样化的风格与形式转换。简而言之，形式层包括三种力量，即原始积淀、人自然化与社会生活——以宗教、伦理、政治和文化等意识形态为基础的社会生活。这些力量错综复杂，交织组合，形成一幅幅极为壮观的审美图景，不断而共同地建构着艺术的根基，即人类心理和情感的物态化的客观存在。[1]

接下来便是形象层和艺术积淀。此两者均与个体心理和情欲人化相联系，并通过符号表达出来。这些符号，诸如中国道教的太极图、基督教的十字架与佛教的曼陀罗，相继成为模仿性艺术的题材、主题或内容。李泽厚假定，无论在中国还是西方，艺术起源于古代仪式组成的巫术活动，美感起源于人类的劳动实践。这些古代仪式后来发展并分化为三：其一是在认识和反映客观事物方面诞生了科学；其二是在强制、动员、组织群体活动方面发展为宗教、政治体制和伦常规范；其三是在模仿现实生活中的生产与现象方面形成活生生的形象，由此呈现出巫术的形式特征。这一形式特征与姿势、语言、服装和表演相关，由此引致广义上的艺术制作。这一过程主要致力于现象性模仿、生活模拟与现实生产，其结果便是丰富多样的形象。[2] 在中国古代，诗、乐、舞三位一体，曾是原始巫术活动的艺术形式。后来，它们发展成为中国历史中"礼"的组成部分，继而成为最早用于陶冶性情和建构人性的人文教化手段。在具有实用功利性的巫术或仪式活动过程中，经过反复表演的诗、乐、舞艺术，其功能对于古代先民而言，就如同童话对于当今儿童一样，意在塑造心灵和陶冶性情。这种反复

---

[1] Li Zehou, *Four Essays on Aesthetics*, p. 144. 另参阅李泽厚：《美学四讲》，北京：三联书店，1989年，页202。

[2] Li Zehou, *Four Essays on Aesthetics*, p. 144.

表演的方式培养出一种新感性，超越了感知形式的层面，进入与情感欲求相关的心理领域。[1]

心理的自然功能和历史的社会功能，彼此之间逐渐交融和合，最终形成艺术作品中远比感性形式层深刻的情感形象层。这种形象层的形成过程，不仅是陶冶人的本能和本性，而且是将情欲和观念融合在一起。精神分析发现，人类身上的动物性本能和情欲，涉及无意识问题。在形象层中，它们经常呈现为无意识与意识之间极为错综复杂的关系，相关的创作与欣赏皆如此。例如，艺术作品的形象与梦的形象虽然彼此相似，但不完全相同，而是以各种方式和形式进行变形、重叠和浓缩。这使得形象层的幻象世界具有多样性、朦胧性、宽泛性、非确定性与不可解说性。如此一来，审美经验的任务，便是通过物态化的与创造性的艺术世界，探索人物、功能和结构的复杂图式。顺便言之，形象层中的"典型"，正如科学中的"构架"，是现实生活的某种概括性表现。从历史上看，形象层处于不断的变异过程之中，从再现到表现，从表现到装饰，再由装饰回到再现和表现，如此循环不已。从原始到古典再到现代的不同绘画风格中，我们可以看到从写实的动物形象逐渐抽象化与符号化为不同的几何图样。[2]

论及意味层和生活积淀，涉及"有意味的形式"。在艺术发展过程中，艺术形象中蕴含的意味，产生出"有意味的形式"，其与艺术作品的感知形式和形象不可分离，但又超越后两者。其超越之处，就在于它既不只是官能感知的人化，也不只是自然情欲的人化，更不只是自然情欲在艺术幻象中的实现和满足。其实，它所人化的是人类的心理状态，具有一种长久持续的可品味性，而不是那种烟花般的瞬间效应。由于其中充满丰富意味，艺术作品不仅"悦耳悦目"，而且"悦心悦意"，甚至"悦志悦神"。一般而言，作为情感符号创作出来的优秀艺术作品，具有丰富的意味和生活积淀。从哲学美学的角度看，它们的持续性和永恒性，不仅在于微妙意味和

---

[1] 李泽厚：《美学四讲》，页205—206。
[2] 李泽厚：《美的历程》，北京：文物出版社，1981年，页17—20。

审美价值，而且在于建构起人类的心理情感本体的这一实相——其表现力超越了人类的生理性存在。简而言之，正是在意味层上，艺术作品体现出人性建构的实际程度。① 因此，艺术作品中的意味，专指人生与人生状况的至深意义。若用神学的话说，这暗示一种本体论世界，其核心涉及绝对精神或神性存在的意蕴。如此一来，艺术的最高真实或真理性，不在于通过再现形式对事物进行精确的模仿，而在于对微妙意味的有效传达，这将诉诸审美趣味而非理性认识。

此外，艺术作品中的意味层与人类生活不可分离。这一层次的意味，可视作人类生活或人生的意味。虽然其表现方式有时是神秘的或宗教性的，但它终究与现实生活或人生相关联。在许多情况下，艺术以自己特有的方式来表现和保存人生的意味，经常将自身呈现为个人精神生活不断扩展的物态化确证。有时候，艺术甚至可以激发人类的整个心理，将人们从麻木状态中唤醒，甚至引导人们反思人生的命运。在艺术作品中，人们直观自己的生存、状态和成长，进而借此理解人生的真谛和陶冶自己的性灵。以中国艺术为例。意味层的最重要方面，就是着意表现生命的价值，故此超越了前述的形式层与形象层。在艺术和审美实践中，意味层可通过"天人合一"的体验得以提升或升华，并以典型方式呈现出人对宇宙秩序的情感性或亲和性同构反应。在艺术作品中，正是人生意味与这种天人同构在结构上的交互融合，传达出人生的命运感、历史的使命感和人生的本真境界等等，其中隐含某种难于言表的神秘力量。在这里，个别的便是一般的和普遍的，抽象的便是具体的和特定的，这就是为何中国艺术抽象从不是现实事物的变形抽象，也不是情感表现的形式抽象，而是以情景交融的方式对世界、宇宙与人生的感悟抽象。②

简而言之，艺术是历史的产物。艺术的创造和发展，包含了形式层、形象层、意味层及与其相应和的原始积淀、艺术积淀和生活积淀。这三个

---

① 李泽厚：《美学四讲》，页237—238。
② Li Zehou, *Four Essays on Aesthetics*, p. 163. 另参阅李泽厚：《美学四讲》，页243—244。

层面相互关联，难以截然分开，因为它们分别与三种积淀相互交融、相互渗透，形成伟大艺术作品结构的有机整体性。关于艺术即积淀的上述讨论，意在指出形式和形象的关系类似于感知和欲望的关系。这种关系彼此交融渗透和反复重叠，既发生在同一审美或艺术对象之中，也出现在错综复杂的图样之中。譬如，文学作品诉诸感知的形式层，是模糊不清的。一部小说是以白纸与文字呈现出来的，但对小说的感知，并非是对白纸、铅字或油墨气味的感知，而是通过想象性的表现展示出来。至于意味层，更不能独立存在，它就存在于感知形式层和情欲形象层之中，但同时又超越了这两个向度。① 就三种积淀而言，我们可以暂且认为，原始积淀产生美感，艺术积淀产生形式，生活积淀产生艺术。所有这些因素，构成一种动态变化过程，该过程与整个人类的日常经验密切相关。

2. 批评性探讨

李泽厚提出的艺术即积淀说，主要以人类学历史本体论与审美心理学为参照系。20 世纪 80 年代以降，此说在中国引起广泛关注。相关论证通过持续不断的深化与系统化，引起中国人文学界（哲学美学、文化人类学、文艺批评与心理学等领域）的批判思考。从此，"积淀"这个新术语被频繁用来解释艺术审美经验的本质特征。在海外，李著"美学三书"的翻译与传播，使艺术即积淀说引起诸多讨论与批评，尤其是在国外一些汉学家中间。

在一些批评家那里，艺术即积淀的观点经常遭到抨击，其原因在于它似乎是静态的而非动态的，是完成的而非未完成的，或者说是既定的而非流变的。鉴于此说位于李泽厚人类学历史本体论的内部，故此显得囿于历史和现存物之中，未给进一步的发展与优化留下空间。在这一点上，此说

---

① Li Zehou, *Four Essays on Aesthetics*, p. 133.

似乎忽视了艺术运动中的不断变化性和开放性，低估了艺术创造性和原创性的潜在能量，即一种经常会打破既定传统习俗的潜在能量。在这方面，天才创构的艺术作品尤其如此。它们往往会建立新的范式和风格，会塑造或重塑观众的审美精神和艺术感觉。

面对诸如此类的批评，李泽厚将积淀观念分为广义与狭义，借此为自己的论说进行辩护。在广义上，积淀指的是人类心灵从理性到感性、从社会性到个体性、从历史到心理学的建构，其中包括理性内化（智力结构）与理性凝聚（意志结构）等。在狭义上，积淀是指审美心理情感的建构，其中涉及理性融化（情感结构）。艺术即积淀说，仅限于探究后者，也就是狭义上的积淀及其情感结构。在此解释之外，李泽厚进一步强调了积淀与日常活动和生活经验相关联的动态过程和开放性，并且有意确认了如下实相，即：鉴于日常生活和人类实践的新鲜性、客观性和开创性，积淀、艺术、经验与审美鉴赏皆会经历不断的更新和发展。如其所言：

> 积淀既由历史化为心理，由理性化为感性，由社会化为个体，从而，这公共性的、普遍性的积淀如何落实在个体的独特存在而实现，自我的独一无二的感性存在如何与这共有的积淀配置，便具有极大的差异。这在美学展现为人生境界、生命感受和审美能力（包括创作和欣赏）的个性差异。这差异具有本体的意义，即那似乎是被偶然扔入这个世界，本无任何意义的感性个体，要努力去取得自己生命的意义。这意义不同于机器人的"生命意义"，它不能逻辑地产生出来，而必须由自己通过情感心理来寻索和建立。所以它不只是发现自己，寻觅自己，而且是去创造、建立那只能活一次的自己。……所以人不能是工具、手段，人是目的自身。回到人本身吧，回到人的个体、感性和偶然性吧。从而，也就回到现实的日常生活中来吧！不要再受任何形上观念的控制支配，主动来迎接、组合和打破这积淀吧。艺术是你的感性存在的心理对映物，它就存在于你的日常经验中，这即是心

理—情感本体。①

因此，我们必须学会以无关利害的方式静观我们的环境，净化我们的情欲，使我们的生活经验时时保持新鲜感，使感知、理解、想象、情欲处于不断的变换组合之中。"于是，艺术作品不再只是供观赏的少数人物的产品，而日益成为每个个体存在的自我完成的天才意识。个体先天的潜力、才能、气质将充分实现，它迎接积淀、组建积淀却又打破积淀。"②

顺便指出，在20世纪90年代后期，李泽厚有意将"积淀"从"sedimentation"改为"sedimentating"（积淀过程），把名词改为动名词，以此意指一种持续的行为或正在进行的过程，试图一方面赋予其一种动态特征，另一方面又减少对"sedimentation"的静态蕴意的可能误解。李泽厚所言的"文化心理结构"亦然。此论点也由于貌似固定和静止的特点，同样引发诸多批评。李泽厚以类似方式，将"文化心理结构"的潜在特征阐释为一个变化形成过程，因此将先前用过的"structure"一词改为"formation"一词，以期避免任何可能的误解。

值得一提的是，李泽厚经常宣称其在整体上坚持自己早期的观点，但是，我们发现，他采用了一种特殊的修正方式，这种方式兴许不是一种补缀或矫正方式。诚然，他努力在原则上维护其思想体系的前后一致性与连贯性，然而，他的不断重释，有违于他所宣称的持守旧说的立场，表露出其追求进一步发展和细化原先所论的意图。有鉴于此，他的体系可以说是在经历着温和的调整，而非剧烈的突变。

现在让我们回到其"文化心理结构"的观点。这一观点吸收了"审美心理结构"的主要组成部分，即原始积淀、艺术积淀和生活积淀以及形式层、形象层和意味层。根据李泽厚所言，对"审美心理结构"的洞察，可借助审美经验得到解释。这种经验是一种微妙而复杂的活动，至少包括四种基本

---

① Li Zehou, *Four Essays on Aesthetics*, p. 167. 另参阅李泽厚：《美的历程》，页249—250。
② Li Zehou, *Four Essays on Aesthetics*, p. 167. 另参阅李泽厚：《美的历程》，页250。

因素,即审美感知、理解、想象和情感。

分别来看,审美感知是建立在视觉和听觉基础上的,是"内在自然人化"的结果。即便它看似是纯感性的反应,实则是超感性的知觉,其中包含诸多因素,诸如认识性的感知和社会性的惯例等。这可以追溯到与无意识世界相关的原始积淀过程。可见,审美感知是心理和社会的产物,是人类感性进化的标志。

审美理解至少有四层含义。首先,它意指主体总会意识到特定的语境,往往将其与日常生活的经验区分开来,仿佛主体由此保持一种"心理距离"。其次,它要求主体对于自己凝照的对象拥有相关知识,特别是在再现艺术领域。再次,它要求主体对自己凝照的对象的技术层面拥有理性认识。最后,它要求一种深刻而非确定的认知,一种渗透着感性、想象与情感诸因素的认知,能将这些因素融为一体,形成有机整一性。这个过程的特点是形象思维,因其难以用通常的表达方式予以阐明,故此"只可意会,不可言传"。在这一点上,李泽厚再次强调指出两种不同的审美理解模式,即"隐"与"秀"。"隐"的模式意指理解能力在鉴赏过程中与其他心理因素完全交融在一起,从而在无意识的意义上发挥作用,对象的意义不仅在言外,而且在形外。"秀"的模式则指豁然贯通对象的意义,就好像先前已经知道或知解似的,这在一定程度上类似于阐释学所谓的"前理解"(preunderstanding)。比如,我们在观看喜剧性的表演时,我们会充分意识到审美理解或理解力在审美经验中所起的作用。这里,复杂性、非确定性和非概念性在审美理解中所起的重要作用仍然存在。①

审美想象是一种综合统一的知觉活动,因为它会唤起某些过去曾经得到的体验或理解的记忆,会将它们与其他观念联系起来,最终使审美经验得以丰富化。想象的自由活动是一种不可或缺的中介。唯有借此,审美感受与理解才有效力。这三者相互作用,或者说,"感知在生理上与理解在

---

① Li Zehou, *Four Essays on Aesthetics*, p. 105. 另参阅李泽厚:《美学四讲》,页140。

逻辑程序中都是常数，正是想象才使它们成了变数"①。

审美情感作为"审美心理结构"的重要部分，不同于普通情感，因为它通过理解和想象转化为"情感的表现"（柯林伍德语）或"情感的逻辑形式"（苏珊·朗格语）。它彰显于审美愉快当中。在审美活动中，我们发现这种情感，无论是与心境、意志、愿欲相交缠，还是在艺术对象中得以表现，皆能释放出想象力，提升感知力，增进理解力，形成某种审美经验。

在此阶段，审美经验可以被解析为一种感知、理解、想象和情感的动态综合活动。正是由于诸如个体差异、艺术表达和价值这些变数，审美经验才有可能被分为形态学上的三个层次，即从表层到深处，从简单到复杂，从形式到意味。用李泽厚的话说，它始于"悦耳悦目"。这类愉悦或快感在本质上虽是生理愉悦，但却源自不同的社会生活和文化环境，源自不同的个人经历和文化修养。它们可以使人类的耳目感知从纯生理需要和纯社会意志中摆脱出来，从而建构一种新的敏感能力（new sensibility），提升人类的生理—情感结构水平。

审美经验的第二个层次指的是"悦心悦意"。这类愉悦植根于耳目所感之美，渗入到内在心思意趣之中。它们实际上来自情欲和理性的统一、社会性和自然的统一。它们会消除本能和情欲的压抑，产生其他心理活动的愉悦与满足。这些心理活动包括乡愁、爱国、友谊等等。譬如，"读一首诗、看一幅画、听一段交响乐，常常是通过有限的感知形象，不自觉地感受到某些更深远的东西，从有限的、偶然的、具体的诉诸感官视听的形象中，领悟到那日常生活的无限的、内在的内容，从而提高我们的心意境界"②。

在李泽厚看来，"悦志悦神"作为第三层次，不仅代表审美经验的至高境界，而且代表审美能力的至高形式。这类愉悦同时在两个领域发挥作用。一方面，它是对某种合目的性的道德理念的追求与满足，是对人的意

---

① Li Zehou, *Four Essays on Aesthetics*, p. 106. 另参阅李泽厚：《美学四讲》，页 140—141。
② Li Zehou, *Four Essays on Aesthetics*, p. 118. 另参阅李泽厚：《美学四讲》，页 162。

志、毅力、志气的陶冶和培育。另一方面，它促进有限的"我"与无限的"我"相融相合，类似于"天人合一"的审美境界。这就是说，它造就了与无限性或超越性相融合的超道德的精神领域。不过，这种超道德并非否定道德，而是不受道德法则和自然规律约束的自由精神体验。因此，"悦志悦神"主要是与"崇高"有关，而不是与"美"有关。①

在理想条件下，"悦耳悦目"基本上是生理性的和社会文化性的，主要用于培育人的审美感知与感受。"悦心悦意"则与理解力和想象力相协作，主要用于陶冶人的审美欲求与情思意趣。"悦志悦神"则助推人们在审美活动中超越道德规定，达到超道德存在的更高境界，主要用于升华人的审美志向与精神自由。

有关"审美心理结构"假设，虽然自有一定道理，但给我的感觉似乎如此：审美经验的神秘向度依然存在，相关论说缺乏科学实证支撑，尤其是在"悦志悦神"阶段。在某些论说环节，李泽厚在难以深入探究或科学论证的情况下，便使用一种富有灵感的表述方式，似乎随意地把"悦志悦神"的审美经验等同于某种如同宗教启示一样的神秘经验。事实上，他意识到这里面所存在的问题或难度，但在当时无法阐明与实证的情况下，他只能将相关论说与判断建基于经验性推理之上。这种推理实则是半经验半超验的，因其在很大程度上依赖于某种"先验共通感"。至此，李氏曾毫不犹豫地坦承这一论说不够充分，于是借用基因学家 Watson-Crick 的双螺旋（Double Helix）理论图式，反复喻示和强调"审美心理结构"的复杂多变性。此外，李氏还多次表明：期望有朝一日，未来脑科学和心理学的发展，会以更为有效和更有说服力的方法，恰当说明"审美心理结构"的实质，并从根本上解决与其相关的诸多难题。如此看来，李氏对于"审美心理结构"的理论假设，可以说是一种具有启发性的猜想，有待更为科学的方法或模式加以入乎其内的论证。

---

① Li Zehou, *Four Essays on Aesthetics*, p. 120. 另参阅李泽厚：《美学四讲》，页166。

3. 方法论反思

在探讨李泽厚关于艺术即积淀以及审美心理学的哲学思考时，我们不难发现他的相关思考在方法论上颇具吸引力。这种方法论，横跨中西两大文化领域，大体上可被视作一种跨文化方法。构成该方法的基点，涉及多种思想源头，其中包括以儒家为主干的中国传统思想，历史唯物论视野中的马克思实践哲学，康德批判哲学中的审美判断力学说，贝尔审美假设中的"有意味的形式"理论，皮亚杰的认识发生论，弗洛伊德的无意识精神分析，荣格的原型观念，等等。李泽厚对艺术与美学的思考尤其如此。有趣的是，他有效挪用了马克思、康德、弗洛伊德和贝尔的一些说法甚至概念，但又用新的形态与意涵，在自己的体系内对其加以重构或新解。所有这些皆来自中国全球地域化语境中的批判性转化和创造性综合，这便使李氏得以拓宽自己的思维空间与价值空间，继而跨越思辨诉求中所遇到的诸多理论边界。

举例来说，为了解释艺术中内容、想象和观念积淀为形式的原始过程，李泽厚具体参考和借鉴了中国考古学的某些最新发现与成果，同时参照远古器物进行了翔实的描述和可信的分析。在1981年出版的《美的历程》中，他这样写道：

> 其实，仰韶、马家窑的某些几何纹样已比较清晰地表明，它们是由动物形象的写实而逐渐变为抽象化、符号化的。由再现(模拟)到表现(抽象化)，由写实到符号化，这正是一个由内容到形式的积淀过程，也正是美作为"有意味的形式"的原始形成过程。即是说，在后来看来似乎只是"美观"、"装饰"而无具体含义和内容的抽象几何纹样，其实在当年却是有着非常重要的内容和含义，即具有严重的原始巫术礼仪的图腾含义的。似乎是"纯"形式的几何纹样，对原始人们的感受

却远不只是均衡对称的形式快感，而具有复杂的观念、想象的意义在内。巫术礼仪的图腾形象逐渐简化和抽象化成为纯形式的几何图案（符号），它的原始图腾含义不但没有消失，并且由于几何纹样经常比动物形象更多地布满器身，这种含义反而更加强了。可见，抽象几何纹饰并非某种形式美，而是抽象形式中有内容，感官感受中有观念。如前所说，这正是美和审美在对象和主体两方面的共同特点。①

顺便提及，美存在于"有意味的形式"之中，而非普遍可见的形式之中。"有意味的形式"非同一般形式，而是拥有一定社会规定内容或社会性的特定形式。从贝尔在《艺术》一书中的主要论述来看，"有意味的形式"是艺术之为艺术的关键所在，但其与"审美情感"却以循环或重叠的方式相互进行解释，从而造成同义反复的弊端。李泽厚注意到这一问题，故此借助自己的艺术积淀说以及上述解释，着意突破这一弊端。他坚持认为：纯几何线条是从写实形象演化而来，其中积淀了大量的社会内容和意味。这些古代器物的图案装饰之所以成为"有意味的形式"，是因为它们所触发的人类感受，将相关的特殊概念因素、想象因素与表现因素整合了起来。在此语境中，它们引致的特定"审美情感"，往往不同于普通的情感、知觉和经验。在许多时候，这种原始巫术仪式中的情感，是强烈炽热而含混多义的，它包含了大量的观念和想象，却又不是用理智、逻辑、概念所能解释清楚的。荣格之流的精神分析学家试图用"集体无意识"或"原型观念"来解释这种不可言说性。不过，李泽厚参照历史积淀过程，对其进行了二次反思，所得出的结论是："集体无意识"实际上并不神秘，其前提条件正是我们所理解的原始积淀融化在形式本身中的特定社会内容和感情（意义与意味），其中当然涉及我们所理解的那些对此形式本身做出的情感反应。他继而断言：随着岁月的流逝、时代的变迁，这种原来是"有意味的形式"，

---

① Li Zehou, *The Path of Beauty* (trans. Gong Lizeng, Oxford: Oxford University Press, 1994), p. 16. 另参阅李泽厚：《美的历程》，页 18—19。

却因其重复的仿制而日益沦为失去这种意味的形式，变成规范化的一般形式美。结果，这种特定的审美感情，也逐渐变为一般的形式感。于是，这些几何纹饰，又确乎成了各种装饰美、形式美的最早的样板和标本了。[1] 所有这些原始积淀与变异现象，均可通过仰韶文化和马家窑文化时期的陶器几何纹样得以证实。

值得注意的是，在其美学思想中，李泽厚充分运用了康德提出的"审美判断"（ästhetischen Urtheilskraft）和"目的论判断"（teleologischen Urtheilskraft）这两个互动互补概念的含义。"审美判断"涉及理解力和想象力的自由游戏（Frei Spiel），"目的论判断"视"自由"（Freiheit）为人之为人的最终目的。李泽厚肯定"自由"的要义，认为"自由"主要基于理性和道德律。与此同时，李泽厚将此概念运用到人类心灵的三个相互关联的性相，即"自由直观""自由意志"与"自由享受"。简而言之，"自由直观"诉诸认知能力，追求的是关于自然的合规律性的真正认识；"自由意志"诉诸统摄欲望的意志力，与此相关的是对责任与道德的高度意识或自觉；"自由享受"诉诸快感和不快感，与此相关的是合目的性的艺术。[2] 如此一来，李泽厚又在审美经验和审美享受之外，赋予美和崇高两种不同属性：一个是认知属性，另一个是道德属性。有鉴于此，他将这两者分别表述为"以美启真"与"以美储善"。[3] 由于美及其价值渗透到艺术表现之中，艺术因其双重性而行使同样的功能。这就是说，它既显现在与人类文化心理结构相应和的物质形式中，同时又表现为个人精神与情感生活不断扩展的物态化确证。在此情况下，艺术通过具有潜在可理解性的感知层，以美来启真；同时，艺术通过具有潜在行动特征的情欲层，以美来储善。就人类特有的"文化心理结构"而言，这两者直接养育和教化着人性。[4]

李泽厚是中国实践美学的主要首创者。关于"实践"的内涵，可以追溯

---

[1] Li Zehou, *The Path of Beauty*, p. 21. 另参阅李泽厚：《美的历程》，页27。
[2] 李泽厚：《批判哲学的批判——康德述评》，北京：人民出版社，1984年，页422—437。
[3] 对此两者的进一步阐述，参阅本书收集的下文《"如何活？"难题的审美纾解》。
[4] Li Zehou, *Four Essays on Aesthetics*, p. 162. 另参阅李泽厚：《美学四讲》，页242。

到马克思关于劳动在文明发展过程中之作用的论述。这一过程的结果就是"自然的人化"。沿着这条思路，李泽厚开启和发展了自己的实践美学思想。其中，他一再强调制作和使用工具的人类劳动或实践所起到的决定性作用。从人类学历史本体论的视角出发，李泽厚认为人类实践最首要的形式就是制作和使用工具。在此漫长的历史进程中，人对"度"的熟练掌握成为可能。一方面，"度"的根本特点在于"恰到好处"的操作能力，源自与人类生存和实践理性相关的历史积累和理性内化。另一方面，"度"的适当运用会产生辩证智慧，这主要体现在两个层面：操作层和存在层。在操作层，"知其然"在一定意义上等同于"做什么"；在存在层，"知其然"与"做什么"的关系是间接的。操作层具有数学特征，所重视的是无限的逻辑可能性；存在层具有辩证特征，所重视的是有限的现实可能性。①

此外，"度"与引起形式感及美感的个体创造活动紧密相联。事实上，这种形式感是在漫长的制作与使用工具的历史中培养和演进而成的。因为，制作与使用工具的重复活动，会产生一种富有节奏性和规律性的操作方式，这不仅使得手工劳动变得简单，也让人们在将形式力量运用到外在对象和人工制品的行为中得到快感。这让人们越来越意识到节奏、序列、对称、平衡、比例、秩序与和谐等因素的重要性和必要性。尽管如此，正是通过"度"，人才能够依据其形式感和美感，自由地运用这种形式力量去进行创造。但是，"度"不同于美，因为前者终于技艺，后者终于艺术。唯有通过技艺的自由运用或使用，人才可能从中享受到快感，进而创制美的形式。在这一点上，李泽厚承认，掌握"度"有赖于主观的合目的性与客观的合规律性的契合关系。"度"是依据适当的时机、合适的环境与物质性能进行积极的创造。"以度立美"不仅意味着制作美的对象，而且意味着建立美感。用古典哲学的话说，它其实就是"合规律性与合目的性在行动中的统一"②，由此将产生自由感和愉悦感。这种自由感事实上是审美意识

---

① 李泽厚：《实用理性与乐感文化》，北京：三联书店，2005 年，页 21。
② 李泽厚：《历史本体论》，北京：三联书店，2003 年，页 11。

或美感的起源。随着时间的流逝,审美意识或美感将继续发展、创造和更新"度"与美。①

值得注意的是,李泽厚坚持认为美感源自"内在自然人化"。在这里,"内在自然"有别于物理世界中的"外在自然","音乐的耳朵"是一个不证自明的范例。既然人类是"根据美的规律"(马克思语)通过自己的劳动进行制作或创造,那么,在此历史进程中,就会唤醒人类对美的意识,也就是对各种表现形式中的美的意识。这种意识会不断发展,会随着人们对内在于自然对象中的秩序和形式的不断发现而不断发展。其后,出于巫术仪式和感性愉悦的目的,艺术作品最初被当作实用物品或审美对象制造出来,由此便促成了艺术的诞生。李泽厚接受了马克思的历史唯物观,建设性地将其整合到自己的历史本体论中,借此断言历史至少具有两层意义:一是相对性与独特性。"历史"在此是指特定时空、环境、条件下发生或出现的事情。二是绝对性与积累性。"历史"在此意指人类实践经验及其意识、思维不断承继与生成的结果。人是历史的产儿,同时具有这两个方面的内容。② 李泽厚继而特意指出:传统的马克思主义更着重前一层意义,而他自己更注重后一层意义。因为,后者(历史的绝对性与积累性)正关乎人类的本体存在。③ 在我看来,这种强调绝对性与积累性的历史观,在某种程度上与其后来阐述的艺术即积淀的历史观彼此暗合。

综上所述,李泽厚研究哲学和美学的方式,略似前辈学者王国维等人,皆拒绝在中学与西学之间划定"楚河汉界"。李泽厚从不囿于单一的思维胡同;相反,他对各种理论的本质要素和含义进行自觉的反思与重思,并在不同文化背景与语境中解读出新意,继而对其进行"转化性创造",以便适应和充实自己的思想体系。他将艺术或隐或显的结构与功能视作历史产物,并采用前面提到的跨文化方法重新予以审视和论证。如此一来,他以更为精要化和体系化的方式,更为清晰地阐述了他所创立的艺术即积淀

---

① 李泽厚:《历史本体论》,北京:三联书店,2003年,页8—11。
② 李泽厚:《历史本体论》,页42。
③ 李泽厚:《历史本体论》,页42。

说。如今，他的跨文化方法、艺术即积淀说和实践美学，依然能够引起诸多理论兴趣与批评性探索，这除了表明其具有进一步发展的空间之外，同时还彰显出其理论机制的内在生命力。

迄今，艺术即积淀说是否克服了界定艺术的困难呢？这依然是一个问题。其答案既可以说"是"，也可以说"否"。若说"是"，那是指这一理论有助于从文化和历史视角，揭示和解释"有意味的形式"的本质性相及其发展过程。这样，在"有意味的形式"中体验到的审美价值，就不那么神秘了，就变得可以理解了。若说"否"，那是指把艺术界定为形式积淀、形象积淀和意味积淀的论点，似乎过于绝对。因为，这一界定只适用于传统意义上的艺术，而不适用于现代意义上的先锋艺术。在这方面，最常见的例子就是杜尚的小便池、劳申伯格的床，乃至安迪·沃霍尔的盒子。事实上，李泽厚与杜威如出一辙，他们都对艺术运动和各自时代的变化视而不见。举例说，杜威毫不关心后印象派艺术，而李泽厚也不完全认同《天书》（徐冰）之类先锋派作品可以算作艺术。他坚持艺术即积淀的观念，认为唯有形式、形象和意味三方面的积淀，才能构成真正的艺术。与此同时，他一如既往地保持自己的偏好，认为艺术作品是审美价值、文化品质和道德启示意义的典型表现。有鉴于此，他发现先锋派艺术作品并不符合这些要求。具有讽刺意味的是，李泽厚步杜威之后尘，也强调日常生活的必要性和重要性，但却不认同艺术即经验的学说，而是倡导艺术即积淀的理论。颇为有趣的是，李泽厚与杜威都持守各自的审美趣味和艺术感觉，均偏好古典而非现代，均推崇道德而非感性，均倡导严肃而非游戏，均看重精英而非大众。值得注意的是，这两位思想家在一定程度上均囿于各自艺术理论的牵绊，纵使他们佯装并非如此这般。

十八 "如何活?"难题的审美纾解[①]

正如中华文化和思想主流所示,美学意义上的美,通常与伦理或道德意义上的善相关联。在很多情况下,这一趋向将美学与伦理学衔接起来,就像一枚勋章的两面,在很大程度上应和了维特根斯坦直截了当的断言:"伦理学和美学是一体的。"[②]在哲学领域,这两门学科因其相似性和互动性而被视为一体,相关特征至少体现在三个主要方面。首先,若与逻辑和数学的命题相比,美学与伦理学的命题"无法用语言明确表达"。在假设的情况下,后一类命题最终超越了正误之分。出于这个原因,可用一种诗意方式对其进行讨论,从而免于给出普遍接受的概念性定义。不过,美学与伦理学委实提出了一些重要而有价值的东西,以供人们进行思考和反思,此二者分别通过引人入胜的艺术作品与伦理探索,同生命的真谛联系在一起。

其次,在康德的阐释中,道德判断和审美判断在本质上都是"先验的",均关涉某种高于或超越世界的东西,这是因为道德判断促成绝对律令的生成,审美判断促成无关利害的满足。譬如,在美学中,趣味由于因人而异,通常无可争辩,其与共相(普遍)的联系,是通过殊相(特殊)与共通感(*sensus communis*)概念得以建立。

[①] 本文原用英文撰写,题为"A New Alternative to the How-to-Live Concern",经过压缩后刊于 *Philosophy East and West*, 2022 No.1。刘检博士将其译成中文,作者对译文的表述进行了必要的校正与调整。

[②] Ludwig Wittgenstein, *Tractatus Logico-Philosophicus* (trans. C. K. Ogden, New York: Barnes & Noble Books, 2003), p.151. 原文的陈述是:"很明显,伦理学不能被表达。伦理学是超越性的。伦理学和美学是一体的。"

再者，伦理学和美学是依据价值哲学来塑建世界的必要条件，因为伦理学关注的是善或善的事物，美学关注的是美或美的事物。有鉴于此，作为美的表现形式的艺术作品，是依照恒定形式予以审视的对象；作为善的体现形态的善好生活，是依据恒定形式予以考察的世界。这便促成了艺术与伦理之间的相互关联，由此将会唤起诸种不可思议的神秘感受。[①] 实际上，美和善的恒定形式，在种类上是绝对的，在本质上是形而上的。这可以追溯到柏拉图论及美自体与善自体的理念。从形而上学角度看，诸如此类的理念，要么是彼此统一的，要么是彼此同一的。

上述三个方面，都或多或少地符合中国从古至今对审美与伦理的思考。我们现以当代哲学家李泽厚为例进行分析。在这里，如若只关注李泽厚的美学而忽视他的伦理学，那的确是不可思议之举。从内在角度看，李泽厚向来关切"如何活？"这一难题，其著述中所论及的审美判断与道德判断模式，彼此都是紧密关联的。在这方面，他提出一种充分发展人性能力的选择方案，试图以此来纾解"如何活？"这一难题。人性能力的发展是人之成人的过程。在此过程中，人性能力依据人类主体性（human subjectality）得以全面提升。人类主体性则是人性完满实现的终极成果。[②]

此番讨论首先参照儒家、康德和马克思诸家的哲学，对"如何活？"难题进行本体论反思；继而从认知、道德和审美三个维度，考察人性能力的结构；沿着这一思路，进而考察涉及四种行为及其动态关联的四重性审美参融过程。这一切均指向人生的"天地境界"。在李泽厚视之为第一哲学的美学里，"天地境界"已然被形而上学化了。

1. "如何活？"难题

在李泽厚的主体性实践哲学（亦称人类学历史本体论）中，对"如何

[①] Ludwig Wittgenstein, *Notebooks*, (883, Oct. 7, 1916).
[②] 这一特殊概念的汉语称谓是"主体性"，由李泽厚所创，在某些情况下有别于"主观性"。

活?"难题的关切是一个关键性话题。"如何活?"可以具体化为"人应当如何活?"。这实际上是康德关于"人是什么?"或"人能使自己成为什么?"问题的变相说法。简而言之,这关乎人之成人的可能性问题。在"三大批判"里,康德间接地探讨了这一问题;而在《实用人类学》中,康德直接阐述了这个问题。康德因离世而无法对其做出进一步论证,于是李泽厚承接前贤未竟之业,尝试另辟蹊径,从实践角度而非先验角度对其进行重新思索。实际上,李泽厚在这一点上与康德已然分道扬镳,断然放弃了先验的普遍必然性概念,转而联手马克思主义的哲学思想,接受了社会客观性源于人类实践或制造—使用工具的观点。此外,他还回归到原典儒学,重新发现相关资源,借此提出自己有关人之成人与人怎样活着的本体论方法。

　　李泽厚在探讨中指出,在"如何活?"难题出现之前,人首先面对的是"为何活?"的问题。"为何活?"问题所针对的是被各种不利境况裹挟束缚的人类生存现状,其中包括不公正、不平等、贫穷、匮乏、挫折、抑郁、狂躁、孤独、虚无、担心、忧虑、焦虑等社会与心理疾病,另外还涉及文明冲突、国际冲突、地区战争、恐怖袭击等破坏性威胁。更糟糕的是,所有挑战中的最大挑战,源自这一残酷事实:在时间之流中,人生苦短,固有一死,死亡随时都会降临。在极端情况下,有些人可能会在死亡到来的关键时刻才意识到自己从未生活过,因为他们的生活被违反自由意志和自然权利的生活所遮蔽。这一切似乎在哈姆雷特自问自答的喃喃自语中,重新引出"是活还是死"这一古老怀疑论的隐秘回声。尽管如此,主要凭借审美和伦理领域的实用智慧,人生值得一过的乐观前景依然有一线希望。

　　在这方面,海德格尔所倡的立场是"向死而生",明显有着现代存在主义的消极色彩。与之相反的是,孔子主张采取更加积极的态度,建议人不必为死亡烦恼,因为"未知生,焉知死!"[①]。此说至少意指三点:(1)人首先应考虑的是生而非死。按所言逻辑推论,如果人连生都弄不明白,怎

[①] 《论语·先进》,11:12,参阅《四书》,杨伯峻今译,理雅各英译,长沙:湖南出版社,1995年,页156。

么会明白死呢？（2）生与世间活生生的现实有关，而死与阴间怪异鬼神的幻想有关。孔子注重前者而忽视后者，因此宣称"子不语怪力乱神"和"敬鬼神而远之"。（3）生在本质意义上是现世的，死在末世论意义上是来世的。人要珍惜的是生命的真正价值，而要知晓的是死亡的必然性相。实际上，按照中国传统说法，"人生一世，草木一秋"。这里面既蕴含着生命周期，也预示着死亡限期。人与万物，生生死死，自自然然。但是，人如何活，却有诸多选择与可能。

为了强调上述观点，孔子提供了数种可能选择，其中之一便是"朝闻道，夕死可矣"①。这句话意在要求人们终其一生，竭力求得对"道"的真知与把握。"道"作为仁爱与"泛爱众"的至上原则，旨在树立仁民爱物的德性，实现天下为公的仁政。因此，凡有乐仁情怀之人，在"闻道"或"得道"后必会欣然而乐，即便朝闻夕死，也当心满意足。这种孜孜求道、明辨死亡的精神，体现了生命的最大价值和真正的仁爱美德。此外，孔子还建议，"志士仁人，无求生以害仁，有杀身以成仁"②。这就是说，志士仁人具有杰出人格和高尚精神，在道德上务必践行"仁"的准则。这一准则类似康德所倡的"绝对律令"。为了修持仁德善行，履行社会承诺，志士仁人愿意舍弃个人的利益，牺牲自己的生命。在这方面，孔门弟子颜回就是范例。据称，颜回恪守仁道，苦中作乐，在生活极其困顿时，一连三月不改其志，不忘仁德，得到孔子高度称赞："贤哉，回也！"③ 这师徒二人志同道合，享有共同价值观，故此备受宋儒推崇，被尊为"孔颜乐处"。平常人若处如此困境，能一时或一日不忘仁德、持守仁道，就已经十分难得，而颜回历经三月，持之以恒，显然已经上达超凡入圣之境。

从前述可见，儒家秉持的积极生活态度，与道德义务、社会担当、英雄精神、利他主义等取向相辅相成。这一切可追溯到中国的礼乐传统。比

---

① 《论语·里仁》，4：8，参阅理雅各英译，杨伯峻今译《四书》。
② 《论语·卫灵公》，15：6，参阅理雅各英译，杨伯峻今译《四书》。
③ 《论语·雍也》，6：11，参阅理雅各英译，杨伯峻今译《四书》。

如，荀子《乐论》开宗明义，认定"夫乐者，乐也，人情之所必不免也"①。音乐之乐，快乐之乐，一字两义，一方面揭示了音乐本身的明确属性，另一方面对国人心态产生了强烈影响。无独有偶，《淮南子》亦肯定"乐教以解忧"的思想，其意是让人们在理解与欣赏优美音乐之时，排解忧思烦虑，获得真正快乐。②这一传统在审美意义上有助于增强音乐感受力，在人类学意义上有助于重塑乐天派性格，在本体论意义上有助于强化乐观主义精神。在中华文化心理学及其人生哲学的深层结构中，这三种性相彼此交织、相互作用。

在实践中，音乐感受力有助于人们提高对音乐内含的艺术、道德和社会等功能的审美意识；乐天派性格有助于人们在苦中作乐，甚至从包括悲惨遭遇在内的各种经历中寻求精神愉悦；乐观主义精神有助于人们成为真正的自我，在面临最严重的危机和困难时，从来不会放弃化危解困的任何一线希望。因此，这类人容易察觉到一切事物的消极面和积极面之间的相互作用，并在变化不居的环境中为吉凶祸福的微妙转换做好两手准备。这样一来，他们往往会居安思危，对潜在的危险保持警惕，对危机突发事件保持警觉，进而从中汲取实用智慧与有用策略，并在各种烦扰中寻求乐观的契机和愉悦的感受，以便应对任何意想不到的挑战或灾难。他们深知夹在天地之间的人类生存充满不确定性，因此，在任何情况下，他们除了自力更生之外，别无其他选择。根据李泽厚的阐释，中华文化在本质上是一种乐感文化，其与乐天性格和审美情趣并行不悖。乐感文化所倡导的是人类生存的积极立场与人之成人的积极动力，这对于处理"为何活？"与"如何活？"之类问题，具有现实意义和助推作用。

---

① Xunzi, *Discourse on Music*, in *The Xunzi* (trans. John Knoblock, Beijing: FLTR Press, 2009), Vol. 2, pp. 648–649.
② 陈广忠译注：《淮南子》上册，北京：中华书局，2013年，页387。

2. 人性能力结构

李泽厚重新审视了原典儒学，特别参考了康德的道德人类学和马克思的实践哲学。为了解决"如何活？"的难题，他提出了人类本体论的方法。这种方法既是物质的，又是形式的。其中物质性是因其工具功能所致；形式性是因其观念导向所致。李泽厚推举此方法，试想设定关乎人性的两个决定性因素：感官需求的满足和观念需求的满足。从人类本体论的角度判断，人性是人文的结果，主要是由动物性和社会性交织融合而成的复杂综合体。动物性源于维持肉身存在和物种繁衍的感官需要；社会性源于人类的社会化和文化教育的观念需要，因其内含社会道德教化性相而拒斥野蛮的纵欲和兽行。[1] 上述两个方面经由历史培育并沉淀为人性能力，其过程从马克思的技术-社会结构（物质层面）延展到康德的文化心理结构（精神层面）。由此可见，人性能力本身凸显人的本性，满足人的需要，保障人的生存。沿着这一思路，人性能力的充分发展便成为纾解人"如何活？"难题的可行性选择。

作为人性中最重要的组成部分，人性能力产生于文化心理结构，其中至少包括认知、道德和审美三个维度。康德认为，这三个维度代表三类能力。认知维度涉及"正确的知性"，包含"把握真理的能力和熟巧"。所谓"知性"，是指认知一般规则的能力（通过概念进行认知），自身包括全部更为高级的认知能力。只有当此能力在使用目的上拥有诸概念的适宜性时，方可被视为正确与健全的。至于这种适宜性，通常是充分性（*sufficientia*）与精确性（*praecisio*）相结合的结果。在这里，概念不多也不少，正好包含对象所要求的那种事物的应有性状，由此便可形成同那种事物相等或相符的

---

[1] Li Zehou, "Of Human Nature and Aesthetic Metaphysics", (trans. Liu Jian), in Wang Keping (ed.), *International Yearbook of Aesthetics: Diversity and Universality in Aesthetics*, Vol. 14, 2010, p. 4.

概念(conceptus rem adaequans)。在理智性的诸能力中,正确的知性就是第一位的和最主要的能力,因其运用最少的手段来满足自己的目的。①

道德维度则与纯粹的实践理性有关,是一种从普遍(共相)推导出特殊(殊相)的能力。人们可按照原理来做判断,并(在实践方面)采取行动来解释理性。人是理性存在者,因此在涉入任何道德判断(以及宗教判断)时,人需要理性进行推断,不可依赖规程条例和既定习俗。② 在此领域,"纯粹的实践理性"与实践中的道德理性是相同的。据此做出道德判断和采取行动的诸原则,通常表明通过理性建立起来的道德法则对理性存在者是具有权威性的。而具体规定这些道德法则的,正是作为普遍性条件的"绝对律令"(categorical imperatives)。从特征上看,绝对律令对所有能动者而言,都是绝对的和无条件的。也就是说,它们以同样的方式无条件地适用于每一个人,并且具有普遍的有效性,不受任何别有用心的动机或不可告人之目的的影响。它们对理性存在者来说,就是绝对要求践行的律令;意志与这些法则的关系,取决于单纯的义务和责任,意味着一种道德上的强制性。③在形式上,每一条此类律令都是这样表述的:"你要这样行动,就像你行动的准则应当通过你的意志成为一条普遍的法则一样。"④

审美维度指向审美的(而不是技术的或实践的)判断力。鉴于这种能力仅仅着眼于什么是可行的、什么是合适的以及什么是恰当的,故此它并不像提供认知的知性能力那样闪闪发光。因为,它只是为健全知性提供空间,在健全知性和理性之间建立联系。审美判断力有别于知性能力,也就是上述那种可通过概念性智识得以丰富,并用规则加以装备的自然知性能

---

① I. Kant, *Anthropology from a Pragmatic Point of View* (trans. Robert Louden, Cambridge: Cambridge University Press, 2006), pp. 90-92. 参阅康德:《实用人类学》,李秋零译,人民大学出版社,2013年,页77—78。
② I. Kant, *Anthropology from a Pragmatic Point of View*, p. 93. 参阅康德:《实用人类学》,页80。
③ I. Kant, *Critique of Practical Reason* (trans. Mary Gregor, Cambridge: Cambridge University Press, 2015), p. 29.
④ I. Kant, *Groundwork of the Metaphysics of Morals*. (ed. Mary Gregor, New York: Cambridge University Press, 1998), p. 422. 参阅康德:《道德形而上学基础》,苗力田译,上海:上海人民出版社,2005年。

力。换言之，审美判断力是判别某种东西是否与相关规则相应和的感知能力。它不可传授，只能练习。因此，其成长意味着其成熟，其基础来自个人长年累月的经验。不过，若有论述这种判断力的学说，那充其量也只是一些基本规则而已，人们据此可以决定某物是否就是某一规则的例证，这样一来就会进而引发无限的追问。①

如上所述，"如果说知性是认识规则的能力，判断力是发现规则之特殊事例的能力，那么理性就是这样一种能力：从普遍（共相）推导出特殊（殊相），并按照诸原理来呈现特殊（殊相）之表象为必然表象的能力"②。结果，这三种能力便构成理智认知能力的整个领域。倘若这种理智认知能力被当作从事实践活动的能力，那么也就等于将其当作促进实现目的的能力。③据此可以宣称，上述三种能力构成认知能力的全部领域，由此形成人性能力的基本结构。换言之，该结构是一综合体，融规则知性能力、审美判断能力与道德理性能力为一体。

从人类本体论角度出发，李泽厚认为人是历史存在。据此，他从三个方面反思了人性能力的构成，这三个方面包括马克思论述技术-社会本体（techno-social substance）的方法，康德阐述人类心理（human mentality）的学说，儒学传统重视情本体（emotional substance）的观念。不过，李泽厚力图超越这三个方面的局限性，为人性能力的发展打开一扇新的窗口。如其所言：

> 历史本体论本来自 Marx、Kant 和中国传统，又不同于它们。不同于 Marx 仅着重人的社会存在，而忽略了个体心灵。不同于 Kant 将心理形式归于超人类的理性，忽略了它的历史生活根源。不同于中国传统过分偏重实用，忽略了抽象思辨的极端重要性。另一方面，它又融合了三者。总起来说，历史本体论通过"实用理性"和"乐感文化"所提

---

① I. Kant, *Anthropology from a Pragmatic Point of View*, p. 93. 参阅康德：《实用人类学》，页 80。
② I. Kant, *Anthropology from a Pragmatic Point of View*, p. 93.
③ I. Kant, *Anthropology from a Pragmatic Point of View*, p. 92. 参阅康德：《实用人类学》，页 78。

出的是，在现代生活中全面实现个性潜能的心理建设问题。①

那么，按此说法，李泽厚所为何在？他实则赋予人性结构以"自由直观、自由意志和自由享受"三个要素，并对其逐一进行了阐释。首先，"自由直观"与"原创直观"(*intuitus originarius*)相对。毫无疑问，自由直观是指人类直观，因为在康德那里，这种直观来自想象力和经验性的认知能力。虽然术语不同，但作为逻辑、数学和辩证概念的认知能力，自由直观与理性直观相同。它以"理性内化"模式为代表，可追溯到人类实践活动，涉及多元化劳动工具的使用、制造、创新和调整。在此漫长的过程中，各种合规律性的模式与形式，在人类实践活动中得到保存和积淀，进而转化为语言、符号和文化所构成的信息体系，最后内化、浓缩和沉淀为人类的文化心理结构。这一切构建了人类欣赏和理解整个世界的人性能力。究其本质，这种能力是文化能力，包含一种从婴儿时期开始通过学习所获得的智力结构。至于理性直观的能力，其与爱因斯坦所说的自由创造能力相同。李泽厚在此将其称为"自由直观"。② 理性是理智的运用。人的理性是一种形式建构，是将理智运用于物质实践活动和象征性理性活动而内化的结果。诸如此类的活动，不仅与探索科学知识的智力发展有关，而且与获得审美敏感性的创造性思维的修养有关。

其次，"自由意志"指向伦理学与人类生存的现实，不仅凸显出人类的主体性，而且远超出功利论的肤浅性。在康德那里，意志蕴含着根据理性所创制的原则而采取行动的能力。理性假定自由，构想行动原则，旨在适当而有效地发挥作用。换言之，理性是道德法则这种最高行动原则的创制者。康德把道德法则看成是绝对律令，其在绝对意义上命令所有人无条件地按照给定的同样方式行事。因此，在充分行使道德自主权意义上的自由

---

① 李泽厚：《实用理性与乐感文化》，北京：三联书店，2005年，页108。
② 李泽厚：《康德哲学与建立主体性论纲》，见李泽厚：《批判哲学的批判——康德述评》，北京：人民出版社，1984年，页425—426。

行动，其唯一途径就是根据绝对律令而行动。在此情况下，自由而普遍行动的意志，就是根据绝对律令在道德上自主行动的意志。这种意志反过来产生了自由意志，并使行动者能够即刻意识到道德法则。因此，在康德的定义里，如果意志的决定基础不是别的，而是绝对律令要求的普遍立法形式，那么这种意志就必须被认为是独立的意志，也就是不受基于因果关系的自然法则影响的意志。这种独立性意味着最严格或超越意义上的自由。因此，上述单纯的立法形式，能够单独作为一种法则，其所效力或代表的意志，就是一种自由意志。①

毋庸置疑，绝对律令就是无条件的普遍命令。它们彰显道德的尊严，代表道德的自主性，具有无与伦比的力量，有效地揭示了康德的道德意识的特质。这种特质肯定是崇高而理想的。正如李泽厚在其人类历史本体论中所辨析和宣称的那样，人类个体实践是建立主观意志结构所必需的实践，人类个体要为人类的存在和发展承担义务。诸如此类的道德意识和行动，不仅构成了人类个体的心理模式，而且超越了任何时代、社会和群体的具体利益。当然，它们作为"理性凝聚"的结果，还有利于形成意志力和道德心理。"理性凝聚"来自人的实践、行动、情感、愿望与其他感性能力，就像认知活动中通过感性直观而发生的"理性内化"一样。在一方面，"理性凝聚"最终以伦理学中自由意志的真实形式出现，从而与认识论中的"自由直观"相对应。在另一方面，"理性凝聚"的道德价值在颠覆因果律和功利效果的同时，协调了人类整体的统一性。"理性凝聚"具有崇高特征，能唤起诸如"钦佩和崇敬"之类的道德情感。② 这些情感是自觉而理性的，是人类独有的特征。

再者，"自由享受"的目的，是通过感性直观和审美判断，享受美的事

---

① I. Kant, *Critique of Practical Reason*, p. 26.
② 按照康德的说法，"有两样东西使人的心灵充满了永远新的、越来越多的钦佩和崇敬，人们越是经常和越是稳定地反思它们：我头上的星空和我内心的道德律。我不需要去寻找它们，仅仅是猜想它们，好像它们被掩盖在蒙昧之中或在我视野之外的超然区域；我看到它们在我面前，并立即把它们与我存在的意识联系起来。"参阅 I. Kant, *Critique of Practical Reason*, p. 26.

物所引发的快乐感知与愉悦体验。质而言之,"自由享受"是自由的,因为作为自由形式的美,不仅是合规律性与合目的性的结合,而且是"人化自然"或"自然人化"的产物。与这种自由形式相对应的审美心境,一方面是感觉与理性的综合,另一方面是"人化自然"的结果。更具体地说,审美心境乃是人类主体性的最终实现,同时也是人性能力至为明确的表现。此时,人类作为历史整体的东西积淀为人类个体的东西,理性的东西积淀为感性的东西,社会的东西积淀为自然的东西。结果,动物性感官的自然被人化了,动物性心理的自然也被人化了。于是,欲望变成了爱情,自然血缘关系变成了社会人际关系,自然感觉变成了审美能力,本能情欲变成了审美情感。这一切都需要通过历史文化积淀,来实现真正的自由享受模式和人的主体性的终极方面。① 换言之,这一切都意味着与"审美积淀"相适应的、以"理性融化"为特征的审美能力。②

总之,"自由直观"与"理性内化"相结合,"自由意志"与"理性凝聚"相结合。至于"自由享受",则与"理性融化"相一致,因其发端于积淀在感性中的理性。"自由直观"和"自由意志"表现为理性的能力、行动和意志,而"自由享受"则表现为感觉的欲望、感受和期望。正是通过"自由享受"的助推,人类与自然的融合才得以实现。这种融合的内涵是"天人合一"。在中国传统中,"天人合一"既代表人类生活的审美境界,又代表超道德存在的本体境界,这便促进了"以美育代宗教"的可能性。所以,在李泽厚看来,美的本质是人性完满实现的体现。美的哲学是一切人文科学的顶峰。在此,其所探究的内容涉及人的主体性的可能性,其所揭示的内容涉及文化心理学的建构。③

---

① 李泽厚:《康德哲学与建立主体性论纲》,见李泽厚:《批判哲学的批判——康德述评》,页434—435。
② Li Zehou, "Human nature and aesthetic metaphysics," in Wang Keping (ed.), *International Yearbook of Aesthetics: Diversity and Universality in Aesthetics*, vol. 14/2010, p. 5.
③ 李泽厚:《康德哲学与建立主体性论纲》,见李泽厚:《批判哲学的批判——康德述评》,页436。The Chinese expressions for "rational melting" and "aesthetic sedimentation" are respectively *li xing rong hua*(理性融化)and *shen mei ji dian*(审美积淀).

3. 超越审美参融

根据最近考察，人的主体性的概念被当作"人类自我的新概念"（new conception of human self）。① 鉴于其客观存在特征，人的主体性并不单单局限于每个人类个体的层面。它假定包括一种能力，一种在生活环境中同他人建立互动关系的能力。在这里，生活环境涉及社会、民族、阶级、组织等各种人类共同体。因此，李泽厚意在倡导两种人的主体性：一种针对个人身份，另一种针对整个人类。此两者有助于人类建立人的主体性的结构，这一结构具有超生物性，深植于普遍的必然性之中。通常，人的主体性的客观维度，见诸社会通过生产过程所实现的物质现实之中。该维度不仅表现在技术与社会结构的联系中，而且表现在社会存在与实践的联系中。同时，人的主体性强调了社会意识的主观水平，表现为文化所决定的精神状态或心理结构。遵循这一范式，人的主体性的构成要素，基本上不同于人的个体的主观意识。相反，这些构成要素同人类历史的产物有关，不仅表现在精神文化和思想文化的结构中，而且表现在伦理意识和审美意识的结构中。②

诚如李泽厚本人所观察到的那样：

> 目前资本主义世界中的分析哲学、结构主义等等，可说是无视主体性本体的冷哲学（方法哲学、知性哲学），而萨特的存在主义，法兰

---

① S. Rošker, "Li Zehou's notion of subjectality as a new conception of human self", in *Philosophy Campus*, 2018: 13, wileyonlinelibrary.com/journal/phc3, p. 1.

② S. Rošker, "Li Zehou's notion of subjectality as a new conception of human self", pp. 3–4. Also see Li Zehou, "The philosophy of Kant and a theory of subjectivity," in *Analecta Husserliana—The yearbook of phenomenological Research* 21, *The phenomenology of man and of the human condition*, II: *The meeting point between occidental and oriental philosophies* (edited Anna-Teresa Tymieniecka, Dordrecht, Boston, Lancaster, Tokyo: D. Reidel Publishing Company, 1986), p. 136. 参阅李泽厚：《美学四讲》，桂林：广西师范大学出版社，2001年，页43。

克福学派等,则可说是盲目夸张个体主体性的热哲学(造反哲学、情绪哲学),它们都应为主体性实践哲学所扬弃掉。①

在我看来,这些"冷哲学"不仅"无视主体性本体",而且忽视人之成人的情本体。它们很可能是深受概念抽象或工具理性影响的产物。就人类个体的特殊情况而言,当人性能力得到充分发展时,人的个性、自由、自主性和独立性也会得到充分发展,由此达到人之为人所能取得的最高成就。从人的主体性本身来看,正是在这一阶段,人之成人的全面性得到提升。

从历史上讲,在"文化大革命"(1966—1976年)过后不久,李泽厚就开始使用"人的主体性"这一概念,其意在于助推20世纪80年代初勃兴的思想启蒙运动。可以说,当时对主体性的特意强调,是为了填补哲学探索领域的空白,为了激发自觉追寻价值选择的意识,最终也是为了达到自我发展或自我实现的目的。从思想上讲,主体性概念的设定,旨在重塑监护式话语形式,满足多数人日益增长的独立思考需要,应和社会改革探索之初必要的思想解放需要。

人的主体性的主要特征,一般涵盖了个体的独特性、实践的社会性、历史的沉淀性、认知的主动性、道德的自主性、创造能力与审美超越性等。相对而言,李泽厚将自己的主体性概念与康德的主观性概念区别开来,并从人类本体论和实践哲学的角度予以阐述。李泽厚进而发展了主体性与人性能力,认为主体性是人性能力的至高境界,是人类取得的终极成果。与此同时,他把主体性归因于审美超越的可能性,这种可能性与无利害的满足感、无目的的目的性以及超脱直接现实等因素相关联。有鉴于此,李泽厚在总体上更为关注人性能力的审美维度,尤其关注人类主体性的审美维度。

---

① 李泽厚:《关于主体性的补充说明》,载《中国社会科学院研究生院学报》1985年第1期,页21。

第三部分 美学与人生

　　李泽厚的相关努力有多种原因。首先，人生的真谛在本质上是审美的。虽然存在前文所述的种种社会心理问题，但相关思考能够使人找到一种艺术化的、合目的性的和无利害的生活方式。这种方式不仅适用于道德意志，而且适用于世界观。根据李泽厚关于美学为第一哲学的阐述，这种方式促使人们基于理智偏好来发挥想象力，由此选择一种世界观。作为一种审美选择，这种世界观代表一种美好秩序的世界图景。尽管这幅图景无法梳理出真假，但经过审美想象的世界观，可为人们提供许多精神食粮。就此而言，美学的真正主题不是单纯的艺术，而是整个世界和感性的人类生活。人生是否值得一过，最终有赖于在山水中体验到的愉悦感受，或者说是有赖于"天人合一"的审美境界。因此，与其他文化中的美学相比，中国式的"大美学"被认为是最真实的。这种美学可被视为第一哲学，因为它意味着对世界（宇宙）的一种直观假设，即：这个世界以一种神秘方式存在着，并且超出了人类知识的极限。因此，人类的世界观本身是包含着"理性的神秘"和"感性的神秘"的混合体，倾向于引发人们深刻的敬仰之情和神秘的信仰体验。①

　　其次，审美经验在效果上既是感性的，又是精神的，有利于审美感受力的成长。审美感受力既是人性能力的萌芽，也是人性能力的成果。更为重要的是，这种感受力会在"审美超越"②模式中促进精神的升华。此时，它跨越了两种相互关联的状态：一是人之成人的初始状态，二是人类成就的最高境界。李泽厚有观点云：

　　　　由于审美与感性总与动物性情欲相联，声（music）色（sex）快乐便成为今日大众文化审美感受的时尚。但与此相关又相对抗，寻找"纯"精神境界的"超越"，又使审美不止于娱乐、装饰的快乐，而强烈指向

---

① 李泽厚：《关于"美育代宗教"的杂谈答问》，见刘再复：《李泽厚美学概论》，北京：三联书店，2009年，页218—219。
② 李泽厚拒绝"内在超越"的相关说法，使用"审美超越"的表达方式。

某种超生物性的生存状态或人生境界的追求。①

然而，这里所言的"'纯'精神境界的'超越'"，其实毫无"纯粹"可言。因为，人所追求的"超越"，只能在与心灵不可分离的身体中追求。故此，这种"超越"可被称为"审美超越"。"审美超越"不仅有赖于心灵与身体的彼此互动，更取决于客观时间与主观时间的相互联系。所谓客观时间，是指生活在时间之流中且与空间占有相关的时间性，其因社会客观性而显现为日、月、年等数字特征。或者说，客观时间是由人的出生、死亡和占据有机空间的身体所造成。所谓主观时间，是指没有空间占有的时间性，是以精神家园的不朽性或永恒性为象征。如此的话，只有对一切皆为虚无（无意义、无因果、无功用）但仍存活的现实的体验，才显现为对时间性的掌控。正如在中国传统中所发现的那样，这种"超越"通常获自"天人合一"的神秘体验，获自人的修养同宇宙节奏之间的谐同共在。它隐含在"人化自然"与"人自然化"之中，均与人之成人的"情本体"有关。② 依据我的理解，将"审美超越"作为思想焦点具有重要的理论意义，因为这里面包含审美自觉与审美升华的可能。鉴于我们人类只能在时空条件下感知和构想任何实物，所以，无论是客观时间还是主观时间，都根本无法离开空间。如果要对它们进行区分的话，客观时间与一般感官经验的空间和时间有关，而主观时间则与一般心理经验的空间和时间有关。一个典型的例子是把"一朝风月"（瞬间存在）设想为"万古长空"（永恒存在）。前一场景意味着感官经验的时空，后一场景意味着心理经验的时空。这一观念经由顿悟与自我解放而获得，此乃人文化成与文化修养的结果，不仅超越感觉经验并促成精神自由，而且使人从有限领域进入无限领域。这对人而言，根本上就是一种不同类型的时空体验。因为，人类作为高等生物体，独具理性能

---

① Li Zehou, "Human Nature and Aesthetic Metaphysics", p. 8.
② Li Zehou, "Human Nature and Aesthetic Metaphysics", p. 8.

第三部分 美学与人生

力和文化机制。卡西勒和布鲁诺的相关说法,有助于阐明这一点。①

再次,推举美育代宗教,这不仅是因为美育不反对追求"完美"的宗教精神体验,而且是因为人的存在将身体与无意识的宇宙节奏联系了起来,由此产生了与"审美超越"相关的天人交会或天人相合。一般说来,美育旨在培养人的良好品味,帮助人类个体克服悲剧性的虚无感和人类生存的艰难性。正如中国传统所传布的那样,这种虚无感具有双重属性,即"空与不空"。就虚无而言那是空,但就直接现实而言则是不空,二者均与现象世界和人生现状的双重属性相关。在此情况下,鼓励人类个体面对残酷的现实,不要期望得到神的护佑和救赎,而是要在追求内在超越的过程中,上达一种俗世生活的审美境界。这种生活境界以"情本体"为支撑,具有在时间之流中珍惜生活并让生活值得一过的价值取向。作为必要和充分的条件,珍惜生活的方式会唤醒人类个体,会使他们愿意丢掉所有幻想,反过来积极正视和应对生活中可能遇到的所有变化、事件、际遇和突发事件。②

最后,至关重要的一点是,享有精神自由的现世生活的审美境界,之所以具有形而上的和本体论的特性,是因为它指向人性能力的充分发展,涉及人类主体性的自我实现,关乎人之为人的全面生成。在此领域,美学之所以被视为第一哲学,是因为美学体现了宇宙整体的美的秩序及其神秘的灵视。相应地,珍惜生活的方式也就成了一种本体论意义上的真正审美

---

① 卡西勒(E. Cassirer)认为,"我们必须分析人类文化的形式,才能发现我们人类世界中空间和时间的真正特征……空间和时间经验有根本不同的类型。这种经验的形式并非都在同一层级上。有较低和较高的层级,按一定的顺序排列"。(Ernest Cassirer, *An Essay on Man*, New Haven and London: Yale University Press, 1944, rep. 1975, p. 42)布鲁诺(G. Bruno)认为,人的自我解放引发出随后的事情。也就是说,"人不再作为囚徒生活在世界上,不再被封闭在有限的物理宇宙的狭小围墙内。他可以穿越空气,突破一切由虚假的形而上学和宇宙论所建立的天球的想象性界限。无限的宇宙没有给人类的理性设置任何限制,相反,它是人类理性的巨大激励。人类的智力通过用无限的宇宙来衡量自己的力量,从而意识到自己的无限性"。(Ernest Cassirer, *An Essay on Man*, p. 15)

② Li Zehou, "Human Nature and Aesthetic Metaphysics", p. 10-11. 另参阅刘再复:《李泽厚美学概论》,页230。

体验，尽管它近似于凝神观照一处落日景象或仔细品鉴一首山水诗歌。这一切假定源于如下事实：

> 人觉醒，接受自己偶然有限性的生存（"坤以俟命"），并由此奋力生存，不怨天，不尤人，下学而上达（"乾以立命"）。这就意味着通过提升个人修养来实现精神自由……因此，作为自然的最终目的，人之成人的理想……终将通过情本体，落实在此审美形而上学的探索追寻中。①

表面上看，"作为自然界最终目的"的"人之成人的理想"，无非是在人的主体性的前提下，为人性能力的充分发展所设定的理想。李泽厚就此倡导一种美学方法，一种看起来更有意义的方法。此方法涵盖三个相互关联的行为，即"以美启真""以美储善"和"以美立命"。② 在我看来，此方法包含一种三重性审美参与过程。如若考虑到"以度创美"的行为，我个人认为将其扩展为四重性审美参融过程是合乎情理的。

需要说明的是，所谓审美参融（aesthetic engagement）③主要是指一种积极参与的审美态度，其目的在于打破主客观之间的人为分界，取代纯粹主观性审美判断或无利害性的静观态度，继而在多向度社会历史文化语境中实现系统性、有效性和完整性的审美经验。相比之下，超越审美参融不仅包含上述审美态度与目的性追求，而且意指一种积极建构的审美实践。这种审美实践，在理论意义上与人类本体论和审美形而上学联系密切，在实践意义上与科学发现、道德修养、生活方式和艺术创作直接有关。审美参

---

① Li Zehou, "Human Nature and Aesthetic Metaphysics", p. 13. 另参阅刘再复：《李泽厚美学概论》，页 218、228—229。
② Li Zehou, "Human Nature and Aesthetic Metaphysics", p. 7.
③ 贝林特：《艺术与介入》导言，李媛媛译，北京：商务印书馆，2013 年。贝林特笔下的"aesthetic engagement"概念，在国内被译为"审美介入"或"审美交融"等。在我看来，从积极意义和实质功能看，aesthetic engagement 是 aesthetic participation 的某种变体。若将"审美介入"看成是对"审美参融"的某种强化，那无疑是积极的。不过，"介入"隐含"参与进来干预"的意思，这样便使"审美介入"的功能设定显然超乎审美自由的本质特性了。

融的理论与实践性相，突出地表现在以美启真、以美储善、以美立命与以度创美的四项动态关联性行为之中。

4. 以美启真

"以美启真"行为，就是要充分发挥审美情感和自由想象的作用。"审美双螺旋"不仅强调了这一点，还有可能带来科学技术的新发现。① 这里借用的"双螺旋"概念，来自一种科学发现，也就是制造蛋白质信息的 DNA 分子结构及其组成编码。将此概念加上审美标签一起使用，意在表明脑科学和基因科学的未来发展，可以揭开审美情感和审美判断的秘密。

可见，之所以如此强调审美情感和自由想象，是因为它们的功能不仅涉及审美经验和艺术创构，而且关乎科学发现和技术发明。此时，美与康德式标语"物自体"（*Ding an sich*）是相通的。人所能够认识的感官对象，正是那些被假定源自"物自体"的纯粹表象。在思索给定的本体（*noumenon*）时，未知的对象恰是这个会影响人类感官能力的"物自体"。宇宙整体确实是按照自身的自然合规律性存在的。对于人类来说，这基本上还是未知领域。这种合规律性是用"度"所"创"，不仅涉及逻辑推理和辩证思辨，而且涉及人类情感和想象。因此，它既是"超越想象"的关键，也是"以美启真"的核心。

此外，"以美启真"行为本身也是为了激发认知能力，由此真正认识一种新型的"物自体"。新型的"物自体"同"人与宇宙谐同共在"相关联。质而言之，这一谐同共在关系是一形而上学假设。若无此假设，审美经验就失去根源，形式感也就无处可寻。宇宙呈现的是先验客体，人工符号系统的认知能力则类似于先验主体，从历史本体论角度看，二者都是通过人类实践来统一的。人类借助于"以美启真"，设法窥探宇宙的奥秘，并在其中

---

① Li Zehou, "Human Nature and Aesthetic Metaphysics", p. 7.

确保人类的地位。正是通过这样一种积极的生活，人类与宇宙之间的交流才成为可能。因此，为了确保人类与宇宙（自然）的谐同共在，就必须有这样一个类似"物自体"的形而上学假设。因为，它会产生一个不可或缺的前提，能使人类赋予宇宙或他们居住的世界一种秩序。

在此情况下，人类倾向于赋予宇宙或世界一个美的秩序。美的秩序本质上是宇宙的和世界的、理智的和神圣的，绝非纯主观意志或奇思怪想的副产品。该秩序一方面体现了美与真之间的至要关系，另一方面体现了人类情感与理性真理之间的至要关系。此外，它不仅关乎认识论、科学发现和技术发明，也关乎人类本体论的深层含义与意义。例如，迈克尔爵士（Sir Michael F. Atiyah）认定数学产生于"发明"而非"发现"。在这一领域，人类的特点是根据美的规律，在成千上万的可能性中做出选择。这一见解与李泽厚的如下主张相应和：数学的发展源于感性运算的抽象结果，这是"以美启真"的一个范例。① 也就是说，抽象与感性是互动的，就像真与美一样。在所有这些情况下，美的规律的作用远远超过了预期。

5. 以美储善

所谓"以美储善"行为，就是要从情本体的隐含信念中汲取审美情感，借此为人类与宇宙的良性互动寻找灵感。② 这样的信念和灵感，有助于人类树立起"有情宇宙观"。反过来，"有情宇宙观"有助于培养人类对宇宙的准宗教情感，有助于促进人类与宇宙之间谐同共在的审美意识，有助于建

---

① 刘再复：《李泽厚美学概论》，页222。
② Li Zehou, "Human Nature and Aesthetic Metaphysics", p. 7.

立人类生活有望上达的天地境界①。

  原则上,天地境界既是道德的,也是审美的。它呼唤情感和信念的支撑,诉诸人类的内在历史性,珍惜人世间的自然寿命。也就是说,天地境界如此世俗,以至于从来不会纠结于如何才能求得上帝恩赐那种所谓的天堂接纳特权。天地境界作为一种生活方式,一般被推崇为中国人诗意地栖居在人间的方式。从准宗教或宗教角度看,或许有人会认为这种生活境界是一种先验性幻想。然而,它是务实的和积极的。尽管面临各种困难艰辛,它依然鼓励人们要活在这个世上,并且结合一种有情宇宙观,实施一种自觉的亲和力,助推人类与宇宙的谐同共在关系。②

  宇宙在结构上包含天、地和整个人类。就天地境界而言,其在本质上具有两重性,一是指天与地之间的人类生活方式,二是指天、地、人三者合而为一。此三者之间的关系以不可分割、和谐相处为特征。庄子认为,在此阶段的人类个体,可以宣称"天地与我并生,而万物与我为一"。③ 由于天地在中国人的思想中是宇宙的象征,因此,天地境界也可以被看成是宇宙境界,在此境界里,人类实现了道德超越,成为宇宙存在。他们倾向于把宇宙(自然)视为自己的精神家园,自觉肩负起保护宇宙的使命。在理想情况下,他们会致力于生态环境保护,会自觉从人类与宇宙谐同共在的角度重思个人发展,会希望自己能与天、地、万物融为一体。

  宇宙和谐在很大程度上取决于人类与自然的谐同共在。这主要取决于社会实践和人文化成的两种至要模式,即"自然人化"和"人自然化"。从二

---

① "天地境界"这一概念可追溯到冯友兰(1895—1990)于1947年出版的《新原人》。这部著作主要关注获得自由的方法以及争取道德超越和自我觉解的可能性。就道德超越而言,冯友兰将人之为人的可能成就分为四种境界:一是以质朴为特征,以自然性为基础的"自然境界";二是以自我利益为特征,以社会性为基础的"功利境界";三是以正义为特征,以道德为本位的"道德境界";四是以辅助天地为特征,旨在追求道德超越的"天地境界"。参阅田文军编:《极高明而道中庸——冯友兰新儒学论著辑要》,北京:中国广播电视出版社,1995年,页367—434。

② 李泽厚:《天地境界》,见刘再复:《李泽厚美学概论》,页228—230。

③ Zhuangzi, *Discussion on Making All Things Equal*, in *The Complete Works of Zhuangzi* (trans. Burton Watson, New York: Columbia University Press, 2013), p. 71.

者的发展顺序和互动关系来看,"自然人化"为"人自然化"创造了前提条件,而"人自然化"又是对"自然人化"的补充。简而言之,"人自然化"至少包括四项主要活动。第一是将自然当作人类栖息的场所,为促进人类与自然的和谐创造条件;第二是回归自然,审美凝照自然的优美景观;第三是通过适当保护,协助自然万物正常生长;第四是学会自然呼吸或吐纳之术(如通过恰当练习类似于瑜伽的气功),协调人的身心与自然之间的节奏,借此最有可能进入"天人合一"的状态。这一切都与一种审美感受或心境有关。在这种审美感受或心境中,理性与感性相融合,主体与客体相同一,社会意识与个体自由相伴随。总之,凭借"人自然化",人类个体只要摆脱工具理性的控制,摆脱拜物主义的异化,摆脱权力、知识和语言等制度的奴役,就会回归自然并诗意地栖居于其中。

在心理意义上,上述活动同审美静观与欣赏相关联。作为人类文化心理结构的一部分,这种活动通过自由享受来发挥作用。与人化官能与情感作用相比,"人自然化"使人类在审美和精神意义上可以自由享受。为此,李泽厚主张审美维度高于认知维度和伦理维度。审美维度既不是理性内化(认知),也不是理性凝聚(伦理),而是理性融化和感性积淀。这既有助于"七情正",也有助于"天人乐"。

有趣的是,"以美储善"的思想源自转换性创造,其以含蓄的方式融合了三种要素:其一是马克思主义将美的规律应用于人类实践的观念,其二是康德把美视为道德象征的假设,其三是儒家用情本体来提升道德修养的立场。美可分为纯粹美和依附美两类,善可分为无条件的(绝对的)善和有条件的(功利的)善两类。从目的论上讲,这虽然倾向于将其中一类作为手段,将另一类作为目的,但这两类向来是彼此交织在一起的。从功能上讲,它们均涉及审美形而上学的实用价值,尤其是从社会实践与文化心理结构的角度来看。

6. 以美立命

第三种行为是"以美立命",其目的是将人类个体从生死忧烦中解脱出来,使他们在生死无所住、内心无烦畏中得以"立命"。[1] 众所周知,人是凡人,生老病死,必不可免。面对各自的自然寿限,他们无视有限的生命时间而毅然而然地活着。在理智上,他们从过去的经验中吸取教训以便寻找出路,努力在不同的环境中更好地理解人生,并尝试欣赏无限而神秘的宇宙。在情感上,他们即使无悲无哀,也会眷恋和珍惜生命。虽然他们深刻意识到人生必死的宿命,明知自己终究会消失在时间之流中,但他们持守生存意志,随时准备面对死亡的降临,面对其他任何不测的遭遇。其理由是:珍惜生命,不畏死亡;为生死焦虑所困,实属愚蠢至极。达到这种自我意识层级,他们就更加接近人生的天地境界,就更会拥有融合赞赏与崇敬的审美情感。

值得注意的是,人的生命是自然设定的,而人的生活则是一个动态过程,两者都受制于人的需求层次。当基本需求(生理需求和物质需求)得到满足后,更高层次的需求(社会需求、审美需求和精神需求)就会出现。从审美角度来看,美感占有重要地位。在这方面,人的感知、直觉、想象、判断和理解等能力得到自由发挥。它们相互作用,有助于促进与提升人的审美情感、趣味和智慧,有助于引导人们思考和欣赏美。自然和艺术之美无处不在,以不同形式、流派、风格、结构和符号呈现出来,有待"心灵的眼睛"(the mind's eye)或音乐的耳朵(the musical ear)去发现。通常,美在功能上可分为三种,即"悦耳悦目"之美,"悦心悦意"之美,"悦志悦神"之美。[2]

---

[1] Li Zehou, "Human Nature and Aesthetic Metaphysics", p. 7.
[2] 李泽厚提出了这种划分模式。这三种类型的美在中文中分别称作悦耳悦目、悦心悦意和悦志悦神。

简而言之，第一种"悦耳悦目"之美，特别吸引听觉与视觉，给予观赏者以耳目之乐。这种美涉及优美的形式、形象、外观、形状、色彩、声音和节奏等。这些要素因其突出的视听觉特征及其引人入胜的感性魅力，可以得到人们更为广泛的感知和欣赏。它们在自然景色、山水画、流行歌曲、民族舞蹈、乡村音乐等方面，都有各自令人瞩目的体现和反映。

第二种"悦心悦意"之美，在很大程度上愉悦凝照者的心思意向，一般包括有意味的形式、有意义的内容、怪诞的意象、宏伟的比例、精到的专长与艺术的绝技等等。这些要素可以通过审美感知、审美理解、审美想象、审美联想、审美判断、审美感受等能力的综合作用得以认识和鉴赏。它们通常应用于艺术作品，应用于那些在独特情境中与人文景观融为一体的特殊景观。在此阶段的审美体验，经由深层的感知和感悟得以促成，从而触及人的心态，影响人的意愿，最重要的是引发更多的反思或琢磨。

第三种"悦志悦神"之美，既能激发人的意志和精神，也能唤起一种宇宙精神与神秘感，通常涵盖一些伟大的、崇高的、象征性的乃至神圣的事物。只有通过宁静的沉思和刹那间的开悟，才会有效地领悟到这种美。因此，这种美具有准宗教性，有望激发高峰体验，超越各种感官享受和心理愉悦。这种体验既合乎"天人合一"的审美情致，又合乎人类生活的天地境界。这对具有高度审美悟性和智慧的个体而言，空亦不空，无亦非无，因为他们摆脱了忧虑、恐惧、烦恼与其他有形的羁绊，无忧无虑且诗意地生活着。这样的生活方式是沉思的、超脱的、和谐的、安宁的和无目的性的。它看起来仿佛既是此界的，又是彼界的。这在许多中国古典诗词和散文中，都有哲理性的阐述和隐喻性的表达。从王维作品中可以随手找到例证这首五言诗描绘的是一种在风景优美的环境中追寻禅意启示的开悟体验，所打动读者的是如何安禅的沉思凝照式反思。

不知香积寺，
数里入云峰。
古木无人径，

> 深山何处钟?
> 泉声咽危石,
> 日色冷青松。
> 薄暮空潭曲,
> 安禅制毒龙。①

从诗情画意的描写中可以看出,这里表现的是穿过荒无人迹的一片古林的孤旅。迷路之后,孤旅者在听闻从某处隐蔽寺庙传来的钟声时,便怀着执着的好奇心和兴致,继续探索陌生的未知之地。潺潺的溪流,薄薄的暮霭,险峻的岩石,空幽的潭水,逐一显现,营造出神秘静谧的氛围,展现出自然景致的魅力。颇具象征意义的是"空潭曲",这不仅意味着景点之美,更意味着自觉行动,一种净化心灵的自觉行动,所净化的是心灵中涉及"毒龙"的所有欲望与念想。因此,"安禅制毒龙"一句表明:凭借精神性的冥想与宁静,孤旅者征服了内心作祟的欲望怪物。这一切意味着人生获得了解放,摆脱了重重顾虑与心理困扰。此诗展示出自然风景的审美魅力和自我净化的哲理特征,其效用在于验证如下事实:在某些情况下,人可通过美的事物,让人生变得值得一过。

7. 以度创美

至此,本文已系统阐述了三重性审美参与的三种行为,这里似有必要附加"以度创美"行为。因为,从人的主体性角度看,这一行为有助于丰富人性能力的审美维度。

在李泽厚那里,"度"关乎技术-社会基质,具有本根特性。因此,

---

① 王维这首五言律诗的标题为《过香积寺》。

"度"被视为"历史本体论的第一范畴"。① "度"活跃在人类生产的实践中，是人类(主观)发明和自然(客观)发现的根本依据。②在实际操作中，"度"是对适当技艺的熟练掌握，能够恰到好处地造物处事。因此，"度"涉及技艺的正确性、适用性和有效性。这看来近似于古希腊人所熟知的"凡事适度为佳"(pan metron ariston)原则。"度"被外化为古代中国人所设想的"中庸"或"中和"之道，并在实践中应用于音乐艺术、战争艺术与政治艺术等诸多领域。因此，在不断变化的形势背景下，无论是出于质性还是量性的考虑，"度"均可等同于终极适度与最佳比例这一原则。③

依我所见，"度"至少在三个层面上运作。首先，"度"在物质与符号操作层面上发挥作用，这涉及物质与精神实践，譬如生产活动、语言交流、艺术创作、科学探索、宗教祈祷等等。其次，"度"在辩证智慧的层面上发挥作用，通过操作领域进入存在领域。例如，"度"反映在"阴阳互补""多样统一"与"矛盾对立统一"之中。最后，"度"在独特创造的层面上发挥作用，其特点是运用"不多不少"、恰到好处的"度"，来创构艺术之美，来培养人的美感，也就是培养那些凝照沉思美的事物之人的美感。实际上，"度"可用于物质生产、人类生活和艺术创作，由此创制美的事物或产品，提供艺术鉴赏或审美对象，给人以精神自由与愉悦感受。因此，美既代表合乎"度"的自由运作，亦代表人性能力的充分展现。然而，"度"本身是"技能"，美才是"艺术"。"艺术"之所以高于"技能"，是因为"艺术"是对"技能"的自由和创造性运用。④ 归根结底，在基于因果关系的运作中，"度"的本体性特征，见于上述三个层面。⑤

---

① 李泽厚：《实用理性与乐感文化》，北京：三联书店，2005年，页108；李泽厚：《历史本体论》(北京：三联书店，2002年，页10。李泽厚把这本书置于非常重要的地位，他有时将书名改为《人类学本体论》，有时改为《人类学历史本体论》。
② 李泽厚：《历史本体论》，页13。
③ Wang Keping, *Chinese Culture of Intelligence* (Singapore: Palgrave Macmillan, 2019), pp. 195-196.
④ 李泽厚：《实用理性与乐感文化》，页42。
⑤ Wang Keping, "Li Zehou's View of Pragmatic Reason", in Roger T. Ames and Jinghua Jia (eds.), *Li Zehou and Confucian Philosophy* (Honolulu: University of Hawaii Press, 2018), pp. 240-247.

至于将"度"运用于实践的精妙之处,可借助《庄子·养生主》中"庖丁解牛"的寓言故事予以说明。据其所述,名厨庖丁通过解牛这一过程,展示出自己精湛的技艺。他本人神采从容,妙尽牛理,其宰割动作与声响流畅自如,音合《桑林》,韵中《经首》,如同古代乐章舞蹈一样美妙,令国君文惠王这样的观者在悦耳悦目乃至悦心悦意之余惊叹不已,赞不绝口。庖丁的完美技艺,驾轻就熟,得心应手,诚然是对"度"的至真把握。他在三年的操作实践中,从目睹唯牛到未见全牛,从未见其"有间"到频见其"有间",继而呈现出一种"智照渐明"的学道体道过程。如此精进妙运,有赖于所用之法,即"以神遇而不以目视"之法。如此一来,庖丁在解牛之际,恰如学道之人,不借眼睛打量,而专以神会理,以此"合阴阳之妙数,推心灵以虚照",于是"官知止而神欲行",在"司察之官废,纵心而顺理"的体验中,达到"妙契至极"的程度,取得"依乎天理"的道行。① 也就是说,庖丁凭借精神觉解或悉心内视,不仅将牛看作一个有机的整体,而且对其复杂的内部结构(骨骼脉络)了如指掌,能在牛身上随处找出所有连接骨肉关节的微小缝隙(间),能够精准而自由地操刀运解。这些缝隙(间)虽微乎其微,但作用甚大,所提供的感知空间,能验证庖丁掌握的卓越技艺,能确保庖丁解牛的潇洒风范,能展示庖丁闻道的心得体会。由此推知,庖丁借用这些缝隙(间),顺势而为,"以无厚入有间,恢恢乎其于游刃必有余地矣。"于是在解牛过程中,他不会遇到复杂关节造成的障碍;其所持之刀,虽然已用19年之久,但其刀刃依然锋利,就像新磨过一样毫无磕碰痕迹。通过展示自己的技艺,庖丁已然把解牛过程转化为一种行为艺术,其在本质上类似于艺术化与审美化的自由游戏。

需要指出的是,这则寓言故事不仅表明高超技艺在特定情况下至关重要,同时也表明这种技艺实与掌握"度"的艺术密切相关。从本源上说,"度"是个体在实践操作中发现和把握的,一般体现出"无过无不及、掌握

---

① 郭象注、成玄英疏:《庄子注疏》,北京:中华书局,2013年,页64—67。

分寸、恰到好处"等特征。① 但在这里，"度"作为技艺或技能，是成就"美"或艺术的基石。"美"是"度"的自由运用，是人性能力的充分显现。② 庖丁解牛正是通过自由运用"度"或恰到好处的"技"，展示出众美从之的精神游戏和赏心悦目的行为艺术。其所给人的审美愉悦或审美快感，是"技""艺""道"协同创化为舞乐之"美"的直观和想象结果。

再者，庖丁能在细小的关节缝隙之间运刀自如，以无厚之刃，入有间之牛，故游刃恢恢，宽大有余，致使其成为体道之人，达到"运至忘之妙智，游虚空之物境，是以安排造适，闲暇有余，境智相冥"的乘物游心境界。③

庖丁所为，实属一种特殊才能。这种才能看似是技术性的，实质是精神性的，因此能在细微不察的"有间"中游刃有余，找到自由发挥的"空间"。换言之，这种才能是指向精神上的自由，而不是技术上的壮举。一般而论，精神自由的空间是不同的，但这种自由的性质是不变的。根据经验，人类社会中的精神自由空间，通常会因社会、政治和宗教的制约而变小，甚至在很大程度上被压缩。更糟糕的是，这些制约因素往往会作用于人性异化或意识洗脑。如果我们确实想在这种情况下保持精神上的自由，那就需要克服一切障碍，提高个人修养，尤其是在思想与精神领域。这一点不仅至关重要，而且不可或缺，因为它决定着生活的质量与存在的可能。基于上述原因，庄子立足于道本体，提倡精神自由与独立人格，庖丁本人重道轻术的立场与实践便是明证。在理想条件下，经由解牛技艺所展现和喻示的精神自由，有望抵御不同形态的人性异化和意识洗脑，有望确立真正的自我与独立的人格。

另外，同样重要和值得指出的是，倘若人类个体能够把握好"度"，那他们就会发展一种实实在在的技艺。他们可用其来创构艺术美以及其他美

---

① 李泽厚：《实用理性与乐感文化》，北京：三联书店，2005年，页38—39。
② 李泽厚：《实用理性与乐感文化》，页42。
③ 郭象注、成玄英疏：《庄子注疏》，页66。

的事物。在应用之中，熟能生巧，得心应手，由此促发创造自由、审美自由与精神自由。在此阶段，"度"的恰当应用有助于提升应用者的技艺，有助于应用者在专业上从有限上达无限，或者说是从有限中创造出无限。譬如，钢琴的琴键是有限的，一般总计88个，但一位杰出的钢琴家，在为数有限的琴键上可以弹奏出无限多的乐曲。吹奏笛子或弹奏其他乐器，也是同理。显然，艺术美虽是人为的，但其风格多样。这是由审美、文化、哲学、社会个体、技艺技能等原因所致。不过，所有这些缘由，皆以不同方式与"度"相关联，其中包括无目的的合目的性与无规律的合规律性。有鉴于此，可以假定对"度"的真正掌握，将会让美的创构者获得自由想象、自由创造、自由精神与自由享受。

综上所述，"如何活？"难题与当今人类生活状况有关。李泽厚将人性能力的充分发展作为解决这一难题的一种选择方案。人性能力亦如文化心理结构，其发展包括认知、审美和道德等三个重要维度。本文参照康德的批判哲学、马克思主义的实践哲学、儒家的人本主义哲学以及李泽厚的历史本体论，重新考察了这三个维度。建基于此的人性能力，在得到充分发展时，自当成就人的主体性。这两者密切相关，共享一些相似的决定因素。人的主体性的理想状态，可被视为人性能力的至高境界和人性完满实现的终极结果，这代表人之成人所能达到的最高成就。

为了实现最终目标，人性能力和人的主体性的审美维度深受重视。因为，审美维度既是人类发展的萌芽阶段，又是人性完满实现的最终目的。在特征与目的论上有别于西方美学的中华美学，实属李泽厚历史本体论与实践哲学的重要基石。在此基石上建构的审美形而上学，与情本体、度、情理结构和实用理性等概念紧密相联，[1] 不仅有望促进人性能力的发展，而且有望借助审美敏感力和审美智慧来纾解"如何活？"的难题。也就是说，它旨在引导人类个体将人的主体性的理想作为人类自我的新观念，借此将

---

[1] Wang Keping, "Li Zehou's View of Pragmatic reason", in Roger Ames and Jia Jinhua (ed. s), *Li Zehou and Confucian Philosophy*, Honolulu: University of Hawaii Press, 2018), pp. 225-37.

人类个体从社会心理的纠结与羁绊中解放出来，以便实现精神自由，最终使人在此界过上值得一过的生活。

顺便提及，"以度创美"有助于人类个体将技艺发展成艺术，将创作自由转化为精神自由，将艺术欣赏升华为审美超越。另外，"以度创美"与"以美启真"相辅相成，因为二者均指向实践美学的特殊作用。同样，把"情本体"视为人类心理的本体或本根，则与"以美储善"的行为有关，因为二者旨在增进或提高审美形而上学的内在价值。这一切都是由于坚信美能启真，坚信美象征善。相应地，对美的事物的审美敏感力，作为一种启迪性能力，有助于启发沉思凝照者洞察真的认识价值，培养善的道德意识。就三个相关维度而言，审美维度的特点是感性的、开放的，具有超越的可能性，其作用在于促进人性能力的充分发展，同时育养一种人所特有的共通感。这种共通感可被视为人性能力与人类情感的融合体。因其与"无利害的凝神观照"和"无目的的目的性"相联系，这种共通感不仅有利于凭借"情本体"的契机来满足审美需要，而且有利于根据康德或孔子的绝对律令来实现道德目的。

主要参考文献

1. 中文文献

《荀子》，安小兰译注，北京：中华书局，2019。

北京大学哲学系：《中国哲学思想史》，北京：中华书局，1980。

北京大学哲学系美学教研室编：《中国美学史资料选编》，北京：中华书局，1981。

北冈正子：《〈摩罗诗力说〉材源考》，何乃英译，北京：北京师范大学出版社，1983。

蔡元培：《蔡元培美学文选》，北京：北京大学出版社，1983。

陈鸿祥：《王国维传》，北京：团结出版社，1998。

陈鼓应注译：《庄子今注今译》，北京：中华书局，1983。

陈鼓应注译：《老子今注今译及评介》，台北："商务印书馆"，1997。

陈广忠译注：《淮南子》，北京：中华书局，2013。

程亚林：《诗与禅》，成都：天地出版社，2019。

陈寅恪：《王静安遗文序》（1934），北京：商务印书馆，1940年再版。

陈咏：《略谈境界说》，姚柯夫编：《〈人间词话〉及评论汇编》，北京：书目文献出版社，1983。

陈元晖：《论王国维》，长春：东北师范大学出版社，1989。

中国社会科学院哲学所编：《中国哲学史资料选辑》，北京：中华书局，1982。

《辞海》，上海：上海辞书出版社，1979。

《孔子家语》，北京：北京燕山出版社，1995。

邓启铜点校：《山海经》，南京：南京大学出版社，2019。

董仲舒：《春秋繁露》，上海：上海古籍出版社，1989。

方东美：《哲学三慧》，见《生命理想与文化类型——方东美新儒学论著辑要》，蒋国保、周亚洲编，北京：中国广播电视出版社，1993。

方韬编：《山海经》，北京：中华书局，2009。

冯契：《中国古代哲学的逻辑发展》，上海：上海人民出版社，1983。

冯友兰：《中国哲学史新编》，北京：人民出版社，1992。

田文军编：《极高明而道中庸——冯友兰新儒学论著辑要》，北京：中国广播电视出版社，1995。

冯友兰：《中国哲学简史》，涂又光译，北京：北京大学出版社，1996。

冯友兰：《贞元六书》，上海：华东师范大学出版社，1996。

佛雏：《王国维诗学研究》，北京：北京大学出版社，1999。

复旦大学历史系编：《儒家思想与未来社会》，上海：上海人民出版社，1991。

高柏园：《庄子内七篇思想研究》，台北：文津出版社，1992。

高亨：《老子正诂》，北京：中华书局，1988。

古棣、周英：《老子通》，长春：吉林人民出版社，1911。

河上公注：《道德真经》，上海：上海古籍出版社，1993。

蘅塘退士编选：《唐诗三百首》，北京：中华书局，1978。

郭沫若：《青铜时代》，重庆：文治出版社，1945。

郭熙：《林泉高致》，北京：中华书局，2011。

郭象：《庄子集释》，北京：中华书局，2013。

郭象注，成玄英疏：《南华真经》，上海：上海古籍出版社，1993。

郭象注，成玄英疏：《庄子注疏》，北京：中华书局，2011。

《韩非子》，高华平等译注，北京：中华书局，2010。

洪应明：《菜根谭》，北京：新世界出版社，2001。

怀特海：《思维方式》，刘放桐译，北京：商务印书馆，2004。

胡经之编：《中国现代美学丛编》，北京：北京出版社，1987。

胡经之主编：《中国古典美学丛编》，北京：中华书局，1988。

黄侃：《文心雕龙札记》，上海：上海古籍出版社，2000。

黄克剑等编：《熊十力集》，北京：群言出版社，1993。

黄克剑主编：《方东美集》，北京：群言出版社，1993。

黄茂林译：《坛经》，长沙：湖南出版社，1996。

金景芳等：《孔子新传》，长沙：湖南出版社，1991。

《论语》，见《四书》，长沙：湖南出版社，1995。

康晓城：《先秦儒家诗教思想研究》，台北：文史哲出版社，1988。

《老子》，上海：上海古籍出版社，1989年再版。

《礼记》，胡平生、张萌译注，北京：中华书局，2017。

《四书》，杨伯峻今译，理雅各英译，长沙：湖南出版社，1995。

李泽厚：《略论鲁迅思想的发展》，见《鲁迅研究集刊》，上海：上海文艺出版社，1979。

李泽厚：《美学论集》，上海：上海文艺出版社，1980。

李泽厚：《美的历程》，北京：人民出版社，1981。

李泽厚：《意境浅谈》，见姚柯夫编：《〈人间词话〉及评论汇编》，北京：书目文献出版社，1983。

李泽厚、刘纲纪主编：《中国美学史》，北京：中国社会科学出版社，1984。

李泽厚：《批判哲学的批判——康德述评》，北京：人民出版社，1984。

李泽厚：《中国古代思想史论》，北京：人民出版社，1985。

李泽厚：《关于主体性的补充说明》，载《中国社会科学院研究生院学报》1985年第1期。

李泽厚：《中国近代思想史论》，北京：人民出版社，1986。

李泽厚：《走我自己的路》，北京：三联书店，1986。

李泽厚：《美学四讲》，北京：三联书店，1989。

李泽厚：《论语今读》，合肥：安徽文艺出版社，1998。

李泽厚：《美的历程》，桂林：广西师范大学出版社，2000。

李泽厚：《美学四讲》，桂林：广西师范大学出版社，2001。

李泽厚：《历史本体论》，北京：三联书店，2002。

李泽厚：《历史本体论/己卯五说》，北京：三联书店，2003。

李泽厚：《历史本体论》，北京：三联书店，2003。

李泽厚：《实用理性与乐感文化》，北京：三联书店，2005。

李泽厚：《李泽厚近年答问录》，天津：天津社会科学出版社，2006。

李泽厚：《说天人新义》，李泽厚：《己卯五说》，北京：三联书店，2006。

李泽厚：《历史本体论/己卯五说》，北京：三联书店，2008。

李泽厚：《关于"美育代宗教"的杂谈答问》，见刘再复：《李泽厚美学概论》，北京：三联书店，2009。

梁启超：《论小说与群治之关系》，见《新小说》创刊，1902。

梁漱溟：《中国文化要义》，北京：学林出版社，1987。

林国良编：《佛典选读》，桂林：广西师范大学出版社，2006。

刘成纪：《先秦两汉艺术观念史》，北京：人民出版社，2017。

刘梦溪：《中国文化的狂者精神》，北京：三联书店，2012。

刘克苏：《失行孤雁：王国维别传》，北京：华夏出版社，1999。

刘述先：《儒家思想与现代化》，北京：中国广播电视出版社，1993。

范文澜注：《文心雕龙注》，北京：人民文学出版社，2000。

刘煊：《王国维评传》，南昌：百花洲文艺出版社，1996。

刘向：《说苑》，王锳、王天海译注，贵阳：贵州人民出版社，1992。

刘再复：《鲁迅美学思想论稿》，北京：中国社会科学出版社，1981。

刘再复：《李泽厚美学概论》，北京：三联书店，2009。

卢善庆：《王国维文艺美学观》，贵阳：贵州人民出版社，1988。

《鲁迅全集》，北京：人民文学出版社，1958。

鲁迅：《摩罗诗力说》，见《鲁迅全集》卷一，北京：人民文学出版社，1958。

《吕氏春秋》，上海：上海古籍出版社，1989。

马奔腾：《禅境与诗境》，北京：中华书局，2012。

毛亨：《毛诗正义》，北京：北京大学出版社，1999。

《孟子》，见《四书》，长沙：湖南出版社，1995。

敏泽：《中国美学思想史》，济南：齐鲁书社，1989。

牟宗三：《才性与玄理》，台北：学生书局，1975。

牟宗三：《中西哲学之会通十四讲》，上海：上海古籍出版社，1998。

牟宗三：《中国哲学的特质》，上海：上海古籍出版社，1997。

倪其心等选注：《中国古代游记选》，北京：中国旅游出版社，1985。

聂振斌：《王国维美学思想评述》，沈阳：辽宁大学出版社，1997。

钱穆：《现代中国学术思想论衡》，北京：三联书店，2006。

钱穆：《中国思想通俗讲话》，北京：三联书店，2006。

钱穆：《孔子与论语》，台北：联经出版事业公司，1985。

普济编：《五灯会元》，北京：中华书局，2002。

任继愈：《中国哲学史》，北京：人民出版社，1990。

上彊村民编选：《宋词三百首》，刘乃昌评注，北京：中华书局，2017。

司马迁：《史记》，长沙：岳麓书社，1992。

孙膑：《孙子兵法》，北京：军事科学出版社，1993。

邵庸：《观物篇》，见北京大学哲学系美学教研室编：《中国美学史资料选编》第二卷。

沈子丞编：《历代论画名著汇编》，北京：文物出版社，1982。

《石涛书画全集》，天津：天津人民美术出版社，2002。

孙星衍编：《六艺下》，见《孔子集语》，北京：中华书局，1991。

孙星衍编：《孔子集语》，上海：上海古籍出版社，1993。

孙诒让撰：《墨子间诂》，北京：中华书局，2001。

许慎：《说文解字》，北京：中华书局，1963。

唐君毅：《中国哲学原论》，台北：学生书局，1978。

唐弢：《鲁迅的美学思想》，北京：人民文学出版社，1984。

滕守尧：《艺术与创生》，西安：陕西师范大学出版社，2002。

童庆炳主编：《现代心理美学》，北京：中国社会科学出版社，1993。

童庆炳：《〈文心雕龙〉感物吟志说》，载《文艺研究》1998年第5期。

温儒敏：《中国现代文学批评史》，北京：北京大学出版社，2000。

王邦雄：《中国哲学论集》，台北：学生书局，1983。

王夫之：《庄子解》，香港：中华书局香港分局，1985。

王夫之编：《张载正蒙》，北京：中华书局，1975。

王国维：《王国维文学美学论著集》，太原：北岳文艺出版社，1987。

刘刚强编：《王国维美论文选》，长沙：湖南人民出版社，1987。

佛雏编：《王国维学术文化随笔》，北京：中国青年出版社，1996。

傅杰编校：《王国维论学集》，北京：中国社会科学出版社，1997。

姚淦铭、王燕编：《王国维文集》，北京：中国文史出版社，1997。

王国维：《人间词话》，上海：上海古籍出版社，2008。

王焕镳编：《墨子集诂》，上海：上海古籍出版社，2005。

王柯平：《走向跨文化美学》，北京：中华书局，2002。

王柯平编：《跨世纪的论辩——实践美学的反思与展望》，合肥：安徽教育出版社，2006。

王柯平：《境界"为探其本"的深层意味》，见《学术月刊》2010年第3期。

王柯平：《老子思想精义》，陈昊、林振华译，北京：中国大百科全书出版社，2017。

王柯平：《中国人的思维》，高艳萍译，北京：中国大百科全书出版社，2018。

汪流等编：《艺术特征论》，北京：文化艺术出版社，1984。

王明：《道家和道教思想研究》，北京：中国社会科学出版社，1987。

汪培基等译：《英国作家论文学》，北京：三联书店，1985。

王士菁：《鲁迅早期五篇论文注释》，天津：天津人民出版社，1978。

王孝鱼：《庄子内篇新解》，长沙：岳麓书社，1983。

王志敏、方珊：《佛教与美学》，沈阳：辽宁人民出版社，1989。

徐复观：《中国艺术精神》，沈阳：春风文艺出版社，1987。

许渊冲等编：《唐诗三百首新译》，北京：中国对外翻译出版公司，香港：商务印书馆(香港分馆)，1988。

许渊冲选译：《唐宋词一百首》，北京：中译出版社(原中国对外翻译出版公司)，2008。

蒋南华等注译：《荀子全译》，贵阳：贵州人民出版社，1995。

杨伯峻译注：《论语译注》，北京：中华书局，1988。

杨伯峻译注：《孟子译注》，北京：中华书局，1988。

严羽：《沧浪诗话》，北京：人民文学出版社，1983。

姚柯夫编：《〈人间词话〉及评论汇编》，北京：书目文献出版社，1983。

叶燮：《原诗》，北京：人民文学出版社，1979。

于民：《气化谐和》，吉林：东北师范大学出版社，1992。

叶嘉莹：《对〈人间词话〉中境界一词之义界的探讨》，见姚柯夫编：《〈人间词话〉及评论汇编》，北京：书目文献出版社，1983。

叶嘉莹：《王国维及其文学批评》，石家庄：河北教育出版社，1997。

叶嘉莹：《王国维及其文学批评》，北京：北京大学出版社，2008。

叶朗：《中国美学史大纲》，上海：上海人民出版社，1987。

尹协理译注：《白话金刚经 坛经》，石家庄：河北教育出版社，1992。

曾庆瑞：《对中国近代思想启蒙运动的新贡献》，见《鲁迅研究》(卷一)，北京：中国社会科学出版社，1981。

曾祖荫：《中国佛教与美学》，武汉：华中师范大学出版社，1991。

张本楠：《王国维美学思想研究》，台北：文津出版社，1992。

《张岱年文集》，北京：清华大学出版社，1989。

张岱年：《中国哲学大纲》，北京：中国社会科学出版社，1982。

张文勋：《儒道佛美学思想探索》，北京：中国社会科学出版社，1988。

张彦远：《历代名画记》，杭州：浙江人民出版社，2011。

中村元：《比较思想论》，杭州：浙江人民出版社，1987。

郑杰文：《中国墨学通史》，北京：人民出版社，2006。

钟肇鹏：《孔子研究》，北京：中国社会科学出版社，1983。

朱光潜：《诗论》，重庆：国民图书出版社，1943；重印本，北京：中华书局，1948。

朱光潜：《朱光潜美学文集》（第二卷），上海：上海文艺出版社，1982。

朱光潜：《文艺心理学》，上海：开明书店，1936。

周满江：《诗经》，上海：上海古籍出版社，1980。

周振甫：《文心雕龙今译》，北京：中华书局，1986。

《中庸》，见《四书》，长沙：湖南出版社，1995。

《四书章句集注》，北京：中华书局，1983。

《论语集注》，《四书五经》（第1、3卷），天津：古籍书店，1990。

《诗经集传》，天津：古籍书店，1990。

《朱子语类》，北京：中华书局，1986。

祖保泉：《文心雕龙选析》，合肥：安徽教育出版社，1985。

《庄子》，孙通海、方勇译注，北京：中华书局，2007。

《左传》，郭丹、程小青、李彬源译注，北京：中华书局，2012。

2. 外文文献

Adorno, Theodor W., *Aesthetic Theory*, trans. Robert Hullot-Kentor, Minneapolis: University of Minnesota Press, 1997.

Ames, Roger T. & Jia, Jinhua (ed. s), *Li Zehou and Confucian Philosophy*, Honolulu: University of Hawaii Press, 2018.

Anderson, Albert et al (ed. s), *Mythos and Logos*, Amsterdam & New York: Rodopi, 2004. Barnes, H. (ed.), *Essays Old and New*, London: George G. Harrap, 1963.

Benitez, Eugenio (ed.), *Before Pangaea: New Essays in Transcultural Aesthetics*, Sydney: University of Sydney Press, 2005.

Bush, Suan, *The Chinese Literati on Painting: Su Shih (1037-1101) to Tung Ch'i-ch'ang (1555-1636)*, Cambridge, MA: Harvard University Press, 1971.

Burke, Edmund, *A Philosophical Enquiry into the Origin of Our Ideas of the Sublime and Beautiful*, London: Routledge and Kegan Paul, 1958.

Cassirer, Ernest, *An Essay on Man*, New Haven and London: Yale University Press, 1944, rep. 1975.

Chan Wing-tsit, *A Source Book in Chinese Philosophy*, New Jersey: Princeton University Press, 1973.

Chen, Congzhou, *Literati Gardens: Poetic Sentiment & Picturesque Allure*, trans. Ling Yuan, Beijing: Foreign Language Teaching and Research Press, 2018.

Chen Jingpan, *Confucius as a Teacher*, Beijing: Foreign Languages Press, 1990.

Cheng Chung-ying and Nicholas Bunnin (ed.), *Contemporary Chinese Philosophy*, Oxford: Blackwell Publishing Co., 2002.

Chuang-tzu (Zhuangzi), *A Taoist Classic: Chuang-tzu*, trans. Fung Yu-lan, Beijing: Foreign Languages Press, 1989.

Chuang Tzu (Zhuangzi), *The Complete Works of Chuang Tzu*, trans. Burton Watson, New York: Columbia University Press, 1968.

Confucius, *The Analects*, trans. D. C. Lau, London: Penguin Books, 1979.

Confucius, *The Analects*, trans. D. C. Lau, London: Penguin Books, 1983.

Confucius, *Analects of Confucius* trans. Lai Bo & Xia Yuhe, Beijing: Sinolingua Press, 1994.

Confucius, *The Confucian Analects*, in *The Four Books*, trans. James Legge, Changsha: Hunan Press, 1995.

Confucius, Mencius et al., *The Four Books*, trans. James Legge, Changsha: Hunan Press, 1995.

Cooper, David E., *Converging with Nature: A Daoist Perspective*, Totnes: Green Books, 2012.

Creel, Herrlee G., *What Is Taoism?* Chicago and London: The University of Chicago Press, 1970.

Danto, Arthur C., "The Artworld," in the Journal of Philosophy, 1964, pp. 571-584.

Danto, Arthur C., *After the End of Art: Contemporary Art and the Pale of History*, Princeton: Princeton University Press, 1997.

Ducasse, Curt John, *The Philosophy of Art*, Norwood, MA: The Dial Press, 1929.

Ember, Carol R. & Ember, Melvin, *Cultural Anthropology*, New Jersey: Prentice Hall, 1985.

Emerson, Ralph Waldo, *Nature*, in Emerson: *Essays*, Tianjin: Tianjin Education Press, 2004.

Fung Yu-lan, *Selected Philosophical Writings of Fung Yu-lan*, Beijing: Foreign Languages Press, 1991.

Fung Yu-lan, *A Short History of Chinese Philosophy*, in *Selected Philosophical Writings of Fung Yu-lan*, Beijing: Foreign Languages Press, 1991.

Graham, A. C., *Disputers of the Tao*, La Salle: Open Court, 1991.

Guthrie, W. K. C., *A History of Greek Philosophy*, Vol. IV, London: Cambridge University Press, 1975.

Harrison, Jane Ellen, *Ancient Art and Ritual*, London: Williams & Norgate, 1913.

Han Fei Tzu, *Basic Writings*, trans. Burton Watson, New York and London: Columbia University Press, 1966.

He Guanghu and Gao Shining (tr.), *The Book of Lao Zi*, Beijing: Foreign Languages Press, 1993.

He Zhaowu, et al, *An Intellectual History of China*, Beijing: Foreign Languages Press, 1991.

Heidegger, Martin, "The Nature of Language", in *On the Way of Language*, trans. P. Hertz, New York: Harper & Row, 1971.

Hong Yingming, *Caigen tan* (Tending the Roots of Wisdom, trans. Paul White), Beijing: New World Press, 2001.

Hsün Tzu, *Basic Writings*, trans. Burton Watson, New York & London: Columbia University Press, 1963.

Huang Maolin (tr.), *The Sutra of Hui Neng*, Changsha: Hunan Press, 1996.

Hussain, Mazhar & Wilkinson, Robert (ed.s), *The Pursuit of Comparative Aesthetics*, England: Ashgate Publishing Limited, 2006.

Huxley, Aldous, 'Water Music', in H. Barnes (ed.), *Essays Old and New*, London: George G. Harrap, 1963.

Sharr, Adam, *Heidegger's Hut*, Cambridge, Mass.: MIT Press, 2006. s

Jaspers, Karl, *The Origin and Goal of History*, London: Routledge & Kegan Paul Ltd., 1953.

Kant, Immanuel, *Anthropology from a Pragmatic Point of View*, trans. Robert Louden, Cambridge: Cambridge University Press, 2006.

——, *Critique of Practical Reason*, trans. Mary Gregor, Cambridge: Cambridge University Press, 2015.

——, *Critique of Judgment*, trans. J. B. Bernard, New York: Hafner Press, 1951.

——, *Critique of Judgment*, trans. Werner Pluhar, Indianapolis: Hackett Publishing Company, 1987.

——, *Groundwork of the Metaphysics of Morals*, ed. Mary Gregor, New York: Cambridge, 2012.

Kaufman, Walter (ed. & tr.), *The Portable Nietzsche*, New York: Penguin Books USA Inc., 1976.

Krieger, Silke & Trauzettel, Rolf (ed.), *Confucianism and the Modernization of China*, Mainz: v. Hase & Koehler Verlang, 1991.

Legge, James (tr.), *The Four Books*, Changsha: Hunan Press, 1995.

Legge, James (tr.), *Record of Music*, in *The Sacred Books of China* (The Li Ki, Book xvii. Yo Ki), Delhi et al.: Motilal Banarsidass, rep. 1976.

Lao Tzu, *Tao Te Chin*, trans. D. C. Lau, London: Penguin Books, 1979.

Laozi, *The Way and Its Power*, trans. Arthur Waley, Changsha: Hunan Chubanshe, rep., 1995.

Laozi, *Dao De Jing*, trans. Wang Keping, Beijing: Foreign languages Press, 2008.

Li Pengcheng, et al (ed.), *The Role of Values and Ethics in Contemporary Chinese Society*, Beijing: Shijie zhishi chubanshe, 2002.

Li, Xueqin, and Harbottle, Garman, et al., "The Earliest Writing Sign Use in the Seventh Millennium BC at Jiaju, Henan Province, China," in the *Antiquity*, March 2015.

Li Zehou, *The Path of Beauty: A Study of Chinese Aesthetics*, trans. Gong Lizeng, Oxford: Oxford University Press, 1994.

——, *The Chinese Aesthetic Tradition*, trans. Maija Bell Samei, Honolulu: University of Hawaii Press, 2010.

——, "The philosophy of Kant and a theory of subjectivity." In Analecta

Husserliana—*The yearbook of phenomenological Research* 21, *The phenomenology of man and of the human condition*, *II*: *The meeting point between occidental and oriental philosophies* (edited Anna—Teresa Tymie- niecka, Dordrecht, Boston, Lancaster, Tokyo: D. Reidel Publishing Company, 1986.

——, "Human nature and aesthetic metaphysics", trans. Liu Jian, in *International Yearbook of Aesthetics*: *Diversity and Universality in Aesthetics*, ed. Wang Keping, 2010, vol. 14.

Li Zehou and Jane Cauvel, *Four Essays on Aesthetics*, Lanham et al. : Lexington Books, 2006.

Liu Xiaogan, *Classifying the Zhuangzi Chapters*, trans. William E. Savage, Michigan: The University of Michigan Press, 1994.

Liu Xie, *Carving-Dragon and the Literary Mind*, trans. Yang Guobin, Beijing: Foreign Language Teaching and Research Press, 2003.

Lodge, Rupert C. , *Plato's Theory of Art*, London: Routledge & Kegan Paul Ltd, 1953.

Lü Buwei, *Lü's Commentary of History*, trans. Tang Bowen, Beijing: Foreign Languages Press, 2010.

Lynn, Richard John (tr.), *The Classic of Changes*, New York: Columbia University Press, 1994.

Lynn, Richard John (tr.), *The Classic of the Way and Virtue*, New York: Columbia University Press, 1999.

McCready, Stuart (ed.), *The Discovery of Happiness*, London: MQ Publications Limited, 2001.

Mencius, *The Book of Mencius*, in *The Four Books*, trans. James Legge, Changsha: Hunan Press, 1995.

Mencius, *Mencius*, trans. D. C. Lau, London et al. : Penguin Books, 1988.

Mencius, *The Mencius*, trans. Charles Muller, Toyo: Toyo Gakuen University, 2003.

Mo Tzu, *Basic Writings*, trans. Burton Watson, New York and London: Columbia University Press, 1963.

Mote, Frederick W., *Intellectual Foundations of China*, New York: Alfred A. Knopf, 1971.

Moutsopoulos, Evanghelos, *La musique dans l'oevre de Platon*, Paris: Presses Universitaires de France, 1959.

Nietzsche, F., *The Portable Nietzsche*, trans. & ed. Walter Kaufmann, Harmondsworth: Penguin Books, 1976.

Northrop, F. S. C., *The Meeting of East and West*, New York: MacMillan Company, 1960, 1st ed., 1946.

Plato, *Republic*, in *The Dialogues of Plato*, Vol. II, trans. B. Jowett, Oxford: Oxford University Press, 1953.

Plato, *Laws*, in *The Dialogues of Plato*, Vol. V, trans. B. Jowett, London: Oxford University Press, 1924.

Read, Herbert, *The Meaning of Art*, London: Penguin Books, 1961. Record of Music (Yo Ki), in *The Book of Rites* (*The Li Ki*), trans. James Legge, Oxford: The Clarendon Press, 1885.

Rickett, Adele Austin (tr.), *Wang Kuo-wei's Jen-Chien Tzi-Hua: A Study in Chinese Literary Criticism*, Hong Kong: Hong Kong University Press, 1977.

Ross, Stephen David (ed.), *Art and Its Significance*, Albany: State University of New York Press, 1994.

Schilpp, P. A. (ed.), *The Philosophy of John Dewey*, New York: Tudor, 1951.

Schiller, Friedrich, *On the Aesthetic Education of Man*, trans. E. M. Wilkinson & L. A. Willoughby, Oxford: Oxford University Press, 1967.

Schopenhauer, Arthur, *The World as Will and Idea*, trans. R. B. Haldane & J. Kemp, London: Routledge & Kegan Paul, 1883, rep. 1964.

Schopenhauer, Arthur, *The Art of Literature*, trans. T. Bailey Saunders, London & New York: Swan Sonnensche In. & The MacMillan Press, 1897.

Sharr, Adam, *Heidegger's Hut*, Cambridge, MA: MIT Press, 2006.

Shelley, Percey Bysshe, "A Defense of Poetry," in Hazard Adams (ed.), *Critical Theory since Plato*, New York: Harcourt Brace Jovanoich, 1971.

Shusterman, Richard, *Pragmatist Aesthetics: Living Beauty, Rethinking Art*, Rowman & Littlefield Publishers, 2000.

Rošker, S., "Li Zehou's notion of subjectality as a new conception of human self", in *Philosophy Campus*, 2018, No. 13.

Schwartz, Benjamin I., *The World of Thought in Ancient China*, Cambridge, MA and London: Harvard University Press, 1985.

Sunzi, *The Art of War*, trans. Pan Jiafen and Liu Ruifang, Beijing: Military Sciences Press, 1993.

Sun Bin, *The Art of War*, trans. Lin Wusun, Beijing: People's China Publishing House, 1995.

The Doctrine of the Mean, in *The Four Books*, trans. James Legge, Changsha: Hunan Press, 1995.

Thorpe, Michael (ed.), *Modern Poems*, Oxford: Oxford University Press, 1963.

Wang Kuo-wei, *Poetic Remarks in the Human World*, trans. Ching-I Tu, Taiwan: Chung Hwa Book Company, 1970.

Wang Keping, "Confucius' Expectations of Poetry," in *The Social Sciences in China* (English), Vol. 4, Winter 1996, pp.

——, "Wang Guowei: Philosophy of Aesthetic Criticism," in Chung-Ying Cheng and Nicholas Bunnin (ed. s), *Contemporary Chinese Philosophy*, Oxford et al: Blackwell, 2002.

——, "Zhuangzi's Way of Thinking Through Fables," in Albert A. Anderson et al (ed. s), *Mythos and Logos*, New York et al: Rodopi, 2004.

——, *The Classic of the Dao: A New Investigation*, Beijing: Foreign Languages Press, 1998, reprinted in 2004.

——, "A Multicultural Strategy: Harmonization without Being Patternized," in *The International Journal of Skepsis*, Vol. XV, 2004.

——, "A Rediscovery of Heaven–and–Human Oneness," in Steven V. Hicks & Daniel E. Shannon (ed. s), *The Challenges of Globalization*, Oxford et al: Blackwell, 2007.

——, "Mozi versus xunzi on Music", in *The Journal of Chinese Philosophy*, no. 4, Oxford: Blackwell, 2009.

——, *Reading the Dao: A Thematic Inquiry*, London: Continuum, 2011.

——, "Li Zehou's View of Pragmatic reason", in Roger Ames and Jia Jinhua (ed. s), *Li Zehou and Confucian Philosophy*, Honolulu: University of Hawaii Press, 2018.

——, *Chinese Culture of Intelligence*, Singapore: Foreign Language Teaching & Research Press, Palgrave Wang Macmillan, 2019.

——, *Harmonism as an Alternative*, Singapore: Foreign Language Teaching & Research Press, Palgrave Macmillan, 2019.

——, *Beauty and Human Existence in Chinese Philosophy*, Beijing: Foreign Language Teaching and Research Publishing Co., Ltd, 2021.

Watson, William, *Style in the Arts of China*, London: Penguin Books, 1974.

Wasten, Burton (tr.), *The Lotus Sutra*, New York: Columbia University Press, 1993.

Wittgenstein, Ludwig, *Tractatus Logico–Philosophicus*, trans. C. K. Ogden, New York: Barnes & Noble Books, 2003.

Xu Yuanchong (tr.), *Book of Poetry*, Changsha: Hunan Chubanshe, 1994.

Xu Yuanchong (ed. & trans.), *Selected Poems of Li Bai*, Changsha: Hunan people's Publishing House, 2007.

Xu Yuanchong (ed. & trans.), *100 Tang and Song Ci Poems*, Beijing: CTPC, 2008.

Xu Yuanchong (ed.), *Poetry of the South*, Changsha: Hunan Press, 1994.

Xu Yuanchong et al. (ed.s), *300 Tang Poems: A New Translation*, Beijing: Zhongguo Duiwai Fanyi Chuban Gongsi, 1988.

Xu Yuanchong (ed.), *100 Tang and Song Ci Poems*, Beijing: Zhongguo Duiwai Fanyi Chuban Gongsi, 2007.

Xu Zhongjie (ed.), *100 Chinese Ci Poetms in English Verse*, Beijing: Beijing Languages University Press, 1988.

Xunzi, *The Xunzi*, trans. John Knoblock, Beijing: Foreign Languages Press, 2016.

Liu Xie, *Dragon-carving and the Literary Mind*, trans. Yang Guobin, Beijing: Foreign Languages Press, 2003.

Zhang Dainian, *Key Concepts in Chinese Philosophy*, trans. & ed. Edmund Ryden, Beijing: Foreign Languages Press, 2002.

Zhang, Tingchen & Wilson, Bruce M. (compiled and trans.), *100 Tang Poems*, Beijing: CTPC, 2008.

Zhuangzi, *The Taoist Classic: Chuang-Tzu*, trans. Fung Yu-lan, Beijing: Foreign Languages Press, 1989.

Zhuangzi, *The Complete Works of Zhuangzi*, trans. Burton Watson, New York: Columbia University Press, 2013.

Zhuangzi, *The Zhuangzi*, trans. Wang Rongpei, Beijing: Foreign Language Teaching and Research Press, 1999.

主题词索引

A

哀而不伤 提要1

B

本体 提要15
本体相 提要15
比兴 201

C

禅 023，137，143
禅境 150
禅理 022
禅悟 提要8
禅意 023
澄怀 012
成果相 提要15
成于乐 004
城邦卫士 提要4
床喻 提要16
纯粹认识主体 160

D

大境界 182

道德法则 343
道德功能 064
道德维度 327
顿悟 提要1

F

风 序002；提要7；103，118
风格 提要5

G

观 提要3；192，193
隔与不隔 183
功用为美 015
古雅 174

H

合规律性 提要13
合目的性 提要13
画境 024
画境文心 262
会通 提要13
会通式的理论整合 245

活力因　提要15

活力因相说　提要14

J

积淀　020

家园感　295

渐进式修为过程　281

渐悟　143

教育作用　073

积极功利主义　089

解脱　165

井喻　295

景　提要11；179

境界　提要1

境界说　提要10

境界诗学　提要9

精神　提要7

精神自由　提要9

绝对律令　350

君子人格　提要4

K

狂诞之风　提要7

狂荡之风　提要7

狂放之风　提要7

空灵为美　提要1

跨文化思索　提要13

L

浪漫派　218

乐　提要4；018，062，074

乐而不淫　提要1

乐水情怀　提要17

礼　序003；018

理式　提要16

理想人格　提要1

理性内化　339

理性凝聚　339

理性融化　339

M

美　序001；163，173，324

美善合一　081

美育代宗教　160

美与丑　009

模仿　提要3

摹写　提要15

摩罗　提要12

摩罗诗派　提要12

摩罗式崇高　提要12

目画　提要17

N

能观　192

O

气韵　提要14

Q

情　序001；179
情本体　提要22
清丽　提要6
求通　提要5
群　提要3；042
群体动力　102

R

人类本体论　355
人生　序004
人生论诗学　提要12
人性能力　提要21
人性能力结构　355
人之为人／人之成人　075
仁者乐山　300
认知维度　355
如何活　提要21

S

善　提要1；158
山水　提要2
尚水意识　提要17
神韵说　提要10
审美超越　提要19
审美超越感　提要8
审美话语　提要3
审美价值　提要3
审美判断　012
审美参融　361
审美体验　提要1
审美游戏　169
审美观念论　202
社交话语　提要3
诗教　提要2
诗境　提要8
诗性智慧　提要8
师古人　提要16
师山川　提要16
师天地　提要17
实践美学　323
实践哲学　提要21
时尚因素　101
水景　提要17
水景审美　提要17
思无邪　提要8
颂　提要12

T

体式　提要5
体用不二　261
天才　序002
天人合一　提要14

W

为何活　352
魏晋风度　提要6
魏晋名士　提要7

魏晋艺术　提要6

魏晋起点论　提要6

为探其本　提要10

温柔敦厚　提要3

文化心理结构　258

文体　提要5

无我之境　提要10

物化　130

X

消极功利主义　提要5

逍遥游　009

小境界　182

先验道德原则　123

写境　提要10

新的文化观　提要13

新的文艺观　提要13

新的文论范式　提要13

心画　提要17

兴　提要3；189

兴趣说　提要10

形式层　提要20

形象层　提要20

秀　提要18

秀美型水景　提要18

虚实相生　提要14

玄览　012

学无中西　提要10

Y

雅　提要6；110，175

雅润　提要6

乐　序002；提要4；016，058，065，090

乐感型水景　提要18

悦耳悦目　提要18

悦心悦意　提要19

悦志悦神　提要3

意境　提要14

意味层　提要20

移画　提要17

以度创美　提要21

以美启真　提要21

以美储善　提要21

以美立命　提要21

以我观物　193

以物观物　140

艺术创生　提要5

艺术境界　提要11

艺术个性　055

艺术教育　041

艺术积淀　提要20

艺术即积淀说　提要21

隐　提要10

应用相　提要15

怨　提要3；050

399

原型　提要 16

原始积淀　提要 20

优美　提要 4

有情宇宙观　提要 22

有我之境　提要 10

游于艺　004

宇宙人生　011

Z

造境　提要 10

折衷　提要 5

哲理　提要 17

真景物　提要 10

真情感　提要 10

真实性层级结构　提要 16

真实原则　提要 8

制度因素　101

政治期待　069

政治因素　101

直观　序 003

直观观念论　196

智者乐水　300

中和　序 004

中和为美　001

中庸　提要 3

中华美学精神　序 001

终极良知　提要 18

主体性（人类主体性）　提要 21

壮美　提要 18

壮美型水景　提要 18

庄周梦蝶　265

自然　序 001

自然而然　提要 8

自然为美　提要 1

自由意志　005

自由享受　提要 23

自由直观　258

综合型的美育实践　247